U0242058

普通高等教育印刷工程专业系列教材

印后加工技术

（第二版）

唐万有　主编

唐万有　霍李江　蔡圣燕　姚　月　编著
李雪梅　魏　真　王丰军　王文凤

赵秀萍　陈蕴智　主审

中国轻工业出版社

图书在版编目（CIP）数据

印后加工技术/唐万有主编 . —2 版 . —北京：中国轻工业出版社，2023.2
"十三五"普通高等教育印刷专业规划教材
ISBN 978 – 7 – 5184 – 0890 – 0

Ⅰ.①印… Ⅱ.①唐… Ⅲ.①书籍装帧—高等学校—教材 Ⅳ.①TS88

中国版本图书馆 CIP 数据核字（2016）第 067822 号

内 容 简 介

本书全面系统地讲述了印后加工技术的工作原理、加工工艺、材料和设备，包括覆膜、上光、模切压痕、糊盒、制袋、制杯、烫印、压凹凸、滴塑、复合、装订、金属罐和软管的印后加工以及数字印后加工技术；给出了具体参数和方法，具有较高的理论意义和使用价值。

修订版增加了无胶覆膜、无溶剂覆膜、压膜上光、冷烫印、立体烫印、电化铝箔跳步计算、模切板平衡刀计算、等离子体技术应用、印后加工数字检测系统等内容。

本书作为印刷工程、包装工程专业本科学生教材，也可供相关专业高职学生做教材使用，还可以供从事印后加工的技术人员、管理人员阅读使用。

责任编辑：杜宇芳

策划编辑：林　媛　杜宇芳　　责任终审：劳国强　　封面设计：锋尚设计

版式设计：宋振全　　　　　责任校对：晋　洁　　责任监印：张　可

出版发行：中国轻工业出版社（北京东长安街 6 号，邮编：100740）

印　　刷：北京君升印刷有限公司

经　　销：各地新华书店

版　　次：2023 年 2 月第 2 版第 5 次印刷

开　　本：787×1092　1/16　印张：19.25

字　　数：450 千字

书　　号：ISBN 978 – 7 – 5184 – 0890 – 0　定价：48.00 元

邮购电话：010 – 65241695

发行电话：010 – 85119835　传真：85113293

网　　址：http://www.chlip.com.cn

Email：club@chlip.com.cn

前　言

本书第一版入选普通高等教育"十一五"国家级规划教材，自 2008 年 3 月出版以来，受到相关院校师生的欢迎和高度评价，有四十余所高校选用，使用效果良好。

本教材也是全国印刷行业职业技能大赛指定的理论培训教材。本书第二版在第一版的基础上，删除了部分陈旧内容，增加了一些新工艺、新知识和实践内容，比第一版内容更充实，安排更合理。

近年来，我国的印刷行业有了长足的进步，新材料、新工艺、新技术、新设备发展迅速。人们对商品的要求越来越高，已经不满足于仅仅用文字、色块、简单图案介绍和宣传商品，需要对包装物表面和书籍进行整饰和装潢，提高其品位和价值。

印后加工是印刷品实现应有的功能和增值的重要方法和有效途径。作为包装的印刷品，通过印后加工，可以大幅度提高品质和使用功能。作为书刊的印刷品，通过印后加工，变为精美的书籍。如果没有印后加工，大部分印刷品都不能实现其作用。

本书全面系统地讲述了印后加工技术的工作原理、加工工艺、材料和设备，包括覆膜、上光、模切压痕、烫印、压凹凸、金银墨印刷、滴塑、复合、装订、金属罐和软管的印后加工以及数字印后加工技术，给出了具体参数和方法，并附大量复习题，技术新颖，实用性强，具有较高的理论意义和使用价值。

修订版增加了无胶覆膜、无溶剂覆膜、压膜上光、冷烫印、立体烫印、电化铝箔跳步计算、模切板平衡刀计算、等离子体技术应用、印后加工数字检测系统等内容。

根据本科教学的特点，我们力求理论联系实际，注重培养学生的动手能力，提高学生分析问题和解决问题的能力。本书力争做到系统性、完整性与先进性统一，传统技术与数字技术统一。本书注意在教学上的适用性和启发性，便于学生自学。

本书作为印刷工程、包装工程专业本科学生教材，也可供相关专业高职学生做教材使用，还可以供从事印后加工的技术人员、管理人员阅读使用。

本书第一章由蔡圣燕编写，第二章、第三章、第四章由唐万有编写，第五章由魏真编写，第六章、第十章由霍李江编写，第七章由姚月编写，第八章由王文凤编写，第九章由李雪梅编写，第十一章由王丰军编写，全书由唐万有统稿。全书由天津科技大学包装与印刷工程学院赵秀萍教授、陈蕴智教授主审。

由于作者的学识水平和资料收集范围有限，书中难免会出现疏漏和谬误之处，恳请广大读者指正。

编著者

2016 年 1 月

目　　录

第一章 概 论

使印刷品获得所要求的形状和使用性能以及产品分发的后续加工，叫做印后（Post-press）（GB/T 9851.1—2008 印刷技术术语 第 1 部分：基本术语），也称为印后加工。

有印刷就有印后加工，印后加工就是印刷品的包装，包装漂亮对于提高商品的艺术效果、促进商品的销售、提高印刷品附加值有很大作用。当今，人们对商品外观要求越来越高，印后加工越来越显示出它的重要性。

第一节 印后加工的分类和特点

印后加工主要包括印刷品的表面整饰、装订和成型加工，也包括其他功能性加工，如复合。

一、印刷品的表面整饰

表面整饰是对印刷品进行上光、覆膜、烫箔（印）、压凹凸或其他装饰加工的工艺总称（GB/T 9851.1—2008 印刷技术术语 第 1 部分：基本术语）。印刷品的表面整饰增加印刷品表面的光泽度或耐光性、耐热性、耐水性、耐磨性等各种性能，以增加印刷品的美观、耐用性能。

上光是在印品表面涂布透明光亮材料的工艺（GB/T 9851.7—2008 印刷技术术语 第 7 部分：印后加工术语）。上光有四种形式：涂布、压光、UV 上光和压膜上光。经过上光的印刷品表面光亮、美观、增强了印刷品的防潮性能、耐晒性能、抗水性能、耐磨性能、防污性能等，特殊上光可以达到激光干涉效果。上光适用于书籍封面、插页、年历、画册、商品包装等方面。

覆膜是将涂有黏合剂的塑料薄膜覆合到印刷品表面的工艺（GB/T 9851.7—2008 印刷技术术语 第 7 部分：印后加工术语）。在印刷品表面覆盖一层透明塑料薄膜，增强了印刷品的光亮度，改善了耐磨强度和防水、防污、耐光、耐热等性能，极大地提高商品和书刊封面的艺术效果和耐用强度，对保护包装装潢印刷效果，延长货架寿命，提高商品的竞争能力，作用十分显著。

烫印是在纸张、纸板、纸品、涂布类等物品上通过烫模将烫印材料转移在被烫物上的加工（GB/T 9851.7—2008 印刷技术术语 第 7 部分：印后加工术语）。烫印也称烫金、烫箔，烫印分为普通烫印和冷烫印，一般所讲烫印即为普通烫印。普通烫印是用加热的方法将黏合剂熔融，而把金属箔片或色片烫印到纸张或其他材料表面，以形成特殊的装饰效果。烫印有金属箔烫印、电化铝烫印，还有粉箔烫印。目前大部分采用电化铝烫印。在印刷品表面烫印电化铝箔，能增强印刷品的艺术效果，装饰效果非常明显，主题突出醒目。电化铝箔化学性质稳定，可以经受长时间日晒雨淋不变色，长久保持金属光泽，烫印工艺简单，经济效益好，广泛用于印刷书刊封面、包装装潢、商标图案、塑料制品等，为各种商品增添了光彩，提高了档次。

压凹凸是用模具将凹凸图案或纹理压到印品上的工艺（GB/T 9851.7—2008 印刷技术术语　第 7 部分：印后加工术语）。压凹凸是包装装潢中常用的一种印刷方法，有些书籍封面也采用压凹凸的方法。压凹凸是一种特殊的印刷加工工艺，它是浮雕艺术在印刷上的移植和应用，能在面积不宽、厚度不大的平面上凸起图案形象，使平面印刷品产生类似浮雕的艺术效果，画面具有层次丰富，图文清晰，立体感强，图像形象逼真等特点，是纸制品和纸容器表面装饰加工方法之一。

二、装　　订

装订是将印张加工成册所需的各种加工工序的总称（GB/T 9851.7—2008 印刷技术术语　第 7 部分：印后加工术语）。书刊在印刷完成之后，仍是半成品的印张，只有将这些半成品进一步加工，才能成为便于阅读和便于保存的印刷品，这就要装订。

装订是书刊加工的最后一道工序，也是一道非常重要的工序，装订质量的优劣直接关系到书刊的质量和外观。书刊的装订，实际上包括订和装两大工序，订就是将书页订成本，是书芯的加工；装是书籍封面的加工，就是装帧。

常见的书刊装订方法分为胶粘订、锁线订和铁丝订，还有线装、活页装等形式。胶粘订是将书帖、书页用胶黏剂（黏合剂）粘联成册的订联方式（GB/T 9851.7—2008 印刷技术术语　第 7 部分：印后加工术语）。锁线订是将书帖逐帖用线穿订成册的订联方式（GB/T 9851.7—2008 印刷技术术语　第 7 部分：印后加工术语）。铁丝订是用金属丝将书帖订联成册的方法（GB/T 9851.7—2008 印刷技术术语　第 7 部分：印后加工术语）。线装是用线将书页连封面装订成册，订线露在外面的中国传统装订方式（GB/T 9851.7—2008 印刷技术术语　第 7 部分：印后加工术语）。活页装是以各种夹、扎、穿等方式将散页和封面连接在一起并可分拆装订方式（GB/T 9851.7—2008 印刷技术术语　第 7 部分：印后加工术语）。

按装订质量及外观要求不同，分为精装、平装和骑马订。精装是书芯经订联、裁切、造型后，用硬纸板作书壳的，表面装潢讲究和耐用、耐保存的一种书籍装订方法（GB/T 9851.7—2008 印刷技术术语　第 7 部分：印后加工术语）。平装是书芯经订联后，包粘软质封面、裁切成册的工艺方式（GB/T 9851.7—2008 印刷技术术语　第 7 部分：印后加工术语）。骑马订是把正文和封面一起配页，用铁丝在书背的折缝处穿过封面和书芯，把封面和折帖装订成本。精装封皮坚固耐用、耐磨、长时期使用不会损害书籍，主要用于需要长期保存或使用时间较长的书籍，如经典著作、词典、手册等，精装工序多、生产速度较慢。平装应用最广，大部分书籍都采用平装。骑马订适合于不太厚的书刊，广泛用于期刊装订。

三、成型加工

成型加工主要用于制作纸容器和其他包装容器，成型加工是进行模切、压痕、制盒、制箱、制袋、制杯、制罐等过程。

模切是用模具将印品切成所需形状的工艺（GB/T 9851.7—2008 印刷技术术语　第 7 部分：印后加工术语）。压痕是用模具在印品上压出痕线的工艺（GB/T 9851.7—2008 印

刷技术术语 第7部分：印后加工术语）。模切与压痕工艺特点相似，一件待加工产品往往既要模切又要压痕，而且模切工艺与压痕工艺不相冲突，所以很多场合都把模切和压痕工艺一次完成。制盒是用锁、粘、订联等方法制成盒的工艺（GB/T 9851.7—2008 印刷技术术语 第7部分：印后加工术语）。制箱是用开槽、订、粘、套合、折叠等方法制成箱的工艺（GB/T 9851.7—2008 印刷技术术语 第7部分：印后加工术语）。制袋是用粘合、缝纫和热合等方法制袋的工艺（GB/T 9851.7—2008 印刷技术术语 第7部分：印后加工术语）。制杯是将杯体和杯底胶合成复合型纸杯的工艺（GB/T 9851.7—2008 印刷技术术语 第7部分：印后加工术语）。制罐是用螺旋式卷绕和平卷式卷绕制成罐的工艺（GB/T 9851.7—2008 印刷技术术语 第7部分：印后加工术语）。

模切压痕工艺用于包装装潢中，如纸盒、纸箱、书封面、商标、吊牌、不干胶产品、旅游纪念品等产品的模切和压痕，也可用于塑料皮革制品的模切和压痕。各种产品采用模切压痕工艺加工后，其使用价值、艺术价值、产品档次都得到了提高。

第二节 印后加工技术的发展

随着经济的发展、人民生活水平的提高以及世界经济一体化进程的加快，人们对商品内在品质和包装装潢质量都提出了更高、更严格的要求。印刷速度的提高对印后加工的周期要求也越来越短，这些都对印后加工的自动化技术水平提出了要求，促使印后加工向高、精、快方向发展。印后加工设备的发展趋势是工作准备时间短、数字化程度高、智能化程度高、用户界面友好、速度快、功能更完善。

随着印前、印刷及印后加工的系统和设备数字化程度的提高，数字化工作流程和CIP3（印前、印刷和印后过程集成的国际合作组织）、CIP4（印前、印刷、印后多种相关过程集成的国际合作组织）及其数据格式的出现，印前、印刷、印后一体化控制管理成了可能，这是当前及今后一个时期技术发展的重点和方向。就书籍装订而言，存储在某种格式中的印后加工参数，如裁切信息、折页信息、配页信息、订书信息和三面切信息等输入装订设备，就可以控制执行各个步骤的任务。这种一体化的控制对提高生产效率和产品质量，节约成本，降低劳动强度有重要作用。

在国内，印后加工技术和设备有了长足的进步，但有些还比较落后，一部分处于手动和半自动水平，生产效率和产品质量还比较低。印后加工行业不断引进和研制先进的印后加工设备，提高了我国的印后加工水平。

目前，印后加工的发展趋势像印刷一样，越来越向短版发展，越来越要求缩短装调时间。加工性能灵活、与数字印刷机联机、按需加工、智能控制，更能适应市场需要，有效地提高和改善经济效益。按需印后加工（Finish on Demand）是今后快速、优质、按客户特殊要求完成个性化加工的必然发展趋势。

装订生产线许多重要过程都是通过传感器来检查设备运行是否可靠，以避免发生故障，在配页时，保证书刊不缺页、不错页，所有单元都是单独传动，所有可调的部件都能实现自动定位，可提高生产力和灵活性。

现在国产模切机、烫印机、高档混合式折页机、栅栏式折页机、配页机等印后加工设备已达到较高的水平，普遍采用电子轴（无轴）传动、PLC 和变频调速控制、人机界面显示屏、自动检测、自动诊断等新技术。在辅件选配、功能扩展及通过 CIP3/CIP4 与印前、印刷实现一体化方面，与国际先进机型相比，还有较大差距。

国产名牌切纸机无论在性能上还是在质量上已日臻完善，与国际先进切纸机的差距进一步缩小，差距主要表现在稳定性、可靠性和成套性方面。微机程控切纸机采用模块化设计，配置彩色屏幕电脑控制系统，可进行人机对话，具有故障诊断功能；能进行裁切数据的传递或软件升级；采用纸堆高度监测装置及辨刀感应装置，减少了切纸空行程时间。

国际上装订联动线越来越人性化，功能进一步扩大，操作越加简便，调机辅助时间越来越少。国产中、低速装订联动线与国际先进机型的差距较小，而高速机的差距较大。

国产平装胶粘订联动线机械速度最高可达 12000r/h，切槽电机采用变频调速，电气控制采用触摸屏图形人机操作界面，并安置了故障位置显示屏，还有错帖检测装置。具有自动配页、多帖少帖自动剔除、铣背、打毛、精铣、二次背胶、上封皮、二次托实、分切、三面切书等功能。

精装设备由 PLC 和变频调速控制，彩色触摸显示屏人机对话，功能和参数设置方便，并具有故障显示功能。扒圆起脊机起脊效果好，自动化程度高；扒圆书芯最大厚度达 70mm。

当前国外先进的骑马订联动线发展的特点是速度多元化，以中、高速为主；稳定性和自动化程度更高；最突出的是人性化的操作设计，检测手段及功能的进一步完善。国产机与国际先进机型尚有一定的差距，尤其表现在功能扩展上。

由印刷、装订和裁切组成的数字装订系统，印刷、折页、打毛、刷胶、上封面、裁切等工序一次完成。印刷工区生产书页和彩色封皮，装订工区将印好的书页分页、闯齐、书背打毛、刷胶、上封面、三面裁切，完成印刷装订过程。数字装订系统短时间内完成整个作业，可以同时加工多种不同规格的书籍，可以用于大型书店，减少库存。

目前，计算机控制技术已发展到相当高的阶段。未来印后加工设备将是机械、光学、电子、电气和控制技术、智能技术的完美结合，创新、安全、环保和人性化的设计理念将深入设计者头脑之中。为满足数字印刷技术的要求，印后加工技术和设备将是数字化、全自动、高智能、高效率的统一体。

印后设备通过数字化、智能化系统控制，各工序融会贯通，配合默契，缩短循环周期。智能化的设备使工人操作起来更加方便，大大节省劳动力的投入。数字化联动线就是这一特点的体现。

印后加工设备制造商研究开发一些符合人机工程学原理的智能加工设备，使员工不需要进行过多培训就能熟练操作。

印后加工部分的技术改造和自动化技术的应用，可以充分提高经济效益，减少成本。如控制台中数字技术的应用，节省了不少调整时间。

能够接收和运用 JDF/JMF、配合数字印刷生产的印后加工设备和自动化程度高、联线生产的印后加工设备将深受用户青睐。

在线冷烫印技术优点很多，应用越来越广泛。具备全智能专业烫印跳步计算功能的自动模切烫印机，可运用自动、手动的方法选择输入跳步方式，配置激光全息避版缝功能，可真正实现大版面烫印，高速送箔。全清废自动烫印模切机自动化程度高、功能全、产品质量高、生产效率高。

国产模切机尤其是卧式平压平模切机和烫印模切两用机，在性能、质量、价格等方面都有较强的竞争力，国产自动模切压痕机和带有全息烫印功能的自动烫印模切机达到了国际先进水平。高档国产模切机新产品也不断被开发出来，与国际先进机型的差距正逐渐缩小，关键机构如间歇机构、模切机构、定位机构及配套件的稳定性也达到了较高水平。

国产糊盒机在加工速度、自动化程度、加工适应性、功能扩展性、灵活性、机器的稳定性、操作简便及人性化方面都有了极大提高。

通过多种印刷技术和印后加工技术的数字化集成与整合能够消除由于重复定位而导致的精度偏差，减少人工经验干预以及降低作业人员数量的多重作用，有利于印前、印刷与印后加工的系统性适配，降低产品消耗和各种成本，提升产品的竞争力。

从当前印刷产品生产流程和产品生产线的构成来看，印刷产品无论是采用胶印、凹印、柔印和网版印刷，还是采用将多种印刷方式集成的混合印刷，将印后加工的各种技术集成到现有印刷生产线上，如烫印、覆膜、上光、模切、压凹凸等，已经成为一种发展方向。各个制造厂商都采用模块化设计来应对印刷产品多元化需求所带来的印后加工新要求，满足印刷生产优质、高效、低耗和增值的新要求。

联机上光、联机模切、联机烫印生产线已很普遍。

随着数字印刷技术的飞速发展，按需印刷在印刷的印前、印刷部分都已实现了印刷内容、印刷方式和印刷结果的多元化。按需印刷同样需要印后加工，这就需要新型加工设备。随着数字印刷的发展，按需印后加工必将有广阔的发展前景。

在未来社会中，人们将越来越重视产品包装的绿色环保性能。因此，对印后加工技术及材料的环保要求也越来越高。无论是水性覆膜的发展及应用，还是 UV 上光和水性UV 上光逐步取代溶剂型上光，无不体现这一发展趋势。由于覆膜产品废弃物处理困难，当覆膜上光皆可选择时，上光当首选。

工艺及设备的节能降耗也是环保理念的体现。

环保型的油墨、承印材料和上光油等材料的出现及发展，为今后的印后加工技术和设备带来了新的课题，同时也带来了新的商机。

环保意识的增强，使得人们寄希望于具有环保性能的覆膜设备，传统的覆膜技术及设备正受到冷落。自动水溶性覆膜机集机、电、气、光于一体，比传统的覆膜设备运行更平稳，更加人性化。

随着绿色印刷的观念深入人心，传统上光也面临着新的挑战，环保型 UV 上光和水性上光正成为发展的重点，而局部上光、特殊上光、金属色、珍珠色的上光技术发展也很快。

第二章 覆　　膜

覆膜是将涂有黏合剂的塑料薄膜覆合到印刷品表面的工艺（GB/T 9851.7—2008 印刷技术术语　第 7 部分：印后加工术语）。覆膜是通过某种方式将塑料薄膜与纸质印刷品黏合在一起的工艺（CY 42—2007 纸质印刷品覆膜过程控制及检测方法　第 1 部分：基本要求）。前一个标准没有把无胶覆膜涵盖其中。覆膜将塑料薄膜黏附在印刷品表面，形成纸塑合一印刷品，广泛应用于销售包装盒、购物袋、书籍封面、招贴广告等场合。

第一节　覆膜的作用和特点

纸张进行图文印刷后，由于纸张纤维的作用，印刷品表面的光亮度、耐磨度、耐水性、耐光性、耐晒性以及防污染性均较差，虽然油墨层具有一定的光亮度和耐水性，但效果仍不理想。

一、覆膜产品和作用

图 2-1 为各种覆膜产品。覆膜产品主要有各种包装盒、书籍封面、杂志封面、商标、彩照、礼品盒、挂历、手提袋、宣传册、卡片、饭店菜单等。

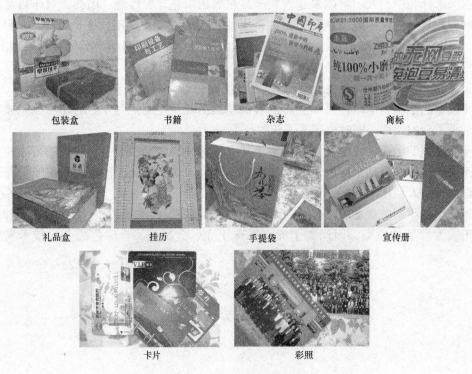

图 2-1　各种覆膜产品

覆膜增强了印刷面光亮度，改善了耐磨强度和防水、防污、耐光、耐热等性能，极大地提高商品和书刊封面的艺术效果和耐用强度，对保护包装装潢印刷效果，延长货架寿命，提高商品的竞争能力，作用十分显著。

覆膜也称为贴塑，覆膜技术广泛应用于书刊封面、包装盒面，特别是高级包装盒面、精美画册、挂历、台历、印刷宣传品、各种说明书等。

二、覆 膜 特 点

覆膜有四种方法：①湿式覆膜：把黏合剂涂布在塑料薄膜表面，通过压辊与基材（印刷品）黏合在一起，然后烘干或不烘干直接卷取；②干式覆膜：把黏合剂涂布在塑料薄膜表面，经烘干除去黏合剂溶剂，然后与基材经过热压合黏合在一起；③预涂覆膜：把黏合剂涂布在塑料薄膜表面，烘干后备用，需要时将预涂膜与基材经过热压合黏合在一起；④无胶覆膜：无胶覆膜是采用热熔性和塑性好的塑料薄膜加温加压复合在印刷品表面的工艺。

干式覆膜和湿式覆膜也称为即涂覆膜。

湿式覆膜需要在覆膜设备上安装黏合剂涂布设备，先涂布黏合剂，然后将薄膜与基材黏合，一次性将覆膜工作完成。湿式覆膜的特点是工艺操作简单，黏合剂用量少，成本低，覆膜速度快，不含残留溶剂，有利于环境保护。覆膜产品表面不易起泡、起皱。

干式覆膜是先烘干后黏合，在同一台机器上完成黏合剂涂布、烘干、热压合、复卷、割膜工作。干式覆膜的特点是工艺操作简单，黏合剂用量少，成本低，覆膜速度快，覆膜质量好，但有溶剂挥发，污染环境。

预涂覆膜是把黏合剂涂布在塑料薄膜上，经烘干、复卷后备用，在无黏合剂涂布装置的覆膜设备上进行热压合完成覆膜工作，覆膜设备不需要黏合剂涂布和干燥装置。预涂膜覆膜操作方便，生产灵活，无溶剂气味，不污染环境，劳动条件好，这种覆膜方法不会产生气泡、脱层等故障，表面透明度高，极具应用前景和推广价值。

无胶覆膜不用黏合剂，一般采用高压聚乙烯（PE）或聚丙烯（PP）薄膜，这些薄膜有较好的热熔性和塑性。无胶覆膜工艺具有节省材料和能源消耗，降低生产成本，绿色环保，操作简单、安全，节省设备空间，产品质量良好。对于含硅油成分的印刷品、墨层厚的实地印刷品、金银墨印刷品，覆膜效果较差。

覆膜黏合剂通常有溶剂型、水溶型和热熔型。热压合前，涂布装置将黏合剂均匀地涂布在塑料薄膜表面，由复合装置对塑料薄膜与印刷品进行热压复合，最后获得纸塑复合产品。

覆膜产品的黏合强度取决于塑料薄膜、黏合剂和印刷品之间的黏合力，要求黏合剂、薄膜、印刷品之间的分子和原子充分靠近，实现纸塑合一。

（1）吸附作用。黏合力来自于薄膜、黏合剂、印刷品之间的分子作用力。黏合剂分子借助于热布朗运动向被粘物表面扩散，升温加压有助于热布朗运动加快，当黏合剂与被粘物两种分子间达到很小的距离时，两种分子产生相互吸引作用。

（2）静电作用。塑料薄膜、黏合剂、印刷品表面带有电荷，在界面区两侧形成了双电层，电荷极性相反，产生静电吸引，静电力越强，黏合力越大。

（3）扩散作用。黏合剂扩散结果导致黏合剂和被粘物界面消失，产生过渡区，借助扩散键形成牢固的黏合。被黏物相对分子质量、分子结构形态、溶解度、黏合接触时间、黏合接触强度、黏合压力等影响扩散作用。合适的黏合剂相对分子质量，减少黏合剂与被粘物溶解度之差。延长黏合接触时间，提高黏合剂温度，增加黏合压力都有利于扩散作用，提高黏合强度。

第二节　覆　膜　方　法

常用覆膜方法有干式覆膜、湿式覆膜、预涂覆膜、无胶覆膜和无溶剂覆膜。

一、干　式　覆　膜

干式覆膜是在塑料薄膜上涂布一层黏合剂，经过覆膜机干燥烘道除去黏合剂中的溶剂，在热压状态下与纸或纸板黏合成覆膜产品。干式覆膜是覆膜工艺中最常用的方法。

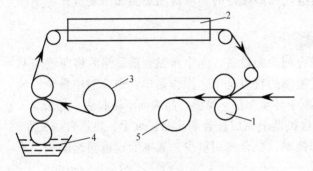

图 2-2　干式覆膜工艺流程图
1—压辊　2—烘道　3—放卷　4—黏合剂　5—收卷

1. 干式覆膜工艺

干式覆膜工艺是用涂布装置将黏合剂均匀涂布于塑料薄膜表面，输送到烘道干燥。干燥过程中，要求黏合剂中的溶剂基本挥发干净。涂布、干燥、热复合是覆膜过程中的主要步骤。

干式覆膜的工艺流程如图 2-2 所示。

工艺流程为：

塑料薄膜放卷→张力控制→表面处理→涂布黏合剂→烘道干燥→热压辊加热复合→冷却→收卷→割膜。

　　　　　　　　　　　　　　└输纸或纸板

干式覆膜工艺条件见表 2-1。

表 2-1　　　　　　　　　　　　**干式覆膜工艺条件**

	环境条件		涂布量/	黏合剂干度/	热压温度/	滚筒压力/	烘道温度/	覆膜速度/
	温度/℃	相对湿度/%	(g/m²)	%	℃	MPa	℃	m·s⁻¹
胶版纸	22~24	55~65	厚度约8μm，7~8	90~95	65~85	12~17	50~75	10~12
铜版纸	22~24	55~65	厚度约5μm，3~5	90~95	60~80	10~15	45~75	10~12

干式覆膜时，塑料薄膜表面要经过处理，一般采用电晕处理方法，表面张力应达到 $(38\sim40)\times10^{-3}$ N/m。覆膜机烘道干燥温度分为 3 段：1 段 45~55℃，2 段 60~65℃，3

段 70~75℃，最高不得超过 80℃。干式覆膜一般采用电加热器，在烘道中，将热空气通过缝状喷嘴达到 20~25m/min 的速度喷到已涂布黏合剂的塑料薄膜上。热空气束在运行中的薄膜表面形成旋流，使黏合剂中的溶剂挥发。

纸张印刷品只有在理想的压力作用下，黏合剂分子向墨层、纸张分子间的扩散实现良好的粘接，形成对印品表面的完整覆盖，使纸张印品表面光亮、无雾气状、胶层流平、无折痕，达到良好的粘接效果。

覆膜压力过大，容易使薄膜变形产生皱褶，而且会使橡胶压辊受压变形。覆膜压力过小则粘合牢度差。若在纸张印品不产生皱褶的情况下，适当地增大覆膜压力，有利于提高覆膜质量。

在实际的生产中，还要根据工艺条件的变量，调节覆膜的压力。

纸张印品表面粗糙，质地松散，孔隙的渗透性大，覆膜压力要适时增加。纸张纤维结构紧密、紧度大、平滑度高，覆膜压力一般控制在 10~15MPa；纸张纤维结构松散、紧度小、表面粗糙的印品覆膜压力一般控制在 12~18MPa。

干式覆膜操作环境对产品质量有一定影响，生产车间应具备以下条件：

（1）相对湿度要求在（60±10）%，55%~65% 比较好。相对湿度过高，除降低干燥速度外，还容易在刮刀上产生雾滴，印刷品出现纵向"暗纹"；若相对湿度过低（40%以下），易使薄膜产生静电。

（2）环境温度控制在（23±5）℃，21~25℃较为理想。

（3）应有完善的溶剂排放装置或回收装置。覆膜环境的允许浓度：甲苯小于 $80cm^3/m^3$；甲醇小于 $150cm^3/m^3$；正己烷小于 $80cm^3/m^3$；丙酮小于 $150cm^3/m^3$；乙酸乙酯小于 $300cm^3/m^3$；异丙醇小于 $300cm^3/m^3$。

气体取样方法：在距地面 1m 高处，抽取一定量气体，作为样品分析。

（4）环境密封，以防灰尘、杂物、昆虫等混入。

（5）有换气装置，以保证车间空气新鲜。

2. 干式覆膜影响

（1）黏合剂涂布量及均匀性。黏合剂涂布量的大小取决于印品纸张和油墨层的厚度，纸张平滑度高（如铜版纸）涂布量就应该少一些。涂布量的大小还与涂布机的速度以及涂布辊和计量辊（刮刀）之间的平行间隙有关，主机速度与涂布机速度之比应为 1:1.5 为好，涂布辊和计量辊（刮刀）之间的平行间隙调整范围应控制在 5~6μm。

黏合剂涂布量过小易影响粘接强度。涂布量过大，黏合剂中溶剂挥发减慢，产品放置后发生起泡起皱等现象。

（2）环境影响。相对湿度高，覆膜纸张从空气中吸收大量的水分，在覆膜过程中释放出来，复合时不能与塑料薄膜很好地粘合。应在正确的温湿度中操作。

（3）温度影响。干燥烘道的前端温度过低，黏合剂中的溶剂不能充分发挥，影响覆膜的牢度，易产生气泡，出现脱落现象。温度过高，覆膜后表面会产生许多皱褶。

热压温度提高，成键的分子数量增多，有助于粘合强度的增加，但必须控制在合理的范围内，使黏合剂彻底熔融，实现印刷品表面的润湿粘接。

（4）复合压力影响。复合压力过大，容易使薄膜变形产生皱褶，使橡胶压辊受压变形。复合压力过小，黏合牢度差。在纸张印刷品不产生皱褶的情况下，适当地增大复合

9

压力，使复合的印刷品内部结构和表面状态达到完美和谐。纸张印刷品表面粗糙，质地松散，孔隙的渗透性大，复合的压力就要适时增加。

二、湿式覆膜

湿式覆膜是在塑料薄膜表面涂布一层水溶型黏合剂，在黏合剂未干的状况下，通过压辊与纸或纸板复合，成为覆膜产品。由于湿式覆膜用水溶型黏合剂，故又称为水溶型覆膜、水溶性覆膜、水性覆膜。湿式覆膜的塑料薄膜与纸张复合后，有的经过热烘道干燥，有的不经干燥直接卷取，图2-3为湿式覆膜工艺流程图。

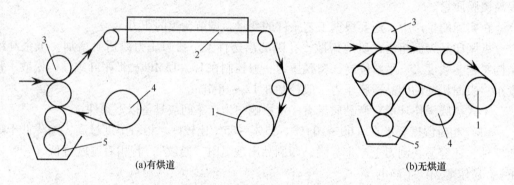

(a)有烘道   (b)无烘道

图2-3　湿式覆膜工艺流程
1—收卷　2—烘道　3—压辊　4—放卷　5—黏合剂

1. 工作原理

湿式覆膜的工作原理与干式覆膜基本相似。所不同的是干式覆膜是将涂布黏合剂的薄膜经过烘道加热，将黏合剂中有机溶剂挥发后再与印刷品热压、复合。而湿式覆膜是将涂布黏合剂的薄膜直接与印刷品复合后，再进入烘道干燥或不经干燥直接卷取；干式覆膜采用有机溶剂黏合剂，湿式覆膜采用水溶型黏合剂。

湿式覆膜采用的黏合剂主要有酪朊树脂-丁腈乳胶、聚乙烯醇、硅酸钠、淀粉、聚醋酸乙烯等。

湿式覆膜的复合滚筒压力和温度均低于干式覆膜方法。生产车间环境温度与干式覆膜相同。

2. 工艺控制

（1）控制印刷品喷粉。湿式覆膜采用水溶型黏合剂，水溶型黏合剂可以溶解印刷品表面水溶型喷粉，但水溶型黏合剂本身也受溶解度的限制，如果印刷品喷粉量过大，多余部分不能被水溶型黏合剂完全溶解，就会出现大面积雪花。非水溶型喷粉由于不能被溶解，也会使覆膜产品出现雪花。覆膜时，应协调上下工艺，印刷时尽量减小喷粉量；适当增大水溶型黏合剂量，加大水溶型黏合剂溶解喷粉的能力；在覆膜前将印刷品表面悬浮喷粉清扫一下。

（2）保持清洁。由于水溶型黏合剂干燥很快，如果静止没有流动，会干燥成胶皮，成固体块状。如果附在涂胶辊或复合滚筒上，就会造成局部涂胶过小或施压时局部压力过大。所以在覆膜过程中要保持涂胶辊及复合滚筒表面干净。

如果周围环境中灰尘太多，造成水溶型黏合剂中有干燥胶皮及纸张、薄膜碎片等，覆膜产品就会有缺陷，所以应当注意环境卫生，水溶型黏合剂一次用不完应倒回胶桶密封好，或采取上胶前过滤的方法。

（3）控制印刷品变色。印刷品变色主要出现在大面积印金及烫印产品。这是由于水溶型黏合剂中化学性质活跃的元素和铜粉或铝箔发生了化学反应。针对印金产品采用特种金墨或特种水溶型黏合剂或改变工艺，烫印产品先覆膜后烫印，很多厂家采用后一工艺，效果非常好。

（4）控制纸塑脱离。纸塑脱离现象容易在满版实地印刷品中出现，因这样的印刷品表面油墨层较厚，黏合剂难以润湿、扩散、渗透，造成粘接不牢。针对满版实地印刷品，要求水溶型黏合剂生产厂家加大黏合剂固含量；适当加大黏合剂层厚度；提高覆膜时及产品干燥过程中的外界温度；检查水溶型黏合剂是否变质，检查黏合剂的出厂日期及保质期；薄膜表面处理是否超过保质期限，检查薄膜电晕处理是否失效。

（5）控制产品变形。若水溶型黏合剂量太大，必然使纸张吸收水分大，纸张变形增大。所以在没有雪花点的情况下，尽量减小黏合剂涂布量。若覆膜拉伸变形严重，此时应适当调整薄膜的走膜张力，只要保证薄膜能很平整地与纸张贴合，走膜张力越小越好。外界环境温度差、湿度差不能太大。

三、预涂覆膜

预涂覆膜是将黏合剂预先涂布在塑料薄膜上，经烘干卷取后，作为商品出售。需要覆膜时，在无黏合剂涂布装置的覆膜设备上进行热压合，完成覆膜过程。

预涂覆膜多采用双向拉伸聚丙烯（BOPP）作为预涂膜。预涂膜是由薄膜与黏合剂复合在一起制成，经过加热加压可以与其他材料（如印刷纸张、纸板、塑料薄膜等）直接黏合的复合薄膜（CY/T 43—2007 纸质印刷品覆膜过程控制及检测方法 第2部分：EVA型预涂覆膜）。适用于纸包装类及金属薄板、塑料板材、各类食品包装和书籍、杂志、商标、彩照、礼品盒、手提袋、酒盒等的覆膜，是一种高档包装材料。

预涂覆膜要掌握好温度、压力、速度3个技术参数。

1. 覆膜温度

覆膜温度是预涂覆膜的首要因素，温度决定了热熔胶黏合剂的熔融状态，决定了热熔胶分子向塑料薄膜、印刷品墨层、纸张等的渗透能力和扩散能力。尽管覆膜温度的提高有助于黏合强度的增强，但温度过高会使薄膜产生收缩，产品表面发亮、起泡，产生皱褶。覆膜温度应控制在 70～100℃，常用 85～95℃。

2. 覆膜压力

纸张的表面并不平整，只有在适宜的压力下，熔融状态的热熔胶才能完全覆盖印刷品表面，覆膜产品才光亮，黏结效果好。压力小，黏结不牢；压力大一些，有助于提高薄膜和印刷品间的结合力。但是，如果压力过大，又容易使产品产生皱褶，而且容易使橡胶压辊表面受伤、变形，降低橡胶压辊的使用寿命。随着压力的增大，橡胶压辊和热压辊间的接触压力增大，影响整机的使用寿命。

在实际生产中，应当根据纸张的不同来调节压力。对于纸质疏松的纸张，压力要大一些，反之则小一些。覆膜压力一般设定为 8～25MPa，常用 10～15MPa。

3. 覆膜速度

覆膜速度决定了预涂膜上的黏合剂在橡胶压辊和热压辊间的熔化时间以及薄膜和纸张的接触时间。覆膜速度慢，预涂膜上黏合剂的受热时间相对较长，薄膜和纸张的压合时间长，黏结效果好，但生产效率低。覆膜速度快，预涂膜上的黏合剂在压合滚筒间的受热时间短，薄膜和纸张的接触时间短，黏结效果差。预涂覆膜设备速度一般控制在 5 ~ 30m/min，常用速度 8 ~ 12m/min。

覆膜温度、覆膜压力和覆膜速度三者之间的协调配合应根据所使用设备的不同、覆膜产品种类的不同以及所使用薄膜种类的不同等实际情况，灵活掌握，只有这样才能得到高质量的覆膜产品。

4. 特殊印刷品覆膜参数控制

特殊印刷品是指印刷面积大，墨层厚，色泽深，纸张含水率大，纸张尺寸大的印刷品。对此类印刷品进行覆膜时，覆膜参数一般控制如下：

覆膜温度：95 ~ 105℃；

覆膜压力：16 ~ 25MPa；

覆膜速度：5 ~ 10m/min。

预涂覆膜的操作程序有放料、开机、输送印刷品、收卷、分切 5 个步骤。放料是将预涂膜穿过上料杆，放置于放料轴座上。穿过直形展平辊、弓形展平辊并调平。开机是启动主机和加热装置，使热压辊旋转升温，保持热量均匀；同时加压，使压力橡胶压辊与热压辊接触，旋转预热。输送印刷品是做好印刷品表面状态整理工作，调好规矩板，自动或手工续纸。收卷是启动收卷装置，将覆膜产品缠绕于收卷轴上，并控制适当张力。分切是将连为一体的覆膜产品按单张纸分切存放，并检验质量，清点数量。

预涂覆膜具有以下优点：

（1）覆膜工艺简单。不需要黏合剂及黏合剂涂布机构和加热烘道。随时开机，随时覆膜，加热加压即可完成覆膜，生产管理简化，操作人员劳动强度低，生产效率高。

（2）黏合性能优异。覆膜后的产品不会出现起泡现象。

（3）不用溶剂。不使用溶剂，使图文色彩鲜亮，有利于环境保护，消除火灾隐患，有利于操作人员身体健康，减少通风设备。

（4）不需专门覆膜设备。预涂覆膜不需专门覆膜设备，只需将原有覆膜机关闭黏合剂涂布机构和加热烘道即可使用。

（5）提高工作效率。预涂覆膜可以将印刷后油墨未干的印刷品马上进行覆膜，覆膜后可以立即进行下一道工序加工，如烫印、模切等。节省工作时间，缩短加工周期。

（6）生产成本低。预涂覆膜一般选用相对密度小的 BOPP 材料，厚度较小，用量较少，生产成本较低。

（7）适用范围广。预涂覆膜适用高速印刷的纸张，不考虑纸张的吸水性和渗透性等，生产速度快。可用挺度、硬度、强度都很高的 PET 材料作为生产预涂覆膜的基材。通常的覆膜工艺很难做到这一点。

（8）粘接性能好。BOPP 薄膜经过表面电晕处理，表面润湿性及连接性能加强，具有更强的亲和性，克服起泡分离现象。

四、无胶覆膜

无胶覆膜是指塑料薄膜表面不涂布任何黏合剂,采用热压熔融复合的方式,将塑料薄膜与印刷品复合在一起。

无胶覆膜所用薄膜一般采用高压聚乙烯(PE)或双向拉伸聚丙烯(BOPP)薄膜,这些薄膜有较好的热熔性和塑性。

经过加工,无胶膜可以制成亮光膜、亚光膜和激光膜。

无胶覆膜由于不用黏合剂,节省材料和能源消耗,成本较低;由于 PE 膜和 BOPP 膜是食品包装材料,再加上不用黏合剂,无挥发和渗透,绿色安全;无胶覆膜所用薄膜热熔态下与印刷品粘接,压力小,不产生雪花;经试验,在 80℃的 5%烧碱溶液中,将无胶覆膜产品放入轻搅,会出现膜和纸会分离,易于回收。操作简单、安全,节省设备空间,产品质量良好。对于含硅油成分的印刷品、墨层厚的实地印刷品、金银墨印刷品,覆膜效果较差。

无胶覆膜工艺流程为:

放卷
↓
工艺准备→印刷品输送→热压复合→分切→检验→成品

无胶覆膜可用于铜版纸、白卡纸、白纸板、金银卡纸、不干胶标签、牛皮纸印刷品覆膜,也可用于油墨中撤黏剂、干燥剂、冲淡剂含量低的其他印刷品覆膜。

1. 工艺准备

覆膜之前应做好充分准备,包括对待覆膜印刷品和塑料薄膜进行检查和准备。主要检查印刷品是否平整,表面是否洁净,墨迹是否干燥。

(1)印刷品平整度。印刷品纸张在一定的相对湿度下,含有一定的水分,当湿度较小时,纸张含水量降低,向空气中散发水分;当湿度较大时,纸张含水量提高,吸收空气中的水分。当纸张的两面或纸张的不同部位含水量有差别时,纸张各处变形不同,影响平整度。

在印刷品存放过程中,若没有在恒温恒湿条件下存放,又没有防潮措施,将会改变印刷品内的水分平衡,导致荷叶边、紧边或卷曲变形。平整度差的印刷品不能用于覆膜。

(2)表面洁净度。待覆膜印刷品表面必须洁净,不能有杂质、灰尘。覆膜车间和印刷品存放处要保持空气清洁,无尘。对于在印刷中喷粉的印刷品,要清除表面喷粉,清除喷粉可以采用人工擦拭、吊晾的方法,也可以采用专用除粉设备除粉。若需要覆膜的印刷品,最好的方法是少喷粉或不喷粉。

(3)油墨干燥度。待覆膜印刷品油墨要彻底干燥,油墨中溶剂全部渗透挥发,氧化聚合反应全部完成。若渗透挥发过快,颜料颗粒浮于表面造成印迹不牢、掉色等故障。若干燥油添加过多,干燥过快,墨层表面容易晶化,润湿性降低,不能黏合。干燥过慢,容易蹭脏,若油墨未干燥覆膜,会造成覆膜不牢。

2. 工艺参数

(1)覆膜温度。覆膜温度要保证塑料薄膜处于熔融状态,热压辊温度一般应高于复合温度，通常在95～120℃。覆膜速度越快，热压辊温度越高。覆膜温度的提高，有利于粘接强度提高。覆膜温度过高，会使纸张和薄膜收缩、变形，使产品产生皱褶、卷曲、起泡，造成废品。

一般情况下，覆膜温度高一些，覆膜产品的光亮度会好一些。印刷品纸张平滑度低，覆膜温度应高一些；亮光膜覆膜温度应高一些，一般在105～120℃；亚光膜覆膜温度应低一些，一般在95～105℃。

（2）覆膜压力。覆膜压力大些，有助于提高薄膜与印刷品的粘接强度，覆膜效果好。覆膜压力过大，会使覆膜产品变形，出现褶皱，压出条纹，损坏压合滚筒和机器。压力过小，粘接强度差。合理的压力应以覆膜后产品结合牢固，表面光滑、平整为准。

通常表面平滑度低、渗透性大的印刷品，覆膜压力大一些。

无胶覆膜所用薄膜热熔态下与印刷品粘接，覆膜压力比传统覆膜压力小一些，一般起始压力在12MPa左右。

（3）覆膜速度。覆膜速度低，覆膜效率也低。在保证覆膜质量的前提下，速度越高，经济效益越高。一般情况下，印刷品表面平滑度高，覆膜速度可以高一些；油墨墨层薄，速度高一些。

覆膜温度、压力、速度三个参数中，温度是主要因素，压力是辅助因素，速度是配合因素，三者要相互配合。覆膜温度、压力确定后，速度也确定了。

五、无溶剂覆膜

1. 无溶剂覆膜原理

无溶剂覆膜是采用无溶剂型黏合剂，将塑料薄膜与印刷品复合在一起的方法，又称反应型覆膜。

无溶剂覆膜使用的黏合剂无溶剂，都是有效成分，涂布量很小，将如此少量的黏合剂均匀地涂布在塑料薄膜上，采用一般的涂布装置不能进行精确涂布。因此，要使用稳定的、高精度的涂布装置来完成。由于无溶剂覆膜中黏合剂的涂布量非常少，因此要采用很高的复合压力。

2. 无溶剂覆膜黏合剂

无溶剂覆膜一般使用单组分和双组分聚氨酯黏合剂。聚氨酯预聚体经加热变成低黏度液体，与空气中的水分相遇即发生固化。黏合剂加热时处于液状，用覆膜机的涂布装置涂布到塑料薄膜表面。

无溶剂黏合剂常温是黏稠的液体，在加热的情况下为黏度低的可流动液体，能很好地进行涂布。

单组分无溶剂黏合剂是靠空气中水分反应而固化，当涂布量超过$2g/m^2$，将产生固化不良，使用受到限制。单组分无溶剂聚氨酯黏合剂包括聚醚聚氨酯聚异氰酸酯、聚酯聚氨酯聚异氰酸酯和两种类型的混合型。

双组分无溶剂聚氨酯黏合剂由两组聚氨酯预聚体组成的，在使用时将两个组分均匀混合在一起，靠相互的反应形成大分子而达到交联固化。这种黏合剂黏度相比单组分黏合剂低，初始粘接力强，有些品种在常温下就可使用。

双组分无溶剂黏合剂主组分一般为聚酯聚氨酯预聚物，另一组分（也称为固化剂）

为聚异氰酸酯预聚物，操作温度在 40～50℃。无溶剂黏合剂的黏度与预聚物中异氰酸基的含量成反比，降低预聚物中游离二异氰酸酯基的含量，黏度增加。使用操作温度增高，操作条件不易控制。

3. 无溶剂覆膜工艺条件

一般单组分黏合剂的涂布温度控制在 70～100℃，黏度控制在 600～3000mPa·s；双组分黏合剂涂布温度控制在 45～80℃，黏度 500～1500mPa·s。

在无溶剂覆膜中，黏合剂的涂布量对质量非常关键。涂布量不足，易引起覆膜粘接力不足，易剥离甚至脱层。黏合剂最佳涂布量的选择，要依据覆膜产品的质量要求、薄膜性质、印刷效果和油墨以及黏合剂性能等综合考虑。一般使用单组分涂布量为 0.5～1.8g/m²。当涂布量 >2g/m²，不利于黏合剂的固化反应，影响覆膜产品的粘接强度。

使用双组分无溶剂黏合剂无此限制，但是涂布量过大也不利于覆膜质量，一般涂布量控制在 1～3.5g/m²，做特殊需要的覆膜时，可加大到不超过 5.0g/m²。

4. 无溶剂覆膜特点

①不用有机溶剂，成本下降。②没有有机溶剂挥发对环境的污染。③不需溶剂挥发干燥装置，降低了能耗。④没有火灾，爆炸的危险，不再需要溶剂的防爆措施，也不再需要贮存溶剂的设备和库房。⑤覆膜产品没有残留溶剂损害问题，并消除了溶剂对印刷油墨的侵袭。⑥不含有机溶剂，消除了塑料薄膜易受溶剂和高温干燥被损坏的影响，覆膜产品尺寸稳定性良好。⑦无溶剂黏合剂的涂布量要少于溶剂型黏合剂的涂布量，节约了成本具有很好的经济性。⑧设备较简单，占地面积小，节约了投资。

无溶剂覆膜是一种很有发展前途的覆膜方法。

5. 无溶剂覆膜设备

无溶剂覆膜机由混合计量配胶系统、涂布系统、复合冷却系统、放卷收卷系统等主要部分构成，涂布系统带有加热装置。

双组分无溶剂聚氨酯黏合剂在使用时，需要一套自动供给涂布系统的装置，通常使用计量泵来达到此目的。

无溶剂覆膜机没有烘道，覆膜速度可达 300m/min。

第三节 覆 膜 工 艺

覆膜工艺就是用黏合剂或其他方式将塑料薄膜和印刷品黏合在一起，形成纸塑复合印刷品的方法。覆膜的基本工序为：印刷品覆膜前处理→涂布黏合剂→调试覆膜设备→试覆膜→正式覆膜→收卷分切。

一、印刷品覆膜前处理

覆膜前处理是提高覆膜质量的前提，这样才能达到覆膜产品质量标准和客户要求。覆膜车间温度和相对湿度要符合要求。纸张能够吸收空气中的水分，也可以向空气中散发水分，若环境温湿度不合适，造成印刷品含水率不符合要求，覆膜后就会产生变形。若印刷品中水分过大，会使覆膜过程中经热压释放出水蒸气，使局部产生不黏合现象。车间相对湿度一般控制在 (60±10)%，温度控制在 (23±5)℃。覆膜车间要保持较高的洁净度，如果环境灰尘飘移到黏合界面，会产生非黏合现象。

墨层厚度、渗入深度对覆膜也有影响，平版印刷墨层较薄，对覆膜工艺较为理想。印刷品油墨层过厚，黏合剂不能正常渗透油墨层，造成假性黏合或起泡，这时可调整黏合剂与溶剂的比例，增大黏合剂用量，增大压力、温度，促进黏合剂分子运动，使黏合剂尽可能透过油墨渗入纸张。一般这种情况下，复合压力控制在 12~15MPa，温度控制在 75℃，黏合剂涂布厚度 6~8μm，干燥温度一般控制在 45~75℃，中速风力。印刷品油墨层过薄对覆膜没有影响，这时温度、压力均可适当降低一些。

印刷品中的粉状油墨，如金墨、银墨等，颗粒较粗，隔开黏合剂和纸张，影响黏合，黏合不牢。覆膜时可用干布轻擦印刷品表面，增大橡胶压辊压力和热压温度，一般压力控制在 13~16MPa，热压温度控制在 75℃左右，黏合剂涂布厚度一般为 6~8μm，干式覆膜涂布黏合剂的薄膜在通过烘道后有轻微粘手感为宜。

印刷品的油墨添加干燥油可提高油墨干燥速度，但是油墨表面结成油亮光滑的低能界面层，即晶化，覆膜时易使印刷品表面起泡，这时可印刷一层亮光浆破坏这种晶化。

印刷品纸张紧度较大，其平整度和光滑度较好，黏合剂渗透性小，覆膜后易产生脱膜起泡现象。这时可调低黏合剂配比浓度，橡胶压辊压力控制在 10~15MPa，热压温度控制在 60~80℃，黏合剂涂层厚度为 3~5μm。

印刷品纸张紧度较小，其平整度和光滑度较差，黏合剂渗透性强，黏合力高，黏合剂用量大。覆膜时，覆膜压力一般控制在 12~18MPa，热压温度控制在 65~85℃，黏合剂涂层厚度为 5~7μm。

二、黏合剂涂布方法

黏合剂涂布是覆膜工艺中主要工序。塑料薄膜一般为卷筒状材料，将黏合剂涂布在塑料薄膜上有多种方法。涂布是利用覆膜设备的涂布装置进行。

（一）逆向辊涂布

逆向辊涂布是最常用的涂布方法，涂布精确度较高，用途广泛，适用于黏合剂黏度范围较大的涂布。逆向辊涂布最大宽度可达 4800mm，一般常用 900~1300mm，涂布速度可达 300m/min。

逆向辊涂布是涂布辊与塑料薄膜逆向转动进行涂布，涂布的黏合剂可以预先计量。逆向辊涂布压力较低，涂布均匀。

逆向辊涂布装置分为三辊式（图 2-4）和四辊式（图 2-5），四辊式涂布装置比三辊式涂布装置速度高些，料槽中黏合剂溅起和起泡小些。

逆向辊涂布装置根据供料方式的不同可分为压区供料和料槽供料（图 2-5）。压区供料可以位于上方（图 2-6），也可以位于下方（图 2-7）。

涌喷供料的逆向辊涂布用于条幅状材料的涂布，喷出的黏合剂流可限制在所要求的区域内，图 2-8 为涌喷逆向辊涂布工艺原理图。

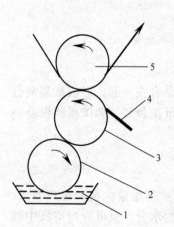

图 2-4　三辊式逆向涂布
1—料槽　2—上料辊　3—涂布辊
4—刮刀　5—衬辊

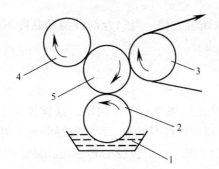

图 2-5 四辊式逆向涂布

1—料槽 2—上料辊 3—衬辊

4—计量辊 5—涂布辊

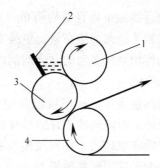

图 2-6 位于上方的压区供料

1—计量辊 2—挡板

3—涂布辊 4—衬辊

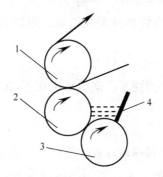

图 2-7 位于下方的压区供料

1—衬辊 2—涂布辊

3—计量辊 4—挡板

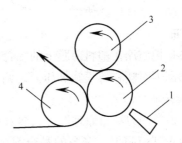

图 2-8 涌喷逆向辊涂布

1—涌喷模口 2—涂布辊

3—计量辊 4—衬辊

（二）网纹辊涂布

网纹辊涂布是利用表面雕刻网纹的圆辊将黏合剂涂布到塑料薄膜上。网纹辊涂布精度高，计量准确。涂布辊的凹网纹布满整个圆辊表面，可以设计成多种形状的图形。网纹辊不能涂布比预计体积多的黏合剂，每次涂布量稳定不变，网纹辊的涂布能力也取决于黏合剂的浓度。网纹辊可做得直径很小，也可以做得直径很大。

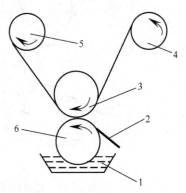

图 2-9 网纹辊直接涂布

1—料槽 2—刮刀 3—衬辊

4—放卷 5—收卷 6—网纹辊

网纹辊涂布可分为直接涂布和间接涂布。

1. 直接涂布

直接涂布是把网纹辊浸在料槽中，卷筒状塑料薄膜被衬辊压在网纹辊上，在引力和真空作用下，塑料薄膜把网纹辊上的黏合剂吸出，涂布在薄膜上，如图 2-9 所示。

网纹辊直接涂布时，网纹辊的转向可以和塑料薄膜同向，也可以逆向，两者逆向的称为逆向网纹辊直接

17

涂布。

网纹辊直接涂布装置结构简单，更换涂布辊方便，当黏合剂种类和黏度不变时，只有更换网纹辊才能改变涂布量，更换方便很重要。

刮刀的作用是将多余的黏合剂刮掉。

2. 间接涂布

网纹辊间接涂布是在网纹辊与塑料薄膜之间加装一个转涂辊，这样使涂布更均匀，涂布质量更好。对流动性不好的黏合剂，或幅状材料不平整，均可较好涂布。图2-10为网纹辊间接涂布原理图。在网纹辊与衬辊之间增加一个包胶的转涂辊，转涂辊从网纹辊上移走黏合剂转涂到塑料薄膜上。

黏合剂在转涂辊上停留期间，有一些微小的倒向流动，有助于均匀涂布黏合剂。

当网纹辊、转涂辊与塑料薄膜转向不同时称为逆向网纹辊间接涂布。这种方法涂布压力低，涂布均匀，可以适当调节涂布量。刮刀将多余黏合剂刮掉。

常用的网纹辊有陶瓷网纹辊和金属网纹辊。陶瓷网纹辊精度高，耐印力大，涂布效果好，价格较高，已被广泛使用。

（三）刮刀涂布

刮刀涂布是把施涂在塑料薄膜上的黏合剂用刮刀抹平，刮刀采用0.2~0.5mm厚度的薄钢片，借助刮刀对塑料薄膜施加压力，调节涂布量。

1. 单刮刀涂布

图2-11为单刮刀涂布原理图。大多数刮刀涂布都设计成这种形式，施涂装置带上的黏合剂直接涂布到薄膜上，多余的黏合剂被刮刀刮下来，常用的施涂装置是涂布辊，也有的施涂装置采用缝孔涂布器或喷流涂布器。

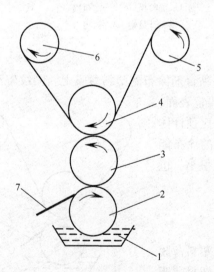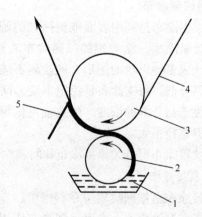

图2-10　网纹辊间接涂布
1—料槽　2—网纹辊　3—胶辊
4—衬辊　5—放卷　6—收卷　7—刮刀

图2-11　单刮刀涂布方法
1—料槽　2—涂布辊　3—衬辊
4—薄膜　5—刮刀

刮刀涂布包括涂布和调节涂布量两个工序。

采用涂布辊涂布黏合剂最常用，涂布辊在料槽中转动，把黏合剂送入被黏合物表面，涂布辊与衬辊之间间隙一般为 0.3~1mm，一部分黏合剂黏附在涂布辊上，另一部分黏合剂涂布到被黏合物上。被涂布到黏合物上的黏合剂量仍较大，通过刮刀把多余的黏合剂刮下来。

改变刮刀对被黏合物的压力可以调节涂布量，压力大，刮刀与被黏合物间隙小，黏合剂通过量小，涂布量小；压力小，刮刀与被黏合物间隙大，黏合剂通过量大，涂布量大。

刮刀与被黏合物的角度也影响涂布量，一般为 40°~55°。角度过小时，黏合剂对刮刀的反作用力增大，若要使刮刀正常工作，就要增大刮刀压力，否则就会使黏合剂涂布量增大；角度过大时，刮刀对被黏合物磨损增大，不利于保证黏合质量。

2. 双刮刀涂布

用两把刮刀同时对被黏合物的两面涂布的方法称为双刮刀涂布。采用喷涌式涂布器，可以在被黏合物两面用不同的黏合剂，达到完全分别涂布。

双刮刀刀片一般厚度为 0.1~0.2mm。双刮刀涂布的被黏合物要有足够强度。

（四）热熔涂布

热熔涂布是将热熔胶熔化，直接涂布在塑料薄膜上。这种涂布方法不用溶剂，有利于环境保护。常用的热熔胶有聚乙烯、乙烯-醋酸乙烯共聚物、块状共聚物和无规则聚丙烯、树脂和蜡等。

热熔涂布可分为垂幕式涂布、辊式涂布和缝孔涂布。

1. 垂幕式涂布

垂幕式涂布是热熔胶形成一幅像幕布一样下落的膜，落在移动的塑料薄膜上的涂布方法。

垂幕式涂布适用于涂布平整的材料或不规则形状的平面材料。

垂幕式涂布要求黏合剂形成的膜有充分的内聚性能，也可以使用热熔胶以外的其他符合性能要求的黏合剂。

垂幕式涂布头有一带缝料箱，料箱的缝宽度可调，垂幕的两边由连接到涂布头底部的网或缝条来调节，避免垂幕下落时发生断裂。

垂幕式涂布箱缝宽度一般为 0.1~2mm。黏度较低的黏合剂要求较窄的缝，0.4mm 的缝能用于黏度 0.1Pa·s 的黏合剂，黏度较高的黏合剂缝宽大些。涂布头高度可在 100~300mm 范围调节。塑料薄膜运行速度为垂幕终点速度，通常为 60~130m/min。涂布宽度 300~4000mm。黏度高的黏合剂，涂布头应高些。

热熔胶熔化温度高，黏度低，流动性好。低黏度的热熔胶（120℃下为 0.025~1Pa·s）在 90~120℃以下运行；中黏度的热熔胶（1~25Pa·s）在 130~140℃以下运行；高黏度的热熔胶（25~85Pa·s）在 180~190℃以下运行。

2. 缝孔涂布

缝孔涂布是黏合剂在压力下从缝孔流出附在被黏合物上形成薄层的涂布方法。缝孔涂布应用范围广。

缝孔涂布使用的热熔胶黏度一般为 0.5~250Pa·s。黏度过低，造成涂布头中压力波动，涂层不均匀。低黏度热熔胶适合于低涂布量，高黏度热熔胶适合于高涂布量，涂布量一般为 $6 \sim 600 \text{g/m}^2$。涂布速度可达 350m/min。

缝孔涂布的缝孔开口度可调，以适应不同黏度、不同涂布量要求。

3. 辊式涂布

辊式涂布是利用涂布辊进行涂布的方法。辊式涂布有顺向辊式涂布、逆向辊式涂布和网纹辊涂布。

顺向辊式涂布是塑料薄膜与涂布辊以相同方向运行，热熔胶在基材与涂布辊之间运动。逆向辊式涂布是涂布辊与塑料薄膜运动方向相反。网纹辊涂布是涂布辊表面有不同形状网纹，将热熔胶带起涂布到塑料薄膜表面。网纹辊涂布有网纹辊直接涂布和间接涂布两种方式，间接涂布是网纹辊给中间包胶辊涂布，包胶辊再给塑料薄膜涂布。由于网纹辊网纹容积小，网纹辊涂布适用于低黏度、低涂布量的热熔胶涂布。

直接涂布的网纹辊涂布中形成的网纹印痕可以通过加热的抹光杆抹平。

网纹辊涂布适合黏度为 5Pa·s 以下，涂布量为 $3 \sim 100 \text{g/m}^2$，温度为 $80 \sim 200℃$。

三、开　机

覆膜机组成机构很多，各部分都要协调配合，各机构的准备和调节直接影响覆膜质量。下面以干式覆膜机为例，说明开机过程。

1. 涂布机构调节

干式覆膜机涂布机构多采用辊式涂布，首先要调节涂布辊和刮胶辊的平行间隙及涂布辊转速，两辊平行度控制在 $0.004 \sim 0.005\text{mm}$ 以内，涂布辊表面线速度与薄膜运行速度应控制在 1.5∶1 为宜，即涂布辊线速度高于薄膜运行速度，涂布辊转速越高，胶层越厚。其次调节涂布量，一般为 $3 \sim 7 \text{g/m}^2$（湿量），通常黏合剂固含量为 30%～35%。

2. 调节热压温度和滚筒压力

热压温度和滚筒压力调整不适当，覆膜质量就出现问题。

热压温度根据印刷品墨层厚度、纸质好坏、气候等条件调整，一般控制在 $60 \sim 80℃$。温度过高，易造成薄膜变形、产品卷曲、皱褶等；温度过低，覆膜不牢，易脱层。一般胶版纸、白板纸及墨层厚的印刷品热压温度略高一些，铜版纸热压温度略低一些。

滚筒压力根据不同的情况进行调节，一般表面光滑、平整的印刷品的覆膜，压力为 $10 \sim 15\text{MPa}$。压力过大，易产生压皱、条纹、纸张伸长变形、滚筒变形、压力不均、加快设备磨损等；压力过小，易造成覆膜不牢、脱层等。

3. 烘道温度调节

烘道用于烘干塑料薄膜上的黏合剂，以便进行热压复合。干燥度一般控制在 90%～95%，以手感略有黏着力为合适。过分干燥和过分粘手都不利于覆膜质量。烘道温度一般控制在 $45 \sim 75℃$。烘道温度过高，使黏合剂过分干燥，达不到黏合作用；温度过低，使黏合剂溶剂不能全部挥发，剩余溶剂产生气体，迫使两层分离，也达不到黏合作用。

4. 滚筒温度调节

干式覆膜机的温度也是覆膜质量的主要影响因素。它必须与涂布机构、烘道温度和热风量、压合机构温度和压力相适应，使黏合剂溶剂得到挥发，达到固体树脂压合熔点。

覆膜机速度一般为 10~20m/min，有的覆膜机速度达到 50 m/min，提高覆膜机速度，烘道温度、压合温度、滚筒压力均应相应提高，使温度、压力与机器速度相匹配。速度过高，黏合剂膜层在烘道中停留时间过短，溶剂挥发不干净，压合机构作用时间过短，覆膜牢度降低。

5. 覆膜

对样品进行检验后，即可进行批量生产。

覆膜生产工艺一般可分为输纸、复合、复卷等几道工序。覆膜所用塑料薄膜为卷筒材料，纸张通常为单张纸。在覆膜机中，塑料薄膜的运动是由热压辊的摩擦力带动自动进行的；纸张的运动是由输纸机输送或由操作人员按规矩要求摆放在输送带上，由输送带传送。

输纸工序就是保证印刷品与塑料薄膜自动同步运动，将单张印刷品输送到复合部位进行有效压合工作。输纸有手工操作和自动输纸，输纸工序直接影响覆膜质量和覆膜操作。

塑料薄膜与印刷品的复合是在覆膜机中进行的，复合后的产品在覆膜机中的复卷装置上卷成卷筒状。

覆膜过程中，操作人员既要负责机器操作，又要负责配兑、加添黏合剂，调整薄膜，产品收卷，检查质量等。

6. 收卷分切

覆膜后的产品一般为卷筒状，对于白板纸覆膜产品，应立即分割。分割后的膜面应朝上，对于较硬的铜版纸和胶版纸印刷品，应复卷后放置24h后，再分割。这样既可提高粘结牢度，又能防止单张纸卷曲。

产品的分割称为割膜工序。割膜工序是将覆好膜的卷筒材料按原印刷品的大小还原成单张状态。

割膜时，先将覆好膜的卷筒材料放到工作台架上，按照纸张的接缝折叠起来，同时卷筒材料在工作台架上转动，放出一个单张纸长度，纸边不要折，以免影响质量。用割膜刀沿折缝把薄膜迅速割开。割开后的产品摆放整齐，500 张为一单元，以利查数。

四、覆膜检验

机器调整好后，把经过预处理的印刷品送入压合机构进行覆膜，取得样品进行检验。正式覆膜前先用少量印刷品进行检验，以免造成大量浪费，检验合格后，即可进行大批量生产。

覆膜检验可用如下方法进行：

1. 撕揭检验法

把覆膜完成后的试样薄膜一角向横宽方向撕揭，按住纸张，宽度方向全部撕开后，再全面撕揭，撕开后，若印刷品表面图文印迹随胶层和纸张的纤维转移到薄膜上，则说明印刷品与薄膜黏合良好，为合格产品。

2. 烘烤试验

把覆膜完成后的试样放入烘道内，以 60~65℃烘烤约 30min，如果没有起泡现象，不产生脱层，不起皱，为合格产品。

烘烤后撕揭薄膜应不能完好地与纸张分离。

3. 水浸法

把覆膜完成后的试样放入冷水中浸泡约 1h 后取出，塑料薄膜与印刷品不脱离为合格品。

4. 压折法

把覆膜完成后的试样放在压痕机上试压，如压出的凹凸部分不脱层则为合格品。

5. 拉力测试法

拉力测试法测试覆膜产品的粘接强度。

测试设备：电子拉力试验机。

试样：长度 150mm，宽度为 15mm。

试样制备：将整张样品宽度方向的两端裁去 50mm，沿样品宽度方向均匀裁取纵、横试样各 10 条，覆膜时的压合方向为纵向。沿试样长度方向将纸基与塑料薄膜预先剥开约 50mm，要求被剥开部分无明显的损伤。这样，可保证试样在剥离过程中满足有效剥离长度为 90mm 的要求。

处理好的试样应在温度为（23 ± 2）℃、相对湿度为 55% ~ 65% 的环境中放置 4h 以上，并尽可能在上述环境中进行测试。

试验速度：（300 ± 50）mm/min。

测试过程：将设备安置于平稳的工作台面上，并调整至水平。将预剥后的试样纸基一端和塑料薄膜一端分别固定在上、下夹头之间，并使两者处于同一垂直平面上，以保证剥离时所施加的拉力在同一直线上。

按"实验"键，设备自动完成对试样的剥离。同样可完成 3 ~ 6 条试样的测试。将测试结果与标准值比较，确定覆膜产品是否合格。

覆膜样品经过一种或几种检验方法后，符合要求，则可投入批量生产。如果不符合要求，样品不合格，要调整工艺再试验，直到检验合格为止。

五、质量要求和检测标准

1. 覆膜质量要求

覆膜对产品起到保护和美化作用，覆膜的印刷品一般要经过折叠、刮压、粘贴、烘烤、模切、压痕等加工，要受到各种物理、机械、化学作用，在这些条件下，覆膜产品不能出现质量故障。

覆膜产品的基本质量应达到：

（1）印刷品图案色彩保持不变，在日晒、烘烤、紫外线照射条件下，覆膜印刷品的图案色彩仍要保持不变。

（2）塑料薄膜与印刷品黏合平整、牢固，纸和薄膜不能轻易分开，揭开后纸张表面平滑度和油墨层被破坏，折叠、压痕和烫书背等处纸膜不能分离。

（3）覆膜产品不准有气泡、分层、剥离。覆膜产品在分切、压痕、存放、包书、瓦楞裱糊、书籍堆放期间，在多色版叠印的暗调位置、墨层较厚的实地位置，不能出现砂粒状、条纹状、蠕虫状、龟纹状的薄膜凸起现象。

（4）覆膜产品表面平整光洁，不能有皱纹、折痕或其他杂物混入。覆膜产品皱纹有膜皱、纸皱、纸膜共同皱、竖皱、横皱、斜皱等，出现任何皱纹和折痕均为不合格产品。

（5）覆膜产品不得卷曲。覆膜产品分切后，不能出现向薄膜方向卷曲，要保持平整状态。工艺条件调整不当或其他原因，严重时会使产品自动卷曲成圆筒状，纸张越薄，纸质疏松，湿度大，气温低，越易发生这种问题。

（6）不能出现出膜和亏膜。塑料薄膜应全面完整地覆盖于印刷品上面，薄膜边缘不得出于印刷品边缘或覆盖印刷品边缘不全，不使产品边缘有多余薄膜。

2. 覆膜质量检测标准

CY 42—2007《纸质印刷品覆膜过程控制及检测方法 第 1 部分：基本要求》标准中，规定了覆膜质量检测标准，主要检测内容与要求如下：

（1）覆膜粘接强度

①粘接强度≥2.67N/cm；

②当薄膜与印刷品剥离时，所有图文上的油墨都应全部或部分转移到薄膜胶面上。

（2）外观要求。表面干净、平整、无明显卷曲、不模糊、光洁度好；无皱折、无破口、无起（出）膜、无亏膜、无划痕。

（3）物理尺寸要求。覆膜后分割的齐边尺寸准确，标称尺寸允差±1mm。

（4）覆膜色差。符合表 2-2 中四色实地油墨色差要求的覆膜产品为合格。

表 2-2　　　　　　　　　　　　覆膜产品四色实地油墨色差要求

膜类型	黑	品红	青	黄
亮光膜	≤3	≤3	≤3	≤3
亚光膜	≤10	≤7	≤7	≤7

（5）稳定性要求

覆膜后产品自然放置 24h 应符合（1）~（4）的要求。

（6）工艺要求

如对覆膜产品表面有再加工的要求（如烫印、UV 上光、压纹等），应在覆膜前提出。

六、常见故障及排除方法

1. 塑料薄膜断裂

原因：上膜阻力大。

排除方法：①调整上膜轴左右顶套；②松动放膜制动器；③润滑放料轴。

2. 覆膜不牢固

原因：①油墨选用不当；②黏合剂质量不好。

排除方法：①应换用合适的油墨；②应换用质量好的黏合剂。

3. 发黏起皱

原因：①干燥速度控制不当，溶剂残留于印刷品的油墨层内，使油墨层软化，产生发黏起皱；②在干燥过程中，基材在短时间内温度急剧上升，如不及时加快冷却，会产生起皱；③含有增塑剂的薄膜，增塑剂向油墨层转移，使载体软化，产生起皱；④剪切、重卷的摩擦力过大。

排除方法：①要控制好干燥速度；②要及时冷却；③使用含有增塑剂少的薄膜；④减少摩擦力。

4. 纸张起皱

原因：①纸张受潮；②车间湿度过高；③滚筒压力不均匀；④导向辊间隙不等；⑤纸张前进方向与导向辊不垂直。

排除方法：①纸张受潮和车间湿度过高使纸张变形，把变形纸张整理平整；②调整压合滚筒和导向辊间隙、压力，检查滚筒轴承是否损坏；③调整导向辊；④调整输送带；⑤调整规矩。

5. 塑料薄膜起皱

原因：①涂布好的黏合剂层太厚，未干；②覆膜压合温度和烘道温度偏高；③导向胶辊与导向光辊间隙过小，压力过大，或导向光辊上有脏物；④覆膜速度过快；⑤覆膜拉力大，起竖皱、斜皱。

排除方法：①调整黏合剂涂布量、烘道温度和车速，保证黏合剂符合干燥要求；②压合温度和烘道温度偏高，薄膜软化变形，在热压辊碾压作用下，塑料膜易起皱，这时应降低热压辊温度，使之符合压合要求；③调整导向胶辊间隙，用干净布擦拭导向光辊；④降低主机速度，使黏合剂完全干燥；⑤调小薄膜压力，调整舒展辊，使薄膜展平后再压合。

6. 纸膜共同起皱

原因：①热压辊与橡胶压辊间压力不一致，重压边起皱；②热压辊或橡胶压辊表面有异物或损坏；③导向辊间隙过大或轴承损坏。

排除方法：①调整热压辊与橡胶压辊间压力，使其保持一致；②清除异物，修理或更换损坏部分；③调整橡胶压辊压力，若调压油路阻塞则通油路，调压滑道加油润滑，调整导向辊间隙，轴承损坏更换轴承。

7. 跑边、露膜、纸张倾斜、放不上规矩

原因：规矩不符合工艺要求。

排除方法：调整工作规矩，跑边和露膜时把规矩向前推或向后拉；纸张倾斜或放不上规矩，把规矩向外拉。

8. 覆膜表层泛白

原因：车间温度过高，外层干燥，里层未干燥。表层含水汽。

排除方法：严格控制车间温度。

9. 收卷拉力小

原因：收卷轴承缺油发热或胶木摩擦盘上有油。

排除方法：给收卷轴承加油，或清洗擦拭摩擦盘。

10. 收卷两边松紧不一致

原因：①收卷不齐；②收料轴与主机滚筒不平行。

排除方法：①收卷时拉平拉齐；②调整收料轴与主机滚筒平行度。

11. 残胶黏附在辊表面

原因：两张纸之间有间隔，使黏合剂粘到滚筒表面上。

排除方法：①输纸时消除两张纸之间的间隔；②喷涂滑石粉。

12. 产品表面起泡

原因：①纸张含水量大；②纸张掉粉；③油墨过厚或不干；④油墨中防粘剂、快干剂多；⑤胶层太薄或太厚；⑥胶液过浓或过稀；⑦涂布不匀或黏合剂老化；⑧薄膜表面有灰尘杂质。

排除方法：①晾干纸张，调整车间湿度；②去除纸张表面粉尘；③调整涂布黏合剂工艺，电化学处理塑料薄膜，套印亮光浆，油墨不干时要进行干燥；④用干净柔软的布擦拭印刷品表面析出物；⑤调整黏合剂层厚度和上胶辊间隙；⑥调整黏合剂浓度；⑦调整两胶辊间隙，使其一致；调整刮刀，清除异物，更换老化黏合剂；⑧清除塑料薄膜表面灰尘杂质。

13. 产品卷曲

原因：①纸张受潮变形；②气候潮湿；③薄膜拉力过紧；④滚筒温度高，压力大。

排除方法：①覆膜后存放 6~24h 后再分切，产品应正反面相隔堆放，即数张膜朝上，数张膜朝下间隔堆放；②控制车间温度；③调整薄膜牵引力；④适当降低滚筒温度和压力，防止脱膜和产品变形。

14. 产品透明度差

原因：①黏合剂本身不清亮；②车间湿度大，纸张潮湿。

排除方法：①更换清亮黏合剂；②对纸张和车间进行排湿处理，清除膜与纸间的水汽。

第四节　覆膜材料

覆膜材料主要包括黏合剂、塑料薄膜和纸张。覆膜材料品种较多，其特点和性能、用途各异。要根据工艺条件和特点、性能，进行合理选择，才能生产出合格的产品。

一、黏　合　剂

黏合剂也成为胶黏剂，是用来把两个同类或不同类的物体，由于黏附和内聚等作用而牢固连接在一起的物质。黏合剂种类很多，这里主要讲述覆膜常用黏合剂。

（一）黏合剂的组成和性质

1. 黏合物质

黏合物质也称基料、黏料，是黏合剂的主体材料，起黏合作用的物质。黏合物质有天然物质、有机物和无机物，也有人工合成物质。通常覆膜用黏合剂的黏合物质有：

（1）合成树脂。它是黏合剂中性能最好、用量最多的黏合物质，包括热固性树脂、热塑性树脂、热塑性弹性体等。

（2）合成橡胶。用作黏合剂的合成橡胶有氯丁橡胶、丁腈橡胶、丁苯橡胶等。

（3）天然高分子物质。主要有淀粉、蛋白质、皮胶、明胶、松香、天然橡胶等。

（4）无机化合物。无机化合物配制的黏合剂有独特的耐高温性能，包括硅酸盐、磷酸盐、硼酸盐、硝酸盐等。

2. 溶剂

溶剂是溶解、分散黏合物质、调节黏合剂浓度的液体。

溶剂的主要作用是降低和调节黏合剂的黏度，分散黏合物质便于涂布；增加黏合剂对被粘物的渗透能力；降低表面张力；增加润湿性；提高流变性，使黏合剂涂布均匀。

选择溶剂时，应考虑溶剂的挥发速度，如果溶剂的挥发速度太快，黏合剂层表面迅速干燥，会形成封闭的表面，内部溶剂不易挥发出来，看似干燥实为假干，固化时还会产生气泡；如果溶剂挥发太慢，黏合作业速度慢，容易造成溶剂残留，残留溶剂影响黏合强度。选择溶剂时一般要选择挥发速度适当或快慢混合的溶剂。

3. 黏合剂辅助材料

黏合剂辅助材料是黏合剂中改善黏合物质的性能或便于涂布而加入的物质。

常用的黏合剂辅助材料有增黏剂、增塑剂、固化剂、填料、抗氧剂、增韧剂、稀释剂、防腐剂、消泡剂等。

（1）增黏剂。增黏剂可以提高黏合剂的黏附能力。松香及其衍生物及很多合成树脂都可以作增黏剂。

（2）增塑剂。增塑剂是能够提高黏合剂塑性的物质。它能降低高分子化合物的玻璃化温度和熔融温度，降低黏合剂层脆性，提高柔韧性，减少固化时的收缩性，提高黏合剂层的剥离强度和冲击强度。苯二甲酸酯、脂肪族二元酸酯、磷酸酯、环氧羧酸酯等均可作为增塑剂。

（3）固化剂。固化剂是能催化或促进黏合剂固化的物质。它可以使涂布时呈液态的黏合剂完成黏合时变成固态。固化剂又称硬化剂、熟化剂。

（4）填充剂。填充剂是改善黏合剂某些性能的物质。填加某些合适的填充剂可改善黏合剂的工艺性、耐久性、强度、耐热性、耐磨性、耐腐蚀性、阻燃性和降低成本等。加入的填充剂成分不同，改善黏合剂的性能状况也不同。

填充剂有二氧化钛、轻质碳酸钙、氧化锌、硅藻土、白土、石墨等。选用的填充剂不应与黏合剂其他成分起反应。

（5）抗氧剂。抗氧剂是能够抑制或减缓黏合剂被氧化的物质。氧化会使黏合剂老化，加入抗氧剂可以减缓或阻止黏合剂氧化，提高黏合剂寿命。

（6）增韧剂。增韧剂是改善黏合剂的脆性、防止开裂的物质。增韧剂能降低黏合剂膜的内应力，提高剪切强度及剥离强度，改善低温性能及柔韧性。

（7）防腐剂。防腐剂防止黏合剂霉变。一些淀粉胶、动物胶等黏合剂易受细菌的破坏发霉变质，失去黏合作用，可加入甲醛、苯酚等作为防腐剂。防腐剂过量对人体有害。

（8）消泡剂。消泡剂是消除黏合剂中泡沫的物质。黏合剂由于搅拌等原因带入空气，形成气泡，影响黏合强度。消泡剂可减小气泡表面张力，使气泡变薄破灭。高级醇类及脂肪酸、甘油酯等是常用的消泡剂。

（二）覆膜常用黏合剂

覆膜常用黏合剂有溶剂型、醇溶型、水溶型和无溶剂型等。

溶剂型黏合剂主要有 EVA（乙烯 – 醋酸乙烯共聚物）树脂类、丙烯酸酯类、聚氨酯类、丁苯橡胶类、异丁烯橡胶类等。

醇溶性黏合剂主要有丙烯酸酯类、聚氨酯类、聚酯类等。

水溶型黏合剂主要有 EVA 树脂类、丙烯酸酯类、聚氨酯类等。

无溶剂型黏合剂主要是热熔胶类黏合剂。

1. 干式覆膜用黏合剂

干式覆膜广泛使用热固型黏合剂，如环氧树脂和聚氨酯类黏合剂。热塑型黏合剂中的聚醋酸乙烯和聚氯乙烯树脂也可以用于干式覆膜，但不常用。溶剂型黏合剂都可以用于干式覆膜。热固型黏合剂柔软，耐热，黏合力大。

聚氨酯（PUR）黏合剂以聚氨基甲酸酯为主要成分，具有良好的黏合力，既可在室温下硬化，也可以加热硬化，起始黏合力高，黏合剂层柔软。剥离强度、抗弯强度、抗扭和耐冲击等性能优良。耐冷水、耐油、耐稀酸和耐磨性也较好，符合卫生要求。

PUR 热熔胶可适应于不同的纸张厚度、涂布情况及印刷油墨，其粘合强度比普通的 EVA 热熔胶高，PUR 热熔胶膜的厚度比标准的 EVA 热熔胶更薄，能够牢固地粘合涂料纸及其他多种材料，包括 UV 固化层、塑料薄膜等。

聚氨酯黏合剂主剂与固化剂以 100∶（10～15）的比例配比，再用醋酸乙酯稀释至固体含量为 15%～25% 时，便可以进行涂布覆膜。

热固型黏合剂树脂主要有酚醛树脂、间苯二酚 - 甲醛树脂、环氧树脂、聚氨酯树脂、脲醛树脂、三聚氰甲醛树脂、有机硅树脂等。

2. 湿式覆膜用黏合剂

湿式覆膜采用水溶型黏合剂，这些黏合剂主要有：酪朊树脂 - 丁腈乳胶、聚乙烯醇、硅酸钠、淀粉、聚醋酸乙烯、乙烯 - 醋酸乙烯共聚物、聚丙烯酸酯、天然树脂、聚氨酯树脂、聚酯树脂、丙烯酸酯等。

水溶型黏合剂可以以水为介质，均匀地涂布在塑料薄膜上，具有无毒、无公害、无污染、不燃、成本低等特点。对于保护环境，保障操作工人身体健康，保证产品质量，降低成本都有重要意义。

橡胶树脂型和丙烯酸酯型黏合剂在国内较为常用。水溶型和醇、水混合型黏合剂由于在环保和质量方面具有一定优势，很有发展前途。

3. 预涂覆膜黏合剂

预涂覆膜黏合剂是把黏合剂预先涂布到塑料薄膜上，使之成为一种新的复合材料。

预涂覆膜可以采用溶剂型黏合剂，但溶剂型黏合剂涂布到塑料薄膜上以后需要在烘道中烘干，黏合剂在薄膜表面形成一层胶膜，胶膜内部的溶剂可能来不及挥发出来而被包容起来，形成"假干"现象，影响预涂膜使用。

目前预涂覆膜采用热熔型黏合剂，不用溶剂。热熔黏合剂通常在室温下呈固态，加热熔融成液态。热熔黏合剂是以热塑型聚合物为基体的多成分混合物，具有固化快，低污染，使用方便，用途广，生产效率高，节能等特点。

热熔胶预涂膜广泛用于书籍、图表、广告、包装盒等印后加工。

预涂膜用热熔胶主要有以下几种：

（1）乙烯 - 醋酸乙烯共聚树脂（EVA）。这类热熔胶用量最大，应用最广泛，具有良好的粘接性、柔韧性和低温性。

（2）聚乙烯类。这类热熔胶价格低，易粘接多孔性表面。

（3）无规聚丙烯类。这类热熔胶黏合性好，与其他组分相容性好。

（4）聚酯类。这类热熔胶具有优良的耐热、耐寒性能，热稳定性、粘接性等性能好。

（5）水溶型热熔胶。这类热熔胶对再生物处理较方便，有利于环保。水溶型热熔胶的基体树脂主要有聚醋酸乙烯、聚乙烯醇、乙烯－醋酸乙烯共聚物、聚环氧乙烷、醋酸乙烯－乙烯醇、醋酸乙烯－丁烯酸、醋酸乙烯－乙烯基吡咯烷酮共聚物等。

此外，还有乙烯－丙烯酸共聚树脂类热熔胶、乙烯－醋酸乙烯－乙烯醇三元共聚树脂类热熔胶、聚酰胺热熔胶、反应型热熔胶、再湿型热熔胶、热熔压敏胶等。

（三）黏合剂对覆膜质量的影响

覆膜产品要求黏合牢固、表面干净、平整、光洁度好，无起泡、起皱、卷曲，无亏膜、出膜等现象。黏合剂也是影响覆膜质量的因素之一。

黏合剂的黏合力，黏合剂同薄膜、纸及油墨的亲和性，黏合剂的胶层状况都会对产品的黏合强度产生影响。

1. 黏合剂的黏合力对强度的影响

一般情况下，黏合剂相对分子质量越高，黏合强度越大；增黏剂能增强黏合剂的黏合力；辅助材料如防老化剂、稳定剂、抗氧化剂等可以延长黏合剂寿命。

2. 黏合剂与薄膜亲和性对强度的影响

薄膜属非极性物质，表面张力值偏小，不易被黏合剂润湿。电晕处理的薄膜可以使黏合剂分子对其进行更好的润湿和渗透，有利于黏合剂均匀涂布。表面张力较低的黏合剂润湿性好，易于涂布，可在黏合剂中加入少量表面活性剂（一般为 $0.1\% \sim 0.2\%$）。润湿性好的黏合剂黏合强度高。

3. 黏合剂与纸的亲和性对强度的影响

表面平整度差的纸张，黏合剂涂布不均匀，胶层与纸面为点接触，与覆膜黏合强度差；表面平整度好的纸张，黏合剂涂布均匀，胶层与纸面为面接触，与覆膜黏合强度高。

4. 黏合剂与油墨的亲和性对强度的影响

油墨层与黏合剂的亲和性比纸、膜复杂得多。油墨颗粒大，与黏合剂亲和力小，容易剥离，如金、银墨；纸面平整度不好的印刷品，油墨层也随之高低不平，黏合剂与油墨层黏合力差；油墨层表面光滑度高或发生晶化，不利于黏合剂与油墨层的黏合；油墨层面积大，由于黏合剂与油墨的亲和性比纸差，黏合强度也差，对于亲和力差的表面，可适当加大黏合剂层厚度。

5. 黏合层厚度对强度的影响

一般来说，当黏合剂黏度一定时，胶层厚，黏合力强。但胶层太厚时，黏合剂中的有机溶剂挥发慢，残存在胶层中，产生气泡，降低黏合强度。需要厚黏合剂层时，可适当提高黏合剂浓度。一般覆膜中，黏合剂层厚度为 $3 \sim 8\mu m$，纸面较平整，图面少，墨层薄，胶层可稍薄一些。

6. 黏合剂层中残余溶剂过多的影响

黏合剂层中有过多残余溶剂没有挥发，会侵蚀薄膜，逐渐与黏合剂层分离，产生起泡现象。残余溶剂越多，起泡现象越严重。黏合剂层过厚，黏合剂过稀，机速过快，烘道热风不均匀，烘道温度不够，黏合剂调配不均匀，局部漏胶等都是造成残余溶剂不能挥发的原因。黏合剂层过厚、黏合剂过稀、机速过快、烘道温度过低造成覆膜产品整体起泡，其他原因引起局部起泡。

7. 黏合剂抗温性能差的影响

抗温性能差的黏合剂覆膜后的产品放进烘箱中就会起泡，这类黏合剂在较高温度下失去黏力，使薄膜与印刷品脱离。目前使用的大多数树脂耐温性能都很高。

8. 黏合剂耐溶剂性能差的影响

油墨中含有高沸点的溶剂，如重汽油、脂肪油、甲苯、丙酮等，通过纸张、油墨使黏合剂层溶胀、软化，失去黏合力，并对薄膜进行侵蚀，使薄膜膨胀起泡，造成彩色书刊覆膜中出现起泡现象。改善图案设计，对彩色图案选用对高沸点溶剂抵抗性强的黏合剂是防止起泡的一种办法。

9. 黏合剂的酸性影响

黏合剂一般呈弱酸性，pH 在 5.5 ~ 6.8，若印刷品为中性或碱性时，会与黏合剂发生中和反应，影响黏合，造成起泡。应尽量使用与纸的酸碱性接近的黏合剂。

（四）对黏合剂要求

CY 42—2007《纸质印刷品覆膜过程控制及检测方法 第 1 部分：基本要求》标准中，规定了对覆膜用黏合剂的要求。

（1）黏合剂内苯、甲苯、二甲苯的总含量应小于 1000mg/kg，其中苯的含量应小于 100mg/kg。

（2）黏合剂内卤代烃（以二氯乙烷计）的含量应小于 1000mg/kg。

（五）黏合剂的配制

在覆膜工艺中，黏合剂可以采用专业生产厂家生产的商品黏合剂，也可以自己配制。自己配制时，根据纸张、薄膜以及覆膜方法等选定某种黏合剂主要材料，并按要求配好辅助材料。为了保证对薄膜更好地润湿和有效地涂布，还要在黏合剂中加入一定数量的溶剂。黏合剂浓度的高低要根据薄膜和纸张品种、生产环境的温度、湿度等要求配制。在生产实践中，配制黏合剂的浓度可根据生产经验，也可以用下面的公式配制。

$$N = \frac{W}{2\delta\rho} \times 100\% \qquad (2-1)$$

式中：N 为黏合剂浓度（%）；W 为黏合剂涂布量（干基）（g/cm²）；δ 为黏合剂涂布厚度（μm）（由生产部门提供，一般为已知）；ρ 为黏合剂密度（g/cm³），黏合剂密度与黏合剂浓度有关，浓度越大，固含量越高，密度也越大，一般是：

$N = 20\% \sim 30\%$ 时，$\rho = 0.98 \sim 0.99 \text{g/cm}^3$

$N = 30\% \sim 35\%$ 时，$\rho = 1.00 \sim 1.01 \text{g/cm}^3$

$N = 40\% \sim 45\%$ 时，$\rho = 1.02 \text{g/cm}^3$

用上述公式计算时，一般取 $\rho = 1 \text{g/cm}^3$。

若涂布厚度 δ 已知，黏合剂涂布量 W 由黏合剂浓度和密度确定；反之，若黏合剂浓度和密度确定了，黏合剂涂布量由涂布厚度决定。

黏合剂涂布量 W 根据纸张种类和印刷色数不同而有差别，见表 2-3。

表 2 - 3　　　　　　　　　　　　　常用纸张覆膜黏合剂涂布量

纸张种类	印色	黏合剂用量（干基）/（g/m²）	纸张种类	印色	黏合剂用量（干基）/（g/m²）	纸张种类	印色	黏合剂用量（干基）/（g/m²）
胶版纸	单	5	铜版纸	单	4	白板纸	单	6
胶版纸	双	6	铜版纸	双	4.3	白板纸	双	6.5
胶版纸	三	6.5	铜版纸	三	4.6	白板纸	三	7.5
胶版纸	四	7	铜版纸	四	5.5	白板纸	四	8.5
胶版纸	实地	8	铜版纸	实地	6	白板纸	实地	9

二、塑料薄膜

塑料薄膜是覆膜工艺中的主体材料。

（一）常用塑料薄膜

覆膜常用塑料薄膜有聚氯乙烯（PVC）、聚丙烯（PP）、聚乙烯（PE）、聚酯（PET）和醋酸酯（CA）薄膜等，尤其以双向拉伸聚丙烯（BOPP）薄膜最为常用。

1. BOPP 薄膜

BOPP 薄膜是加工时在树脂熔点以下，软化温度以上，进行纵横方向拉伸制得，使薄膜表面积增大，厚度减薄，光泽度和透明度大幅度提高。用于覆膜的 BOPP 薄膜一般厚度为 $10 \sim 20 \mu m$。

BOPP 薄膜由于拉伸分子定向，机械强度、对折强度、韧性、气密性、防潮阻隔性、耐寒性、耐热性、透明度等都很优良，无毒无味，是国内外应用最广泛的覆膜用薄膜。

BOPP 薄膜主要质量指标为：相对密度 0.905；拉伸强度 $\geqslant 130 MPa$；断裂伸长率 $\leqslant 70\%$；热收缩率 $\leqslant 4\%$；透明率 $\geqslant 95\%$；雾度 $\leqslant 1.5\%$；光泽度 $\geqslant 85\%$；表面张力 $\geqslant 38 \times 10^{-3} N/m$；摩擦因数 $\leqslant 0.8\%$；最高使用温度 135℃；最低使用温度 -51℃；适印性：处理后良。

BOPP 薄膜属非极性物质，使用前必须经电晕处理，不经过电晕处理，表面张力达不到要求。一般生产厂家生产的 BOPP 薄膜已经过电晕处理，使用前要注意电晕处理标志和电晕处理时间。贮存时间越长，电晕处理效果越差，黏合牢度也越差。时间过长，需要重新进行电晕处理。高强度、低延伸双向拉伸聚丙烯预涂薄膜是印刷品和包装品表面整饰加工应用的常用材料，它可使印刷品具有更高的艺术价值和实用价值。

2. PP 薄膜

PP 薄膜按制法、性能和用途可分为吹塑薄膜（TPP）、平膜（CPP）和双向拉伸薄膜（BOPP）等。

PP 原料是无色、无味、无毒，带白色蜡状颗粒之物，是从石油高温裂化后的废气中催化、聚合而成。PP 薄膜是经过吹塑或流延法加工而成。

PP 薄膜的性能指标见表 2 - 4。

表 2 - 4　　　　　　　　　　　　　聚丙烯薄膜的综合性能

性能	单位	数值	性能	单位	数值
密度 ρ	g/cm³	0.90 ~ 0.91	冲击强度（无缺口）	kJ/m²	39 ~ 56
吸水率	%	0.03 ~ 0.04	压缩强度	MPa	R95 ~ 105
成型收缩率	g/cm²	1.00 ~ 2.00	硬度	RC	11 ~ 22
拉伸强度	MPa	30 ~ 39	断裂伸长率	%	>200
拉伸弹性模量	%	1.10 ~ 1.66	疲劳强度	MPa	1.86
弯曲强度	MPa	42 ~ 56	热变形温度	℃	100 ~ 116
弯曲弹性量	MPa	1.20 ~ 5.00	脆化温度	℃	-45 ~ -35
冲击强度（缺口）	kJ/m²	不断			

PP 薄膜的主要特点为：①透明质轻，是常用的塑料中最轻的树脂，能浮于水面；②耐热性能好，使用温度可达 115℃，在没有外压力的情况下，制品加热到 150℃时不变形；③熔点为 164 ~ 170℃；④机械强度好；⑤表面强度大，弹性大，不易断裂；⑥摩擦因数小，机械操作时不易擦伤；⑦蠕变性小，成品不易变形；⑧化学稳定性好，耐酸，耐碱，耐油，有防潮功能；无毒、无味、无臭，是公认的接触食品的最佳包装材料；⑨防止氧气透过性中等，隔绝异味性、防止紫外线穿透性差；⑩静电高，应在树脂中加入抗静电剂。

PP 薄膜主要用于商品包装和包装覆膜、书刊封面覆膜。

3. PE 薄膜

PE（聚乙烯）薄膜有多种，分为 HDPE（高密度聚乙烯）薄膜、LDPE（低密度聚乙烯）薄膜、LLDPE（线型低密度聚乙烯）薄膜等。

LDPE 薄膜应用温度范围在 -60 ~ 60℃，具有良好的热封合性能，但在有杂物存在时，热封性较差。LDPE 薄膜具有较好的透明性（透光率可达 80% 或更高，雾度可在 5% 左右），强度较差。

与 LDPE 薄膜相比，HDPE 薄膜具有如下特点：使用温度范围更为广阔，它既可用于冷冻食品的包装，又可在较高的温度下使用，当密度足够高时，可经受蒸煮灭菌处理（可耐 121℃蒸煮处理）；具有较高的机械强度（拉伸强度可达 LDPE 薄膜的两倍以上）；具有极好的防潮性和较好的耐油性；阻隔水蒸气性能好。柔软性、透明性较差。

LLDPE 薄膜的基本特征抗穿刺强度、抗撕裂强度高；耐应力开裂性能突出；热封合性能明显地优于 HDPE 薄膜和 LDPE 薄膜，具有良好封合性和热封合强度；机械强度较高，接近于高密度聚乙烯。透明性较差；成膜加工性能较差。

4. PVC 薄膜

PVC 薄膜造价低廉，具有塑料的一般优点，抗老化性能差，易发黄、变脆，塑料中含有较多增塑剂，覆膜时，当黏合剂中含有较多溶剂并黏附在薄膜上时，薄膜就会收缩变形。此外，PVC 薄膜较厚（0.050 ~ 0.070mm），平整度差，且不耐高温，受温度变化影响较大，同时易污染环境。

PVC 本身无毒，氯乙烯单体聚合前有毒，受加工工艺影响，聚合时可能存在一些单体不能聚合，氯乙烯单体小于 1mg/kg 时，是无毒级的，超过 1mg/kg 时则是有毒的。PVC 树脂不能直接加工成型，要添加一定数量的稳定剂、增塑剂等助剂才能加工成薄膜或制品。这些助剂往往是有毒的，所以，PVC 一般不能用于食品包装。

PVC 薄膜可用于书刊、文件夹、票证等封面覆膜和包装装潢，由于 PVC 不环保、有毒等缺陷，使用 PVC 薄膜越来越少。

PVC 薄膜的性能如下：

相对密度：1.25～1.5；拉伸强度：14～100MPa；伸长率：5%～300%；透湿量：25～100g/（24h·m²·25μm）（30℃，90% RH）；透氧量：100～150mL/（24h·m²·25μm）（23℃，90% RH）；最高使用温度：100℃以下；最低使用温度：就增塑剂使用量而定；耐油脂性：良；热封温度：100～180℃；这种材料容易印刷，价格较低。

5. PET 薄膜

PET 是以乙二醇和对苯二酸酯化合而成的对苯二酸二甲酯缩聚所得的聚对苯二甲酸乙二醇酯为原料，采用挤出法制成原片，再经双向拉伸工艺制成薄膜。

PET 薄膜无色透明，有光泽，有较强的韧性和弹性，具有以下优点：①机械强度大，抗张力等于聚乙烯的 5～10 倍，12μm 的薄膜也可以使用，此外，挺力强，耐冲击好；②耐热性和耐寒性好，熔点在 260℃，软化点在 230～240℃，在高温下收缩仍然很小，具有极其优良的尺寸稳定性，即使在高温下长时间加热或在低温下使用都不影响其优良特性；③耐油性好，耐酸性好，能耐有机溶剂侵蚀，但在接触到强碱时易劣化；④水和水蒸气以及其他气体透过率极小，防潮防水性能优良；⑤有良好的气密性，阻隔异味透过性比其他塑料薄膜好；⑥透明度好，透光率在 90% 以上；⑦防止紫外线透过性较差；⑧带静电高，印刷前应进行抗静电处理；⑨单一薄膜不易热封。

PET 薄膜的性能如下：

相对密度：1.35～1.39；拉伸强度：170～290MPa；伸长率：40%～80%；撕裂强度：1.3～3.0N/25μm；透湿量：20g/（24h·m²·25μm）（30℃，90% RH）；透氧量：100～130mL/（24h·m²·25μm）（23℃，90% RH）；最高使用温度：120℃；最低使用温度：-60℃；耐油性：良；适印性：良。

PET 薄膜除用于包装和印刷品覆膜外，一般不单独使用，多用于与聚乙烯、聚丙烯、铝箔等制作成复合材料，制作蒸煮袋、气体填充包装、真空包装和液体自动包装。

6. CA 薄膜

CA 薄膜原料是醋酸纤维，是纤维制的热塑性塑料。有三醋酸纤维素和二醋酸纤维素薄膜两种。醋酸纤维素与增塑剂混合后，可用各种成型工艺加工成薄膜。

CA 薄膜的主要特点如下：

①透明度、光泽度极佳；②薄膜厚薄均匀，表面光滑；③抗张强度仅次于聚酯薄膜；④弹性大，挺力强，抗冲击；⑤耐油，适宜黏合剂黏合；⑥较容易溶解于溶剂中；⑦耐热性差，在 80～90℃时，软化变形；⑧耐寒性差，不宜冷藏。

CA 薄膜性能如下：

相对密度：1.2；拉伸强度：150～200MPa；伸长率：60%～150%；撕裂强度：2.0～4.0N/25μm；透湿量：40～50g/（24h·m²·25μm）（30℃，90% RH）；透气量：

60～130mL／（24h·m^2·25μm）（23℃，90%RH）；最高使用温度：90℃，最低使用温度：−60℃；耐油脂性：良；适印性：处理后良。

CA薄膜可以与纸或铝箔及其他塑料薄膜复合，制成轻盈透明、挺力强、印刷色彩鲜艳的产品。CA薄膜还可以用于食品包装、蔬菜水果包装等。

（二）覆膜用塑料薄膜的性能要求

1. 厚度

覆膜用塑料薄膜的厚度一般在10～20μm较为合适。国产覆膜用塑料薄膜分为10、15、18、20μm几种厚度，国外使用10μm厚的塑料薄膜比较普遍。

较薄的塑料薄膜透光度、折光度、黏合牢度较好，覆膜效果较好。但过薄制造困难，机械强度较差。使用时应根据薄膜本身性能和使用目的选择。

2. 表面张力

用于覆膜的塑料薄膜必须经过电晕处理，电晕处理后的表面张力应达到4×10^{-2}N/m，有较好的润湿性和黏合性能。

3. 透明度和色泽

覆膜用塑料薄膜透明度越高越好，以保证覆膜后印刷品清晰度高，以上介绍的覆膜用薄膜透光率都在90%以上。

4. 耐光性

覆膜用塑料薄膜应具有良好的耐光性，长期使用和存放不受光照影响，仍然透明如故。

5. 机械性能

覆膜用塑料薄膜要求有较高的机械强度和柔韧性，在覆膜过程中，薄膜要受到机械力的作用，不能损坏。机械强度包括抗拉强度、撕裂强度等指标。

6. 尺寸稳定性

覆膜用塑料薄膜若伸长率过大，覆膜过程中会出现起皱、卷曲等质量问题。塑料薄膜要求吸湿膨胀系数小，热变形温度高，抗寒性能好，操作中保持几何尺寸稳定。

7. 化学稳定性

覆膜过程中，塑料薄膜与溶剂、黏合剂、印刷品油墨层接触，应不受这些物质影响。

8. 外观

覆膜用塑料薄膜表面要平整，无凹凸不平及皱纹。这样可以使黏合剂涂布均匀，提高覆膜质量。同时要求薄膜本身无气泡、缩孔、针孔、麻点等，膜面清洁，无灰尘、杂质，无油脂等。

塑料薄膜还需要厚薄均匀，横纵向厚度偏差小，复卷整齐，两端松紧一致，这些都对覆膜质量有重要影响。

9. 标准中对薄膜要求

CY 42—2007《纸质印刷品覆膜过程控制及检测方法　第1部分：基本要求》标准中，规定了对覆膜用塑料薄膜的要求。

（1）对即涂薄膜要求。表2-5规定了对即涂薄膜要求。

表 2-5   即涂薄膜要求

项目		要求	
		亮光膜	亚光膜
外观		无褶皱、划痕、暴筋	
雾度/%		≤2.0	≥70
透光率/%		≥90	
拉伸强度/MPa（23℃±2℃）	纵向	≥120	≥100
	横向	≥200	≥130
热收缩率/%（23℃±3℃，加热30s）	纵向	≤4	≤4
	横向	≤2	≤2

表 2-6   预涂薄膜要求

项目		要求	
		亮光膜	亚光膜
外观		无褶皱、划痕、暴筋	
雾度/%		≤5.0	≥70
透光率/%		≥90	
拉伸强度/MPa（23℃±2℃）	纵向	≥7	≥60
	横向	≥130	≥100
热收缩率/%（23℃±3℃，加热30s）	纵向	≤1.5	≤1.5
	横向	≤1.0	≤1.0

（2）对预涂薄膜要求。表2-6规定了对预涂薄膜要求。

（三）覆膜用塑料薄膜的表面处理

覆膜用塑料薄膜表面要进行处理，提高黏合剂对膜面的粘附能力和润湿能力。经过表面处理的薄膜变为极性结构，增加表面张力，增加吸附能力，减少助剂影响，容易被黏合剂浸润，使黏合剂与薄膜有良好的接触。

覆膜用塑料薄膜常用的表面处理方法有化学氧化法、火焰处理法、光学处理法和电晕放电处理法。塑料薄膜表面处理使用最广泛的方法是电晕放电处理法。

1. 化学氧化法

化学氧化法是用氧化剂处理塑料薄膜表面，使其表面生成极性基团，提高表面极性。同时也对塑料薄膜表面进行洗涤处理，使表面得到一定程度粗化。化学氧化法常用于处理聚烯烃塑料表面。氧化剂对塑料薄膜表层基团进行强烈氧化，生成羧基、羟基和烷基硫酸酯，使塑料薄膜表面活化。处理时要选择适当的温度和时间才能取得最佳效果。

化学氧化法常用氧化剂有重铬酸钾—硫酸溶液、无水铬酸—四氯乙烷、铬酸—醋酸、氯酸盐—硫酸等。以37.5%重铬酸钾溶液200mL与浓硫酸1500mL混合即可作氧化剂使用。

化学氧化法适用于硬质塑料、塑料中空制品和塑料容器表面涂胶或印刷的预处理，塑料薄膜处理较少采用。

2. 火焰处理法

火焰处理法是塑料制品表面经瞬间高温作用，驱赶表面气体，除掉油污，除掉表面弱边界层，改善润湿性。火焰时温度可达1000℃，加速氧化反应。

火焰是一种等离子体，在火焰的作用下，物质激化产生自由基、离子、原子和分子，并在塑料表面按自由基进行反应，形成一种表面组分，改善了塑料表面性质。

火焰处理法采用气体作为介质，气体比例为氧气：空气：煤气 ＝ 1：5：3，煤气：空气 ＝ 1：7。火焰高度一般为10mm，内焰距制品表面距离10～20mm为宜。处理时间为1～5s。处理后要尽快黏合，否则新生的表面又会很快附着上其他气体和污物，影响处理效果。

火焰处理法适用于聚烯烃塑料表面处理，这种处理方法难于控制，已被电晕放电处理法所取代。

3. 光化学处理法

光化学处理法是利用紫外线照射塑料薄膜表面引起化学变化，发生裂解、交联和氧化，改善薄膜表面张力，提高润湿性的方法。

4. 电晕放电处理法

电晕放电处理法也称为电晕处理法，是利用电子冲击和电火花处理，这种方法采用高频（50kHz以上）高压（10kV以上）或中频（20kHz左右）高压电源，在两极间产生一种电晕放电现象，将塑料薄膜在两个平板电极之间通过，电场正负离子分别向阴极和阳极移动，形成电流，穿过而并未击破薄膜。

通过放电使两极间氧气电离，产生臭氧，促使塑料薄膜表面氧化而增加其极性。同时，电火花又会使材料表面产生大量微细的孔穴，表面能增加，加大表面活性及机械连接性能，有利于薄膜的黏合。电晕处理方法比较理想，具有处理时间短、速度快、无污染等优点。

中频（20kHz）高压电晕处理方法既可以做到使电流电压零值区域出现时间极短，又可以做到比高频省电，处理效果好。中频处理设备造价低、体积小。中频高压电晕处理方法被广泛采用。

检验塑料薄膜表面电晕处理效果的方法是用脱脂棉球蘸上已知表面张力的测定液涂在电晕处理后的薄膜上，涂布面积在30mm²左右，如果在2s内收缩成水珠状，则薄膜电晕处理强度不足，需要重新提高电晕强度再行处理。若试液在2s内不发生水珠状收缩，则表明薄膜处理效果已达到。

没有条件的可用钢笔在薄膜表面写字或画线，如果墨水不收缩或不形成珠点，则表明塑料薄膜的试验面为电晕处理面。薄膜润湿张力测定液配方见表2－7。

塑料薄膜经过电晕处理，激活了薄膜表面结构极性，增强了薄膜的表面张力，提高了薄膜表面对黏合剂的吸附力，清洁了薄膜表面油污，保证了黏合剂对薄膜表面的润湿和涂布均匀。电晕处理后的薄膜不宜存放过长时间，存放时间过长，薄膜表面张力下降，直到电晕处理失效。

表 2 – 7　　　　　　　　　　　　　　塑料薄膜润湿能力测定液配方

甲酰胺/%	乙二醇乙醚/%	润湿张力/（×10⁻³ N/m）	甲酰胺/%	乙二醇乙醚/%	润湿张力/（×10⁻³ N/m）
0	100	30	48.5	51.5	37
2.5	97.5	31	54.0	46.0	38
10.5	89.5	32	59.0	41.0	39
19.0	81.0	33	63.5	36.5	40
26.5	73.5	34	67.5	32.5	41
35.0	65	35	71.5	28.5	42
42.5	57.5	36			

经过上述方法对塑料薄膜表面进行处理，提高了塑料薄膜对其他材料的亲和性，使之符合覆膜工艺要求。

（四）塑料薄膜对覆膜质量的影响

1. 塑料薄膜表面状况对覆膜质量的影响

塑料薄膜的表面能较低，聚丙烯的临界表面能是 $3.4×10^{-2}$ N/m，聚乙烯的临界表面张力只有 $3.1×10^{-2}$ N/m。高能表面可使液体在上面展开，而低能表面将使液体在上面形成不连续的液体。为了使塑料薄膜表面能够被黏合剂浸润，薄膜的临界张力应大于黏合剂的表面张力。有了良好的浸润，才有可能形成黏合剂与塑料薄膜表面分子间的紧密接触。否则，黏合界面存在空气，减少了有效的接触面积，并由于应力集中使黏合破坏。

塑料薄膜的表面能主要取决于塑料薄膜表面的化学结构，许多表面处理方法都是通过不同程度地改变塑料薄膜表面化学结构来提高其表面能。

2. 塑料薄膜的极性对覆膜质量的影响

有些覆膜用塑料薄膜（如聚丙烯）分子中没有极性基团，通过对薄膜表面处理，非极性塑料薄膜表面变为极性表面，同时也提高了塑料薄膜表面张力，有利于改进黏合剂对塑料薄膜表面的浸润能力，增加了两者分子间的作用力，提高了覆膜牢固程度。

3. 塑料薄膜的结晶性对覆膜质量的影响

结晶高分子处于热力学的稳定态，化学稳定性好，很难被黏合剂溶解或溶胀，因此，不能产生被粘物和黏合剂分子间的扩散作用，黏合不理想。只有通过表面处理，降低塑料薄膜表面的结晶度，才能改善结晶性塑料薄膜的覆膜牢度。

4. 塑料薄膜的表面洁度对覆膜质量的影响

生产车间生产条件差，车间不密闭，空气洁净度低，使塑料薄膜表面极易吸附空气中的灰尘、水分及其他污物。这些附着物会阻碍黏合剂对塑料薄膜表面的浸润，减少它们之间的相互接触，影响覆膜牢度，应尽量避免生产车间存在这些附着物。

三、纸　　张

印刷品覆膜主要是将塑料薄膜和纸张复合在一起，成为纸塑合一的高级产品，提高了纸张的身价和品位。覆膜用的纸张主要有胶版纸、铜版纸和白纸板。

（一）胶版纸

胶版纸质地不透明，伸缩性小，平滑，是较好的印刷纸张。胶版纸是供胶印机印刷的纸张，主要印刷画报、广告、商标、插页、地图、宣传画、商品包装和各种书刊正文。胶版纸适用于多色印刷。

胶版纸分双面胶版纸和单面胶版纸，又分为单张纸（平板纸）和卷筒纸。双面胶版纸常用定量有 70、80、90、100、120g/m² 等种类，单面胶版纸常用定量有 50、60、70、80g/m² 等种类，水分含量 4%～9%。单张纸的胶版纸 500 张为一令，每令纸重根据纸张定量和规格确定。

根据胶印的特点，胶版纸的质量和印刷适性应符合下列要求。

1. 纸面强度高，抗水性好

胶印对纸拉力大，要求纸的表面强度高，质地紧密，纸面不许掉粉掉毛，以免造成糊版。纸面强度不足，会在压印过程中纸面纤维和填料粘到橡皮滚筒表面，造成印刷品质量差和橡皮布粘污。

胶印有润湿系统，要求纸表面有一定的抗水性。

2. 纸张伸缩率小，挺度大

纸张伸缩率是指润湿和干燥后尺寸变化率。伸缩率大既影响多色套印准确性，又影响覆膜质量。

胶印油墨黏度较大，如果纸张挺度不够大，印刷后的纸张不易从橡皮滚筒上分开。

3. 纸面平滑，吸墨性不宜过高

胶版纸表面凹凸不平，纤维分布不均匀，会造成图文印迹不结实、层次不分明。

胶版纸吸墨性过高，油墨中的连结料迅速向纸内渗透，颜料颗粒沉积于纸面上，造成印迹不牢、透印、光泽暗淡等质量问题。

4. 纸张外观整洁，质地紧密

纸张外观上不应有皱纹、条痕、斑点、透光点、裂口、孔洞、沙子、杂质等，质地紧密，洁白均匀，施胶度和压光质量好。

（二）铜版纸

铜版纸是在原纸表面涂布一层涂料，经过超级压光加工制成的印刷纸张，又称为涂料纸。铜版纸表面光滑、色泽洁白。

根据涂料加工的不同，有单面铜版纸和双面铜版纸之分。单面铜版纸定量有 70、80、100、120、150、180g/m² 等种类，双面铜版纸定量有 80、100、120、150、180、200、210、240、250g/m² 等种类（250g/m² 的铜版纸又称铜版卡纸）。

铜版纸主要用于四色凸印、胶印和凹印中的精细产品，如高级画册、画报、年历，工业、农业、商业产品的样本，商品包装、商标装潢等高级彩色印刷品。

铜版纸最初用于对平滑度要求较高的铜版印刷上，所以称为铜版纸。铜版纸可进行凸版、平版、凹版等各种印刷。

铜版纸应达到如下要求。

1. 纸面平滑度高，涂层无气泡

铜版纸主要用于精细图文的印刷，表面弹性较差。如果表面平滑度和平整度不高，难以得到完整、光洁网点的图文，影响产品的层次和清晰度。粗糙的表面使印迹暗淡无光，所以铜版纸应具有较高的平滑度、光洁度，才能获得良好的印刷效果。

铜版纸涂层应均匀并无气泡气孔，有气泡气孔时，涂料易脱落，会造成印迹发花和空虚现象，严重影响印刷品质量。

2. 纸张不分层，纸面不掉粉

铜版纸应选用结合力好的纤维，使纸张紧度和结合力高，不分层；纸张与涂料黏合要牢固，不剥离。原纸表面不得出现掉粉掉毛现象，掉粉掉毛现象会造成涂料与纸张结合不牢，印刷时造成墨色深浅不匀、糊版等弊病。原纸纤维结合不好，印刷时会产生纸层分离而出现废品。

铜版纸在贮存、运输、使用过程中还要防止受潮、霉变，出现这些问题也会使纸张与涂料分层、脱离，影响印刷质量。

3. 油墨质量好，纸张吸墨不宜高

铜版纸表面平滑，有涂料层，对印刷品质量要求极高，对油墨要求也高，特别是平版印刷时，油墨与水接触，要求油墨具有适宜的抗水性，有较高的耐酸性、耐醇性和耐光性，有较好的着色力、透明度和干燥性能，黏度和流动性适宜，油墨颗粒均匀细小。

若铜版纸对油墨的吸收太快，会产生油墨连结料向纸内渗透，而颜料颗粒则沉积在纸面上，印迹不牢，稍用力揩擦，油墨层就会被擦掉或发花，影响印刷品质量。

（三）白纸板

纸板也称为板纸，纸板和纸按定量或厚度划分，按照国际和我国国家标准，将定量在 $225\mathrm{g/m^2}$ 以下的纸张称为纸；定量在 $225\mathrm{g/m^2}$ 以上的纸张称为纸板。

白纸板也称为白板纸，白纸板分为单面白纸板和双面白纸板，常用的白纸板一般为单面白纸板，单面白纸板是一种由多层纸浆构成的较硬的纸板，表面一层用较白的漂白浆，称为面浆，其余依次为二层浆、三层浆和四层浆，各层浆料纤维成分和配比不同。面浆为质量很高的漂白浆，其余各层可以用质量较差、价格低的纸浆，各层纸浆根据作用不同有所差别，分层抄造。这样既可做到表面洁白光滑、质量好，又能保证机械强度，而且价格低廉。

白纸板常用作装潢印刷材料、包装盒、筒、罐等精美销售包装制品。

白纸板用作上述用途时一般要经过印刷，有的需要覆膜。白纸板的印刷适性、施胶度和均匀性要求很高。白纸板表面必须清洁光滑，厚度均匀，有良好的吸墨性能和吸水性，纸质紧密，收缩性小，耐折强度高，挺度大，以保证制成的纸制品端正挺立，不易断裂，不易变形，表面质量好。

商品白纸板有单张纸和卷筒纸。

（四）纸张的性能

1. 平滑度

纸张平滑度是指纸张表面光滑平整的程度。表面平滑的纸张能均匀吸收油墨。印刷品清晰醒目，涂布纸具有较高的平滑度，适宜印刷精细印刷品。

表示纸张平滑度是在一定真空度下，一定容积的空气通过受一定压力的试样表面与玻璃面之间的间隙所需的时间。

2. 亮度

纸张或纸板亮度是纸或纸板表面对 457nm 波长光从不同角度照射的反射度与已知反射度的氧化镁板在同样光照射下的反射度之比。亮度过大，眩光刺眼；亮度过小，印刷品不鲜亮。

3. 白度

白度是纸张或纸板的洁白程度。白度直接影响印刷品效果，白度较高纸张的印刷品色泽分明、纯正。但白度过高的纸看起来刺眼，影响人的视力。

测定纸的白度是利用光的反射。反射率越大，白度越高。用一纸张或纸板测其白度时，所用光线波长不同，会得出不同的白度。目前我国采用蓝光法测定白度。

4. 透明度

透明度是光线透过纸的程度，以能看清楚字迹或线条的纸页层数表示。透明度高的纸不适宜印刷。

不透明度是以单张纸试样在"全吸收"的墨色衬垫上的反射能力与完全不透明的若干张试样的反射能力之比率。特别在双面印刷中，必须采用不透明度大的纸张，以防止印迹透到另一面。

5. 光泽度

光泽度是纸和纸板表面镜面反射的一种性质，它能反映出印刷品光泽和光彩上的质量。胶版纸和铜版纸应有高光泽度，才能印出色彩光亮的高质量印刷品。

6. 吸墨性

吸墨性是纸张对油墨中连结料吸收的程度。吸墨性过强，印刷品干燥后，表面颜料易发生脱落现象；吸墨性过弱，印刷品不易干燥，会造成背面蹭脏现象。

7. 抗张强度

抗张强度是纸或纸板每单位长度断面所能承受的最大拉力。胶版纸在印刷过程中，对纸张拉力较大，一般要求有较高的抗张强度。

8. 表面强度

表面强度是纸或纸板的印刷表面拉毛阻力。在我国常用印刷适性仪进行拉毛实验，实验结果应注明正反面所用油墨种类、印刷压力、拉毛速度、起泡速度、撕裂或撕断速度。

9. 含水率

含水率是一定量的纸张所含的水分重量与纸张总重之比。一般印刷用纸张含水率调节在 $6.5\% \sim 7.5\%$，纸张含水率与环境温度、湿度有很大关系，所以印刷车间温度、湿度调节要适当，才能印出套印精度高的印刷品，一般温度控制在 $21 \sim 25℃$，相对湿度控制在 $55\% \sim 65\%$。

10. 尺寸稳定性

将一定大小的纸张，预先测量好尺寸，浸泡在 $20℃$ 水中，或放在潮湿环境中，经过约 2h 取出，然后测量尺寸变化。尺寸变化大说明尺寸稳定性差。

纸或纸板的尺寸稳定性对多色印刷至关重要，印刷时要求纸或纸板尺寸稳定性好，否则印刷时容易变形，多色套印不准，易出现重影。

11. 伸长率

纸张伸长率是纸或纸板受到外界拉伸至拉断时增加的长度与原长度之比，用百分比表示。纸张在印刷时要受到拉伸力，纸张伸长越明显，印刷质量越差，套印不准。

12. 掉毛、掉粉性

纸和纸板表面受到擦拭、折叠、抖动等作用，与表面结合不牢的纤维、添料等脱落的现象，称为掉毛、掉粉性。

掉毛、掉粉在印刷过程中容易造成糊版，严重影响印刷质量。

（五）覆膜对纸质印刷品要求

CY 42—2007《纸质印刷品覆膜过程控制及检测方法 第1部分：基本要求》标准中，规定了覆膜对纸质印刷品的要求。

（1）表面清洁。

（2）平整，无荷叶边。

（3）印刷品含水量与生产环境协调（环境湿度、温度）。

（4）印刷品油墨应充分干燥后再覆膜。

（5）覆膜前印刷品油墨的润湿张力≥3.8×10^{-2}N/m。

第五节 覆膜设备

覆膜设备主要有干式覆膜机、湿式覆膜机、预涂覆膜机和无胶覆膜机。

一、干式覆膜机

干式覆膜机也称即涂型覆膜机。

（一）工作原理

干式覆膜机工作原理如图2-12所示。

塑料薄膜卷首先放卷，经过涂布装置使薄膜涂布黏合剂。涂布黏合剂的薄膜经过干燥烘道进行干燥，使黏合剂中的溶剂挥发。印刷品从输纸台输入，与烘干后的薄膜共同进入热压复合装置。这时，涂布黏合剂并经烘干的塑料薄膜在热压复合装置与印刷品相遇，经上下两个热压复合滚筒加热加压，并通过黏合剂的作用使纸塑两层复合起来，获得中间不夹空气而光滑明亮的覆膜产品。覆膜后的产品进入印刷品复卷装置进行复卷，复卷后进行割膜。

（二）主要机构

干式覆膜机主要由进卷装置、涂布装置、干燥装置、复合装置、收卷装置和印刷品输入装置和控制系统等组成。

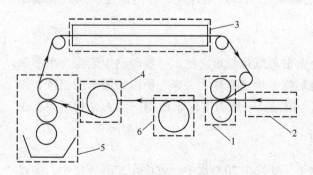

图2-12 干式覆膜机工作原理图

1—复合装置 2—印刷品输入装置 3—干燥装置

4—进卷装置 5—涂布装置 6—收卷装置

1. 进卷装置

进卷装置主要由塑料薄膜支承架和张力控制装置组成。塑料薄膜材料装于进卷机构支承架的送膜轴上，开机前薄膜按规定运动方向经导向辊等进入涂布装置涂布黏合剂。

覆膜生产中，塑料薄膜的进卷作业要求薄膜始终保持恒定张力，张力太大，薄膜容易产生纵向皱褶，拉长变形；张力太小，薄膜容易产生横向皱褶，并产生飘动。张力太大和太小都会影响覆膜产品质量，甚至不能正常生产。为保持覆膜作业合适的张力，进卷机构一般设置张力控制装置，张力控制装置可以起制动作用，根据塑料薄膜运动中的张力大小进行自动调整。张力大时，张力控制装置制动力调小一些；张力小时，张力控制装置的制动力调大一些。张力控制装置一般安装在送膜轴上，常见的张力控制装置有机械摩擦盘式制动器、交流力矩电机和磁粉制动器。

在覆膜机进卷装置中，如果某一段相邻的两根导辊不平行，会造成皱膜。实际生产中采用简单的压力微调。导辊表面有脏物，会造成膜面不平整。

走膜张力过大或过小，适当调整牵引力和张力控制器。对于易拉伸薄膜张力要调整得低些，对无拉伸薄膜则要提高张力。

2. 涂布装置

卷筒塑料薄膜从进卷装置经过导辊等进入涂布机构涂布黏合剂。常用的涂布形式有逆向辊涂布、网纹辊涂布，有刮刀涂布和无刮刀涂布等。

有刮刀涂布是涂布辊直接浸入胶液，并不断转动，从贮胶槽中带起胶液，经刮刀除去多余胶液后，同塑料薄膜表面接触完成涂胶。

无刮刀涂布是辊压式涂布，涂布辊直接浸入胶液涂布时，涂布辊带出胶液经匀胶辊匀胶后，靠衬辊与涂布辊间的挤压力完成涂胶。

3. 干燥装置

干燥装置也称烘道，主要由导辊、外罩、电热装置、热风机、排风装置等组成。

涂布黏合剂的塑料薄膜经过烘道进行干燥处理，使溶剂挥发。烘道上一般有 2~5 台风机，2~3 台装于烘道前端，一台装于烘道上，启动风机可将电热管产生的热量向整个烘道均匀吹送。另外风机安装于烘道末端，作加速排除废气之用。风机有调速装置，以便控制所需风量。

烘道的长度根据机型不同一般为 1.5~5.5m。烘道分成三个区：蒸发区、硬化区和溶剂排除区。三个区域中，能量消耗几乎相等。

蒸发区尽可能在塑料薄膜表面形成紊流风，使溶剂挥发。

硬化区也称熟化区，使黏合剂在塑料薄膜表面硬化，温度控制在 45~75℃，用红外线加热、电热管直接辐射加热或其他方法加热。硬化区还安装自动平衡温度控制装置。

溶剂排除区是及时排除黏合剂干燥过程中挥发出的溶剂，减少烘道中的蒸汽压。该区一般用排风扇或引风机进行排风抽气。

4. 复合装置

干式覆膜机复合装置由热压辊（热压滚筒）、橡胶压辊（橡胶滚筒）及压力调节机构组成。

热压辊表面镀铬，十分平滑。热压辊为空心辊，辊内安装自动控温装置，采用远红外石英管的电能－热能辐射转换对热压辊表面进行加热，热压温度一般为60～80℃，热压辊采用电控无级变速。

橡胶压辊的作用是将覆膜产品以一定压力压向热压辊，使其固化粘牢。橡胶压辊由两个轴承支撑，工作时，液压或机械加压，将橡胶压辊提升进行压合。压合力的大小，由高压油泵或机械装置控制。液压加压装置加压均匀，操作方便。覆膜时的接触压力一般为10～18MPa。橡胶压辊要适应长期高温工作，辊面平整、光滑，横向变形小，抗撕裂性和抗剥离性能良好。

复合装置的压力调节机构是调节热压辊和橡胶压辊之间的工作压力。压力调节机构有偏心机构、偏心凸轮机构、丝杠螺母机构，这些机构都能完成两滚筒之间的离合及压力调节。目前广泛采用液压或气动压力调节机构。液压或气动压力调节机构控制准确、结构简单、操作灵活、方便。

5. 收卷机构

干式覆膜机多采用自动收卷机构，收卷轴可以把覆膜后的产品自动收成卷筒状。收卷机构有两根转动轴，可以轮换使用。收卷速度与覆膜速度同步，这样可以保证收卷松紧一致。收卷速度由无级调速机构和制动系统控制。

收卷拉力过大，将使薄膜和印刷品同时产生变形，但变形量不一样。外力撤除后，产品将向纸张一侧卷曲，薄纸尤其明显。解决方法是减小收卷动力轮的摩擦力。

6. 印刷品输入装置

印刷品的输入有手工输入和自动输入两种方式。手工输入是由主机带动传送带，传送带与塑料薄膜线速度相配合。输入装置上有印刷品定位机构，保证印刷品覆膜时位置准确，由操作工人手工输纸。

自动输入方式有气动式和摩擦式两种，其结构原理与印刷机输纸装置相同。

7. 控制系统

控制系统主要控制驱动部分和电热部分。驱动部分为电机，通常电机为调速电机，电机驱动进卷、收卷和复合装置。电热部分包括热压辊加热、烘道加热、排风及温度控制。控制系统的控制元件安装在控制柜内，控制柜面板上有按钮和显示仪表等。

干式覆膜机适用于各类书刊封面、图画、地图、各类证件、广告、包装装潢及食品盒等制品的覆膜。操作简单，调速方便，自动化程度较高，采用桥状外形，烘道较长，维护保养方便，采用拼装式设计，工艺合理，装拆方便。最大覆膜宽度1200mm左右，最大覆膜速度50m/min左右。图2－13为干式覆膜机外形图。

自动干式覆膜机将印刷品输入装置用自动输纸机代替手工输入，减轻了劳动强度，输入准确，自动化程度高。

图2－14为开窗式覆膜机外形图，开窗式覆膜机适用于经模切开窗的包装纸盒的覆膜，还可用于书刊、图片、包装盒等印刷品的预涂覆膜。开窗式覆膜

图2－13　干式覆膜机

机一机多用，结构紧凑，工艺先进，使用方便，适用范围广，使覆膜产品光亮、清晰、防潮防污、美观耐用。

图 2-14 开窗式覆膜机

二、湿式覆膜机

湿式覆膜机采用水溶型黏合剂，所以也称为水溶型覆膜机、水性覆膜机。

湿式覆膜机可以在黏合剂未干的状况下，通过复合滚筒使塑料薄膜与纸张复合，不残留溶剂。因此目前常用的湿式覆膜机不设干燥烘道装置，有的在压合之后设置烘干装置。

湿式覆膜机也为即涂型覆膜机，图 2-15 为湿式覆膜机外形图。

1. 工作原理

湿式覆膜机与干式覆膜机工作原理基本相似，不同之处是干式覆膜机是将涂布黏合剂的塑料薄膜经过烘道加热，待黏合剂中有机溶剂挥发后，再与印刷品复合粘接。湿式覆膜机是将涂布黏合剂的塑料薄膜未经烘道干燥直接与印刷品复合，然后再进入烘道干燥或直接卷取而不需要干燥。黏合剂中的水溶剂在覆膜后仍可挥发干燥，不会侵蚀塑料薄膜，不会影响覆膜质量，不会起泡。

图 2-15 湿式覆膜机

2. 主要机构

湿式覆膜机主要由进卷装置、涂布装置、复合装置、收卷装置、印刷品输入装置和控制系统等组成。

常用的湿式覆膜机没有干燥装置，所以湿式覆膜机结构紧凑，操作容易，维修、保养方便。

湿式覆膜机的主要结构和工作原理与干式覆膜机基本相同。

湿式覆膜机适用于书刊封面、挂历、手提袋、礼品盒、酒盒等纸制品的覆膜。湿式覆膜机机构简单，性能稳定，变频调速，自动控温，设有缺纸自停机构，纸张自动计数，外形美观，占地少、功耗低、速度快、自动化程度高、劳动强度低、无毒无味，覆膜压力低。最大覆膜宽度 1200mm 左右，最大覆膜速度 50m/min 左右。可以加热覆膜，也可以不加热覆膜。有的机型没有加热干燥装置，有的机型在复合之后，增设烘干装置，提高干燥速度。

干湿两用覆膜机适用于一般干式覆膜机和湿式覆膜机能够覆膜的产品，包括书刊封面、挂历、包装盒等的覆膜。

干湿两用覆膜机具有干式和湿式覆膜机的特点，可以使用普通溶剂型黏合剂或水溶型黏合剂进行覆膜，还可以用预涂膜进行覆膜。干湿两用覆膜机有普通机型和立式机型。

自动湿式覆膜机装配有自动输纸装置和不停机续纸装置及自动收纸装置。主传动采用变频调速电机，输纸装置无级变速。纸张输入精确度高，图2-16为自动湿式覆膜机外形图。

图2-16　自动湿式覆膜机

卷筒纸覆膜机适用于卷筒纸覆膜，也可用于单张纸覆膜。卷筒纸覆膜机适应性强，能耗低，覆膜速度高，操作方便，故障率低，一般不需要干燥装置。

三、预涂覆膜机

预涂覆膜机是把已涂布黏合剂的预涂膜和印刷品复合起来。预涂覆膜机与干式覆膜机最大的区别是没有干燥烘道和涂布装置。

预涂覆膜机是将印刷品同预涂塑料薄膜复合到一起的专用设备，结构紧凑、体积小、造价低、操作简便、随用随开机、生产灵活性大、效率高。预涂膜和纸张印刷品的复合只要热压即可。适合于各类有热压功能的覆膜机、复合机、塑封机。即涂式湿式覆膜和桥式组合覆膜机不需做任何改动，完全可用于预涂膜覆膜。

1. 工作原理

图2-17预涂覆膜机工作原理图。预涂黏合剂的塑料薄膜材料成卷筒状放在进卷装置的送膜轴上，开机前将预涂薄膜按规定前进方向经调节辊和导向辊等机构进入复合装置，这时从印刷品输入装置输入的印刷品也一起进入复合装置，经过复合装置的热压辊和橡胶压辊进行热压合后，传送到收卷装置的收料轴上。收卷装置在电动机带动下，按调好的速度拉动已覆膜的印刷品，

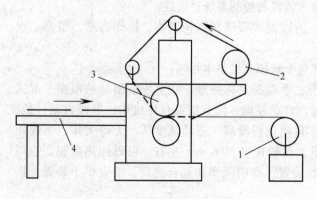

图2-17　预涂覆膜机工作原理
1—收卷　2—预涂膜　3—复合　4—印刷品输入

预涂膜也按上述路线向前输送。卷成卷筒的覆膜印刷品，经割膜成为单独覆膜产品。

2. 主要机构

预涂覆膜机主要由进卷装置、复合装置、收卷装置、印刷品输入装置和控制系统组成。与干、湿式覆膜机相比，预涂覆膜机没有干燥装置和涂布机构。

（1）进卷装置。预涂覆膜机进卷装置主要由塑料薄膜支承架和薄膜张力控制系统组成。预涂膜卷筒放置在进卷装置的支承架上用送膜轴支撑放卷。预涂膜在工作过程中必须保持恒定的张力，张力过大或过小都会影响覆膜质量。

（2）复合装置。预涂覆膜机的复合装置主要由热压辊和橡胶压辊及压力调节机构组成。热压辊为中空钢辊，表面镀铬，内装加热和温度调节装置，一般情况下，采用远红外石英管加热即能满足工艺要求。热压辊内装有铝合金衬套，保证热压辊表面温度均衡。橡胶压辊表面包橡胶，橡胶要平整、光滑、耐热。热压辊为硬辊，橡胶压辊为软辊，软硬辊相压使覆膜压力均匀，覆膜质量好。压力调节机构常用液压机构和气动机构，有的覆膜机采用机械机构调节压力。

（3）收卷装置和印刷品输入装置。预涂覆膜机收卷机构和印刷品输入装置的工作原理与干式覆膜机基本相同。

（4）控制系统。预涂覆膜机的控制系统主要控制进卷、收卷、复合装置的驱动、变速和热压辊的加热系统。

电控装置安装于控制柜内，控制柜面板上安装各种控制按钮，面板上还装有显示仪表，对整机进行控制并显示工作数据。

驱动机构采用电机驱动，进卷电机、收卷电机、热压辊电机都采用无级调速电机，电机转速可在 120 ~ 1200r/min 内无级变速。

热压辊的电热装置一般采用远红外石英加热管，安装在热压辊内，温度自动控制装置保证热压辊温度平衡，满足工艺要求。

预涂覆膜机适用于书本、各类书刊封面、图片、广告、产品样本、文件、卡片、包装纸盒等预涂覆膜。预涂覆膜机结构紧凑，操作方便，维修简易，节省能源，没有污染。温度、压力、速度可调，很方便地保持薄膜的平展。热压性能稳定，适应大批量生产需要。无起泡故障，无毒，无

图 2 – 18 预涂覆膜机

味，洁净卫生。最大覆膜宽度 1200mm 左右，最大覆膜速度 40m/min 左右，图 2 – 18 为预涂膜覆膜机外形图。

四、覆膜机操作程序

1. 干式和湿式覆膜机操作程序

（1）准备。检查机器各部分状况，加油润滑，如机器无异常状况进入下一步工序。

（2）加温。接通电源使热压辊温度升至 50 ~ 65℃。

（3）配制黏合剂。根据覆膜要求配制黏合剂的种类、浓度和辅料。配制好黏合剂后，开启胶泵开关，使胶槽中的胶液开始循环。

（4）上膜。检查塑料薄膜上的电晕处理面标记，让电晕处理面和涂布辊接触。

（5）整理纸张。纸张在印刷、存放过程中可能受湿变形，把变形部分整理平整。

（6）调节胶辊间隙。根据覆膜要求调节上胶辊与涂布辊间的工作间隙。调间隙时，可把塞尺塞入两辊之间测量，旋转调节手轮，直至获得满意间隙。手轮端部装有刻度盘和指针，每小格读数为 0.01mm，每周读数为 1.5mm。手轮转动 1 小格，涂布辊移动 0.01mm。机器壁上装有刻度尺，供两辊间隙粗调之用。

禁止两辊互相接触和碰撞。工作时，上胶辊底部浸泡在胶液里后，方能使两辊正常运转，以免擦伤两辊表面。

操纵刮胶刀要小心，让刮胶刀慢慢地与涂布辊贴合，适当施加压力，然后拧紧固定螺钉。刮胶刀片与涂胶辊贴合要平整。

停止工作时，上胶辊、刮胶刀、涂布辊互相分开。

（7）开启烘道。对干式覆膜机，打开烘道、收料和排风开关。

（8）调整印刷品输送辊间隙。调整印刷品输送胶辊与光辊间的间隙，保证纸张输送可靠。间隙不合适时，调节胶辊调整螺钉，直到间隙合适为止。

（9）加压、送膜、切边。启动主机，加压力使橡胶压辊升起，一般加压至 10～18MPa。压力过大或过小都会影响覆膜质量。

送膜时，调整好薄膜面松紧度，电晕处理面要正确。薄膜进入切边装置进行切边，保证薄膜正确宽度，将切下的边条料缠绕在收条辊上。切边宽度根据覆膜要求将多余部分切下来，切边要齐。

（10）调规矩。调整规矩以保证印刷品在输送带上的运行方向与热压辊轴线垂直。同时，印刷品与塑料薄膜宽度上位置准确，使印刷品不露膜，不跑边。

调规矩时，先松开规矩固定螺钉，两手同时向前推或向后拉。规矩位置要准确，不要出现"掉规矩"或"上规矩"的现象，保证印刷品不倾斜，不跑偏。

全自动覆膜机需要输入正确的数据。

（11）检查机器。检查机器各部位运转是否正常。温度压力是否符合工艺要求，一切正常后，涂布黏合剂。

（12）涂布黏合剂。慢慢而平稳旋动胶辊压力装置，使薄膜平展地与涂布辊接触，让胶液槽中的黏合剂均匀地涂布到塑料薄膜表面。

涂布黏合剂时，检查塑料薄膜运行情况，薄膜松紧一致，无损伤，无跳胶等现象。

（13）收卷。收卷时，从复合装置出来的半成品要拉平，松紧一致，收卷整齐。收卷时不要过松或过紧，过松收不齐，过紧会缠皱。收卷控制机构要调整好，保证适当摩擦力，收卷轴不打滑。

（14）检查覆膜质量。要经常检查覆膜质量，随时观察塑料薄膜的平整度和黏合剂涂布的均匀度、厚度、干燥程度，观察烘道和热压辊的温度、覆膜压力及覆膜后的黏合牢度。发现不正常情况及时调整。进卷装置和收卷装置上的薄膜卷直径随时变化，防止这种变化引起薄膜线速度变化，而影响薄膜运行中张力变化，以致影响覆膜质量。及时补充胶液槽中的黏合剂，保证整机生产正常。

（15）机器润滑。按照覆膜机说明书规定，定期及时对转动和滑动部位进行润滑，以保证机器正常运转。

2. 预涂覆膜机操作程序

预涂覆膜机使用预涂薄膜作为覆膜材料，覆膜时，省去了黏合剂配制、涂布和干燥过程。预涂覆膜机结构简单、操作方便、工艺简化。

（1）准备。检查机器各部件是否正常，进行开机前例行检查和润滑、清理。

（2）加温。接通电源，打开热压辊加热开关加温，加温时，将温度控制指示调节到适应工艺要求的位置。

（3）上膜。根据需覆膜印刷品的尺寸，选择合适尺寸的预涂薄膜，把预涂薄膜装到送料轴适当的位置上固定。

（4）整理纸张。把印刷品在印刷、存放过程中发生的变形整理平整，使纸张印刷品能平稳地进入并通过热压辊加压复合，不出现质量问题。

（5）调规矩。保证印刷品在覆膜过程中不歪斜，不出膜，不跑边，规矩调节要正确。调规矩时，松开规矩架的紧固螺钉，同时前推或后拉，直到位置准确，薄膜与印刷品正好复合为准，调节后加以紧固。

全自动覆膜机需要输入正确的数据。

（6）切边。使印刷品的宽度与薄膜的宽度相适应，如有露膜现象，需要切边。首先把切边刀放下，把多余的薄膜边条切下来，并缠绕在收边纸管上。

（7）穿膜。把进卷轴上的预涂薄膜穿过伸展辊、调膜光辊、弓形调整辊、导向辊和胶辊后进入主机。

（8）调膜。穿膜后，因每卷预涂薄膜松紧都不一致，要将预涂薄膜面调平。调平机构有三套，进卷部分可以前后左右移动，进行初调；机器顶部的调整辊可以前后上下调整；弓形调整辊可将薄膜展平。经过调整使预涂薄膜平整稳定进入复合机构。

（9）加压。主机启动后，对液压加压装置手动加压，使橡胶压辊通过两边滑道升起，与热压辊接触产生覆膜工艺需要的压力，一般为 10～12MPa。橡胶压辊在热压辊的摩擦带动下转动。

（10）收卷。覆膜后，开动收卷装置，覆膜产品能够整齐地卷在空芯纸管上。

五、常见故障及排除方法

覆膜机在运行过程中，会发生一些故障，影响覆膜质量，影响生产的正常进行，有的故障可以通过覆膜中出现的质量问题确定故障原因和排除方法。

（一）涂布机构故障

1. 跳胶

原因：塑料薄膜运行不平行，一边松，一边紧。

排除方法：调整薄膜松紧度，使之运行平整。

2. 横向跳胶

原因：涂布黏合剂时，有时出现横向跳胶，是由于主机转速和进料电机转速不同步或高于进料转速。

排除方法：调整主电机和送料电机转速。

3. 塑料薄膜运转中左右移动

原因：进卷轴锥形固定支座的固定螺钉松动。

排除方法：紧固此固定螺钉。

4. 断膜

原因：上膜轴阻力大。

排除方法：调节上膜轴左右顶套及制动器。

（二）干燥装置故障

1. 烘道温度不正常

原因：温度调整不正确。

排除方法：按工艺要求调整烘道温度。

2. 覆膜不牢、起泡

原因：热风温度下降；烘道温度过高或过低；烘道风力过小。

排除方法：调整烘道加热温度至工艺要求温度；适当加大风力。

（三）复合装置故障

1. 覆膜压力下降或无压力

原因：调压液压泵漏油或缺油。

排除方法：检查手动压力泵，油管是否破裂，待维修或加油后再生产。

2. 覆膜不牢

原因：热压辊温度过低；压力过小。

排除方法：调整热压辊加热温度和覆膜压力。

3. 起泡

原因：热压辊温度过高或过低；压力过小；覆膜速度过快；热压辊表面有胶。

排除方法：调整热压辊温度至工艺要求温度；调整覆膜压力至工艺要求压力；调整覆膜速度至合理速度；擦净热压辊表面。

（四）进卷收卷装置故障

1. 薄膜过松、过紧

原因：松紧度调整不适当，造成不规则间断跳泡或覆膜产品上翘打卷，黏合不牢等。

排除方法：调整进卷制动带，使制动阻力适当；调整收卷摩擦盘。

2. 纸张托架水平位置偏移

原因：托架固定螺丝松动。使纸张不能平稳、平行地进入主机，出现纸张上翘、下扎，造成皱褶或造成一边向后偏移而歪斜，一边跑边，一边露膜。

排除方法：松动托架紧固螺丝，然后将托架调节到与输送带和热压辊下切面成一条直线的位置，再把螺丝固定。

（五）控制系统故障

1. 主电机速度突然减慢或停机

原因：三相电源缺一相电；误动调速装置；中间继电器自动断电，保险烧断。

排除方法：发现主机速度减慢可能是误动调速装置；如果有异常响声，可能是缺一相电，检查保险是否烧断一相，电机发热量是否超过标准，如不超标准，接通保险即可；检查中间继电器，可能因负载过大而自动断电。找出原因，接通电源，重新开机。

2. 三相电不缺，按开关不启动

原因：除中间继电器自动断电外，还有可能是电线接头、保险松动或烧断。

排除方法：停机检查电路，紧固电线接头，或更换电线，检查或更换保险。

复习思考题

1. 覆膜的作用是什么？
2. 覆膜有几种方法？各自的特点是什么？
3. 黏合剂的涂布方法主要有哪些？各自的特点是什么？
4. 覆膜用黏合剂由哪些成分组成？各有什么作用？
5. 塑料薄膜的表面处理方法有哪些？工作原理是什么？作用是什么？
6. 常用 BOPP 薄膜的主要特点是什么？
7. 覆膜产品的质量要求有哪些？怎样检验覆膜产品质量？
8. 覆膜对黏合剂有什么要求？覆膜常用的黏合剂有哪些？
9. 黏合剂性能对覆膜质量有什么影响？
10. 复合温度和压力对覆膜质量有什么影响？
11. 叙述干式覆膜机的组成和工作原理。
12. 叙述湿式覆膜机的组成和工作原理。
13. 叙述预涂膜覆膜机的组成和工作原理。
14. 叙述覆膜的工艺流程。
15. 覆膜常见故障及排除方法是什么？

第三章　上　　光

上光是在印品表面涂布透明光亮材料的工艺（GB/T 9851.7—2008 印刷技术术语　第7部分：印后加工术语）。纸张印刷图文后，虽然油墨具有一定的光亮度和抗水性能，但由于纸张纤维的作用，印刷品表面的光亮度、抗水性、耐磨性、耐光、耐晒性能及防污性能都不够理想。要解决这一问题，印刷品表面上光是一个很好的方法。

第一节　上光的作用和特点

上光有三种形式：涂布上光、压光、UV 上光和压膜上光。

涂布上光也称为普通上光，是以树脂等上光油（上光涂料）为主，用溶剂稀释后，利用涂布机将上光油涂布在印刷品上，并进行干燥。涂布后的印刷品表面光亮，可以不经过其他工艺加工而直接使用，也可以再经过压光后使用。

压光是把上光油先涂布在印刷品表面，通过滚压而增加光泽的工艺过程，它比单纯涂布上光的效果要好得多。

UV 上光是在印刷品表面涂布 UV 上光油，在紫外线照射下，固化后形成固化膜。在固化过程中，UV 预聚合物经过硬化形成耐磨损、有光泽的塑料体。

压膜上光是在普通纸张上印刷完成后，通过专用设备进行激光全息转印，使印刷品达到与在激光纸上印刷的产品具有相同的效果。压膜上光工艺将模压后形成的激光膜，与涂布 UV 上光油的印刷品压合，剥离后形成激光干涉效果。

经过上光的印刷品表面光亮、美观，增强了印刷品的防潮性能、耐晒性能、抗水性能、耐磨性能、防污性能等。上光适用于书籍封面、插页、年历、画册、商品包装等方面。

第二节　上光工艺

常用上光工艺有涂布上光、压光、UV 上光和压膜上光。

一、涂　布　上　光

涂布上光工艺流程为：送纸→（自动、手动）→涂布上光油→干燥→收纸。还有的上光工艺采用组合上光方法，工艺流程为：送纸→涂布上光油→干燥→涂布 UV 上光油→紫外线固化→收纸。

印刷品经过上光油涂布装置均匀涂布上光油，再经过热风烘道干燥或红外线、紫外线干燥，在印刷品表面形成亮光油膜层，上光后的印刷品必须经冷风喷管使结膜表面冷却后才能堆积，以避免堆积时发生粘连现象。

（一）上光油涂布

上光油也称上光浆、上光液、上光涂料、光油。

上光油涂布方法很多，主要有辊式涂布和刀式涂布。

1. 三辊涂布

三辊涂布是上光中最常用的涂布方法，图3-1为三辊式涂布原理。

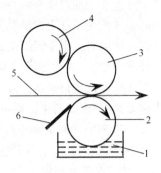

图3-1 三辊式涂布
1—料槽 2—涂布辊 3—衬辊
4—计量辊 5—纸张 6—刮刀

三辊式涂布结构简单，可进行双面涂布。纸张下面涂布由涂布辊、刮刀和衬辊完成；纸张上面涂布用专用上光油输送装置把上光油从上侧输送到衬辊和计量辊之间，使衬辊作为涂布辊对纸张上面进行涂布。双面涂布时，从下面料槽和上面上光油输送装置同时供料。三辊涂布时，在纸张通过时三辊之间有一定压力。

三辊涂布时衬辊与涂布辊之间的间隙可以调节，以保证涂布质量，间隙大小与纸张厚度有关，涂布纸张越厚，两辊之间间隙越大；间隙大小还与上光油种类和性质有关。

2. 逆向辊涂布

逆向辊涂布通常用3个或4个辊作同向回转，各辊同其相邻辊表面做逆向运动，涂布辊（也称施涂辊）与衬辊在纸张通过时有一定压力。

按上光油供给方式，逆向辊涂布可分为从上方供料和从下方供料两种类型，前者称顶部供料逆向辊涂布，如图3-2所示；后者称底部供料逆向辊涂布，如图3-3所示。

顶部供料适用于上光油黏度非常大的场合。底部供料适用于上光油黏度较小的场合，底部供料可不用挂料辊，而将涂布辊和计量辊（也称调量辊）直接部分浸入料槽中。

逆向辊涂布各辊之间的间隙对涂布质量影响较大，间隙大小可以方便调节，一般情况下，衬辊与涂布辊之间的间隙为原纸厚度的80%左右，计量辊与涂布辊的间隙一般在0.05~2mm，视涂布量与上光油性质而定。

逆向涂布各辊之间的线速度之比也影响上光油涂布量，如图3-4所示。

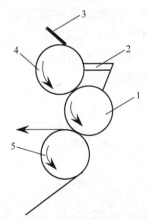

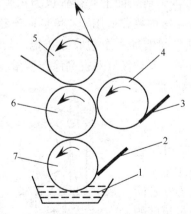

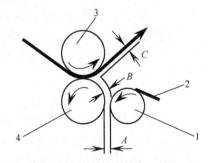

图3-2 顶部供料逆向辊涂布
1—涂布辊 2—料槽 3—刮刀
4—计量辊 5—衬辊

图3-3 底部供料逆向辊涂布
1—料槽 2—刮边器 3—刮刀 4—计量辊
5—衬辊 6—涂布辊 7—上料辊

图3-4 涂布量与辊间隙及
速比关系示意图
1—计量辊 2—刮刀 3—衬辊 4—涂布辊

上光油通过涂布辊与计量辊的间隙 A 附着于涂布辊上，涂布辊上的上光油膜厚度 B 与间隙 A 的关系随上光油黏度及回转速度比而改变。当涂布辊上的上光油膜转至涂布辊与衬辊的压印区时，由于辊间截面增大形成负压区，上光油膜即由涂布辊压到纸面上。衬辊线速度通常与纸速相同。若涂布辊线速度与衬辊相同，则涂布于纸面上的涂层厚度 $C = B$。若涂布辊线速度低于衬辊线速度，则涂料就像拉膜一样平滑地转涂于纸面上，于是 $C < B$；反之，则 $C > B$。由此看来，逆向辊涂布层厚度或涂布量对各辊间速度变化相当敏感。

逆向辊涂布最高速度可达 300m/min，适用于上光油黏度范围 $0.1 \sim 15\text{Pa} \cdot \text{s}$，涂布量在 $2 \sim 300\text{g/m}^2$，相当于湿涂层厚度 $0.01 \sim 0.5\text{mm}$。

3. 网纹辊涂布

网纹辊涂布如图 3 - 5 所示，上料辊从料槽中黏附上光油后，与中间的网纹辊接触，将上光油转涂于网纹辊上。上料辊为包胶辊，单独传动，低速回转，同网纹辊有极微间隙。

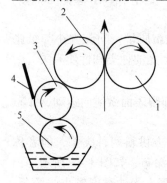

图 3 - 5　网纹辊涂布
1—衬辊　2—涂布辊
3—网纹辊　4—刮刀　5—上料辊

网纹辊表面有网纹，网纹有各种不同的规格，用加网线数表示，单位是线/cm 或 Lpi（线/in），网纹的形状有多种。当上料辊将上光油转涂于网纹辊后，与辊面相接触的刮刀将多余的上光油刮下，只在网纹辊表面凹槽内留下定量上光油。当网纹辊再与包胶涂布辊接触时，又将凹槽内定量的上光油大部分转涂到涂布辊表面。

网纹辊可用金属辊或陶瓷辊。辊面网纹可用雕刻法、腐蚀法或辊压法制出。金属辊需镀铬，当使用一定时期镀铬层腐蚀后，可再行镀铬。涂布辊转向与纸张行进方向一致，所有相邻辊转向均相反。涂布辊表面包胶，它的作用是将从网纹辊接收来的定量上光油转涂到纸面上。纸张另一面对称地装有同样包胶的衬辊。

网纹辊涂布有两辊式涂布、三辊式涂布和四辊式涂布。

两辊式涂布是以网纹辊兼作上料辊和涂布辊，由料槽上料后刮刀将过量上光油刮下，而后将网纹辊凹槽中留下的上光油转涂到纸面上，衬辊也为包胶辊，这种涂布方法涂层不均匀，甚至在纸面上显示出花纹。这种装置适用于黏度低而流动性好的上光油涂布。

三辊式涂布是在网纹辊与衬辊之间增加一个包胶涂布辊，与两辊式涂布相比，涂布质量要好些，但上光油的黏度应低些，流动性好对提高涂布质量有好处。

四辊式涂布的涂层均匀，涂布质量好，对上光油黏度和流动性适应范围大。

4. 气刀涂布

气刀涂布方法适用性较广，应用较普遍。它是由涂布辊将过量的上光油涂布于纸或纸板表面，在纸张穿过衬辊与气刀之间时，由气刀喷缝喷射出与纸张成一定角度的气流将过量的上光油吹除，从而达到要求的涂布量，同时将上光油吹匀。图3 - 6为气刀涂布方法原理图。

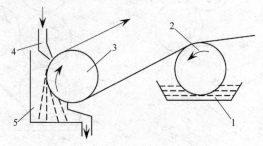

图 3 - 6　气刀涂布原理
1—料槽　2—涂布辊
3—衬辊　4—气刀　5—收集槽

纸张与涂布辊以一定的包角相接触，涂布辊转向与纸张前进方向一致，涂布辊将料槽中的涂料转涂到纸面上。带有过量上光油的纸张穿过衬辊与气刀之间的间隙，此间隙一般为 4~8mm，最小可达 2~3mm。气刀喷缝的喷出角与水平线成 40°~45°。纸张通过此间隙时，由衬辊支撑，气刀喷缝喷出的气流遂将过量的上光油吹下来，吹落下来的上光油随气流进入收集槽，与空气分离后又送回循环槽，经处理后再循环使用。

如果使涂布辊反转就成为逆向辊气刀涂布，可获得良好的涂布效果。

在料槽中增加一个上料辊，涂布辊不直接浸在料槽中，上料辊黏附的上光油转涂到涂布辊上，涂布辊再把上光油转涂到纸张上，这种方法称为双辊气刀涂布。双辊气刀涂布适用于高速涂布以及涂层较厚或浓度较高、黏度较高的上光油涂布。

气刀涂布速度可达 360m/min 左右，涂布量取决于气刀风压及其相对于纸张的位置、纸幅速度及上光油黏度。由涂布辊涂布到纸幅上的上光油应保持到最低限度，一般为所要求涂布量的 1.5 倍以下，可获得最佳涂布效果。

气刀涂布的优点是在纸面上能制得同原纸凹凸不平相适应的平整涂层，涂布量为 3~30g/m²，易适应原纸品质、上光油浓度、黏度等工艺条件的变化。所用上光油上光油黏度一般为 0.1~0.4Pa·s，最高限度可达 1Pa·s，且通常限于水溶性上光油，因为有机溶剂上光油将会被气刀气流大量汽化，造成污染或损失。

5. 刮刀涂布

刮刀涂布是用刮刀刮除过量上光油的涂布方法，图 3-7 为刮刀涂布原理图。

纸张贴附于衬辊上浸入料槽，出槽时粘上过量的上光油，在刮刀下通过，刮刀把过量上光油刮掉，并刮匀涂层。刮刀一般装在衬辊上面，刮刀通常为装配式，刀体上安装可以调节的刀片。这样，刀刃磨损后便于更换，也便于调节刀刃与纸面的间隙。刀刃与纸面有一固定间隙，或对纸面有一个可控制的线压力，这由上光油黏度、固相含量、涂布量等决定。衬辊常

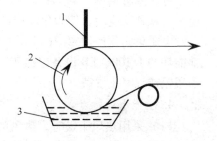

图 3-7　刮刀涂布原理
1—刮刀　2—衬辊　3—料槽

用包胶辊。刮刀对衬辊的角度通常是可调的，其间隙可用精密塞尺测量调整。涂布量随纸张速度、厚度、上光油黏度等而改变。由料槽直接涂到纸张上的涂布量一般为所要求涂布量的 1.5 倍左右。

刮刀涂布适用上光油黏度 1~100Pa·s，最小涂布量约为 10g/m²。刮刀涂布控制涂布量精度低，涂层易出现条纹，适用速度较低。

（二）上光油干燥

上光油干燥主要采用热风干燥、红外线干燥、紫外线干燥等方法，用热风与红外线加热相结合的干燥方法效果更佳。

1. 热风干燥

热风干燥是用电热管或煤气等加热烘道中的空气，使烘道达到需要的温度，上光油中的溶剂挥发，废气从排气管道中排除，达到干燥目的。

影响热风干燥速度和效率的因素很多，其中有热风体积流量、气流喷出的速度、热风温度及相对湿度、排气率等，正确选择这些工艺参数对干燥过程甚为重要。选择合理

的干燥速度对产品质量影响很大，例如某些溶剂配制的上光油涂层干燥时，如果干燥速度过快，内部的溶剂尚未来得及全部挥发之前，涂层表面即生成一层薄膜，从而引起涂层内部形成一些小气泡。所以应根据特定的涂布工艺特性，确定合理的干燥速度。干燥速度确定后，根据既定的产量，进一步确定所用的热风循环系统中的最大热风流量、流速和最高温度。

2. 红外线干燥

红外线干燥方法是用管状红外线辐射石英灯泡作为辐射器，用玻璃护板、陶瓷或金属薄板作反射器，将红外线照射到已涂布上光油的印刷品上，使上光油干燥。

红外线干燥采用能在非常狭窄的波长区域上发射能量的光源，对能在该波长范围内吸收辐射的涂层膜进行高温辐射加热，涂层中的有机分子吸收能量，促使分子中的原子或基因振动或转动，从而增加物质内部的能量，产生热量，诱导物质的物理与化学变化。

红外线干燥是一种很迅速的干燥方法，成本低，印刷品堆放较高也不出现粘结现象。红外线辐射不危害人体健康。红外线干燥不像紫外线那样急速固化。

3. 电子束干燥

电子束（EB）干燥（固化）是利用高能电子辐照使上光油发生化学和物理变化，形成光亮层。电子束能使低分子液体树脂转化成交联涂层。高能电子与涂料分子相互作用，使之分解成游离基，与双键反应，形成增长链。然后，增长链与 EB 上光油其余成分反应，一系列反应后，使固化涂层产生交联网络，交联密度增加。

电子束固化使用专门的 EB 上光油，比 UV 上光油便宜，固化能耗低，仅为普通上光油能耗的 1/100。EB 设备很昂贵，适用于对平面上光油的固化，固化中会产生 X 射线，需用铅或混凝土屏蔽。

4. 上光干燥特点

（1）采用热风干燥时，热风的速度和温度对于干燥速度影响很大。当热风温度一定时，热风速度越大，干燥速度越大，两者基本上是线性关系。风速一定时，热风温度越高，干燥速度也越大。但应防止过度干燥，否则将降低涂层强度和光亮度。有时采用液化石油气及重油燃烧的烟气直接加热空气，产生高达 300～400℃ 的热风进行干燥。采用的热风速度有时可达 90m/s。

（2）在热风干燥中，印刷品是在无依托或轻依托状态下进行干燥的，容易产生卷曲。造成印刷品卷曲的原因很多，如收缩不一致，纸页匀度不良，水分不均，横向气流性状不同等。改进措施是：选择水分变化时变形小的纸张及收缩较小的上光油；减小纸页在干燥时所受的张力；保持横向干燥均匀；在涂层反面涂水，使两面水分趋于一致等。

（3）干燥过程中，随着深层表面水分的蒸发，黏合剂由涂层内部向外表面迁移。适当的迁移，有利于提高表面强度和光泽度，但过度迁移会使涂层光亮度受影响。在高温快速干燥时，要注意水分剧烈蒸发造成的迁移过度现象。对于涂料本身，其保水度影响最大。

（4）上光油对于干燥速度的影响，主要是其保水性及水化程度。此两者越大，干燥速度越慢。

二、UV 上 光

UV 上光即紫外线上光，将紫外线干燥（固化）上光油（UV 上光涂料、UV 上光油、

UV 光油、UV 油）涂布于印刷品表面，在紫外线光照下，上光油固化后硬化，在印刷品表面形成一层薄膜。这层膜光泽度高，耐磨损，防潮防湿。

UV 上光具有高亮度、不褪光、高耐磨性、干燥快速、无毒等特点。

（一）UV 上光分类

（1）按上光机与印刷机的关系分类，可分为脱机上光和联机上光两种方式。

脱机上光采用专用的上光机对印刷品进行上光，即印刷、上光分别在各自的专用设备上进行。这种上光方式比较灵活方便，上光设备投资小，适合专业印后加工生产厂家使用。但这种上光方式增加了印刷与上光工序之间的运输转移工作，生产效率低。

联机上光则直接将上光机组连接于印刷机组之后，即印刷、上光在同一机器上进行，速度快，生产效率高，加工成本低，减少了印刷品的搬运，克服了由喷粉所引起的各类质量故障。但联机上光对上光技术、上光油、干燥装置以及上光设备的要求很高。目前，联机上光方式的应用越来越广泛。

（2）按上光方法分类，可分为辊涂上光和印刷上光两种。

辊涂上光是最普通的上光方式，由涂布辊将上光油在印刷品表面进行全幅面均匀涂布。印刷上光通过上光版将上光油印刷在印刷品上，因此可进行整体上光和局部上光。目前常采用的有凹版上光、柔性版上光、胶印方式上光及丝网上光。

（3）按上光产品类型分类，可分为全幅面上光、局部上光、消光上光以及艺术上光等。

全幅面上光的主要作用是对印刷品进行保护，并提高印刷品的表面光泽。全幅面上光一般采用辊涂上光的方法进行。

局部上光一般是在印刷品上对需强调的图文部分进行上光，利用上光部分的高光泽画面与没有上光部分的低光泽画面相对比，产生奇妙的艺术效果。局部上光采用印刷上光的方法进行，其中采用网版印刷方式上光得到的膜层较厚，效果较其他方式明显，且成本较低，目前在国内使用得较多，但其生产效率一般较低。

消光上光采用亚光上光油，与普通上光的效果正相反，它是降低印刷品表面的光泽度，从而产生一种特殊效果。由于光泽度过高对人眼有一定程度的刺激，因此，消光上光是目前较流行的一种上光方式。

艺术上光的作用是使上光产品表面获得特殊的艺术效果。如使用 UV 珠光上光油在印刷品表面进行上光，会使印刷品表面产生珠光效果，使印刷品显得富丽堂皇、高贵典雅。

（二）涂布

UV 上光油涂布方法与普通上光油涂布方法相同。

（三）紫外线固化

紫外线固化（干燥）是用充满氩气和水银蒸气的管状充气石英灯做辐射器，它的辐射射线靠椭圆的或抛物线的反射装置集聚到纸张上。通常灯管直径为 25mm，长度为 100～180mm，功率应不小于 80W/cm，紫外线发射的能量应不小于 80mJ/cm^2，紫外线发射的主波长应在 280～420nm。

紫外线辐射能够引起游离基迅速发生聚合反应。用紫外线照射的涂层膜，使上光油分子产生聚合作用而固化，上光油的连结料应能在紫外线的作用下聚合，其主要成分有预聚合物单体（光敏树脂）、活性稀释剂、光引发剂和助剂等。

紫外线干燥速度很快，一般在几秒钟以内，干燥时由于强烈放电，或是波长在220nm以下的紫外线辐射会产生臭氧，这些臭氧是在辐射器接通时所产生的，需用冷却灯管的排风扇予以排除。臭氧的气味很容易黏附在有酪素的承印材料上。紫外线固化装置如果设计不合理，会对操作人员视力有影响，对机械零件有腐蚀作用。

紫外线固化上光油能瞬时固化，不会粘连，没有溶剂挥发，上光油在紫外线照射前不会固化，上光油固化不会受纸张影响，固化后表面光亮，手感好。

紫外线固化上光设备投资较大，上光油成本较高。

（四）UV上光的特点

1. 优点

（1）UV上光油配方内无溶剂，故无溶剂挥发带来的问题。

（2）UV上光油室温下能快速固化。

（3）降低能耗，一般为溶剂型上光油能耗的1/5。

（4）UV上光油可涂装热敏基材。

（5）可在流水线上进行UV上光，工艺过程容易实现自动化，而且可以在同一流水线上进行其他作业。

（6）节省场地，紫外线固化装置比热烘道占地少得多。

（7）UV上光成品可立即堆放，UV上光油的涂布和固化可在几秒内完成。

（8）涂层性能优异。

2. 缺点

（1）UV上光油使用有危害的单体，以便配制黏度低的上光油。

（2）UV上光油价格明显高于其他上光油。

（3）UV固化体系对皮肤有刺激性，使用时应严格按规程操作。

（4）UV上光油用于平面上光固化效率高，用于曲面上光效率较差。

（5）UV固化可能产生臭氧，机器设计和工厂设计都应考虑这些因素。

（6）UV上光对金属基材装饰性较差，上光油对金属附着力低，涂层收缩影响质量。

（五）UV上光应注意的问题

1. 上光油的选择

上光油应根据上光方式进行选择，不同的上光方式对上光油的性能要求不同，脱机上光与联机上光应用不同上光油；辊涂上光与印刷上光应用不同上光油；在印刷上光时，不同的印刷方式所用的上光油也是不同的。另外，上光油还应与印刷品表面的油墨相匹配。要求上光油的表面张力必须小于油墨层干燥后的表面张力，这样才能使上光油很好地润湿、附着、浸透于印刷品表面的图文部分。否则，涂布后的上光油层会产生一定的收缩，不均匀，甚至在某些地方出现砂眼等故障。如果上光产品还需经过烫印等后加工处理，则应选用化学性能相对稳定的上光油。

2. 上光油黏度的控制

上光油黏度对其在印刷品上的流平性以及对油墨的润湿等涂布适性有着重要的影响，最终会影响到上光产品的光泽度。上光油黏度的控制应考虑印刷品的吸收性以及涂层厚度等情况。上光油黏度还影响到印刷品对上光油的吸收性，上光油黏度越小，涂布层越薄，被印刷品吸收的越多，因此，若印刷品吸收性过强，可适当地增加上光油的黏度，缩短其流平时间，否则在较长时间的流平过程中，上光油被大量吸收，很难在印刷品表面形成较平滑的膜层。

上光油黏度越大，涂布层越厚，表面膜层越不平。要降低普通 UV 上光油的黏度，可加入酒精，但不能加入过多，否则将会影响 UV 上光油的固化速度及膜层的亮度。

3. 上光油涂布量的控制

上光油的涂布量要适当，涂层要均匀。均匀适量的涂层表面平滑度高，光泽度高。若涂布量过少，上光油不能均匀地铺展，对印刷品表面的缺陷弥补作用降低，涂层表面平滑度差；若涂布量过多，尽管有利于上光油的流平，也增强了对印刷品表面缺陷的弥补作用，但干燥发生困难，且成本高。

上光油涂布量的确定同上光油的种类、印刷品的表面状况、涂布条件有关，确定时要互相兼顾。涂布中，可以通过调节上光涂布机控制机构或改变涂布机速度实现涂布量的改变。

4. 上光速度的控制

上光速度，即涂布机速度，应根据上光油的固化速度和涂布量决定。上光油的固化速度快，涂布机速度可提高，这时涂层流平时间短，涂层相对较厚，反之则相反。另外，涂布机速度还与涂布机固化光源的条件、印刷品状况等有关。

5. 上光对印刷品颜色的影响

采用 UV 上光的印刷品，有时会出现变黄现象，主要是因为 UV 上光油自身发黄，或在上光过程中，上光油仅在印刷品表面固化，而内部没有彻底固化。

上光油的发黄是所用的预聚物和活性稀释剂带有一定黄色，因此，应选用无色的预聚物和活性稀释剂来配制上光油。另外，有些光引发剂会使体系固化后发黄，如安息香双甲醚（651），所以应避免使用这类光引发剂配制上光油。

在上光过程中，上光油内部没有彻底固化时，其内部的上光油稀释剂会逐渐被油墨、纸张吸收，同时会对油墨中的连结料产生作用，造成油脂失去，颜料得不到足够的保护，颜料颗粒游离，这时纸张涂层和油墨层表面的平滑度就会降低。粗糙的表面会对光产生漫反射，这样在颜色中增添了一些白色成分，使得明度升高，饱和度下降，给人以整体泛黄、色彩变淡的感觉。因此，应提高 UV 上光油的固化速度或选择高效的紫外固化光源。

6. 在氧化聚合型油墨层上上光

对于墨层以氧化聚合干燥为主的印刷品，主要是承印物平滑度较高的胶印印刷品，UV 上光油在油墨层上附着较困难。因此，为提高 UV 上光的质量。往往使用双上光，即先在印刷品表面施加一涂布，用来隔开油墨和 UV 上光油，然后再涂布 UV 上光油。因此，应提高 UV 上光油与氧化聚合型油墨的适应性。

三、压 光

印刷品的压光是在上光的基础上再经过一定的温度和压力使上光油在印刷品表面形成较强光泽的玻璃体，产生良好的艺术效果。

涂布上光过程中，印刷品表面已涂布上光油，并经过干燥，表面已形成光亮油膜，光泽度较高，完全可以使用。如果再进行压光，表面光亮度更高，艺术效果更好。

1. 温度与压力

印刷品进入热压区。热压温度和压力是压光的重要因素，在温度和压力作用下，上光油和纸基印刷品合成一体，表面形成光泽度高的玻璃体。

压光时，首先要调整好压光温度和压力，温度一般控制在 80～100℃，温度过高、过低都会影响产品质量。温度过高易使产品卷曲，橡胶压辊表面易烫损变形；温度过低，会使上光油不能形成较好玻璃体。热压辊压力也应正确调整，一般为 8～10MPa。压力过大，纸面稍有不平整，会产生压皱、条纹等现象，并且使纸张伸长变形，影响印刷品尺寸，长期压力过大会导致橡胶压辊变形；压力过小，造成上光表面光泽度不高，效果不好。

温度对光泽度有较大影响，温度调整合理，即使工作压力略低，所得到的光泽度也比用较高压力而温度不合适所能达到的光泽度为高。压光时，温度对提高纸张紧度和平滑度都有一定作用。

工作压力是决定纸张紧度、平滑度和光泽度的主要因素，一般来讲，工作压力越大，纸张紧度越大，平滑度和光泽度越高，但过大的工作压力会在一定程度上破坏纸张强度。

2. 速度与冷却

纸张经过热压机构，涂布上光油的一面粘到压光带上，随压光带的转动向前运动。在运动过程中，温度逐渐降低，纸张由热变冷产生收缩，从压光带上自动剥离下来。

压光速度也是压光产品质量的一个重要因素，它必须与热压部分温度和工作压力相互适应，还要和冷却过程相适应，以达到上光油固化要求。若压光速度过高，虽然产量可以提高，但质量难以保证，上光产品在热压部分停留时间过短，达不到固化和上光要求。压光速度增加，工作压力不变，热压机构作用时间短，使纸张紧度、平滑度和上光油膜牢度均受到影响。压光速度一般控制在 6～10m/min 为宜。

压光产品在出口应自动脱离压光带，在运行过程中，采用吹风办法强制冷却。冷却速度要适宜，冷却速度过快，上光油未完全干燥玻璃化，压光产品未到出口便落入机器中；反之，冷却速度过慢，压光产品已到出口仍揭不下来。冷却速度过快或过慢也会对压光质量造成一定影响。

3. 压光带表面粗糙度

压光带由不锈钢薄板制成，也称为不锈钢带、压光板，为环状结构，它的作用是使压光产品表面具有高平滑度和传送印刷品。

涂布上光油的印刷品在热压机构加热和压力作用下，印刷品表面光泽度增加。如果压光带粗糙度过大，印刷品表面的平滑度和光亮度均达不到要求。此外，压光带粗糙度过大会使印刷品与压光带贴附困难。

压光带所用不锈钢薄板经过镜面研磨加工，表面不准有划痕、缺陷、皱纹、不平整等弊病。

四、压膜上光

压膜上光工艺来自于英文 Cast and Cure 工艺，所以也称为 C 平方工艺或 2C 工艺。

Cast and Cure 为模压和固型的意思，是一种全新的印后加工工艺。

1. 压膜上光原理

压膜上光是在普通纸张上完成印刷后，通过模压转移膜进行压光或全息转印。压膜上光使印刷品达到与在激光（镭射）纸上印刷的产品具有相同的绚丽夺目的彩虹效果。

压膜上光生产工艺与传统的激光纸张的加工工艺相似，不同之处在于激光类纸张是复合纸，激光效果在 PET 或 PP 膜上，油墨印在激光纸上。压膜上光的转移膜经过模压加工，形成透明的激光效果图案，直接与涂布上光油印刷品压合，将图案转移在印刷品表面，形成激光效果。未经模压的转移膜可以提高印刷品的光泽度和特殊效果。

压膜上光利用折光原理，光的反射有镜面反射和漫反射两种，折光运用线条不同的走向，将线条粗细、间距做成中心发散式、旋转式、波浪式等，将这些线条通过物理或化学方法制成金属压辊，模压成转移膜，将转移膜压合在涂布 UV 上光油的印刷品上，在任何角度都反映出光放射的变幻，产生层次的闪耀感或二维立体影像，光耀夺目闪烁生辉。

2. 压膜上光工艺流程

图 3-8 为压膜上光流程图。

压膜上光包括上光油涂布、放卷、压合、固化、剥离、收卷及收纸，印刷品完成印刷后，通过压膜上光设备先进行上光油的涂布，转移膜与上光油的连接压合，固化干燥，待膜剥离后，产品的压膜上光完成。压膜上光工艺除了可完成一般的激光效果外，还可完成满版或局部特殊的全息效果。

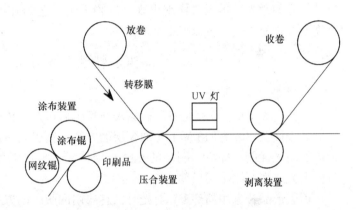

图 3-8　压膜上光流程图

压膜上光工艺在印刷品表面进行，应在短时间内干燥，须使用 UV 上光油，转移膜与产品压合后，经 UV 光照射瞬间固化，待膜剥离后加工完成。

3. 工艺要求

压膜上光工艺是在联线传输带上输送，无咬纸牙排送纸，无张力状态下，在压合过程中薄纸张尾部容易产生皱褶，造成产品损耗。在卡纸类产品加工时满版转移的情况下基本不会有问题。要求纸张必须平整，没有荷叶边，没有紧边，恒温恒湿的环境条件最好。局部转移和套印要求较高的情况下有一定的难度。

压膜上光工艺除了可以完成一般性的激光、光柱等效果外，还可以完成满版或局部特殊的全息效果，甚至可以做到定位性质的全息转移。这些效果的实现，多取决于转移膜的效果制作。

UV 上光油涂层厚度控制非常重要。如果涂层过厚，在压合时上光油容易溢出，使上光范围超出印刷面积，产生直接的后果是全息效果跑位。

整体压膜上光可以采用辊涂的方式涂布上光油，局部压膜上光需要采用印刷的方式涂布上光油，胶印、凹印、柔印都可以用于局部上光。采用印刷方式上光时，图 3-8 中的涂布辊位置安装印版或橡皮布。

印刷局部上光前，印刷油墨必须充分干燥。

使用水性上光油进行压膜上光的底涂时，水性上光油的黏度、涂布速度、流平特性及上光油涂布量都很重要。底涂后，产品需等待 4～5h 再进行压膜上光的后道工序。

压膜上光时，可以采用专用上光橡皮布进行联机局部上光，专用上光橡皮布对上光油转移充分，涂布厚度稳定易控制，局部上光的边缘清晰。

压膜上光工艺的上光油涂布量不应低于 $4g/m^2$，过厚上光油会造成转移膜压合时上光油铺展，激光膜定位不准，发生位移；过薄上光油会造成激光效果降低。

4. 压膜上光特点

与镭射纸张印刷相比，压膜上光工艺适用于普通纸印刷，一般生产所用纸张为普通的卡类纸张，由普通油墨来完成，产品经压膜上光加工后即可达到与激光纸张所产生的效果。转移膜相当于一个激光印版，可反复用 5～20 次，纸张、油墨及印刷成本大大降低。激光纸印刷在印刷深色实地时，由于墨层较厚，遮盖了纸张本身的激光效果，油墨遮盖部分的激光效果无法体现出来，压膜上光工艺是在印品表面转移全息效果，所以光泽度不受油墨影响，可取得更好的效果。

五、特殊上光方法

1. 覆膜产品 UV 上光

覆膜产品 UV 上光就是对印刷品表面覆膜后再在整体或局部涂布一至两次上光油，使印刷品表面获得光亮的 UV 上光油膜层的方法。覆膜之后的产品再上 UV 上光油可以增强油墨的耐光性能，提高印刷品的光泽与立体感，形成强烈对比的作用。既可以采用满版整体上光，也可以采用局部上光。

覆膜产品若采用局部 UV 上光时，宜选用网版印刷方式，因为网版印刷墨层厚度可以达到 30～100μm。用网版印刷方式进行局部上光，生产出的产品表面有立体感，层次较分明，而且精度高。凹印、胶印和柔性版印刷做出的效果与之相比就要差一些。

网版印刷过程中，套印要准确，否则 UV 上光油刮印在已经印刷好并覆膜的图文上易产生很大的偏差，达不到突出局部的效果。

网版印刷 UV 上光油涂布量一般达到 $4g/m^2$ 即可形成很有立体感的光亮效果。

覆膜产品 UV 上光应从以下几方面加以控制：

（1）控制膜层亮度。覆膜产品 UV 上光要防止亮度不佳，亮度不佳可能是 UV 上光油涂布不均匀或 UV 上光油稀释过度，黏度过低。这时要调整好上光机，保证 UV 上光油涂布均匀，并提高 UV 上光油黏度。

（2）防止产品发生粘连。覆膜产品 UV 上光要防止产品发生粘连，产品发生粘连可能是 UV 上光油涂层太厚。这时，要降低 UV 上光油的涂层厚度。

（3）防止 UV 上光油层表面发花。覆膜产品 UV 上光油层表面发花可能是 UV 上光油黏度过小，涂层太薄。这时要提高 UV 上光油黏度，加大 UV 上光油的涂层厚度。

（4）防止 UV 上光油层表面有白点和针孔。覆膜产品 UV 上光油层表面有白点和针孔可能是 UV 上光油涂层太薄；乙醇稀释剂加入量太高；膜层表面粉尘较多等。这时，要适当加大 UV 上光油涂层厚度；减少稀释剂的用量；将膜层表面擦拭干净。

（5）防止 UV 上光油层和图文错开。覆膜产品 UV 上光油层和图文错开可能是套印不准。调整上光设备，注意上光油版和覆膜之后图文的套印精度。

覆膜产品 UV 上光技术在商业印刷领域、包装印刷领域取得了很好的应用效果，覆膜产品 UV 上光技术的应用前景非常广阔。

2. 柔性版印刷 UV 上光

柔性版印刷 UV 上光固化速度快、节约能源、无污染。在实际生产过程中，柔性版 UV 印刷上光后的印刷品表面常常出现光泽度不好、亮度不够的现象，应从以下几方面加以控制：

（1）防止 UV 上光油涂布不足。UV 上光油涂布不足，固化后涂层太薄，表面光亮度就达不到要求。如果 UV 上光油黏度过低，在网纹辊表面的附着力下降，导致印刷品表面上光油涂层太薄，固化后表面亮度不够。这时要根据产品的用途或要求，选择黏度相对较大的 UV 上光油，或在 UV 上光油中加入适量的 UV 增稠剂，以提高其黏度。

网纹辊加网线数越高，网穴储油量就越少，传油量也就越少。涂布 UV 光油时，固化后印刷品表面形成的膜层较薄，印刷品表面的光泽度就比较差，亮度也就不够高。这时，要根据产品要求选择加网线数相对较低的网纹辊，以确保膜层厚度。在进行 UV 上光时，通常选用 177 线/cm（550Lpi）的网纹辊。

（2）防止非反应型溶剂稀释过度。生产过程中，经常需要对 UV 上光油进行稀释，常用方法是在 UV 上光油中直接加入工业用乙醇等非反应型溶剂，改善上光油的流动性和转移适性。

若乙醇加入过量，乙醇中所含的水分不能完全挥发，会在光固化过程中产生水雾，影响固化成膜后的透明度，甚至导致固化不彻底，印刷品表面发黏。这时，在生产过程中应尽可能地控制乙醇等非反应型溶剂的加入量，同时，应选用纯度较高的乙醇。

（3）防止 UV 上光油涂布不匀。UV 上光油涂布不匀也是影响印刷品表面光泽度和亮度的主要原因之一，而 UV 上光油涂布效果又与上光版、印刷压力、网纹辊以及油墨等因素有直接关系。印版表面图文高度一致性差会影响 UV 上光油的转移，从而影响上光油涂布的质量。

印刷压力不均匀也会影响 UV 上光油向承印物的转移，导致转移到承印物上的 UV 上光油厚薄不一致。

网纹辊的网穴发生堵塞，使网纹辊的表面储油量不均匀，从而导致 UV 上光油向承印物表面转移不足。

印刷用油墨与 UV 上光油产生排斥或干涉，会使 UV 上光油向承印物表面转移时局部受阻。

采用柔性版 UV 上光时，选用版基优良的版材；确保印版表面图文高度一致；调整印刷压力，确保印刷压力适中稳定；彻底清洗网纹辊，确保网穴内无异物残存；选用相同厂家生产的油墨及 UV 上光油，尽量避免在油墨中加入黏性大的助剂。

（4）防止 UV 上光油固化不良。当光源中 UV 光衰竭后，上光油中的光引发剂不能被充分激活，光敏树脂和活性稀释剂的交联反应减缓，导致上光油固化成膜不彻底，上光表面发黏，亮度不够。

另外，UV 上光油在黑墨、白墨等表面上也会出现固化不良现象。其原因主要在于这些油墨中的颜料与上光油中的光引发剂吸收的是相同波段的 UV 光，两者共同争夺有限的

UV 光能量，使 UV 上光油固化所需的能量不足，导致 UV 上光油固化不彻底。

在实际生产中，应在汞灯的最佳使用周期内使用，密切关注印刷品表面上光油膜的质量。当在黑墨、白墨等表面上 UV 上光油时，建议使用功率较大的光源，同时还要经常清洗反射器，保证反射面光洁，最大限度地减少 UV 光的无谓衰竭。

3. 胶印 UV 上光

胶印 UV 上光是采用胶印的方式对印刷品的局部或整体上光。胶印 UV 上光的 UV 上光油黏度一般在 30 ~ 40Pa·s（25℃），最高不超过 50Pa·s，黏度过高会影响 UV 上光油的流平性能。一般 UV 上光油在常温下可以满足印刷要求，但在气温较低时，UV 上光油的黏度偏大，必须通过加热降低黏度。现在一般的 UV 上光机都带有加温装置，将 UV 上光油加热到 45 ~ 55℃，黏度一般可以调整到使用范围。

在 UV 上光油中加入一定量的溶剂，可降低 UV 上光油的使用黏度。但这种做法既增加了环境污染，又影响上光效果。溶剂的加入会影响光泽度和固化时间，对附着力也有一定的影响。

4. 凹印 UV 上光

凹印上光中主要使用水性上光油，较少使用 UV 上光油。之所以如此，主要有两大原因，一是 UV 上光油难以做到更低的黏度，二是固化时间难以满足 120m/min 以上的高速印刷要求。凹印工艺不仅速度快，而且上光油耗量小，成本更低，更加适合大批量印刷品的印刷。

由于 UV 上光油具有更好的上光装饰效果，因此，人们一直在寻找能够满足凹印工艺要求的 UV 上光油。

目前，超低黏度的 UV 上光油的黏度大大降低，固化速度比一般 UV 上光油提高了近 4 倍。凹印 UV 上光油使用黏度为 18 ~ 20Pa·s（25℃），固化时间可以满足 120 ~ 160m/min 的印刷要求，产品流平性好，光泽度高，附着力强。

六、上光质量要求

GB/T 30671—2014《纸质印刷品紫外线固化光油上光过程控制要求及检验方法》标准中，规定了印刷品上光质量要求。

1. 纸质印刷品

（1）边面应平整、清洁。

（2）油墨应充分干燥。

（3）表面张力应不小于 38mN/m。

2. 上光环境

（1）上光车间的温度应控制在（23 ± 7）℃。

（2）上光车间的相对湿度为（60 ± 20）%。

（3）上光环境应洁净、避阳光、通风。

3. 上光准备

底油、UV 光油、与纸质印刷品在上光环境中至少放置 4h，使之与上光环境温湿度适应后再上光。

4. 固化能量

印刷品表面吸收紫外线能量不小于 $80mJ/cm^2$。

5. UV 光油涂布量

（1）根据纸质印刷品材质设定 UV 光油涂布量，应控制在 $3 \sim 6g/m^2$，通常，纸质越疏松，涂布量应越大。

（2）同批次产品涂布量应均匀一致。

6. 操作要求

（1）纸质印刷品上光前应除粉、压平。

（2）输纸正确，避免歪斜。

（3）UV 光油应避光，温度保持在 $25 \sim 50℃$。

7. 成品质量要求

（1）外观。成品表面应干净、平整、光滑，无明显的外观缺陷。

（2）光泽度。同一批次印品相同部位的光泽度应不小于 10GU。

（3）UV 光油与印刷品的结合牢度。结合牢度不小于 90%。

（4）耐磨性。符合下列情形之一，耐磨性即为合格。

①摩擦 50 次以上，无明显划痕；

②摩擦 200 次，无油墨转移。

（5）爆线

①不应有宽度大于 0.2mm，长度大于 1mm 的裂痕。

②每 10cm 长度内，宽度大于 0.2mm，长度不大于 1mm 的裂痕不应超过 6 个。

（6）色差

UV 上光后，四色实地油墨及纸张空白位的 $CIELAB\Delta E_{ab}^*$ 色差值应符合表 3 - 1 的要求。

表 3 - 1　　　　UV 上光后四色实地油墨及纸张空白位的 $CIELAB\Delta E_{ab}^*$ 色差值

黄	品红	青	黑	空白位
≤3.5	≤3.5	≤3.0	≤3.0	≤2.0

七、常见质量故障及处理

1. 光亮度不足

印刷品表面上光后，亮光油膜层光亮度光泽不足，其原因主要是纸张平滑度较差，上光油过稀或质量不好。

凡需上光的印刷品应选择表面压光、平滑度较好的纸张。增加上光油的浓度和上光次数，选择质量好的上光油，增加膜层厚度，都可以提高光亮度。

2. 涂膜表面不匀

上光油的温度过低（低于 10℃）或过稠，是造成上光膜层不匀的主要原因。

提高上光油的温度（一般为 20℃ 左右），并适当增加溶剂稀释，可以提高上光油均匀涂布的效果。

3. 涂层发花

若印刷品表面图文墨层发生晶化，会使上光油结膜的膜层发花，影响产品的光亮度。

一般情况下，印刷品放置时间不宜过久，印刷图文时油墨的干燥性不宜过强，如果上光时发现图文晶化，可以在上光油中加入5%的乳酸，搅拌均匀后使用，以增强上光油的固着能力。

4. 压光工艺常见的问题及解决方法

（1）露底。若压光带或滚筒表面粘有杂质或不平整，则在热压时会造成压力不均匀而露底。

压光前，必须对压光带进行清洗、擦拭、平整，使压光带保持平滑、干净，压光均匀。

（2）膜面起泡。主要原因：压光带温度过高，使涂料层局部软化；上光油同压光工艺条件不匹配，印刷品表面的上光油层冷却后，同压光带剥离力差；压光压力过大。

解决方法：适当降低压光温度；降低压光机速；改善上光油与工艺条件，使之匹配；增强剥离力；减小压光压力。

（3）印刷品不粘压光带。主要原因：涂层太薄；上光油黏度太低；压光温度不足，压力太小。

解决方法：增大涂布量；提高上光油的黏度；提高温度，增强压力。

（4）膜层光泽度差。主要原因：压光带磨损，自身光泽度下降；压光压力不足。

解决方法：更换压光带或修理打磨使其平滑；增大压光压力。

（5）膜层亮度不一致。主要原因：压光带压力不均衡；压光带两侧磨损程度不一致。

解决方法：调整压光带两侧的压力使之均衡；调整上光涂布机构的距离，使两侧压光带一致。

（6）压光后印刷品空白部分是浅色，浅色部分变色。主要原因：油墨干燥不良，墨层耐溶剂性能不好；上光油溶剂对油墨层有一定溶解作用；上光油层干燥不彻底，溶剂残留量高。

解决方法：待印刷品干燥后再上光；减少上光油中溶剂用量，条件允许可改变溶剂或选择水性上光油；降低机速；提高干燥温度；降低涂层内部溶剂残留量。

（7）表面易折裂。主要原因：温度偏高，使印刷品含水量降低，纤维变脆；压力大，使印刷品延伸性、柔韧性变差；上光油加工适性不良；印后加工工艺选择不合适。

解决方法：降低压光工作温度，采取有效措施，保持印刷品的含水量；减少压光压力；选择加工适性好的上光涂料。

第三节　上光材料

上光油按其原料成分和功能不同可以分为如下几种：

（1）挥发性上光油。纸张上光用的一般上光油多数由天然树脂制成，能够溶于乙醇，称之为挥发性上光油，这类上光油配制方便，成本低，其缺点是光泽保持的时间不长，耐摩擦性能也较差。

（2）涂层防护上光油。是一种由硝化纤维混合而成的上光油。这类上光油，具有良好的耐摩擦性能及耐热性能。缺点是形成的亮光膜的光泽较差。

（3）流延上光油。也是一种由硝化纤维混合而成的上光油。为了得到很好的光泽，需要增加一道辅助工序——压光。纸张上光后，再通过压光机加热、加压产生高光泽。流延上光油在温度100℃左右时，虽呈黏滞状态，但不会粘在延压机上。

（4）双成分上光油。这是一种反应性物质，加工前使两种成分混合，溶剂挥发以后，两种成分开始反应，形成一种塑料膜层。这种上光油比流延上光油成本低，用量少，而且可以省去延压工艺。

（5）热胶合上光油。一种溶于快速挥发性溶剂里的特种上光油。这种上光油适用于皮货包装及漆器包装。

（6）浸渍上光油。是一种特种上光油。它主要涂布在包装材料的背面，以提高包装填料的稳定性，特别用于防水包装。

（7）紫外线固化上光油。一种少用或者根本不用溶剂的上光油。这种上光油以液体状态涂布于印刷品表面后，用紫外线固化，在几秒钟内形成光膜。

一、普通上光油

上光油主要由醇溶性合成树脂及有机溶剂混合而成，也有水性树脂上光油。

1. 普通上光油的特性

上光油应具有的基本性能有光泽性、稳定性、耐磨性、耐热性和柔弹性。

（1）光泽性。上光油在印刷品表面干燥后，应具有较好的光泽感，增强印刷品的光亮度。

（2）稳定性。上光油应具有较好的透明度，干燥后不发生泛黄、变色现象。

（3）耐磨性。上光油膜层结膜要结实，可以经受一定压力和多次摩擦仍不损伤。

（4）柔弹性。上光油结膜表面应具有一定的柔弹性，即使印刷品在卷曲情况下，也不发生碎裂现象。

（5）耐热性。上光油结膜表面应具有较好的抗热性能，在一定的加热受压情况下不变质变形。

2. 普通上光油的种类

上光油主要由合成树脂和有机溶剂混合而成，常用的合成树脂有以下几种：

（1）氯乙烯－醋酸乙烯共聚树脂。氯乙烯－醋酸乙烯共聚树脂是由氯乙烯和醋酸乙烯共聚而成的树脂。一定量的醋酸乙烯能起到增塑作用，增加了聚合物的柔韧性，并改善了溶解性及与其他树脂的混溶性。共聚树脂同时也保留了聚氯乙烯的优缺点，它的耐腐蚀性好，坚韧耐磨，但热稳定性差。共聚树脂中，当醋酸乙烯过量时，硬度下降，耐化学腐蚀性变差。一般氯乙烯∶醋酸乙烯（摩尔比）≈9∶1为宜。

（2）氯乙烯－偏氯乙烯共聚树脂。氯乙烯－偏氯乙烯共聚树脂的耐化学腐蚀性、耐寒性、附着力和柔韧性都好，而且这种树脂不需外加增塑剂，目前在食品包装容器的涂料中应用较多。

（3）聚偏二氯乙烯。聚偏二氯乙烯气密性和阻隔性较好，具有防腐防潮作用，上光膜层与纸张附着牢固，不起层，成本低。聚偏二氯乙烯在纸张上涂布后，在纸和膜层之间形成一层涂料和纤维共驻层，膜层牢固地附着在纸上。涂布聚偏二氯乙烯后，形成三层结构，即聚偏二氯乙烯涂布层、涂料与纤维共驻层和纸层。

（4）醇酸树脂。醇酸树脂是由多元醇和二元酸缩聚而成的饱和聚酯树脂。一般为黏稠的液体或固体，是具有热固性的树脂。用这种树脂制成的上光油具有极好的耐久性，光泽度好，附着力强，硬度、弹性和稳定性良好，并可和其他上光油合用，以改进其性能。

醇酸树脂可分为干性醇酸树脂和不干性醇酸树脂，以树脂在空气中能否干燥来分。干性醇酸树脂采用脂肪酸的不饱和程度高，或采用干性油进行改性，制成的醇酸树脂与空气中的氧接触，在室温下也能成膜固化。干性油一般为植物油，如亚麻仁油、桐油、梓油等。不干性醇酸树脂采用的脂肪酸的不饱和程度低，甚至是不饱和的脂肪酸或不干性油，这类树脂在空气中不能聚合干燥。不干性油主要是矿物油。

（5）酚醛树脂。酚醛树脂是酚类和醛类缩聚而成的树脂，具有耐气候性好，抗水性强，附着牢度好，耐酸、耐碱，光泽度高等优点。酚醛树脂可用于制备上光油和黏合剂等。

酚醛树脂的溶解性随酚的结构不同而不同，例如苯酚、邻甲酚、间甲酚所生成的树脂均不溶于植物油。上光油用酚醛树脂有醇溶性酚醛树脂、油性酚醛树脂和松香改性酚醛树脂。

（6）丙烯酸树脂。丙烯酸树脂是用（甲基）丙烯酸酯或（甲基）丙烯酸类单体所制得的聚合物。丙烯酸树脂上光油具有优良的耐热性和耐气候性，不变黄，耐酸碱，防潮和防霉性能好。

上光油可采用热塑性和热固性两类丙烯酸树脂。热塑性丙烯酸树脂是线型高分子化合物。在它的大分子中，不含活性官能团，加热时不会生成体型结构，受热软化，冷却后又恢复原来性能。热固性丙烯酸树脂的分子结构中含有活性官能团，加热时可能产生交联或者与外加树脂发生交联反应，变成不溶不熔的体型大分子结构。

制备丙烯酸树脂时，使用几种单体共聚较使用一种单体聚合效果好，调整单体的配比可以得到所需要的性能。

（7）聚氨酯树脂。聚氨酯树脂是由含多异氰酸基的化合物与含有多羟基的化合物反应生成的高分子聚合物，它的全称是聚氨基甲酸酯。

聚氨基甲酸酯涂料的耐磨性和装饰性好，涂膜的附着性好，它的膜层柔软，富有弹性，耐化学药品，可在常温下迅速固化，也可以高温烘干，是具有多种优良性能的高级上光油。

聚氨酯还可以与聚酯树脂、环氧树脂、醇酸树脂、聚丙烯酸酯、纤维素等多种树脂配合使用，制成性能优良的高级上光油。

二、UV 上光油

UV 上光油即紫外线固化上光油。UV 上光油所用树脂是预聚合树脂。预聚合树脂是光敏树脂及一些不饱和化合物的酯类，如三羟甲基丙烷三丙烯酸酯、苯二甲酸二丙烯酯、季戊四醇三丙烯酸酯等。

光敏树脂有两类，一类是不饱和的聚酯，如以不饱和的二元酸（顺丁烯二酸、反丁烯二酸、依康酸等）与多元醇酯化而得；另一类将不饱和化合物引入到缩聚型树脂中去制得。

目前常用的光敏树脂有：马来酸酐与多元醇制成的不饱和聚酯、低相对分子质量的环氧树脂末端的环氧基与丙烯酸酯化而得的树脂、含羟基的不饱和化合物（如多元醇的丙烯酸不完全酯、丙烯酸β羟丙酯、丙烯醇等）与低相对分子质量的聚酯树脂以及醇酸树脂酯化，或通过异氰酸酯连接到树脂分子上而得的树脂。

不饱和的光敏树脂和不饱和化合物的酯类在紫外线直接照射下，吸收一定波长的光线，使分子得到激发而打开不饱和的双键，经聚合生成高分子聚合物，由液态变为固态而干燥（固化）。

UV上光油可省去其他烘烤设备，固化时间短，没有挥发物质，有利于保护环境。

由于吸收紫外线而转变成激发态是一个可逆的过程，激发态的分子还有可能失去活性，使光引发效率降低，因此，在实际应用中还需加一些光引发剂或光敏剂，以提高光照干燥的效率。

光敏剂在紫外线作用下分裂形成离子或游离基，与不饱和树脂或不饱和化合物酯中的双键起反应，然后进行游离基聚合反应。光敏剂是某些酮类、醚类和硫化物，如安息香醚类、噻吨酮及衍生物（如2-氯噻吨酮）、二苯甲酮及衍生物（如米蚩酮）、甲基苯基甲酮衍生物（如二乙氧基甲基苯基甲酮）、多环醌类（如2-甲基蒽醌、萘醌）等，主要吸收波长为300~450nm的近紫外线，其中以二乙氧基甲基苯基甲酮最佳，但为了增大光吸收范围，常是几种光敏剂并用。用量比一般聚合反应大，为2%~6%，这是因为光敏树脂生产时为保护双键不受聚合而加入一些阻聚剂，这些阻聚剂会消耗一部分引发剂。但光敏剂也不宜加得过多，否则干燥后的上光油膜相对分子质量太小，影响上光油膜性能。

空气中的氧会与光敏树脂的游离基生成没有引发聚合作用的游离基，对光敏树脂的固化有抑制作用，降低上光油层干燥速度，应加入一些抑制氧作用的添加剂。

UV上光油的干燥速度与光敏树脂的种类有关，如丙烯酸类固化较迅速，桐油类固化就很慢。

UV上光油所用紫外线固化装置的光线波长应控制在300nm以上，防止产生臭氧，固化装置采用通风设施，避免臭氧对操作人员和机器产生影响。采用惰性气体封闭印刷品表面以消除氧对固化的抑制作用。UV上光油的一些单体刺激皮肤，操作时要注意安全。紫外线辐射部分有少量X射线，需装备可靠的防辐射屏蔽装置。

三、压　光　纸

纸张表面粗糙，直接影响上光油在纸张表面的流平性能。当纸张表面过于粗糙时，上光油在纸张表面的流动速度缓慢，转移到纸张表面的上光油几乎全部被粗糙的纸张吸收，使得上光油中的成膜物质渗透于纤维之间，固化后印刷品表面的光泽度及亮度均不好。

纸张表面的平滑度也不是越高越好。因为纸张表面过于平滑，其吸收性变差，印刷油墨不能在其表面有效渗透，致使油墨在其表面晶化，形成非吸收性表面。在这种表面上进行上光时，上光油中的渗透成分滞留在纸张表面，使上光油固化不彻底。

选择印刷适性好的纸张，可以提高上光效果。压光纸的印刷适性和上光适性均较高。纸张压光分为上光压光和普通压光两种，前者的压光是在纸张上涂布一层上光油，干燥后进行压光，压光的主要目的是把纸上的上光油压光、压平成玻璃体，并经过光洁度非常高的压光板把上光油层贴平，对纸的紧度和平滑度作用是次要的。而后者所称的压光纸为原纸压光，主要在造纸时对纸张进行压光，使纸张紧度和平滑度大大提高。

第四节　上光设备

上光设备主要有上光机和压光机。

一、上光机

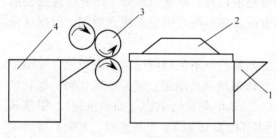

图 3-9　上光机原理图
1—收纸装置　2—干燥装置　3—涂布装置　4—输纸装置

上光机是专门用来对印刷品表面上光的设备。上光机有普通上光机和 UV 上光机，上光机主要包括涂布装置、干燥（固化）装置、输纸装置、收纸装置、传送装置和机体。图 3-9 为上光机原理图。

（一）涂布装置

根据涂布方式的不同，涂布装置也不同，下面以三辊式涂布方式为例讲述涂布装置工作原理。

三辊式涂布装置由涂布辊、衬辊、计量辊、料槽、刮刀（图 3-1）、压力调节机构和上光油供应装置组成。

（1）涂布辊。涂布辊是表面光洁度很高的钢辊，直接浸在料槽中。为了使涂布均匀，有时把料槽和涂布辊之间再增加一根上料辊，用上料辊在料槽中上料，再将上光油转涂到涂布辊上，涂布辊再将上光油转涂到印刷品上。在涂布辊上再增加一根计量辊，会使上光油更均匀。涂布辊辊身一般为无缝钢管制作，两端用封头和轴头连接起来，辊身表面镀铬。

（2）衬辊。衬辊的作用是压住印刷品，使印刷品在涂布过程中与涂布辊均匀无间隙接触。衬辊表面包胶，衬辊的辊身用无缝钢管制作，两端用封头和轴头连接起来，辊身表面车制螺旋状沟槽，包胶后使胶层不至于脱离辊身。

（3）计量辊。计量辊使上光油层均匀。计量辊也为钢制辊，它的结构与涂布辊相同，直径小于涂布辊和衬辊。当需要在印刷品上面涂布上光油时，把上光油用供应机构输送到衬辊和计量辊之间，从上面供料对印刷品进行涂布，计量辊与衬辊配合将上光油均匀地涂布到印刷品表面。

（4）料槽。料槽从下面供应上光油。调配好的上光油放入料槽中，用涂布辊或上料辊将上光油带起，最后涂布到印刷品表面。

（5）刮刀。刮刀用来将涂布辊带起的多余上光油刮掉。刮刀的结构与凹版印刷刮墨刀结构基本相同。刮刀主要由刮刀座、刀片和加压机构组成。刀片一般用合金结构钢制作，如65Mn等，厚度0.1~0.5mm，宽度50~80mm，长度比涂布辊略长一些。刀片刃口部位做出刃角，一般20°~25°，刃角小，易于刮上光油，但容易损伤刀刃；刃角大，刀口坚固，但刮上光油效果不好。刮刀座用来安装刀片，并把刮刀组合体安装在机架上。

加压机构用来对刀片和涂布辊之间加压，加压机构有的靠重力拉动刮刀座加压，有的靠弹簧拉动刮刀座加压，有的靠丝杠或其他机械装置加压，还有液压、气动加压等。

（6）压力调节机构。压力调节机构用来调节涂布辊与衬辊之间、衬辊与计量辊之间的压力。若与涂布辊接触处还安装有计量辊或上料辊，也要调节涂布辊与它们之间的压力。调压机构有机械装置，如丝杠调压机构或液压、气动装置。

（7）上光油供应装置。上光油供应装置用于上方供料的涂布，它有专用的储料槽，安装在机器下部，用一个小型离心泵将上光油抽吸到供料部位，输送管道上有调节阀门，用来调节上光油供应量。

（二）干燥装置

干燥装置由烘道和热源组成。烘道是长方体形箱体，热源种类较多。

用于上光机的干燥装置主要有热风干燥装置、红外线干燥装置、紫外线干燥装置和电子束干燥装置。这几种干燥装置可以单独使用，也可以组合使用。组合使用的工艺流程安排一般为：①涂布普通上光油→紫外线固化→红外线干燥；②涂布普通上光油（底油）→热风干燥→涂布 UV 上光油→紫外线固化；③涂布普通上光油（底油）→红外线干燥→涂布 UV 上光油→紫外线固化；④涂布上光油→热风干燥→红外线干燥。

1. 热风干燥装置

热风干燥是利用热风吹向纸面涂层而使之干燥。热风干燥所用设备称为热风干燥器。热风可采用电热管加热或蒸汽间接加热，也可以采用煤气、石油气燃烧后的烟道气间接或直接加热。热风的循环对流由送风机与抽风机来实现。

空气由送风机送入加热器，而后分配到热风箱内，由热风箱对着纸幅的喷嘴中急速喷出，垂直或水平吹向纸面上光油层。按照热风从喷嘴中喷出的速度，分为低速热风干燥、中速热风干燥和高速热风干燥。低速与中速热风干燥的界限为风速20m/s，高速与中速热风干燥的界限为风速50m/s。

根据热风干燥器的形式不同，有拱形热风干燥和气罩干燥。

（1）拱形热风干燥。图3-10为拱形热风干燥原理图。这种干燥方法属于中低速热风干燥。

干燥烘道用隔板分成若干区段，每个区段配有风机、空气加热器、热风箱和喷嘴，使每一区段的热风温度、气流速度、气流流量及相对温度能根

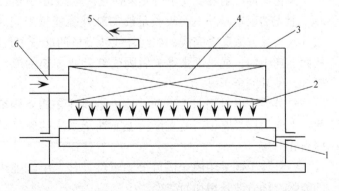

图 3-10 拱形热风干燥原理

1—导辊 2—热风喷嘴 3—外壳 4—热风箱 5—循环管 6—进风管

据工艺条件予以调节。干燥室中相对湿度保持在 40% 以下。干燥烘道温度不同，进出端温度较低，中间段温度较高。上光油不同干燥温度也不同，一般情况下，开始段温度较低，中间段温度较高，出口温度低。

涂布速度较低，干燥烘道不长时，采用单程干燥烘道；如涂布速度较高而需较长干燥烘道时，往往采用上下叠置的双程烘道，纸张由上层干燥烘道引出后，再输送到下层干燥烘道继续干燥。

（2）气罩干燥。气罩干燥是一种高速热风干燥，从热风嘴喷出的风速达 50～100m/s。上光油在用低速热风干燥过程中产生的蒸汽在上光油表面形成的边界层，极大地阻碍着热交换的进行，从而使上光油的干燥速率降低。气罩干燥热风速度高，对上光油直接冲击，使得阻碍热交换的边界层大为减少，提高热风与上光油层间传热系数，而提高干燥速度。

气罩干燥方法是需干燥的纸面在通过气罩时，热风喷嘴向纸面喷出高速热风，喷到纸面上的热风一部分返回气罩进行热交换，温度低的废气则从气罩排气口排出。

2. 红外线干燥装置

红外线干燥是用红外线管状石英灯作为辐射器，向涂布上光油的印刷品表面辐射光波。这种干燥装置可安装在机器的任何部位，也易于调节功率。对人体无害，使用周期长，耗电少，但辐射利用率低。

辐射器必须与反射器配合才能提高辐射效率。

反射器的作用是使辐射器产生的能量定向辐射到印刷品表面。反射器一般用陶瓷或用抛光的方法使表面发亮的铝材制成，表面光亮度越高，反射率越大。常用反射器的基本外形为半椭球面形、非聚焦形和抛物面形。

半椭球面形反射器与辐射器组合在一起横放在印刷品表面上方，灯光在上光油表面形成聚焦的光束。聚焦使发射的能量集中，形成高的光通量温度，达到最大的固化效率。这样的反射器灯管与纸面的距离较严格，否则聚焦点不在纸面上。

非聚焦反射器可以是多种形状，安装在灯管上方，多个灯管和反射器配合，反射的光是发散的，在纸面上相互交叠。灯管与纸面的距离无关紧要。红外线干燥装置通常使用这种反射器。

抛物面形反射器反射平行光束，它产生的光的强度约为半椭球面形反射器的 10%。

上光油层本身并不能吸收足够的红外线能量来完成聚合作用，因此，红外线干燥需由其他干燥方法配合完成，如红外线转变成的能量驱使溶剂释放出来，渗透到纸张中去，从而加速干燥，或是纸张堆放后因受红外线加热的影响而产生的余热使上光油层氧化或聚合，使其完全干燥。

红外线干燥过程非常迅速，在连结料还未渗入到纸张中时，这个过程就结束了，因此，上光油层具有很高的光泽。上光油所采用的原材料的吸收光谱应与红外线所发射的射线相对应。

红外线干燥采用的光谱可分为近红外线、中红外线和远红外线。红外线辐射被吸收的能量，随着波长增加而减少。

远红外线提供的热量相当大一部分被空气吸收，也缺少对上光油的渗透作用，只能用于物体表面的干燥，干燥时间较长。

中红外线是上光油干燥常用的波长范围，因为上光油所用有机物的吸收特性均在这个射线范围内。中红外线对上光油膜的穿透作用也比远红外线强，大部分射线能穿透上光油膜而到达纸张，干燥效果也很好，但仍有一部分在空气中会被吸收或散射，产生一定量的散射热。

近红外线所产生的能量最高，被空气吸收和散射也很少，因此也被称为"冷"红外线。近红外线的穿透力很好，能加热薄的上光油层和纸张。

使用红外线灯应尽可能靠近纸张，以减小红外线的辐射损失，使照射到纸张表面的光强度达到最大。红外线灯的反射器可减少辐射损失，提高辐射效率。

3. 紫外线干燥装置

紫外线也称紫外线固化或 UV 固化、UV 干燥，主要由紫外线光源、反射器和辅助设备构成。

紫外线光源包括汞蒸气灯（金属卤化物灯和无极灯）和氙灯两种。

汞蒸气灯是用于固化上光油最常用的光源，有低压汞灯、中压汞灯和高压汞灯。用于 UV 上光油固化的汞蒸气灯一般是一根长度不等、内部注有汞、密封透明的石英管，两端装有钨制成的电极。当两极间通过电流时触发电弧。通常使用交流电。汞蒸气灯依赖汞的蒸发和汞原子与具有足够动能的电子撞击而电离，放出光子能量。汞蒸气灯管是用高纯度石英制成，这种物质能透射紫外光，而一般的玻璃是吸收紫外光的。石英外壳耐高温，灯源的工作温度一般在 700℃ 左右。

UV 上光油固化广泛使用中压汞灯和高压汞灯，它的输出功率比低压汞灯高，一般为 40～300W/cm。辐射光的波长为 405、365～366、312～313、302～303、297、265、254、248nm，相对能量为 42、100、49、24、16.6、15.3、16.6、8.6，即 365～366nm 光相对能量最大，248nm 光相对能量最小。

中压汞灯和高压汞灯的灯管由透明石英构成。工作时表面温度达到 700℃。为了保持恒定的光谱输出，必须依靠冷却来控制温度。可以将灯管与适当的排风设备相连，把产生的臭氧全部排放出去。

装有常规电极的中压汞灯和高压汞灯需用 15～30min 预热时间才能达到完备的光谱输出，这时汞在石英管内气化。如果这种灯在工作期间不小心被关掉了，汞会迅速凝结，不能立即重新启动，仍需预热。

中压汞灯和高压汞灯灯管长可从几厘米到 200cm，直径为 15～25mm，使用寿命一般为 1000h，最高可达到 2000h，它的辐射输出随使用时间的增加逐渐衰退，在运行的生产线上不易引起注意。使用中应随时对产品质量进行检查，可以确定中压汞灯和高压汞灯的使用效果。

为了有效利用中压汞灯和高压汞灯的输出功率，UV 上光油固化设备应具有反射器、冷却器、排气系统等。

氙灯是充入高压氙气的灯管，用电容充电，使灯管两端达到实现点火所需的高电压。每隔输入电源的 1/2 周相发生一次点火或闪光，辐射到 UV 上光油上，使 UV 上光油固化。

紫外线干燥用反射器与红外线干燥用反射器相同。辅助设备包括光闸系统、通风系统、冷却系统和屏蔽装置。

高强度的光源会使印刷品点燃或熔化，光闸用于加工可燃性或热敏性基材时，可以瞬间切断 UV 光源，防止出现事故。光闸闭合时，灯管转换成半功率输出，并可在极短时间内恢复全功率工作。

中压汞灯和高压汞灯需要通风冷却灯管表面，控制灯管表面温度，防止灯管过热而缩短使用寿命，并造成不规则的光谱输出，影响固化效率；通风冷却系统把短紫外波长区的谱线与空气作用产生的臭氧排除，排除烟气。

受到强紫外线光源辐射是有害的，会造成人的眼睛损害，甚至会失明，人的皮肤也会受到损害。所以必须安装屏蔽装置以防止受到意外照射。

红外线干燥和热风干燥的烘道较长，一般为 6～9m，而紫外线干燥烘道较短，一般不足 1m。

由于 UV 上光油的固化是依靠光引发剂吸收紫外光的辐射能后形成自由基，引发单体和预聚物发生聚合、交联反应，选择紫外固化光源应考虑以下因素：

（1）光引发剂的吸收光谱尽可能与光源的输出光谱相匹配。这样才能最大限度地利用光源的辐射能，产生更多的自由基，从而提高 UV 上光油的固化速度。

（2）电能转换为紫外光能的效率应较高。

（3）强度应适当。光强度过高，自由基产生过快，浓度过高，对交联反应有不利的影响；光强度过低，自由基产生过慢，氧阻聚作用会很强，这些都会使 UV 上光油的固化过慢。

（4）使用寿命长。紫外灯会逐渐老化，已过期的紫外灯的光强度会降低很多，使 UV 上光油的固化过慢。

（5）应有很好的反射器。同样一个灯，反射器的好坏，可使效率相差数倍。

（6）光源形状合适。能使光线均匀分布在印刷品上，并要易于安装，安全可靠，一般使用管形灯光源。

（7）应有通风设备。在紫外光照射下，空气中会有臭氧产生，所以应有通风设备。

无极汞灯可以瞬时开关，寿命长、功效大。用于 UV 上光油固化的无极汞灯发光光谱与中压汞灯和高压汞灯不同，是一个连续的光谱，可用于厚膜的固化。

4. 电子束干燥装置

电子束干燥（固化）装置主要用扫描束加速器或直线阴极加速器产生高能电子束流，对上光油进行固化。高能电子与物质碰撞时产生 X 射线，X 射线穿透性强，有害处，必须给予充分屏蔽和配备自动保险装置，以防辐射泄漏。电子束干燥装置还附有氮气或惰性气体发生器，在固化区通入氮气或惰性气体，降低氧含量，氧的存在抑制游离基引发丙烯酸系聚合。

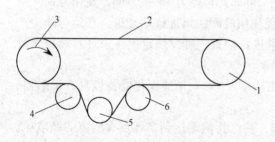

图 3－11　传动带示意图
1—传送辊　2—传送带
3—主传送辊　4～6—张紧导辊

（三）传送装置

传送装置有带式传送装置和链式传送装置。

1. 带式传送装置

带式传送装置是由传送带、传送辊和张紧装置组成，如图 3－11 所示。

传送带一般是由帆布或化纤织物制成的环形带。周长根据上光机烘道的长度确定，它能够把涂布上光油的印刷品从涂布机构输送到干燥装置再输送到收纸装置。传送带的宽度根据上光机所能上光的印刷品的宽度确定，传送带比印刷品宽度略宽一些。

传送辊装置在烘道两端，传送带套在传送辊上，一端的传送辊为主动辊，驱动传送带运动；另一端传送辊为从动辊。主动辊由调速电机通过传动系统带动旋转。

张紧装置主要由 2～3 根导辊组成，导辊的位置可调节。传送带安装在传送辊上以后，还不能张紧，张紧导辊有的安装在传送带内侧，有的安装在外侧。导辊上下错动位置，内侧辊向外运动，外侧辊向内运动，把传送带张紧。

2. 链式传送装置

链式传送装置主要由链条、链轮和咬纸牙排组成。

链条为套筒滚子链，上光机两侧各安装一条，两条链条同时进行。链轮安装在链条的两端和转弯处。其中一端的链轮为主动链轮，带动链条运行。为了保证链条运行平稳，滚子和销轴磨损后造成链条伸长而不影响传动精度和平稳性，链条在特定的导轨中运行。

咬纸牙排有两根轴，一根轴为咬纸牙轴，咬纸牙轴一端安装开牙滚子，可以使咬纸牙与牙垫张开和闭合，另一根为牙垫轴。两轴互相平行，两端安装在机器两侧的链条上，轴和链条靠托架连接起来。咬纸牙排根据链条结构的长短有多组。在链条运动中，当固定在收纸链轮轴处的开牙凸轮与咬纸牙排的滚子相遇时，凸轮顶动滚子，带动咬纸牙开牙放纸。链条转过凸轮，咬纸牙排闭牙。当咬纸牙排转到输纸端时，收纸牙排的滚子与固定在机架上的凸轮相碰，咬纸牙开牙，从输纸装置处咬住涂布上光油的印刷品，进入干燥装置。

（四）输纸装置和收纸装置

上光时，输纸有手工续纸和自动输纸两种。

手工续纸是由人工将需上光的印刷品一张一张送入上光机。有的机器输纸部分只有工作台，用手工的方法把印刷品直接送入涂布机构，由涂布机构转动的涂布辊将印刷品带入并涂布上光油；有的机器输纸部分有传送线带，将印刷品按正确位置放在运动着的线带上，由线带将印刷品送入涂布机构。

自动输纸采用自动输纸机，印刷品预堆在输纸机上，由输纸机自动送入上光机的涂布机构，涂布上光油，再由传送装置送入干燥装置进行干燥固化，最后送到收纸台上。

自动输纸机的结构和工作原理与印刷机使用的自动输纸机相同，这里不再叙述。

收纸装置有人工收纸和自动收纸两种。人工收纸是用手工把传送装置传过来经干燥固化后的纸摆放到收纸台上，堆放到一定高度后移走。人工收纸是和手工续纸和带式传送装置配合使用。自动收纸采用自动收纸装置，它与自动输纸机和链式传送装置配合使用。自动收纸装置与印刷机自动收纸装置基本相同，这里不再叙述。

有的 UV 上光机还安装有纸张清擦装置，可以清除印刷品表面的喷粉和杂质等物。

二、压 光 机

压光机是用来对涂布上光油的印刷品表面进行压光，使印刷品表面光亮度和平滑度得到极大提高，表面装饰效果极好。

压光机主要由压光辊装置、压光板装置、冷却装置和机体组成。图3-12为压光机原理图。

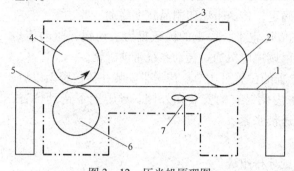

图3-12 压光机原理图
1—收纸台 2—压光板辊 3—压光板
4—热压辊 5—输纸台 6—压光胶辊 7—冷却风扇

1. 压光辊装置

压光辊装置包括热压辊（也称压光辊、压光滚筒）、压光胶辊、加热装置和压力调节装置。

热压辊是中空钢辊，直径一般在400mm左右，长度根据需压光的印刷品尺寸确定。热压辊本身刚度较大，能承受较大的工作压力。热压辊内部安装加热装置，加热装置可用电热管加热，也有的机器采用燃气加热。一般来讲，燃气加热比电热管加热节约能源，但不如电热管控制方便。电热管加热是由多组电热管组成，功率可调。

压光胶辊是在钢辊外层包胶，胶层硬度较高、耐热，胶辊的主要作用是压光过程中使印刷品受力均匀。

压力调节装置用来调节热压辊和压光胶辊之间的压力。工作时，两辊之间需要的压力较大，一般在10MPa左右。两辊的刚度和强度要求较高，加压装置的强度和可靠性要求也很高。压力调节装置一般采用机械加压、液压加压和气动加压。

2. 压光板装置

压光板装置由压光板驱动辊和压光板辊组成。

压光板是由不锈钢薄板制成的环形钢带，表面经过抛光处理，平整度、光滑度极高。压光板表面光滑度直接影响产品质量。上光后的印刷品经过压光辊加压，表面形成很薄的玻璃体薄膜，再经过光洁度极高的压光板贴合，使印刷品表面获得非常高的平整度和光亮度。压光板宽度由机器型号确定，即根据压光印刷品的尺寸确定，最大上光宽度1200mm左右，最大压光速度60m/min左右。压光板周长较长，一般在12m左右，它是根据压光需要和压光机的长度确定的。压光机的长度与压光机加热、保温、冷却时间有关。

压光板的驱动辊是热压辊，从动辊是压光板辊，压光板套在两辊上运行，松紧度可调。

3. 冷却装置

印刷品经过压光辊装置压光后，表面膜层软化变形，变得平滑光亮，紧贴在压光板上，进入冷却装置后，印刷品受冷却而收缩，从压光板上脱离，轻轻一剥，即可剥离压光板，然后放到成品堆放处，完成压光过程。

冷却装置一般由两只风扇组成，安装在压光机出口下端。冷却是逐渐进行的，压光机前端为自然冷却，并使印刷品与压光板贴合保持一段时间，有利于印刷品表面光亮度的提高。

4. 机架

压光机的机架起支撑压光机上各个部件的作用，压光板运行路线由壳体封闭，起到保温和保护作用，使冷却速度均匀。

三、联机上光设备

(一) 组合式脱机上光设备

组合式脱机上光设备是将上光机、压光机组合而成组合式上光机组。一般由自动输纸装置、涂布装置、干燥装置和压光装置等部分组成。

组合式上光机组其各机构及原理与普通上光设备相同。可使上光涂布、压光一次完成；也可以只完成涂布上光加工；还可以只完成压光加工。

(二) 联机上光设备

联机上光设备是将上光机组与印刷机连接，在印刷机各色组之后增加一组上光机组，组成印刷上光设备。当印刷纸张完成印刷后，立即进入上光机组上光。这种上光机组由多色印刷机组和上光机组组成。

印刷机组为多色印刷机，上光机组可以安装在胶印机、柔性版印刷机和凹版印刷机中。根据上光油的供给方式不同，又分为两用型联动上光装置和专用型联动上光装置。

1. 两用型联动上光装置

两用型联动上光装置主要安装在胶印机上，将胶印机的润湿装置加上一组上光油控制机构，改造成为联机上光装置。其结构和工作原理与平版印刷机连续给水方式的润湿系统基本相同。

正常印刷时，可以进行润版，需要上光时，将润湿液换成上光油，可用来上光。上光时，水斗辊从水斗中将上光油带起，由计量辊按上光要求控制上光油供给量，再由串水辊将上光油传至着水辊，再经印版滚筒传至橡皮滚筒，然后由橡皮滚筒将上光油涂布到印刷品的表面。

上光油涂布量可以通过改变水斗辊的转速或转角调整，也可以通过调整计量辊与水斗辊之间的间隙来调整。

两用型联动上光装置对上光油的供给连续性强，均匀度和涂布量控制不如专用型联动上光装置。

2. 专用型联动上光装置

在印刷机组之后，安装一组专用上光涂布机构。上料辊将上光油从料斗中带出，计量辊控制涂布量，涂布辊将上光油涂布到印刷品表面。

专用型上光装置结构简单，操作使用及维修均十分方便。不但能将上光油理想地涂布到印刷品表面，而且依靠涂布辊自身的弹性作用力，即使对表面平滑度差的印刷品，也同样能够获得满意的上光效果。

四、上光机常用机型

上光机用于包装盒、画册、挂历等纸张印刷品表面上光，图3–13为上光机外形图。

UV上光机可以在纸张上面涂有一层均匀的UV上光油，提高印刷品表面质量。采用紫外线固化方式，能耗低、效果好，还可以与红外线等干燥方式组合，一机多用。UV上光机主要用于商标、包装盒、书刊杂志封面、广告样本、宣传品等印刷品的上光，图 3 – 14 为 UV 上光机外形图。

图 3 – 13　上光机　　　　　　　　　　　　　图 3 – 14　UV 上光机

图 3 – 15　自动 UV 上光机

图 3 – 15 为自动 UV 上光机外形图。

图 3 – 16 为 UV 局部上光机的外形图。UV 局部上光机既能整体上光，又能局部上光。在同一印刷面上，有的地方上光，有的地方不上光，高光亮度与低光亮度对比能产生较好的艺术效果。UV 局部上光机一般配置自动输纸机和收纸装置，链条咬纸牙传送纸张，有的机器采用微机可编程控制器控制。有的机器可进行 UV 上光和普通上光。

一般情况下，UV 局部上光机采用无级调速，紫外灯全功率、半功率控制，灯箱温控保护，接纸轮气垫装置，UV 上光油机外预热，恒温输送，循环供油等，厚薄纸均能上光。UV 局部上光机适用于商标、包装盒、书刊杂志封面、产品样本、广告宣传等纸印刷品的上光。

压光机一般具有自动控温装置，可用电和气加热，不锈钢带经过特殊加工，机器操作简单、效率较高、成本低。适用于包装盒、画册、挂历、样本、卡纸等纸印刷品的压光，图 3 – 17 为压光机外形图。

图 3 – 16　UV 局部上光机　　　　　　　　　图 3 – 17　压光机

复习思考题

1. 什么是上光？上光的作用是什么？

2. 上光的工艺流程是什么？各有什么特点？

3. 普通上光的原理和特点是什么？

4. 无胶上光的原理和特点是什么？

5. UV上光的原理和特点是什么？

6. 上光的干燥方法有哪些？各自的干燥原理是什么？

7. 压光的作用和原理是什么？

8. 上光油的特性是什么？

9. 上光油有哪些组成部分？它们在上光油中各起什么作用？

10. 上光机的组成和工作原理是什么？

11. 压光机的组成和工作原理是什么？

12. 上光产品的质量要求是什么？

13. 影响上光质量的工艺因素有哪些？它们是如何影响质量的？

14. 影响压光质量的工艺因素有哪些？它们是如何影响质量的？

15. 上光常见故障和排除方法是什么？

第四章 压 凹 凸

压凹凸是用模具将凹凸图案或纹理压到印品上的工艺。压凹凸也称凹凸印、压凸、凹凸压印、轧凹凸、凹凸印刷、击凸等。

压凹凸用凹凸两块印版，把印刷品压印出浮雕状图像。如果图文部分不用油墨印刷，直接用凹凸版压出浮凸的图文，称为素压凹凸。

压凹凸利用压力在已经印好的图文部分或在未印图文的纸或纸板表面压成具有立体感的凸形图案或文字，压凹凸不用油墨，不用胶辊。压凹凸的成品一面凸、另一面凹，凸面接触凹印版，凹面接触凸模（凸版）。

第一节 压凹凸的作用和特点

一、压凹凸产品

图4-1 压凹凸产品

压凹凸是包装装潢中常用的一种印刷方法，有些书封面也采用压凹凸的方法。压凹凸主要用于印刷各种高档包装纸盒、商标标签、请柬、贺年片、书刊封面、证件，人物、动物、风景图案等。图4-1为部分压凹凸产品。

二、压凹凸特点

压凹凸是一种特殊的印后加工工艺，它是浮雕艺术在印刷上的移植和应用，能在面积不宽、厚度不深的平面上凸起图案形象，使平面印刷品产生类似浮雕的艺术效果，使画面具有层次丰富、图文清晰、立体感强、透视角度准确、图像形象逼真等特点，是纸制品和纸容器表面装饰的加工方法之一。

我国是世界上压凹凸用得比较广泛的国家，处于领先地位。压凹凸在我国运用和发展已有半个多世纪。

压凹凸的承印物主要是纸张及其制品，一般能够承受压凹凸的纸张厚度为0.3~1mm。

压凹凸的印版与压印机构是由凹面和凸面两部分组成，凹面是印版，凸面是将印版图文在压印机构表面进行复模制成的凸模，再运用压印机构进行压印。

第二节 压凹凸工艺

一、准备图文原稿

压凹凸是靠压力的作用在承印物表面形成凹凸图文。要求原稿的线条尽量简明，层次尽量减少，画面主题部分不宜过多，这是获得良好压凹凸效果的重要条件。

压凹凸产品要整体和谐统一，重点突出，层次丰富，立体感强。

人物图案要表现面部和衣服特点，五官位置正确，层次清楚，头部端庄，不呆板。动物图案主要表现体型和表皮特点，抓住特点充分表现。花朵图案主要表现花瓣特点，注意花瓣之间衔接的深浅层次，有分有合，使每片花瓣有不同表现方法，防止千篇一律，生硬呆板。建筑物图案主要表现轮廓结构、景深层次，分清主次，按照近深远浅、大深小浅的要求来表达，突出主要线条轮廓。日用品图案主要表现物体的真实感和立体感。

文字主要表现轮廓的艺术感。汉字有严谨的结构和艺术性，运用压凹凸工艺可以更加增添艺术光彩。文字表现方法有线条型、平方型、胖圆型等几种，可以根据各种需要采用。一般文字较小的采用线条型较多，字体轮廓方正的采用平方型较多，难度较高的手写体粗笔字采用胖圆型效果好。雕刻时运用粗细深浅手法进行艺术加工，充分反映文字的笔触笔锋，使字迹圆润饱满，颇有特色。

花纹图案是压凹凸工艺常用的表现方法，有的是不规则的花纹，有的是有规则的花纹，它们的表现方法基本与文字表现方法类同，根据需要采用线条型、平方型、胖圆型。

二、压凹凸版

压凹凸版是压凹凸质量好坏的重要保证。

（一）压凹凸版材料

压凹凸所用印版有凹版和凸版（凸模、凸版模）两套。凹版安装在印版位置上，凸版安装在压印机构（压印板）上。

凹版一般采用铜板或钢板做版材，厚度在 1.5～3mm，印版图文深度根据印刷品质量要求和纸张承受压力程度到不破碎为宜。对于厚纸，过细的图文压印效果差；对于薄纸，过深的图文易压碎纸张。一般深度控制在印版厚度的 50% 左右。版材表面光洁、平整，应进行仔细地预加工，两个版面衔接之处要有一个由浅入深的坡度。

凸版采用石膏或高分子材料作版材。

（二）压凹凸版制作

1. 凹版制作

制作凹版通常采用雕刻法和腐蚀法。

雕刻法有手工雕刻、机器雕刻、电子雕刻和激光雕刻。手工雕刻或机器雕刻法用照相晒版或手工描绘在版材上形成图文，然后按需要进行雕刻成为有层次和轮廓的印版。电子雕刻根据图文的电子文件或直接扫描方法控制电子雕刻机进行雕刻。激光雕刻根据图文的电子文件控制激光雕刻机进行雕刻。

腐蚀法是在版材上涂布感光材料进行晒版，经过腐蚀在版面上形成凹下的图文。为了提高压凹凸的立体效果，凹版图文深度适当增加。一般情况下，凹版图文越深，凹凸效果越显著。用腐蚀法制成的凹面印版缺乏层次，可采用手工雕刻法对凹版进行整理加工，增加主线条部分的凹下深度，从而得到有明显层次和轮廓的凹版。

为提高制版效率，往往采用腐蚀与雕刻结合的方法制作凹版。通常先采用照相深腐蚀的方法将印版腐蚀到一定深度，腐蚀后的图文深度是一致的，轮廓不明显，层次较差。然后再进行雕刻加工，雕刻时根据需要将版口修成圆形或其他形状。

凹版制作完成后，可借助橡皮泥对凹版局部或全部进行检查。将橡皮泥平铺在待检查的部位，施加一定压力，则凹版凹陷部分图文即可显示出凸状的浅浮雕效果。据此就能清楚地观察其形态、层次、深浅等各方面是否符合质量要求。如果有条件也可以采用热固性酚醛塑料用热压机压出凸样。

2. 凸版制作

压凹凸凸版的制作与凹版制作不同，不仅所用版材不同，而且制版方法也不同。

（1）石膏凸版的制作。制作石膏压印凸版时，以凹版为母型，用石膏材料模制而成。石膏凸版制作步骤如下：

①将已制成的凹版粘在压凹凸机的版台上，然后在压印板上粘上厚纸板，并在上面压出印迹。

②根据印迹挖去非压印部分的纸板，再铺上一层石膏浆，摊平。石膏浆的制作方法是：用树脂胶液（树脂胶与水比例1:2）调和石膏粉，浓度以人眼看不见水光为标准，也可以用稀糯糊调和，最理想的是用糯米粉糯糊调和。

③在石膏浆上盖一层薄纸，再盖一层塑料薄膜，以免石膏浆嵌入印版花纹里。然后在凹版上刷一层煤油，以免压印时粘坏石膏模。

④用手盘动机器，逐渐增大压力，压印石膏浆层。分别压印两次，第一次压印时不宜太重，约显印痕即可。第二次压印时，应在凹印版下面加垫1~2张白纸板，在石膏浆快干时压印。

⑤将四周多余的石膏铲去，待石膏浆完全干燥后，便制成了石膏压印凸版。

铺石膏浆层的方法有两种：一种是把石膏浆直接铺到压印板垫贴层表面，再盖上一层薄型纸；另一种是把石膏浆均匀地刮在薄型纸上，然后再盖在垫贴层表面。铺石膏层时，准备工作必须安排周到，操作要快而利索，防止因石膏干硬导致铺面不匀而不能使用。

制凸版用的石膏粉应满足细度要求，以保证凸版精度。若石膏凸版图文有局部缺陷或图文轮廓不鲜明时，可用10%的水或树胶液调和的石膏浆进行修补。凡修补的石膏浆，均应在修补的表面覆盖一层薄纸再进行压印，直至压出的图文立体感和图案符合设计要求为止。修补后，将图案四周残余的石膏浆铲净，然后在石膏图案表面糊上一层坚硬的牛皮纸，以保护石膏层和便于输纸。

金属电热板压印板可以通电加热，把热量传到印版和印刷品上，这时压凹凸产品易变形，不易反弹和干瘪，纸张不易破裂，常用于较高档次的产品加工。

（2）高分子材料凸版的制作。石膏凸版质地很脆，机械强度低，硬化时间（1~4h）较长，用高分子材料代替石膏，能克服这些缺点。

高分子材料凸版压制时间（20min）和装版时间（10min）短，使用方便，耐印力高，产品质量好，已成压凹凸和立体烫印凸版主体材料。

制作凸版的高分子材料主要有聚氯乙烯、聚苯乙烯、聚乙烯、聚丙烯等，聚氯乙烯是比较理想的凸版材料。

①高分子材料凸版成型工艺。制作高分子材料凸版使用聚氯乙烯模压成型。

a. 表面清洗。将裁切好的聚氯乙烯板进行表面清洗，去除杂质、油污。阴模版（凹版）和模框也做同样清洗。

b. 涂脱模剂。在阴模版（凹版）、聚氯乙烯板的接触面涂刷脱模剂。常用的脱模剂有硅脂、硅油及两者混合物。

c. 装框上机。将阴模版、聚氯乙烯板装入模框内，盖上盖板，送入压机。必须将聚氯乙烯板置于阴模版的上方，阴模版四周与模框壁之间应留有适当间隙，以便让多余的熔融状料液流出。

d. 加温加压。加温前适当加压使被压物密合，当温度达到预定值后加压，压力大小应视版面大小、图文深浅、线条粗细有所变化，一般应控制在 10～30MPa。

e. 冷却脱模。当温度冷却至室温后卸压、脱模。

f. 裁切检验。将图文以外的边角裁切后，检查有无缺陷。

②凸版模装版。新的凸版模是用双面胶带固定在压印板上。下面以平压平压凹凸机为例加以说明。

a. 固定阴模版。将阴模版用双面胶带固定在比它大一些的铝板上，并用螺钉将铝板定位于电热板（压印板）上。阴模版图文重心应处在电热板的中轴线上，以使压力均衡。

b. 粘贴双面胶带。将双面胶带裁切后粘贴在新凸版模的背面，凸版模四角处的双面胶带应适当剪去 4 个角。

c. 吻合凸版模。将新凸版模吻合在阴模版上，用玻璃胶固定 4 个角。

d. 凸版模转移固定。开机将凸版模压向压印板，在压力作用下，新凸版模通过双面胶带转移固定在压印板上，装版完成。

三、装　版

压凹凸版与一般凸版印刷印版的装版方式基本相同。由于压凹凸版版材厚度不一致，选用压印板的厚度也不一致。装版时，要使印版的实际高度符合印刷高度。

压凹凸使用的压印平板应具有耐压性能好、不变形的特点。目前大多数生产厂家采用金属压印板。金属压印板分为普通金属压印板和电热金属压印板两种。电热金属压印板是专供某些特殊产品使用的，采用电热金属压印板压印时，压印板先进行加热。压凹凸版与纸张接触，纸张受热，可塑性就增大，容易变形而不易破碎，压印效果能得到明显改善。但因金属电热压印板造价较高，耗电量也大，成本比较高，故使用尚不广泛，目前只有少数高级产品采用。

1. 粘版

把压凹凸版的凹版配上合适的金属板，中间衬入一层卡纸粘牢，检查压凹凸版高度。

2. 定位

压凹凸版尽量装在版框的中间位置，压印时受力均匀。把版框放入版台后定位，将锁紧螺丝旋紧，防止松动。凹版定位要准确，并要垫平，否则压印时会套压不准。

3. 校验印版

用压凹凸版高度规或活字检查，测量压凹凸版的高度。使压印板与凹凸版的总厚度略低于压印标准高度。

4. 压印板糊纸板

在压印板或压印滚筒表面糊上一张 8 号黄纸板。黄纸板的面积以四周各超出版面 2～3cm 为宜，用胶水涂匀、粘牢，使其平整无凸起。

5. 调整压力

压凹凸版版面凸出部分处在同一平面时，观察压凹凸的印刷压力，压凹凸版各部分的压力应均匀。调整时，可用墨辊在印版表面均匀地涂布一层油墨，用一般调整压力的办法，垫平版面，按版面凹凸层次在压印板上做细垫，先在凹面印版背部基本垫平后，再在平板部位匀垫。

6. 轧凸面纸型

对版面轮廓层次较多部分按层次深浅程度，用宝塔型垫法按层剪贴垫实。将裁切成与版面规格一致的黄板纸粘贴在垫纸的表面，洒水浸湿后，开机连续轧印成凸面纸型。

7. 制凸版

在垫版面层基本形成的基础上，做石膏凸版或粘贴高分子材料凸版。

做石膏凸版时，石膏层厚度以拿起不会掉下为宜，版面小用量少则可厚些，版面大用量多则可薄些。石膏浆容易干燥，用较薄石膏层时，应使干燥时间适当延长些。版面压印时，石膏层不粘连，便于版面大的印件进行操作。按凸版制作方法经过试压、修整，做出凸版。然后校正规矩位置，在凸版上覆上一层牛皮纸，便于输纸压印。

8. 高分子材料版装版

在蜂窝板上量取尺寸进行定位，在定位时应充分考虑蜂窝板前端的有效压凹凸位置。采用胶片对位安装，即在计算出蜂窝板上压凹凸有效位置后，在蜂窝板上粘贴本印件的胶片，然后将对应的压凹凸版依据胶片图案正确无误的塞在胶片和蜂窝板的中间，依据压凹凸版四周所露出的蜂窝孔大小，配上相应型号的锁版夹进行定位并固定。或者采用纸张对位安装，即在本印件的烫印部位挖出相应的空洞，然后采用胶片定位的相同方法进行作业。

在凸版的反面粘贴定位胶，留出定位孔的位置，定位胶一般为双面胶，粘贴时要防止相互重叠，粘贴完成后用四根定位销将凸版与凹版进行定位。

安装定位销时，必须把定位销压到最低点，防止凸版在压凹凸中偏位。定位完成后揭去双面胶的离型纸进行合压，合压完毕后取出定位销，凸版粘贴在压凹凸底板上，烫压凹凸版安装完成。

四、压　印

压凹凸的方法与一般印刷方法相同，尤以平压平压印、手工输纸较为普遍。有的压凹凸工艺与模切压痕工艺和烫金工艺安排在一起，在同一台机器上完成，实现程序控制。

压凹凸时，将印刷品放在凹版和凸版两个印版之间，用较大压力直接压印。压印较厚的硬纸板时，利用电热装置将凹版加热，可以取得较好效果。

1. 开机试印

开机要注意由慢到快，逐渐进入正常运转状态，发现不正常情况，立即停机检查。试印无问题，即可进入正常压凹凸。

2. 定位与防双张

压凹凸前，输纸装置或用手工方式把纸输送到规矩处定位，防止双张纸进入。若双张纸进入会加重压印负荷，使凸版石膏层压缩或压碎，影响以后压凹凸质量。

3. 检查压凹凸版

压凹凸过程中，经常检查压凹凸版松动和移位情况，尽量不要移动压凹凸版和版框，防止套印不准。

4. 清理压凹凸版

压凹凸过程中，经常清刷压凹凸版上的杂质，防止垃圾碎粒压入，损坏压凹凸版和石膏层。

5. 检查承印物

压凹凸过程中，承印物出现折角、杂质、双张、多张或混有纸浆块等现象，将会给石膏版带来损伤，影响压印质量，造成图文立体感不强，线条不清晰等，要随时检查排除。

6. 修补凸版

压凹凸过程中，某些图文或图文的某些部分压力不够理想，图文的某个部位、某个笔画不够丰满，立体感不强，一般是石膏版损坏或石膏版未修整好，可以用石膏浆进行修补。石膏版每次修补后，必须在修补的部位平整地粘贴一层薄型纸，作为石膏层的保护衬。

五、烫印压凹凸合成工艺

一件印刷品需要烫印和压凹凸时，一般情况下，都是采取制作两个版面，先烫印后压凹凸，两次加工完成。需要烫印的图文制版时，制得阴片后晒版腐蚀或雕刻，压凹凸版制版时，制得阳片后晒版腐蚀或雕刻。压凹凸时还要将凹版上机再复制石膏凸模版后才能进行压凹凸作业，其石膏复制版既不易做好又费工费时，缺陷修补也较困难，压凹凸时极易磨损。

用橡皮布取代石膏复制凸模版，即在底板台上用双面胶带粘贴与图文凹版大小相配的橡皮布两块，靠近底板的一块比图文凹版面积稍大，上面的一块比凸起的图文四周稍大 1.5cm 左右，粘贴好后根据印刷纸张的厚薄及压凹凸高度适当调整压力即可正常作业。

使用高分子材料凸版模时，首先要量取烫印面上的最前端距离，然后依据不同型号的机台，在蜂窝板上量取尺寸进行定位，在定位时应充分考虑蜂窝板前端的有效烫印位置。采用胶片对位安装，即在计算出蜂窝板上烫印有效位置后，在蜂窝板上粘贴本印件的胶片，然后将对应的烫印版依据胶片图案正确无误的塞在胶片和蜂窝板的中间，依据烫印版四周所露出的蜂窝孔大小，配上相应型号的锁版夹进行定位并固定。或者采用纸张对位安装，即在本印件的烫印部位挖出相应的空洞，然后采用胶片定位的相同方法进行作业。

在凸版的反面粘贴定位胶，留出定位孔的位置，定位胶一般为双面胶，粘贴时要防止相互重叠，粘贴完成后用四根定位销将凸版与凹版进行定位。

安装定位销时，必须把定位销压到最低点，防止凸版在烫印中偏位。定位完成后揭去双面胶的离型纸进行合压，合压完毕后取出定位销，凸版粘贴在烫印底板上，烫印版安装完成。

六、常见故障及处理方法

压凹凸过程中，经常出现一些故障，影响压凹凸质量。

1. 图文轮廓不清

（1）装版时垫版不实；剪贴垫层的层次处理不当；压力过轻，这些都会造成图文线条轮廓不清。压印时，印版必须垫好、垫实、垫平整，垫贴层次要仔细调整，适当增大压力，这是提高压凹凸质量的重要条件。

（2）石膏层分布不匀，薄厚不一或铺石膏层时厚度不够；在压印过程中，机速过快，冲力过猛，使石膏层厚度发生变化或变形，都会造成压印的图文轮廓不清。压印过程中，压印机的运转速度要保持均匀，冲力平稳。石膏层厚度不够、变形、薄厚不匀时，必须及时修补，使印版受到合理的压印力，保持图文清晰。

（3）压印机精度差也是造成图文轮廓不清的原因。压印过程中，由于压印机精度差，凹版与石膏凸版不配合，发生位移，使压印质量受到影响。发现这种情况应对压印机进行修理，并修正凹版与石膏凸版的配合。

（4）印数过多。凸版经过多次压印后，产生压缩变形或磨损，使印刷压力发生变化，影响图文压印质量。当印数过多时，必须定期对石膏凸版进行修补加层或采用高分子材料凸版。

（5）承印物厚薄不均或双张、多张压印，使压印力消耗在摩擦和挤压上，压印力显得不足，特别是压薄型产品时，易出现这种情况，影响压印质量，造成图文轮廓不清。如发现承印物厚薄不匀时，应对承印物挑选分档。

2. 图文套印不准

图文套印不准是指压凹凸的图形与图文位置有误差。

（1）印版雕刻位置、规格、精度与图文不符。发现这种情况，可用以下方法解决：凹凸版规格比所需压印面积小，可在印版上重新雕刻修正；凹凸版规格比所需压印面积大时，误差过大，必须重新制版，误差较小，可以对石膏凸版进行修正，使其与凹版相配合。

（2）规矩位置不准确，使压印位置与图文套印发生有规律的误差时，可调节规矩的准确位置，使图文压印准确。

（3）同一版面由多块印版组合而成，图文分布多处，各个图文无法全部套准时，可将压凹凸版分为两次压印，石膏凸版不同部位分两次铺压而成，减少印版之间误差，改善压印效果。

（4）版框位移，使凹版与石膏凸版的位置不合适，造成图文轮廓不准。要随时检查，防止出现这种故障。

3. 图文表面斑点

压凹凸的凹凸图文表面有斑点主要是石膏层和承印物表面有杂质所致。

(1) 制作石膏层的石膏粉或胶水含有杂质，没有清除干净，使石膏层表面不光洁，造成压印的图文表面产生斑点。调制石膏浆之前，应将石膏粉、胶水等材料进行精选。

(2) 承印物表面不光洁、有杂质、质量差，压印时损坏石膏凸版，造成压印后的凹凸图文不光洁。压印凹凸图文的承印物要保证一定的质量，一旦发生石膏层压坏，应及时修补。

(3) 凹版表面粘上石膏颗粒、纸毛或其他杂质，压印时会将石膏凸版压坏、压出小孔，或把杂质直接粘到凹凸图文上，影响图文质量。压印过程中，及时检查印版表面的清洁程度，随时清理印版。

4. 纸张压破

纸张压破主要原因是纸张质量出现问题或印版边角过渡坡度大。压凹凸产品质量要求较高，对使用的纸张的要求也较高，纸张不能太脆，纸张太脆容易压破。压凹凸版图文的边角过渡尽量缓一些，一般情况下，应避免尖角、直角、锐尖，以防把纸压破。

七、质 量 要 求

CY/T 60—2009《纸质印刷品烫印与压凹凸过程控制及检测方法》标准规定了质量要求。

1. 基材要求

(1) 表面平整清洁，无脏点瑕疵。

(2) 表面张力 $\geq 3.6 \times 10^{-2} N/m$。

2. 模具要求

(1) 模具版平整度应符合表 4-1 的要求。

表 4-1   模具版平整度要求

项 目	要 求		
模具版表面任意两点之间的距离/mm	≤150	150~300	≥300
厚度平均允差/mm	±0.05	±0.10	±0.15

(2) 模具版加工精度应符合表 4-2 的要求。

表 4-2   模具版加工精度要求

项 目	要 求		
模具版表面任意两点之间的距离/mm	≤150	150~300	≥300
设计烫印图文相应位置距离允差/mm	±0.05	±0.10	±0.15

(3) 凹凸模具之间的配合压力均匀适当、不错位。

3. 工艺过程控制要求

（1）调整压力均匀适当。

（2）作业环境温度：(23 ± 7)℃；相对湿度 (60 ± 15)%。

4. 质量要求

（1）烫印表面平实，图文完整清晰，无色变，漏烫、糊版、爆裂、气泡。

（2）烫印与压凹凸图文与印刷图文的套印允差≤0.3mm。

（3）压凹凸图文对应位置的凹凸效果无明显差异。

第三节　压　花

一、压　花

压花也称为压纹，就是利用压力的作用在纸板、复合材料表面形成某种特殊的花纹。

在纸板、铝箔/纸或塑料/铝箔等复合材料上形成的任何压花花样，都可产生两种基本的视觉效果，即立体感或具有近似其他某种材料的质地感。如翻盒式香烟盒内的衬箔就有一种类似布纹的质感。

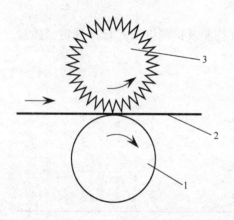

图4-2　压花示意图
1—胶辊　2—纸板　3—钢辊

压花工艺通过连续辊压的形式完成。压花时，卷筒式或单张纸板、复合材料通过由雕刻（或腐蚀）出花纹的钢辊和软的纸基辊或胶辊组成的辊压装置压出花纹。纸辊或胶辊的位置是固定的，利用钢辊的自重或加压将图案压入纸辊或胶辊，从而在材料表面形成与蚀刻钢辊相一致的花纹，如图4-2所示。经蚀刻的钢辊（通常是上辊）带有设计的图案，纸辊或胶辊为下辊，纸辊是由多层纸或羊毛卷紧压实，并安装在一个合适的芯轴上。

折光压纹利用光的镜面反射和漫反射，运用线条不同的走向，将线条粗细、间距做成中心发散式、旋转式、波浪式的金属版，压在金、银卡纸或其他材料上，在任何角度都反映出光放射的变幻，产生层次的闪耀感或立体影像。

二、压花机

用专门的压花机完成，压花机一般由放卷装置、收卷装置、压花滚筒和纸辊或胶辊组成，如图4-3所示。压花滚筒用无缝钢管制成，表面用机械雕刻或化学腐蚀处理出各种花纹，如羊皮纹、牛皮纹、橘皮纹等。为使滚筒表面防锈、耐磨镀有铬层，滚筒内部通冷水使压制的花纹冷却定型，既保证压花效果，又可保护胶辊。

图4-4为压花机外形图。

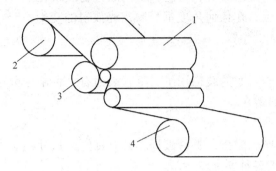

图 4 - 3 压花装置
1—钢辊 2—收卷 3—胶辊 4—放卷

图 4 - 4 压花机

三、压花纸

（一）压花纸

压花纸又称为压纹纸，压纹纸是采用机械压花或皱纸的方法，在纸或纸板的表面形成凹凸图案。压纹纸通过压花来提高它的装饰效果，使纸张更具质感。胶版纸、铜版纸、白纸板、白卡纸和彩色染色纸张在印刷前压花（纹），作为压花印刷纸，可大大提高纸张的档次，也给纸张的销售带来了更高的附加值。许多用于软包装的纸张常采用印刷前或印刷后压纹的方法，提高包装装潢的视觉效果，提高商品的价值。

压纹纸的加工方法有两种：一为纸张生产后，以机械方式增加图案，成为压纹纸；二为平张原纸干透后，便放进压纹机进一步加工，然后经过两辊对压，其中一辊刻有压纹图案，纸张经过后便会压印成纹。由于压纹纸的纹理较深，因此通常仅压印纸张的一面。

压花可以分为套版压花和不套版压花两种。所谓套版压花，就是按印花的花形，把印成的花形压成凹凸形，使花纹鼓起来，可起美观装饰的作用。不套版压花，就是压成的花纹与印花的花形没有直接关系，这种压花花纹种类很多，如布纹、斜布纹、直条纹、橘子皮纹、直网纹、针网纹、蛋皮纹、麻袋纹、格子纹、皮革纹、头皮纹、麻布纹、齿轮条纹等。不套版压花广泛用于压花印刷纸、涂布书皮纸、漆皮纸、塑料合成纸、植物羊皮纸以及其他装饰材料。

国产压纹纸大部分是由胶版纸和白纸板压成的。表面比较粗糙，有质感，表现力强，品种繁多。许多美术设计者都比较喜欢使用这类纸张，用此制作图书或画册的封面、扉页等来表达不同的个性。

（二）折光压纹

折光压纹用于金箔画、金卡、佛卡等工艺礼品和名烟、酒、化妆品等包装上，效果奇特，细致动感，又可防伪。光的反射有镜面反射和漫反射两种，折光压纹恰好利用了这个原理。

因为正常扫描仪在扫描物品时是逐步读取原稿内容，原稿和扫描点是垂直的，通过透射或反射得到的明暗信息记录下原稿的层次和颜色，折光压纹运用线条不同的走向，将线条粗细、间距做成中心发散式、旋转式、波浪式等，将这些线条通过物理或化学作用制成金属版，压在金、银卡纸或其他材料上，在任何角度都反映出光放射的变幻，产生层次的闪耀感或二维立体影像，光耀夺目闪烁生辉。

（三）压纹书皮纸印刷适性

压纹书皮纸是一种用于书籍、杂志、簿册封面的装饰用纸，纸张表面有一种不十分明显的花纹，颜色有白、灰、绿、米黄、粉红等色。

1. 压纹书皮纸的技术要求

压纹书皮纸应具有较高的机械强度，耐磨、耐折，不易破损；具有良好的尺寸稳定性和耐久性；纸色鲜艳，平整；能适应印刷的各种要求。

压纹书皮纸的技术指标可参考书皮纸标准。其定量比普通书皮纸高，一般为 120 ~ 200g/m²。压纹书皮纸不要求平滑度，彩色纸不要求白度。

2. 影响因素

（1）压纹纸卷曲。压纹纸卷曲度较大，进纸困难，影响印刷效率。纸张正反面的伸缩率不同，而且卷曲的方向总是向着伸长率小的一面卷曲，或向着收缩率大的一面卷曲。显然，两面的伸缩差距越大，卷曲的程度就越厉害。

如果空气中湿度小，纸中的水分就向空气中挥发，纸中的纤维会因水分减少而收缩。防止和解决纸张卷曲的方法是进行调湿处理或折纸、砸纸处理。调湿处理是使纸张的存放环境和使用环境的湿度与纸张本身的水分含量相适应。折纸就是把已经卷曲的纸张向着卷曲的反方向弯折，砸纸就是用橡皮锤或木棒在卷曲方向的反面砸纸，以便使纸张的卷曲程度减轻。

（2）压纹书皮纸的表面强度和耐水性。压纹书皮纸的表面强度是指纸张表层的纤维、填料、颜料等互相结合、连接的牢固程度，一般用抗掉毛、掉粉的能力来表示。印刷过程中纸张表层物质越不容易被油墨黏结拔掉，其表面强度就越大。

压纹书皮纸的耐水性是指纸张受水后性能的稳定性，在胶印中，耐水性的变化可导致表面强度变化。

实践证明，纸张在印刷过程中发生掉毛掉粉的故障是目前我国印刷纸比较突出的问题。因此，在印刷速度不断提高，为取得高质量而采用高黏度油墨的多色印刷工艺中，对印刷用纸张的表面强度和耐水性提出了更高的要求。

（3）压纹纸表面状况。压纹纸表面状况影响印刷品的质量，由于压纹纸表面有花纹，会使印刷画面的均匀性降低，尤其是实地部分会产生不均匀现象；由于皱纹的影响，印刷表面的光泽度将有所下降。

针对压纹书皮纸表面的特殊性，为了保证印刷品质量，需适当地调节油墨的某些特性或改变印刷工艺参数来适应纸张的特性；印刷时可适当增大印刷压力，或使用流动性较大、润湿性较强的油墨，以便在一定程度上弥补因纸面不平而出现的印迹不实。

（4）压纹书皮纸吸湿变形。压纹书皮纸吸湿变形会影响印刷品的套印精度。在多色胶印中，影响套印精度的因素很多，但最突出、最常见的因素，是印刷过程中纸张因含水量变化而产生的吸湿变形。

纸边波浪形弯曲和紧边所造成的套印不准，一般由纸张堆码不当造成；当纸张因吸湿而呈波浪形弯曲且程度较大时，就会在印刷时出现皱褶。

压纹书皮纸变形可采用调湿处理方法，也可采用红外加热的方法，即在输纸台上直接用红外线照射纸垛侧面，以矫正纸张的变形。

压纹书皮纸在印刷过程中也因承受较大压力而发生伸长，还会在经过压印区时受剥离张力作用而不同程度地变形。所以，可通过对印刷设备的调整来克服因纸张变形而产生的套印不准。

（5）压纹书皮纸的吸墨性。压纹书皮纸的吸墨性影响印刷品的质量。压纹书皮纸对油墨的接受性，决定着图像的复制效果，即印迹的清晰度和墨色饱和度。由于压纹书皮纸表面有花纹，对油墨的接受性较差，相对而言，油墨转移率和转移量都比较小。

在压纹书皮纸印刷中，网点形状会发生变化。压纹书皮纸对油墨的接受性不良或印刷压力太小都会造成网点变小；压纹书皮纸的施胶度太低、油墨的流动性太大或印刷压力太大则会造成网点增大；压纹书皮纸表面细微的凹凸不平会导致网点墨色不匀。因此，压纹书皮纸必须具备良好的吸墨性，以促进油墨的固着。

第四节 压凹凸设备

压凹凸一般选择平压平压凹凸机进行，也有采用圆压平压凹凸机进行。压凹凸机可以用平压平印刷机或圆压平印刷机改造而成。许多模切压痕机和烫印机安装有压凹凸机构，组成多功能机器。

平压平压凹凸机主要由输纸装置、压凹凸装置、收纸装置和控制系统等组成，特点是压力大，结构简单，操作方便，压印产品质量好，应用较广泛。图4-5为平压平压凹凸机主要组成部分。

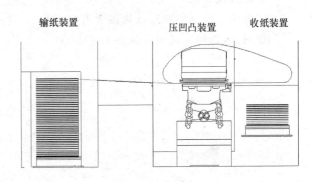

图4-5 平压平压凹凸机组成

图4-6为MK1060V400压凹凸机，具备4000kN的压力，保压时间长，平台八温区加热控制系统，机械齐纸功能，配备超压保护功能，超压自动报警、停机，具有高速下不停机取样功能。

图4-6 MK1060V400压凹凸机

技术参数：压凹凸纸张（卡纸）规格 $90 \sim 2000 g/m^2$（厚度 $0.1 \sim 2mm$）；最大压凹凸幅面 $1060mm \times 740mm$；叼口空白 $9 \sim 17mm$；最大工作压力 $4000kN$；最高速度 6500 张/h；压凹凸精度 $\leqslant 0.075mm$；电加热系统，8 温区，$40 \sim 120℃$ 可调；满载功率 $47.9kW$。

复习思考题

1. 压凹凸的特点与作用是什么？
2. 压凹凸常用的工艺方法有哪几种？
3. 压凹凸工艺流程是什么？
4. 简述压凹凸凹版的制作方法。
5. 简述压凹凸凸版的制作方法。
6. 常用的压凹凸机有哪几种？其共同特点是什么？
7. 压凹凸常见故障及排除方法是什么？
8. 什么是压花？
9. 影响压纹纸印刷适性的因素有哪些？
10. 叙述烫印 - 压凹凸组合工艺。

第五章　烫　印

烫印是在纸张、纸板、纸品、涂布类等物品上通过烫模将烫印材料转移在被烫物上的加工。

烫印也称烫金、烫箔、压箔。烫印有金属箔烫印、电化铝烫印和粉箔烫印，目前大部分采用电化铝烫印。电化铝烫印是以电化铝箔通过热压（冷压）转印到印刷品或其他物品表面上的特殊工艺，可以得到金色、银色等多种颜色的装饰效果。

第一节　烫印的特点和作用

一、烫印产品

烫印广泛用于印刷书刊封面、产品说明书、宣传广告、包装装潢、商标图案、挂历、信笺、各种书写工具、塑料制品、日用百货、家居装饰品等。为各种商品及日用品增添了光彩，提高了档次。

烫印不但有良好的装饰作用，还具有很强的防伪功能，可以防范利用复印机和扫描仪造假，已成为世界各国政府在大额钞票、身份证和护照防伪方面的重要材料。烫印的颜色可在观看时有多种变化，荷兰面值 10 荷兰盾中，采用的烫印颜色从银白变到蓝色，然后再变到黑色；欧元上采用全息烫印进行防伪。

图 5-1 为部分烫印产品。

图 5-1　烫印产品

二、烫印的特点

随着市场经济的发展，对商品包装、书籍封面等印刷品提出了更高的要求，既需要光谱色彩，又需要金属色彩。金、银墨印刷极大地增强了商品包装和书籍封面等装饰效果，但金、银墨长时间与空气接触会发生氧化反应，使金、银色逐渐变暗、变黑，影响外观效果。采用金箔在印刷品表面烫印图文，效果良好，烫金一词由此而来。但纯金成本太高，限制了它的使用。

后来以电化铝箔代替金箔。电化铝箔烫印出的图文色泽鲜艳，晶莹夺目，起到了很好的装饰作用。电化铝箔化学性质稳定，可以经受长时间日晒雨淋不变色，长期接触空气不氧化、不变暗、不发黑，长久保持金属光泽。

电化铝箔色彩丰富，适合烫印各种印刷品主色。电化铝箔材料来源广泛，成本不高，烫印工艺简单，易于掌握，经济效益好。

电化铝烫印广泛用于印刷书刊封面、产品说明书、宣传广告、包装装潢、商标图案、挂历、信笺、各种书写工具、塑料制品、日用百货、家居装饰品等。为各种商品及日用品增添了光彩，提高了档次。

电化铝烫印颜色有金色、银色、红色、蓝色、绿色、橘黄色等各种颜色。

烫印主要有两种功能：一是表面装饰，提高产品的附加值，喜庆、金碧辉煌为我国民族传统，烫印与压凹凸工艺相结合，以显其华贵；二是赋予产品较高防伪性能，采用全息定位烫印商标标识，防假冒、保名牌。同时，烫印非常能够表现产品包装的个性化，而且安全环保。因此，许多高档包装都采用了烫印工艺。

第二节　烫印方式与材料

烫印方式有金箔烫印、银箔烫印、铜箔烫印、铝箔烫印、粉箔烫印、电化铝烫印，电化铝烫印是最常用的烫印方式。普通烫印方式需要加热加压，冷烫印方式不需要加热，需要加压。烫印材料主要有金属箔、电化铝箔、粉箔等材料和辅助材料。

一、金　属　箔

金属箔是将一些延展性好的带有光泽和外观好看的金属经过压延而成的极薄的箔片，一般都在其一面预先涂布上黏合剂，然后就可用于烫印了。这一类金属有金、银、铜、铝等。

1. 金箔

金箔外表十分华丽，不容易与空气中的氧结合而失去光泽。最主要的是它是金属中延展性极好的金属之一，它能做成厚度仅为 $10\mu m$ 的箔片。烫印时，可以把裁好的箔片贴在事先已刷过黏合剂的地方，然后进行烫印，这种方法速度慢，质量不高。另一种烫印方法是把金箔粘贴到蜡质纸基上，在金箔的另一面涂上黏合剂，使其能在烫印机上进行持续操作，这种方法比上一种方法烫印速度高，烫印质量好。

金箔颜色偏红，也叫赤金箔。金箔柔软细腻，光泽好，不氧化且能长久保持其颜色和光泽，烫印出的产品光洁美观。但金箔价格昂贵，限制了它的使用，只限于在一些经典的、珍贵的高级画册和书籍上烫印，进行装饰。

2. 银箔

银也是延展性很好的金属，碾压而成的箔片比金箔略厚，颜色为银白色，有闪烁的金属光泽。银箔质地也较柔软，可长期使用而保持良好的外表，光洁美观，价格比金箔便宜，但仍为贵重金属，因此，银箔的使用范围也很有限，一般只是较高级的书籍画册才用银箔来烫印。

3. 铜箔

铜的延展性不如金和银。铜箔是以浸蜡的透明纸或塑料薄膜（如聚酯薄膜）为片基，涂上一层蜡或树脂，再撒上铜粉制成。撒铜粉时，用橡胶辊在蜡或树脂仍在熔融状时轧均匀，这层铜粉有足够的厚度，经橡胶辊挤压之后呈鳞片状，可反射出光来。多余的铜粉用刷子除去，再在铜粉层上涂一层黏合剂。由于铜的外表很像金子，因此又把铜箔称为假金箔。不过，铜在大气中会氧化发黑，烫上的铜层经过一段时间会失去原有的光泽。铜粉在使用时，也容易因摩擦而脱落，因此，常把铜箔烫印在封面的凹处，以减少摩擦，保护铜粉不脱落。

4. 铝箔

铝具有银一般的色泽，所以铝箔也称为假银箔。铝箔质地不如银箔柔软，最大的缺点是容易氧化而发黑。不过其价格便宜，也得到一定的应用。

二、粉 箔

粉箔是在片基上涂布一层由颜料、黏合剂、高分子助剂（如聚醋酸乙烯乳剂）及溶剂混合而成的涂层。这一涂层可在烫印温度和压力作用下转移到烫印物体上，形成带色的印迹。

粉箔的片基是一些抗拉力较好的薄片，如半透明纸，用蜡浸过的纸，或者聚合物片基，如涤纶薄膜等。在片基和颜色涂层之间要涂布一层隔离层，也是蜡或树脂一类的物质，既要保证颜色涂层与片基结合，又要在烫印时能使颜色涂层与片基分开。颜料是粉箔的主体，颜色涂层里的颜料有各种颜色。为了使颜料能与被烫印材料紧密结合，需用连结料把颜料包裹起来。

粉箔的烫印温度较电化铝烫印温度低，对材料适应性较弱，某些型号的粉箔只适应某几种材料的烫印。

三、电化铝箔

电化铝箔是目前烫印中使用最为广泛的材料，它适用于在纸张、塑料、皮革、人造革、有机玻璃等材料上进行烫印。

（一）电化铝箔的结构

常用的电化铝箔由5层不同材料构成，如图5-2所示。

1. 片基层

片基层也称基膜层，由双向拉伸涤纶薄膜或聚酯纤维薄膜构成，主要对电化铝箔其他各层起支承作用，片基层厚度为 $12 \sim 25 \mu m$，电化铝箔其他各层物质依次黏附在片基层上。片基层在烫印时不能因温度升高而熔化，并在烫印压力作用下能敏感动作，耐温，抗拉强度大。

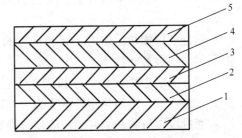

图5-2 电化铝箔的构成
1—片基层 2—隔离层
3—染色层 4—镀铝层 5—黏合剂层

2. 隔离层

隔离层也称为脱离层、剥离层，它的作用是使镀铝层与片基层相互隔离，以便于烫印时片基层剥离下来。

隔离层一般采用有机硅树脂溶液，也可用黏附力较小的连结料均匀地涂布在片基层表面，容易与片基层分离。

3. 染色层

染色层也称为颜色层，是电化铝箔的色彩层，烫印后覆盖在图文表面，呈现需要的颜色，表面光滑明亮。在烫印温度和压力作用下，染色层和片基薄膜分开，保证图案部分的电化铝箔迅速从膜层上脱离而转印到被烫印物上去。

染色层由合成树脂和染料组成，将其涂布在隔离层表面，经烘干后形成彩色薄膜。染色层具有成膜性、耐热性和透明性。

常用的合成树脂有聚氨基甲酸酯、硝化纤维素、三聚氰胺甲醛树脂、改性松香脂等。将树脂和染料溶于有机溶剂中配制成染色层涂料。染色层各种颜色在铝层衬托下，发出闪光的颜色，如加黄色染色层，就显出金子一般的颜色，闪闪发光，加入其他颜色，如红、绿、蓝等，使电化铝箔品种花色增加，五彩缤纷，美不胜收，这是金属箔所不能达到的效果。

4. 镀铝层

镀铝层的作用是利用金属铝具有高反射率，能较好地反射光线的特点，呈现光彩夺目的金属光泽，使染色层的颜色增加光辉，这就是烫印的效果。

把已经涂布隔离层和染色层的片基置于真空镀铝机的真空室内，通过电热器加热到1500℃，将铝丝熔融、气化，连续蒸发到薄膜染色层表面，冷却装置将薄膜染色层表面冷却到80℃左右，附着在染色层表面上，形成厚度均匀的镀铝层。由于在真空条件下完成镀铝过程，也称为真空镀铝。镀铝时利用电热器加热铝材，电热烫印，所以称为"电化铝"。

5. 黏合剂层

黏合剂层也称为胶黏层，黏合剂层的作用是烫印时，通过加热加压，电化铝箔与承印材料接触，将镀铝层和染色层粘贴到承印材料上。在贮存和运输时黏合剂层保护电化铝膜。

黏合剂层加热后熔融，起到良好的黏着作用，其黏结力大于脱离层结合力，把电化铝箔黏结到被烫印物体上。

黏合剂层主要由热塑性树脂、古巴胶或虫胶、松香溶于有机溶剂中或配成水乳液，制成涂布胶液。常用热塑性树脂为甲基丙酸甲酯与丙烯酸的共聚物。

通过涂布机将配制好的胶液均匀地涂布在真空镀铝层的表面，经烘干形成黏合剂层。黏合剂层要适应纸张、布、塑料、皮革等材料的黏合，涂层厚度均匀。

用于冷烫印的电化铝箔没有黏合剂层，冷烫印时，在印刷品上印涂黏合剂，与冷烫印电化铝箔压合。

（二）常用电化铝箔

电化铝箔的染色层有多种颜色；电化铝箔黏合剂层的黏合材料性能不同，黏合性能也不一样；烫印加工的材料性能不同，烫印效果也有差别。应根据实际情况和要求，选择不同性能的电化铝箔。电化铝箔由专业制造厂提供，客户根据需要进行选择。

1. 电化铝箔的颜色

电化铝箔有金色、银色、大红色、棕红色、蓝色、绿色、草绿色、翠绿色、淡绿色等数十种颜色，金色最为常用，其次是银色。

2. 电化铝箔的型号

根据烫印性能和烫印材料的不同，电化铝箔有不同型号。例如，国产电化铝箔有

#1～#18等型号。常用的电化铝箔有#1，#8，#12，#15，#18等型号。不同型号的电化铝箔烫印性能也有区别，使用时可根据生产厂家的说明选择。

电化铝箔的规格为片基厚度和长宽尺寸规格。常用电化铝箔的规格有12、16、18、20、25μm等类型。长宽尺寸规格为标准规格，电化铝箔的标准规格宽为450mm，长为60000mm；日本产电化铝箔规格为600mm×60000mm。使用时可以根据产品规格的实际需要，分切需要的宽度。

（三）电化铝箔的质量要求

电化铝箔的质量好坏主要是以能否适应各种不同烫印物的特性，烫印出光亮、牢固、持久不变色的图文为标准。

（1）光亮度和外观质量。电化铝箔的光亮度要好，色泽符合标准色相要求，涂色均匀，不可有条纹、色斑、色差等。烫印后色泽鲜艳闪光。光亮度主要决定于电化铝箔的镀铝层和染色层。

电化铝箔表面无发花、砂眼、皱褶、划痕等，涂布均匀，卷取均匀。

（2）黏着牢固。电化铝箔表面的黏合剂层能与多种不同特性的烫印物牢固地黏着，并且应在一定温度条件下，不发生脱落、连片等现象。对特殊的烫印物，电化铝箔黏合剂层要使用特殊黏合材料，以适应特殊需要。黏着牢固度还与烫印时间、烫印温度和烫印压力等工艺条件有关，调整烫印工艺也可以改善电化铝箔烫印的牢固程度。

（3）箔膜性能稳定。电化铝箔染色层的化学性能要稳定，烫印、覆膜、上光时遇热不变色，表面膜层不被破坏。烫印成图文之后，应具有较长期的耐热、耐光、耐湿、耐腐蚀等性能。

（4）隔离层易分离。隔离层应与片基层既易黏着，又易脱离。电化铝箔产品生产、运输、贮存过程中不得与片基层脱离。当遇到一定温度和压力时，受热受压部分要分离彻底，使镀铝层和染色层顺利地转印到烫印材料表面，形成清晰的图文。没有受热受压部分仍与片基层黏着，不能转移，转移部分和非转移部分要界限分明、整齐。

（5）图文清晰光洁。在烫印允许的工作温度范围内，电化铝箔不变色，烫印"四号字"大小的图文清晰光洁，线条笔画之间不连片或少连片。电化铝箔的染色层涂布要均匀，镀铝层无砂眼，无折痕，无明显条纹。

印迹清晰是电化铝箔重要的性能。烫印出的字迹应无毛刺，这与隔离层和黏合剂层黏合力大小、涂布是否均匀有关。

（6）电化铝箔卷轴平直。电化铝箔卷轴平直，松紧均匀，不粘连。

（四）电化铝箔烫印范围

电化铝箔的型号、性能不同，适合烫印的材料和烫印范围也不同。表5-1为各种电化铝箔种类及用途。

被烫印材料主要有纸张、纸板及制品、漆膜、塑料及制品、皮革、木材、丝绸和印刷品油墨层。各种材料的结构、表面质量、性能各不相同，要求电化铝烫印的适性也不相同，如空白纸张与有墨层纸张的性能不相同，对烫印的要求就有差异。

烫印图文的结构有文字、线条和实地。文字分大号字和小号字，线条有粗线条和细线条，所有这些差别对电化铝箔都有不同要求。一般情况下，烫印粗线条图文和大号文字，要求电化铝箔结构松软，染色层容易与片基层脱离；烫印细线条图文和小号文字，要求电化铝箔结构紧硬，染色层与片基层结合得较牢固。此外，气温较高的情况下，宜使用结构松软的电化铝箔；气温较低时，宜使用结构紧硬的电化铝箔。

鉴别电化铝箔性能的方法为：用透明胶带粘电化铝箔黏合剂层面，或用手揉擦黏合剂层面，观察电化铝箔脱落的难易。若箔膜与片基容易脱落，说明电化铝箔的结构是松软的；反之，若箔膜与片基不容易脱落，说明电化铝箔的结构是紧硬的。

常用的电化铝箔种类及用途如表5-1所示。

表5-1　　　　　　　　　　　　　　　　电化铝箔种类及用途表

国家	型号	用途	烫印条件	
			温度/℃	时间/s
日本	NV	一般纸、粗面纸、织品布	110～130	0.5～1
	NA	一般纸、印刷纸	110～120	0.5～1
	NS	一般纸、印刷纸、涂料纸等	100～120	0.5～1
	NP	上光纸	110～130	0.5～1
	PP	PP复合薄膜、PP涂料纸等	100～120	0.5～1
	SH	皮革、塑料（除PP）	100～130	0.5～1
	SHP	皮革、塑料、上光纸（除PP）	100～130	0.5～1
	PL	带皮纹皮革、塑料等（除PP）	120～140	0.5～1
	SB	透明塑料反面转印	130～180	0.5～1
	SS	塑料万能型（用于所有塑料）	130～150	0.5～1
	SR	压铸橡胶	150～180	0.5～1
	24222	铜版纸、涂料纸、印刷纸、层压纸等	100～130	0.5～1
	12KL-30	人造革、尼龙、涂料纸等	100～130	0.5～1
	23038	ABC、聚碳酸酯、尼龙、硬塑料等	120～160	0.5～1
	83024	ABC、聚苯乙烯、硬塑料、硅酸胶板	160～210	0.8～3
德国	338A型	各种纸张、织品、涂料纸等	100～140	0.5～1
	338B型	各种纸张、织品、皮革、涂布类	100～140	0.5～1
美国	维娜斯400号	除印有油墨的纸张以外的各种纸张、涂布类面料、织品、漆布、皮革等（专为PVC涂料纸类进口的材料）	100～140	0.5～1
中国	8号	纸张、皮革、漆布、织品类	100～120	1～2
	12号	有机玻璃、硬塑料	70～85	2
	12-B（双面金箔）	透明塑料、有机玻璃制品背面	65～85	2
	15号	软塑料	65～85	2
	1号	涂料纸、纸张、漆布、织品等	100～130	0.5～1
	88型	印有油墨的纸、涂料纸、漆布、织品等	100～130	0.5～1
	熊猫	漆布、织品、皮革、纸张、涂料纸等	100～130	0.5～1
	日星牌	印有油墨的纸、涂料纸、纸张等	100～130	0.5～1
	甘古牌	纸张、漆布、织品、皮革等	100～130	0.5～1
	渤海牌	纸张、漆布、皮革等	100～130	0.5～1

四、烫印辅助材料

1. 色片

用颜料和黏合剂等混合成液体，涂在玻璃等平面物体上，晾干后剥离，得到的片状物为色片。这种色片质地轻而松，色泽柔和，强度不高，易折断，也可以用于烫印。烫印操作时，要轻拿轻放。

色片是一种简单而受欢迎的烫印材料，它以颜料为主体，掺入有黏合能力的连结料，根据具体情况加入一定填料混合而成。制作时，将玻璃浸入混合溶液中，取出时上面粘有一层涂料，干燥后厚度约为 0.02mm，按一定规格剥离下来，置于纸上就成为色片了，可以直接在被烫印物上烫印。

2. 烫印黏合剂

由于有些金属箔、金属粉末以及粉箔没有黏合剂层，其本身并不具有与被烫印物品黏合的能力，因此，需要有黏合能力较强的物质做烫印的黏合剂。

在工艺操作中，一般采用蛋白、松香粉、虫胶等，涂布或撒在被黏合物品上，然后把金属箔或粉末等覆于其上，加温加压，使其固化或熔融，将烫印材料黏结在被烫印物品上。

第三节　烫印工艺

电化铝烫印工艺可以分为先烫后印和先印后烫两种形式。大多数电化铝烫印都是在印刷品上直接烫印，也有在 UV 上光油的表面烫印和在不干胶薄膜材料上烫印等。

在 UV 上光油的表面烫印的工艺对 UV 上光油和电化铝箔的要求非常高，烫印时要保证两者良好附着，具有良好的烫印适性。在不干胶薄膜材料上烫印又分为在薄膜上直接烫印和在墨层表面上烫印，这种工艺要防止墨层或电化铝箔脱落及烫印不实等情况，所以要对薄膜表面进行处理，以保证烫印质量。

一、电化铝箔的裁切

电化铝箔生产厂家的电化铝箔规格固定，需要烫印的产品尺寸各种各样，要根据烫印产品的尺寸裁切电化铝箔，裁切前要精确计算用料。电化铝箔产品为卷轴型，按产品横向面的规格，留有适当余边，裁切电化铝箔。裁切尺寸过宽会造成电化铝箔浪费；裁切过窄，不能烫印全部面积，也造成浪费和残留。

在生产中，为了节省电化铝箔，可采用下列方法：

（1）一次烫印。承印物大部分面积上都有图文，并且全部需要烫印，采用一次烫印，一个版面一次烫印完成，电化铝箔能得到比较充分利用。

（2）多条烫印。承印物表面几块面积上的图文需要烫印，若使用整张电化铝箔，会出现多处空白，空白处的电化铝箔易造成浪费。这时可把电化铝箔裁切成条，几条电化铝箔同步烫印。

（3）多次烫印。承印物表面有多块面积需烫印，各个烫印的图文位置不宜采用几条电化铝箔同步烫印，采用分条分块多次烫印，最后完成整张图文烫印。

此外还有其他形式的烫印方法。在生产实践中，应加强探索，既要保证烫印质量，又要尽量降低成本。电化铝箔的合理裁切，合理使用，合理的烫印方法是降低成本的有效途径。

二、印版制作与装版

（一）印版制作

一般烫印版为铜版、钢版或锌版。锌版不如钢版和铜版耐用，只能用于烫印数量比较少的情况。如果烫印数量极少，也可以使用活字印版。

高质量的烫印版是保证烫印质量的首要因素。目前，制作烫印版主要采用照相腐蚀工艺和电子雕刻工艺。铜版材质细腻，表面的光洁度、传热效果都优于锌版和钢版，采用优质铜版可以提高烫印图文光泽度和轮廓清晰度，适用烫印温度 120～180℃。锌版不耐高温、高压，适用温度 120～150℃。

传统的照相腐蚀技术制作烫印版工艺简单、成本较低，主要用于文字、粗线条和一般图像；对于较精细、图文粗细不均等烫印版的制作，需采用二次腐蚀或电子雕刻技术。

电子雕刻制作烫印版能表现丰富细腻的层次变化，大大拓展了包装表现能力，该工艺有利于环保，但电子雕刻设备投资较大，制版成本较高，雕刻的深度还不够理想，容易造成烫印"糊版"。全息防伪烫印版制作技术要求较高，制版周期较长，只用于批量较大产品的包装。

烫印时，印版要受热和受压，常用厚型版材。印版图文要腐蚀得深一些，字迹和四边也要保持光洁，图文部分与空白部分的高度差比普通印版相差多些，可避免电化铝箔连片、粘版。

（二）装版

1. 粘贴装版

制好的印版固定在金属底板上，底板带有电热装置，固定要可靠。印版固定效果直接影响烫印质量。

（1）粘贴纸板。用粘接能力较强的黏合剂把坚硬的白纸板或黄纸板粘贴在印版反面，可以增强印版的粘贴效果。

（2）纸板划痕。在印版反面，把白纸板粘好后，在白纸板表面划些条痕，增加胶粘材料的接触面积，增强与底板的接触效果。也可以先把白纸板两面划痕拉毛，再把它粘到印版反面。

（3）底板预热。把电热底板表面尘埃、污物清理干净，保持底板表面整洁，然后把电热板加热到 60℃左右待用。

（4）涂黏合剂。将粘版黏合剂均匀地涂布在预先加热的电热底板表面，黏合剂一般采用动物胶。

（5）贴合压紧。把粘有白纸板的印版平整地放在底板表面，印版的粘白纸板面与底板涂布黏合剂面接触，位置尽量居中，使印版温度保持均匀，贴合平整后，放在压平机上压紧 3～5min，使印版与底面充分压平，粘牢。

（6）印版位置。烫印版和底板粘牢以后，放在版框中间固定。它的位置和支撑点要均匀适当，防止松动翻版。装版时也可以先固定底板，再用粘印版的方法把烫印版粘到底板上，在烫印机上把印版加热压实。

（7）垫版试印。烫印版固定后，把压印平版清除干净，表面糊一层薄纸，如拷贝纸、打字纸等。用胶辊刷上油墨，在纸上试印，或用复写纸覆在薄纸表面，然后启动机器进行压印，如果整个印版压力过轻或过重，则应调节压印机构与印版的相对位置，如果某些画面压力较轻，可以在底板背部基本垫实，然后在压印机构部位进行剪贴细垫，使烫印表面结实光洁。在压印机构的面层加一垫层作包衬。如果承印物较厚，可用硬垫（塑料片、硬纸等）；如烫印的承印物较薄，可用软垫（橡皮布、软塑料、软纸等）。垫版后再进行印刷，直到版面的烫印压力合适为止。

2. 锁版装版

（1）平面烫印版安装。首先要量取烫印面上的最前端距离，然后依据不同型号的机台，在蜂窝板上量取尺寸进行定位，在定位时应充分考虑蜂窝板前端的有效烫印位置。平面烫印版定位通常采用两种不同的方式：①采用胶片对位安装，即在计算出蜂窝板上烫印有效位置后，在蜂窝板上粘贴本印件的胶片，然后将对应的烫印版依据胶片图案正确无误的塞在胶片和蜂窝板的中间，依据烫印版四周所露出的蜂窝孔大小，配上相应型号的锁版夹进行初步定位并固定。②采用纸张对位安装，即在本印件的烫印部位挖出相应的空洞，然后采用胶片定位的相同方法进行作业。

（2）立体烫印版安装。立体烫印是烫印－压凹凸一次成型，通常烫印版为凹版，首先按平面烫印版的安装方法调整好烫印凹版的位置并用锁版夹固定，在凸版的反面粘贴定位胶，留出定位孔的位置，定位胶一般为双面胶，粘贴时要防止相互重叠，粘贴完成后用四根定位销将凸版与凹版进行定位，如图5-3所示。

图5-3 立体烫印版安装

安装定位销时，必须把定位销压到最低点，防止凸版在烫印中偏位。定位完成后揭去双面胶的离型纸进行合压，合压完毕后取出定位销，凸版粘贴在烫印底板上，烫印版安装完成。

三、烫 印

印版位置调整正确，烫印压力调整合适，即可开始烫印。

1. 开机试烫印

开机后进行试烫印，试印速度必须由慢到快，发现不正常情况，立即停机排除故障，如果试印正常，逐渐进入正常运转，进行烫印。

在已经印刷过的墨层表面烫印电化铝箔，必须待墨层干燥牢固后才能烫印，防止烫印时拉底。同时防止烫印发花或印不上。

2. 烫印温度

开车试烫印前，烫印版由金属底板中的电热丝通电加热，用温度控制仪控制温度的升降，一般情况下，温度控制在100~150℃，最高可达180℃。印版的实际烫印温度比温度控制仪控制的温度低 30% 左右。温度达到要求后即可进行烫印。

实际温度的确定，必须按印版实际温度和电化铝箔所能承受的温度，除去各种热量损失，以烫印后取得较好的烫印效果为准。

电化铝箔不耐高温，温度过高，烫印时会出现花白或变成红蓝色，金属的光亮度随之降低，以致纸张被拉破。温度过低，则不能烫印，还会出现断笔以及电化铝箔附着力不强、容易擦掉等毛病。烫印面积大，烫印温度应略高些；烫印面积小，烫印温度应略低些。

3. 烫印时间

烫印温度和烫印时间应配合好，温度略高，烫印时间可短一些；反之，温度略低，烫印时间应略长一些。烫印时间过长或过短都可能影响产品质量。烫印时间过长会发生变色，金属光泽变暗；烫印时间过短，则可能出现不能完好烫印、烫印痕迹容易擦掉等。

电化铝箔在烫印时，烫印温度、烫印压力、烫印范围要掌握好，这样烫印质量就好。烫印温度较低或烫印温度较高，但未超出工作允许范围，则可用烫印速度与之配合，也能烫印出质量好的产品。

温度低时，烫印速度慢些；温度高时，烫印速度快些。超出允许工作范围，则不能保证烫印质量。如果温度过高，片基会变形，产生糊版；温度过低，产生露底、虚烫，不能正常运转。烫印温度范围的下限温度越低越容易操作，对设备要求也高；上限温度越高，则越能保证在一般烫印温度下不致使电化铝箔失去光泽而丧失金属质感。其温度区间越宽，越便于操作，烫印质量越能得到保证，这个温度取决于黏合剂的性质。

立体烫印温度比平面烫印时的温度略高一些，一般控制在 150℃ 左右。

4. 烫印压力

由于烫印设备新旧的关系，装版平台本身不平整和版材在制作过程中高低不一致等问题，会造成烫印压力不均匀。

烫印压力分初始压力和工作压力两种，初始压力是采用增加机器的整体压力，达到开始校版时的压力。工作压力是经过局部垫补后达到正常生产的压力。产品的质量和垫补压力的均衡有直接关系，当垫补时，应依据局部的压力大小进行逐步垫补。一般情况下，烫印的初始压力在印迹达到烫印面积的 50% 左右开始局部补压。

烫印压力与电化铝箔附着牢度关系很大，如果压力不足，容易产生电化铝箔与承印物粘贴不牢、掉色、印迹发花等现象，反之如果压力过大，衬垫和承印物的压缩变形加大，导致糊版或印迹变粗。烫印压力一定要均匀，否则容易产生局部烫印不上或产生发花等现象。

5. 烫印速度

烫印速度决定了电化铝箔与承印物的接触时间。烫印速度慢，电化铝箔与承印物接触时间长，两者粘接比较牢固，有利于烫印；烫印速度快，烫印接触时间短，电化铝箔的热熔性有机硅树脂层和黏合剂尚未完全熔化，容易导致烫印不上或印迹发花。

在烫印过程中，电化铝箔的输送一般是上端放卷，烫印后在烫印机器下端收卷。要正确调整电化铝箔在运转过程中的速度，控制放卷输送和收卷间距，防止放卷速度过慢，收卷速度过快，或者放卷速度过快，收卷速度过慢，这时会使电化铝箔出现运行故障。还要防止电化铝箔输送不平整，偏离印版位置。

烫印过程中，承印物输送必须准确，经常检查规矩是否准确、平整、有无松动、移动，防止造成烫印在承印物上的误差，保证图文烫印精度。

烫印工艺安排要合理，需要覆膜加工的烫印，应先覆膜后烫印。人们常担心电化铝箔容易擦落而采用先烫印再覆膜的工艺，这样，薄膜（尤其是亚光膜）会破坏电化铝表面的光泽性，不宜采用水溶性黏合剂覆膜，否则会造成电化铝箔表面发黑，同时极易使铝层粘在图文边缘造成发虚现象。另外，烫印后因压力作用而凹陷，再加上胶水不易渗透电化铝箔表层，易造成烫印处薄膜与纸张分离而影响产品质量。

正确的烫印工艺是先覆膜再烫金，选择与薄膜相匹配的电化铝箔。

6. 电化铝箔运行计算

电化铝箔运行时，分为匀步和跳步。

匀步是运行中的电化铝箔与承印物同步前行。由伺服电机控制电化铝箔每次行走固定的长度。匀步只有一个图案，或者多个图案在一块烫印版上，烫印一次拉动一次，每次重复的走着相同的距离（也称为走步）。匀步烫印的设置很简单，只要依据烫印的长度稍加 $1 \sim 3mm$ 就可正常生产。

跳步是电化铝箔由伺服电机带动与承印物同步或异步前行方式的称谓。

跳步有 2 个以上图案，图案之间有很大的空间，可以再次烫印图案，为了提高电化铝箔的利用率，往往会采用烫印一次或几次后大幅度拉动电化铝箔，使得电化铝箔利用率达到最高。电化铝箔与承印物同步走过若干个烫印单位长度后，伺服电机突然加速，使电化铝箔不被重复烫印，开始下一个烫印周期。

跳步烫印就要量出印面上在同一条烫印直线上的几个图案，从咬口部位的第一个图案的前端起，到拖稍部位最后一个图案的末端位置，量出之间的距离，然后再量取所烫印图案的前后距离加 $1 \sim 3mm$，把以上量取的数据输入到计算机界面内，系统会自动设置匀步和跳步之间的配合。如一条直线上有 3 个图案同时烫印，除了设置第一图案的起点到第三图案的末端尺寸之外，还要输入图案 1 和图案 2、图案 2 和图案 3 之间的距离。

（1）跳步计算

当烫印图案的间距为 L，运行 n 次后被填满，伺服电机应加速卷拉电化铝箔，完成一个跳步过程，如图 5 - 4 所示。

$$x = a + c \quad\quad (5-1)$$
$$L = nx + c \quad\quad (5-2)$$
$$B = A + c \quad\quad (5-3)$$

式中，x 为步距，即跳步中电化铝箔运行一次走过的长度；

L 为两个烫印图案间的实际距离；

B 为跳步长度，即两次跳步间的电化铝箔的收卷长度；

A 为一组烫印图案所需的电化铝箔长度；a 为烫印图案的最大边界尺寸；

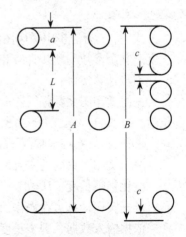

图 5 - 4 跳步计算示意图

c为前后两次烫印图案的间距，是预先给定的常数，依据设备伺服电机拉卷精度、电化铝箔的宽窄和张力大小确定。

n为L间隔中可烫印的图案个数，取整数，可取（1～7，依据两个烫印图案间的实际距离L确定）。

跳步计算实例：

一组烫印图案数据为：$A = 650\text{mm}$，$L = 88\text{mm}$，$a = 9\text{mm}$。当$n = 7$时，$c = 3\text{mm}$。当$n = 6$时$c = 4.9\text{mm}$浪费较大。取$n = 7$，$c = 3\text{mm}$。

步距$x = 9 + 3 = 12$（mm），跳步长度$B = 650 + 3 = 653$（mm）。

依据实例计算，可在操作面板上输入数据。

当承印物走过$n = 7$张之后，伺服电机加速驱动电化铝箔收卷轴使电化铝箔向前走$B = 653\text{mm}$开始下一个周期的烫印工作。

图5-5为电化铝烫印7次的情况。在1个间隔中可以烫印7次，即伺服电机必须拉动电化铝箔前行x的n倍，才能保证不重复烫印。

（2）匀步计算

在匀步烫印中，每次卷拉过相同长度的电化铝箔，如图5-6所示。

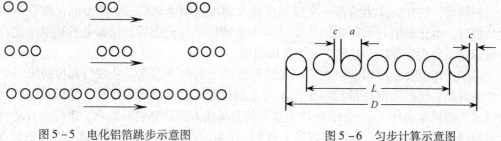

图5-5 电化铝箔跳步示意图　　　　图5-6 匀步计算示意图

$$y = a + c \qquad (5-4)$$
$$L = ny + c \qquad (5-5)$$
$$D = A + c \qquad (5-6)$$

式中，y为匀步中烫印图案加空隙的长度；D为匀步长度，一次匀步电化铝箔的收卷长度。其余参数与跳步计算相同。

匀步计算实例：

一组烫印图案数据为：$a = 9\text{mm}$；$c = 3\text{mm}$；$n = 7$。求一组图案总长度和所需电化铝箔长度。

求得：$y = 9 + 3 = 12$（mm）

两个烫印图案间的实际距离$L = 7 \times 12 + 3 = 87$（mm）

电化铝箔长度：$D = 87 + 9 \times 2 + 3 = 108$（mm）

依据实例计算可在操作面板上输入数据。

依据输入数据，匀步长度为电化铝箔与印刷品同步前行的长度，当第2步与匀步长度相等时。伺服电机就以匀步形式驱动。

电化铝箔与印刷品运行关系：

印刷品每走一张，电化铝箔向前走 $y = 12\text{mm}$，当走第一张时，电化铝箔上被烫印的两个图案间距为 $87 - (a + c)$，走过 7 张后恰好将 L 填满。

通过对以上两个例子进行比较，匀步方法中电化铝箔受力比较均匀，不容易崩断，精度较高，因此在可行的场合下应尽量使用匀步方法。

四、冷烫印工艺

冷烫印技术是一种全新的烫印工艺，不需要使用加热后的金属印版，而是将黏合剂直接涂在需要装饰的图文上，烫印时电化铝箔与黏合剂接触，使电化铝箔附着在印刷品表面上。

(一) 冷烫印原理

冷烫印电化铝箔是无黏合剂层的专用电化铝箔，在压印版无热量的情况下，依靠黏合剂和压力实现电化铝箔转移。

冷烫印通常采用圆压圆加工形式，烫印速度较快，但烫印表面效果和牢固度较差。所以，印刷品还需要上光或覆膜加工。

冷烫印工艺成本低、节省能源，生产效率高，是一种很有发展前途的技术。

冷烫印工艺在烫印基材上预印 UV 黏合剂，再将冷烫印电化铝箔转移其上。冷烫印工艺又分为干式冷烫印和湿式冷烫印两种。干式冷烫印工艺是对涂布的 UV 黏合剂先固化再进行烫印。湿式冷烫印是印刷品涂布 UV 黏合剂后与电化铝箔压合，然后再固化。

1. 干式冷烫印

(1) 在承印材料上印刷阳离子型 UV 黏合剂。

(2) 对 UV 黏合剂进行固化。

(3) 借助压印滚筒使冷烫印电化铝箔与印刷品复合在一起。

(4) 将多余的冷烫印电化铝箔从承印材料上剥离下来，只有在涂有黏合剂的部位留下所需要的烫印图文。

采用干式冷烫印工艺时对 UV 黏合剂的固化宜快速进行，保证其固化后具有一定的黏性，这样才能与冷烫印电化铝箔很好地粘接在一起。

2. 湿式冷烫印

(1) 在承印材料上印刷自由基型 UV 黏合剂。

(2) 在承印材料上进行冷烫印。

(3) 对自由基型 UV 黏合剂进行固化，由于黏合剂此时夹在冷烫印电化铝箔和承印材料之间，UV 光线必须要透过冷烫印电化铝箔才能到达黏合剂层。

(4) 将冷烫印电化铝箔从承印材料上剥离，并在承印材料上形成烫印图文。

湿式冷烫印工艺用自由基型 UV 黏合剂替代传统的阳离子型 UV 黏合剂。UV 黏合剂的初黏力要强，固化后不能再有黏性。冷烫印电化铝箔的镀铝层应有一定的透光性，保证 UV 光线能够透过并引发 UV 黏合剂的固化反应。湿式冷烫印工艺能够在印刷机上联线烫印电化铝箔或全息箔，其应用范围也越来越广。

3. 冷烫印技术的优缺点

(1) 操作人员无需具备烫印经验，不需要特殊的烫印设备。

（2）无须制作金属烫印版，可以使用普通的柔性版、PS 版、CTP 版，不但制版速度快，周期短，还可降低烫印版的制作成本。

（3）烫印速度快，最快速度可达 60m/min 以上。

（4）无需加热装置，节约能源。

（5）采用一块印版，可以同时完成网目调图像和实地色块的烫印，即可以将要烫印的网目调图像和实地色块制在同一块印版上。与网目调和实地色块制在同一块印版上印刷一样，烫印效果和质量可能会有一定的损失。

（6）冷烫印可以与胶印机、柔性版印刷机、凸版印刷机联线烫印。

（7）烫印基材的适用范围广，在热敏材料、塑料薄膜、模内标签上也能进行烫印。

（8）冷烫印技术的缺点是冷烫印电化铝箔的表面强度比普通电化铝箔表面强度差，一般要以上光或覆膜方法保护。

（9）冷烫印黏合剂黏度高，流平性差，不平滑，使冷烫印电化铝箔表面产生漫反射，影响烫印图文的色彩和光泽度，降低产品的美观度。

（二）冷烫印设备和材料

1. 冷烫印设备基本配置

（1）冷烫印可使用柔性版印刷机、胶印机、凸版印刷机。

（2）冷烫印电化铝箔走箔单元。

（3）冷烫印电化铝箔放卷装置。

（4）冷烫印电化铝箔收卷装置。

（5）UV 固化单元。

2. 黏合剂

冷烫印一般使用 UV 黏合剂，有两种类型，一种为自由基黏合剂，另一种为阳离子黏合剂，两者的区别在于自由基黏合剂是必须经由紫外线光照射后，才能产生化学反应，而阳离子黏合剂是经由最初的固化产生黏性再经过最后固化才能完全的粘着。两者需依照不同的印刷机结构而使用不同的黏合剂。

3. UV 固化装置

湿式烫印 UV 固化装置尽可能地靠近压印装置，以便在印刷和烫印之后及时对 UV 黏合剂进行固化。UV 固化装置的功率至少要在 300W 以上，UV 灯和反射罩必须保持清洁干净，不能粘有油腻、灰尘、杂质，以免影响 UV 黏合剂的固化效果。

4. 印刷机烫印模块举例

FoilStar 是为海德堡速霸 CD74 和速霸 102 印刷机生产的配套烫印模块。烫印工艺分为三个步骤完成：首先，用传统的胶印供墨单元和胶印印版在承印材料上涂布黏合剂；其次，利用压力将电化铝箔转移到承印材料上；最后，拉起底膜，让电化铝箔留在承印材料上涂有黏合剂的部分。

FoilStar 模块包含两个标准单张纸胶印印刷单元，第一个印刷单元使用其供墨单元和普通的胶印印版给纸面的全部或部分涂布黏合剂，另一个印刷单元是冷烫印电化铝箔转移模块。在压印滚筒和橡皮滚筒间的压力作用下，冷烫印电化铝箔和纸张粘合在一起，纸张上涂布黏合剂的部位在底膜剥离后就覆上了一层金属箔膜。在完成冷箔转移过程后，这两个印刷单元又可用于正常的胶印印刷。

FoilStar 模块的最大生产速度是 15000 张/h，烫印精度可达 0.05mm，最大印刷幅面为 700mm×1020mm。

五、全息定位烫印

全息烫印工艺是将激光全息图烫印在承印物上。激光全息图非常薄，与承印物融为一体，与其上的印刷图案和色彩交相辉映，可以获得很好的视觉效果。

1. 全息烫印原理

激光全息图是根据激光干涉原理，利用空间频率编码的方法制作而成。由于激光全息图层次明显、图像生动逼真、光学变换效果多变、信息及技术含量高，因此，在 20 世纪 80 年代就开始用于防伪领域。

全息烫印的机理是在烫印设备上通过加热的烫印版将全息烫印材料上的热熔胶层和分离层加热熔化，在一定的压力作用下，将烫印材料的信息层全息光栅条纹与 PET 基材分离，使电化铝箔信息层与承烫面黏合，融为一体，达到完美结合。

根据烫印工艺的不同，全息烫印可分为 3 种类型，即低速全息烫印、快速乱版全息烫印和全息定位烫印。

全息定位烫印技术难度很高，不仅要求印刷厂配备高性能、高精度的专门定位烫印设备，还要求有高质量的专用定位烫印电化铝箔，生产工艺过程也要严格控制才能生产出合格的产品。

全息定位烫印采用相应的防伪图案，工艺复杂，难以仿制，具有安全性和防伪功能。通常在高档烟盒、大额支票、零售礼品券、身份证和钱币等方面的防伪中备受青睐，如用在护照的首页上，通过上面带有官方确定的复杂图纹作为辨别标志进行防伪。

全息镂空技术在全息烫印箔固定的位置上刻蚀出透明的花纹、图案或文字，然后烫印在包装上，效果精美，展现出特殊视觉的防伪效果。

多层膜结构制作的透明全息烫印膜，整体效果非常好，图案比普通膜更清晰、更明亮，满足了市场需求。

2. 全息烫印电化铝箔

全息烫印电化铝箔很薄，由片基层、隔离层、转印层、镀铝层和黏合剂层组成。通常转印层由 2~3 层组成，每一层的特性又因对颜色、表面耐磨性和耐化学腐蚀性的要求不同而有所不同。

全息图案由转印层表面微小的坑纹（光栅）形成，这是全息烫印电化铝箔与普通电化铝箔结构上最大的不同。烫印时，在烫印版与电化铝箔相接触的瞬时，黏合剂层熔化，转印层与承印物黏合，在片基层与转印层分离的同时，电化铝箔上的全息图以烫印版的形状烫印在承印物上。

全息烫印电化铝箔幅面较宽，使用时，需要用分切机将电化铝箔按照图案宽度分切成小卷。大多数烫印机只有纵向定位装置，图案左右烫印精度要靠分切精度来保证。因此，分切精度和回卷松紧度是决定烫印时能否准确定位的重要因素。

3. 定位装置

全息图案在电化铝箔上的位置很准确，但在烫印中误差会逐步积累，使正确的烫印位置发生变化。因此，独立图案全息烫印电化铝箔需要用定位光标及时修正全息图案在间距上的误差。

电化铝箔上每一个全息图案需要有一个与之相匹配的光标，图案与光标的相对位置必须恒定。光标是方形，边长最小为 3mm，中心线最好与全息图案中心线一致，与全息图案之间的距离至少为 3mm。全息定位探头通过光标确定全息图案的正确位置，采用微处理器进行控制，若发现位置不正确，调整机构拉动电化铝印箔改变图案位置。

全息定位烫印在烫印设备上通过光电识别的全息定位探头将全息防伪电化铝箔上特定部分的全息图准确烫印到承印物的特定位置上。全息定位烫印技术要求高、防伪力度大，需要保证在较高的生产效率下，将全息图完整、准确地烫印在指定的位置上，定位精度高于 0.25mm。

六、立 体 烫 印

立体烫印技术是烫印技术和压凹凸技术相结合的一种复合技术。

1. 立体烫印原理

立体烫印需要制作成一个上下配合的阴模和阳模，实现烫印和压凹凸一次完成的工艺过程。这种工艺同时完成烫印和压凹凸，减少了加工工序和套印不准产生的废品，提高了生产效率和产品质量。

立体烫印常采用分辨率很高的烫印压凸材料，在不同的角度观看图文可呈现出不同的颜色，实现了理想的防复制和防伪造的功能。将图文细微层次进行遮盖，避免了票证、文件等遭受篡改和伪造。还可以在透明箔片材料中使用珍珠颜料，从不同角度观看时会呈现出不同的颜色。

立体烫印技术关键在于制版，要求立体烫印版图文部分为圆角线条。因此，立体烫印版在腐蚀后需要二次加工，采用电子雕刻技术制作的立体烫印版精度高，烫印效果好。

立体烫印可采用平压平、圆压平和圆压圆烫印机。烫印使用腐蚀紫铜版或雕刻黄铜版。腐蚀紫铜版用于平面烫印，使用寿命一般为 10 万次；雕刻黄铜版的使用寿命可达 100 万次，适用于长版活，烫印质量好。

2. 立体烫印特点

立体烫印与普通烫印相比有很大的区别，除了能形成浮雕状的立体图案外，在制版、温度控制和压力控制方面都有所不同，这种工艺同时完成烫印和压凹凸，减少了加工工序和套印不准产生废品，提高了生产率和产品质量。由于立体烫印是烫印与压凹凸技术相结合形成的产品效果是浮雕状的立体图案，不能在其上面再进行印刷，因此必须采用先印后烫工艺。

同时由于它的高精度和高质量要求，不太适合采用冷烫印技术，而比较适合用普通烫印技术。

立体烫印技术减少了生产工序，提高了生产效率，在商品包装的质量、装潢效果和防伪功能上也有了更大的提高。随着各方面条件的成熟，它将会逐渐取代原先须由烫印和压凹凸两个工序来形成立体金色图案的过程。立体烫印工艺成为印后包装装潢领域非常有前途的装潢技术。

七、特殊烫印

1. 先烫后印技术

先烫后印技术是先烫印电化铝箔，然后在电化铝箔上再印刷图案的工艺，产生的效果让图案主题更生动、活泼。

先烫后印工艺的关键是电化铝箔的烫印一定要牢固，在印刷的时候电化铝箔绝不能被印刷油墨反拉下来，否则不但影响产品质量，而且反拉下来的电化铝箔会很快堆积在橡皮布上，轻则造成图像网点丢失，重则造成局部图像印不上。随着机器的运转，电化铝箔粉末还会传递到墨辊系统，加速墨辊的磨损。

先烫后印工艺要根据印刷用纸的特点，选用合适的电化铝箔，确保电化铝箔能够牢固地附着在纸张表面。

先烫后印工艺先在白卡纸上烫印电化铝箔，再在电化铝箔的表面印刷图文，是一种大面积烫印技术，要求很高，除要达到烫印位置准确，表面平滑光亮，压力平衡、均匀，不起泡、不糊版等要求外，还要特别注意烫印图案边缘不能有明显压痕。电化铝箔在烫印表面要有良好的附着力，以及无明显擦花和刮伤等现象。

烫印过程是一个纸张受热和受压的过程。对于白卡纸、玻璃卡纸来说，特别要注意对半成品的保护，生产过程中要尽量减少纸张变形的各种不利因素。

先烫后印工艺通常采用圆压平或圆压圆烫金机，烫印时压力为线接触方式，在大面积烫印时，不像平压平烫印出现气泡，烫印表面非常平整，满版烫印不会增加机器的负荷。

先烫后印工艺能够提高装饰效果，提高图文的视觉吸引力，可以采用 UV 油墨在电化铝箔上进行印刷。在烫印图案表面印刷主要依靠电化铝箔亮丽反射的特点，表面实施网点印刷，可以突出局部效果。

对设计、制版、拼版有一些特殊的要求，最基本的要求是烫印幅面尽量要小，印刷图案以半连续调为最佳。如果图案面积设计得太大，很容易出现烫印残缺和起雾现象。

在调版进行压力补偿时，避免烫印图文与非烫印部分交界处出现明显的压力断层，影响油墨的转移和附着。一般烫印印刷后，还需要进行压凹凸或模切，假如形成凹凸状压力断层，将直接导致凹凸重影、模切压痕线爆色、爆线、烫印掉点等极难处理的质量问题。

2. 模内转印技术

模内转印（IMD）是最有创意的烫印技术，在注塑成型的同时，已涂上各种装饰效果，而且也有一定的保护性。通过吸附在注塑模腔的转印箔膜和注进模腔熔胶的结合，预涂的设计图案便转附在凝固的塑件上，该设计图案更可以做出精密定位，而成品也不需要额外的后期处理。

模内转印技术生产及装潢只需要单一的工艺，可大量节省成本，而装潢设计很容易更换，也可以在同一班生产改款设计，用于汽车的特别版本或配置区分。因此，模内转印技术最能满足汽车制造行业要求的多样化、灵活多变及低成本的要求。

3. 扫金技术

扫金是在印刷品上的特定部位附着金属粉末，达到金光闪烁的仿金效果。扫金是精品印刷中的一个特殊工艺过程，它比烫印成本低，速度快，比印金效果好，适用于商品包装、标签印刷等。

扫金借助扫金机完成。扫金机主要由输纸部分、涂布部分、抛光部分、清洁部分和收纸部分组成。通常需要一台单张纸单色胶印机或双色胶印机与扫金机连接。利用印刷品的分色底片，制作出扫金机用的 PS 版，安装在胶印机上。利用 PS 版在印刷品需要上金粉的部位印上一层薄而均匀的底胶（扫金涂底）。

印有底胶的印刷品，通过扫金机输纸部分的传纸器送到吸气式橡皮传送带上。涂布部分由金粉填充器、涂布器、匀粉辊和涂布辊组成。涂布辊缓慢转动，当涂布辊吸附金粉的一面转到纸张上方时，吸气转为吹气，将金粉均匀地喷洒在纸张表面。然后用 4 根特别的抛光器与纸张上的金粉相擦、抛光，使纸张上印有底胶部分的金粉牢牢粘住。

扫金机又采用 4 根特殊揩金带进行相互之间转向相反的往复运动，后面两根带有强力吸气管道，再加上后面的真空吸附多路清扫循环系统，可干净迅速地扫清纸张上多余的金粉。

不需要扫金时，收起连接胶印机和扫金机的传送器，胶印机就可单独印刷其他产品。对于拥有多色 UV 胶印机的厂家，还可以让多色机与扫金机直接联机，效率更高。

扫金最常见的故障是粘脏。扫金时，车间湿度不能过高，以防纸张和金粉受潮；印刷品的油墨要干燥，防止粘上金粉。

八、烫印质量要求

（一）CY/T 60—2009 标准质量要求

CY/T 60—2009《纸质印刷品烫印与压凹凸过程控制及检测方法》标准规定了质量要求。

1. 基材要求

（1）表面平整清洁，无脏点瑕疵。

（2）表面张力≥3.6×10^{-2}N/m。

2. 烫印材料要求

（1）表面干净、平整，无折皱。

（2）同批同色色差（CIEL*a*b）$\Delta E_{ab}^* \leqslant 1.5$。

3. 模具要求

（1）模具版平整度应符合表 5-2 的要求。

表 5-2　　　　　　　　　　　　模具版平整度要求

项　　目	要　　求		
模具版表面任意两点之间的距离/mm	≤150	150～300	≥300
厚度平均允差/mm	±0.05	±0.10	±0.15

（2）模具版加工精度应符合表 5 - 3 的要求。

表 5 - 3 模具版加工精度要求

项　　　目	要　　　求		
模具版表面任意两点之间的距离/mm	≤150	150 ~ 300	≥300
设计烫印图文相应位置距离允差/mm	± 0. 05	± 0. 10	± 0. 15

（3）凹凸模具之间的配合压力均匀适当、不错位。

4. 工艺过程控制要求

（1）根据工艺要求设定烫印温度，温度波动范围控制在 ±10℃ 以内。

（2）调整压力均匀适当。

（3）作业环境温度：（23 ±7）℃；相对湿度（60 ±15）%。

5. 质量要求

（1）烫印表面平实，图文完整清晰，无色变，漏烫、糊版、爆裂、气泡。

（2）烫印材料与烫印基材之间的结合牢度≥90%。

（3）同批同色色差（CIEL*a*b）$\Delta E_{ab}^* \leq 3$。

（4）烫印与压凹凸图文与印刷图文的套印允差≤0. 3mm。

（5）压凹凸图文对应位置的凹凸效果无明显差异。

（二）书刊封皮烫印质量要求

新闻出版行业标准规定了书刊封皮表面烫箔（或烫印）的质量要求及检验方法。

1. 质量要求

（1）烫印的版材用铜版或锌版，厚度不低于 1mm。

（2）烫印压力、时间、温度与烫印材料、封皮材料的质地应适当，字迹和图案烫牢，不糊。

（3）有烫料的封皮，文字和图案不花白、不变色、不脱落，字迹、图案和线条清楚干净，表面平整牢固，浅色部位光洁度好、无脏点。

无烫料的封皮，不变色，字迹、线条和图案清楚干净。

（4）套烫两次以上的封皮版面无漏烫，层次清楚，图案清晰、干净，光洁度好。套烫误差小于 1mm。

（5）烫印封皮版面及书背的文字和图案的版框位置准确，尺寸符合设计要求。封皮烫印误差小于 5mm，歪斜小于 2mm。书背字位置的上下误差小于 2mm，歪斜不超过 10%。

2. 检验方法

（1）测量法。用毫米尺检验烫印版面各部位的尺寸。

（2）目测法。专业技术人员按标准要求目测检验产品质量。

（3）对烫印完后图案的边缘平整检查，无凹痕或无明显的凹痕则为合格。

（4）电化铝箔的附着力，用 3M 透明胶带做剥离测试。将 3M600#胶带黏贴在已烫印的产品上，用手压赶走电化铝箔和胶带之间的空气，然后以 45°角匀速上拉。胶带上无明显电化铝箔为合格。

九、常见故障及处理方法

（一）烫印不上或图文发花

1. 烫印温度过低

烫印温度过低达不到电化铝箔脱离片基并转印到承印物上所需要的最低温度，烫印时，电化铝箔没有完整地转移，致使图文发花、露底或烫印不上。发现这种质量问题，要及时适当地调高电热板温度，直到烫印出完好的印品。

2. 烫印压力小

烫印过程中，如果烫印压力过小，对电化铝箔施加的压力过轻，则电化铝箔无法顺利转移，使烫印图文不完整。发现这种情况应先分析是否属于烫印压力小，并观察压印痕迹轻重，如属于烫印压力小，应增大烫印压力。

3. 底色干燥过度，表面晶化

承印物表面的底色墨层太厚，干燥过度，就会发生晶化，使电化铝箔烫印不上。烫印时，底色干燥程度在可烫印范围内时应立即烫印。印刷底色时，墨层不应太厚，印刷量大时，要分批印刷，适当缩短生产周期。一旦发现晶化现象可以适当增大烫印压力。印刷量不多时，对墨层晶化表面进行除油、打毛处理。

4. 电化铝箔型号不对或质量不好

电化铝箔型号不对或质量不好时，也会出现烫印质量问题。应根据烫印面积的大小，被烫印材料的特性，综合考虑选用型号合适、质量好、黏合力强的电化铝箔。

烫印面积较大的承印物，可连续烫印两次，可以避免发花、露底和烫印不上。

5. 印件表面喷粉太多

印件表面喷粉太多或表面含有撒黏剂、亮光浆之类的添加剂，将会妨碍电化铝箔与纸张的吸附。此时，应进行表面去粉处理或在印刷工艺中解决。

6. 未正确掌握时间与温度的关系

没有正确掌握烫印设备以及烫印时间与烫印温度之间的匹配，影响烫印牢度和图文轮廓的清晰度。

由于设备、被烫印材质的不同，烫压时间、烫印温度也不同。例如，高速圆压圆烫印机速度快，压印线接触，烫印温度就要高于圆压平或平压平。一般情况下，圆压圆烫印温度在 190～220℃，圆压平在 130～150℃，平压平在 100～120℃。当然，烫印时间、烫印温度与生产效率很大程度上还受到电化铝箔转移性能的制约。

（二）烫印的图文发虚、发晕

1. 烫印温度过高

烫印温度过高，使电化铝箔超过所能承受的限度，烫印时，电化铝箔向四周扩展，产生发晕、发虚现象。发生这一故障，必须根据电化铝箔的特性，将温度调整到合适的范围。

2. 电化铝箔焦化

烫印过程中停机过久，会使电化铝箔的某一部分较长时间与电热高温印版接触而发生受热焦化现象，图文烫印后发晕。生产过程中，如遇停机应降低温度，或将电化铝箔移开，也可以在温度较高的印版前放一张厚纸，使电化铝箔与印版隔离。

（三）图文印迹不齐整

1. 烫印压力不匀

装版时，若版面不平整，造成压力不匀，有的地方压力过大，有的地方压力过小，图文受力不匀，易使电化铝箔表面不光洁，各部分与承印物黏合力不一样，造成印迹不齐整。烫印电化铝箔的烫印版，必须垫平垫实，保证烫印压力均匀。

2. 烫印压力过大

烫印时，烫印压力过大，也能造成图文印迹不齐整。烫印过程中，要把烫印压力调到合适程度。

3. 压印机构垫贴不合适

压印机构的垫贴应按图案的面积精确地贴合，不移位，不错动。烫印时，图文与垫贴层相吻合，图文印迹四周就不会发毛。

4. 烫印温度过高

电化铝烫印时，烫印温度过高也是造成图文印迹不齐整的原因。要按电化铝箔的特性，合理控制印版的烫印温度，保证图文四边光洁，不发毛。

（四）糊版

1. 烫印温度过高

烫印温度过高是糊版的主要原因，电化铝烫印过程中，若烫印温度过高，造成片基层和其他膜层转移、黏化，造成糊版。烫印时应根据电化铝箔的温度适用范围，适当调低烫印温度。

2. 烫印版制作不良

烫印版制作不良，电化铝箔安装得松弛或电化铝箔走箔不正确也会造成糊版。这时，要检查烫印版以及电化铝箔安装和走箔情况。

（五）图文印迹不完整

1. 电化铝箔裁切和输送偏差

电化铝箔横向裁切时留边太小或裁切歪斜，放卷输送时发生偏离，使电化铝箔与烫印版图文不吻合，部分图文露边而造成残缺不全。出现这样的问题，应在裁切电化铝箔时，使其整齐平整，适当增加留边尺寸。

2. 电化铝箔输送速度与紧度不合适

电化铝箔放卷（送料）与收卷（接料）装置发生松动移位，或电化铝箔卷芯与放卷轴之间松动，放卷速度发生变化，电化铝箔松紧程度发生变化，使图文烫印位置发生偏离，造成图文残缺。这时要调整收卷和放卷装置，保证合适的速度和电化铝箔的紧度。

3. 烫印版移动或衬垫物移位

烫印版部分在底板的位置移动、掉落，压印机构的衬垫移位，使正常的烫印压力发生变化，不均匀，造成图文印迹残缺不全。在烫印过程中，应经常检查烫印质量，发现质量问题立即进行分析，并检查烫印版和衬垫物。发现烫印版移动或衬垫物移位，应及时调整，把烫印版和衬垫物放回原位固定。

4. 烫印版损坏或变形

烫印版损坏是造成图文印迹残缺不全的重要原因之一。发现烫印版损坏，应立即修复或更换烫印版。烫印版变形是烫印版承受不了所施加的烫印压力，应更换烫印版或调整压力。

（六）反拉

反拉是指烫印后电化铝箔箔将印刷油墨或印刷品上光油等拉走。由于电化铝箔分离时存在拉力，烫印时，电化铝箔不是全部附在底色墨层表面，而是有一部分仍粘在片基上，并且把底色墨层也拉走一部分。反拉与烫印不上的区别：反拉现象是在烫印后电化铝箔片基上留有油墨痕迹。

反拉是因印刷品表面油墨未干或者印刷品表面上光等后加工处理不当，使印品表面油墨、上光油与纸张表面结合不牢而造成的。解决反拉现象应使用质量好的电化铝箔，可选用电化铝箔分离力较低、热转移性优良的电化铝箔。底色油墨必须充分干燥，但又不能晶化，要掌握好底色印刷与电化铝烫印的间隔时间，控制好燥油比例。

第四节　烫印设备

电化铝烫印机有平压平型和圆压平型两类。烫印机与凸版印刷机结构和原理基本相似。很多厂家把闲置的凸版印刷机改造成烫印机。平压平型烫印机使用较普遍。烫印机输纸方式有手动输纸和自动输纸。按烫印颜色分，烫印机有单色烫印机、多色烫印机以及多色多功能数控自动跳步烫印机。有的烫印机和模切压痕机及其他机器装配在一起，组成多功能烫印模切机等。有的烫印机采用电脑控制，具有全息套准烫印功能，采用智能操作显示屏，可进行人机对话，能适合不同电化铝箔的同时套准烫印。

一、平压平烫印机

平压平烫印机有手动平压平烫印机和自动平压平烫印机。平压平烫印机烫印压力大，设备简单，操作方便，烫印质量好，被广泛使用。

手动平压平烫印机的机身结构与平压平凸版印刷机基本相同，在凸版印刷机基础上除去墨斗墨辊装置，改装成电化铝箔送卷和收卷辊，加装烫印版加热装置。手动平压平烫印机是用手工放纸，车速受到一定限制，最高速度为 1000 ~ 1200 印/h。

自动平压平烫印机的结构与手动平压平烫印机基本相同，但其输纸和收纸装置都是采用机械咬纸牙自动传送。自动化程度有了提高，劳动强度减小，速度为 1200 ~ 1400 印/h，最高可达 3000 印/h。

图 5-7 为电化铝烫印装置，这种装

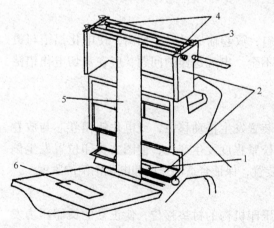

图 5-7　电化铝烫印装置
1—收卷辊　2—支架　3—电热板
4—压紧螺丝　5—电化铝箔　6—压印版

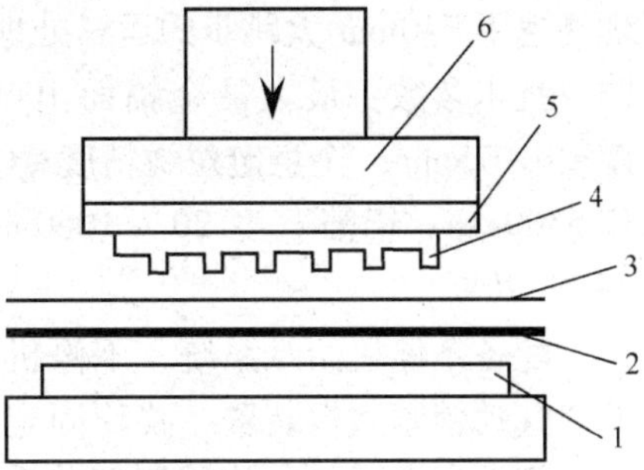

置由压印平板、电热板、放卷辊、收卷辊和机架组成，手工放纸。平压平烫印机的印版大多采用铜凸版、钢版或锌版，印版的厚度一般为1.5mm左右。

图5-8为平压平烫印工作原理图。

烫印前要正确装版、垫版，合理确定烫印压力，调整规矩的正确位置，掌握电化铝箔放卷和收卷速度，并根据电化铝箔的烫印性能和烫印图文面积的大小等因素合理控制电加热器的加热温度。

图5-8 平压平烫印工作原理
1—工作台 2—承印物 3—电化铝箔
4—烫印版 5—电热板 6—压印板

1. 半自动平压平烫印机

这种烫印机主要用于在书刊封面、样本、商标等纸制品及其他材料表面上烫印电化铝箔。图5-9为半自动烫印机外形图。

进纸宽度：520mm；工作压力：50N/cm^2；烫印速度：1200次/h；电化铝箔调节长度：0~320mm；温度调节范围：0~200℃。

2. 自动模切烫印机

图5-10为平压平自动模切烫印机，这种机器具有横纵两向电化铝箔输送功能的大幅面模切烫印机。先进的输纸系统，提高送纸稳定性。采用大量电动控制装置，可实现智能输送收集的自动调整，减轻操作者工作强度，方便操作。

图5-9 烫印机

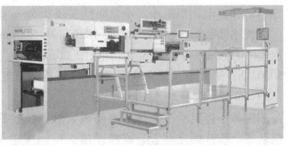

图5-10 平压平自动模切烫印机

机器配备纵向3轴、横向1轴电化铝箔独立送箔系统，保证高速下电化铝输送平稳、准确、张力控制可靠，电化铝箔拉伸小，铝箔进给误差仅1mm。

收废箔毛轮伺服电机控制，高速、平稳、准确。高耐热特殊材质定型处理蜂巢板，任何位置都可定位，耐热棒和防侧滑移特殊挡规使烫印位置更加准确。20温区独立控制温度，精确控制加热系统，有效控制烫印版的温度稳定，确保整个加热系统温度控制均衡，快速响应。

电脑烫印控制系统，以Windows XP为运行平台，采用工业用PC机，界面控件集成化，大量电气开关控件均设计在操作画面中，操作方便。

系统可独立设计烫印送箔程序，实现多种智能跳步算法。可在高速运转的同时最大限度的节约电化铝箔，最小烫印间距可达1mm，最小输送电化铝箔宽度为20mm，并可实现高速下 740mm 大跳步的运算处理能力。

技术参数：最大烫金幅面 1060mm × 740mm；烫印纸张厚度 0.1 ~ 2mm；普通烫精度≤0.075mm，全息定位烫精度≤0.20mm；最大普通烫印速度 7000s/h；最大全息烫金速度 5500s/h；铝箔宽度 20 ~ 1060mm；电加热系统 20 温区，40 ~ 180℃ 可调；满载功率 54.9kW。

配备不停机给纸系统、不停机收纸系统、真空输纸系统、气动侧规系统、扭力限制器、气动锁紧版框装置、胶片固定装置、高精度横纵向伺服送箔系统、断箔检测系统、自动间歇润滑系统、快锁版框装置、电化铝复卷箱、全息和激光躲版缝功能、电子定位系统等。

图 5 – 11　双机组模切烫印机

3. 双机组模切烫印机

图 5 – 11 为双机组模切烫印机，烫印、模切、清废可自由组合，专为高难度重复烫印或烫印模切清废提供解决方案。整体中心定位系统、快锁系统、微调系统实现快速作业准备。二机组可在烫印与模切清废间快速转换。最小电化铝烫印间距为 1mm；具备断箔检测功能；压力调节通过电脑控制，以 0.01mm 为精度单位；触摸式友好人机界面，所有故障信息均可通过人机界面提示；20 温区精确控制加热系统；电脑自动计算电化铝跳步；全息防伪实现 0.5mm 电动微调。

技术参数：最大烫金幅面 1020mm × 800mm；烫印纸张厚度 0.1 ~ 2mm；普通烫精度≤0.075mm，全息定位烫精度≤0.20mm；重复套准精度≤0.10mm；最大普通烫印速度 5000s/h；最大全息烫金速度 5000s/h；铝箔宽度 20 ~ 1120mm；电加热系统 20 温区，40 ~ 180℃ 可调；满载功率 105kW。

配备不停机给纸系统、不停机收纸系统、真空输纸系统、扭力限制器、气动锁紧版框装置、胶片固定装置、高精度横纵向伺服送箔系统、断箔检测系统、自动间歇润滑系统、快锁版框装置、电化铝复卷箱、全息和激光避版缝功能、遥控器、纸张监测传感器等。

二、圆压平烫印机

圆压平烫印机的结构与一回转平台式凸版印刷机基本相同，凸版印刷机去除墨斗、墨辊装置，改装电化铝箔放卷辊和收卷辊，加装电加热装置，就成为烫印机。由于圆压平烫印机是卧式机，压力负重和版面面积较大，适用于承印版面负重较大的印件。

圆压平烫印机主要由以下机构组成。

（1）机身机架。机身机架包括卧式机架和输纸台、收纸台。

（2）压印机构。压印机构包括印版版框、印版电热板、可变电阻温度控制仪和压印滚筒等。

（3）电化铝箔接送装置。电化铝箔接送装置包括电化铝箔送卷辊和助送滚筒、电化铝箔收卷辊和控制转动间距齿轮等。

（4）传动装置。传动装置包括电动机、传动轴、齿轮、摆杆等机构。

三、圆压圆烫印机

图 5 - 12 为 MK3920SW 圆压圆烫印机，独立电机驱动放卷轴，配置纸卷用尽提示功能，放卷轴采用两组阻尼闭环控制，配置开卷自动纠偏系统、手动裁断接纸装置、气动夹紧装置。气压式摆臂恒张力装置，张力由精密气压调节阀控制。配置伺服电机纸张牵引装置，位移传感器反馈存纸量。压纸轮采用气缸控制，压紧力通过调节气压控制，穿纸时气动抬起。高精度横纵向伺服送箔系统，断箔检测系统。

主机采用独立伺服电机驱动，可调蜂窝板，电子前规，采用色标检测传感器检测套印，20 个独立温区电加热系统。伺服自动调压机构。蜂窝板上下、侧向气动锁紧，下垫板侧向气动锁紧，配置蜂窝板翻转装置。伺服电机单独驱动

图 5 - 12 MK3920SW 圆压圆烫印机

烫印版滚筒、压印滚筒，集成模块化结构压印单元。

机组间采用 S 型纸路设计，浮辊全自动闭环张力控制，气压式恒张力装置，压力由减压阀调整。配置纠偏系统，穿纸时储纸架气动抬起。

收卷配置纸张存储装置、纠偏系统，配置纸张牵引装置。

烫印控制系统每个机组一套，采用 Windows XP 界面计算机，组合式电气控制柜，多轴联动控制系统。触摸屏控制，配备图像观测系统，具有全息和激光躲版缝功能。

电化铝箔控制系统纵向配置 3 轴/机组送箔系统，伺服驱动送箔，收箔、放箔采用独立电机驱动。采用抽屉式真空存铝装置。

技术参数：卷筒纸规格 $90 \sim 350 \mathrm{g/m^2}$，卷筒纸张宽幅 $400 \sim 920\mathrm{mm}$，普通烫印精度 $\leqslant 0.15\mathrm{mm}$，重复套印精度 $\leqslant 0.15\mathrm{mm}$，全息烫印精度 $\leqslant 0.20\mathrm{mm}$，最高烫印速度 $60\mathrm{m/min}$，最大烫金幅 $900\mathrm{mm} \times 686\mathrm{mm}$，最大工作压力 200T，电化铝最大步长 $600\mathrm{mm}$，电化铝最小空白 $2\mathrm{mm}$，电化铝宽度 $25 \sim 920\mathrm{mm}$，最高加热温度 $180℃$，烫印版厚度 $7\mathrm{mm}$，主机最高频率 $6000\mathrm{s/h}$，满载功率 $190.4\mathrm{kW}$。

四、冷烫印机

图 5 - 13 为 MK1020CF 冷烫印机，用于做冷烫印产品，也可用于单色印刷，电化铝箔利用率达到 90% 以上，节约耗

图 5 - 13 MK1020CF 冷烫印机

材成本。可轻易实现细线条、小网点的烫印，大幅面烫印优势显著。

MK1020CF 冷烫印机采用摆杆式跳步方式，保证高速状态下跳步稳定、精准。摆杆控制电机采用运动控制器控制，定位精确，反应迅速，故障率低，为有效地节约电化铝提供了保障。摆杆轴为特殊材料，转动轻便，反应灵敏。

张力控制装置中用气缸控制浮动辊，保证恒定可控的电化铝箔张力。用位移传感器配合控制系统来实时调整放箔量。恒速收放箔辊采用伺服电机控制，铝箔收放精准稳定。收放箔轴采用气涨轴，用安全夹头装卡，更换快捷，安全可靠。

技术参数：电化铝箔宽度 400～970mm，走纸方向烫印尺寸 360～700mm，纸张规格 90～350g/m^2，最高冷烫印速度 7000 张/h，重复套印精度 ≤0.15mm，主电机功率 33kW，承印物最大纸张尺寸 720mm×1020mm，最大印刷尺寸 700mm×1020mm，最小纸张尺寸 340mm×480mm，印版尺寸 770mm×1030mm，印版厚度 0.2～0.5mm，印版滚筒缩径量 0.5mm，印版边缘至起印位置的距离 43mm，橡皮滚筒缩径量 3.2mm，橡皮布厚度 1.95mm。

复习思考题

1. 烫印的方式有哪些？
2. 什么是电化铝烫印？其工艺原理是什么？
3. 电化铝箔的组成和作用是什么？
4. 电化铝烫印工艺的基本内容是什么？
5. 冷烫印的作用和特点是什么？
6. 全息烫印的作用和特点是什么？
7. 电化铝箔匀步和跳步是什么？怎样计算？
8. 电化铝烫印的常见质量问题和解决方法是什么？
9. 电化铝烫印的工艺参数是什么？怎样确定？
10. 印刷墨层对电化铝烫印有什么影响？
11. 常用电化铝烫印设备有哪些？
12. 为什么电化铝烫印有时烫印不上？
13. 电化铝烫印时，为什么会产生"反拉"现象？
14. 温度对电化铝烫印有什么影响？
15. 压力对电化铝烫印有什么影响？

第六章 制箱制盒

制箱制盒属于印后加工中的成型加工，包括模切、压痕、裱纸、糊盒等过程，主要用于制作纸包装容器。

模切是用模具将印品切成所需形状的工艺。压痕是用模具在印品上压出痕线的工艺。制盒是用锁、粘、订联等方法制成盒的工艺。制箱是用开槽、订、粘、套合、折叠等方法制成箱的工艺。

模切压痕是制箱制盒不可缺少的前道工序，箱和盒是模切压痕的最终产品。

第一节 制箱制盒原理

一、纸箱纸盒成型原理

1. 纸箱纸盒的成型

纸箱纸盒是介于刚性包装和柔性包装之间的包装容器，采用白板纸、各种色纸板和瓦楞纸板折叠、粘合或辅加其他材料裱贴而成。纸板材料本身具有一定挠性和刚性，通过点、线、面、体、角等结构要素设计由平面纸板成型为具有一定抗压强度的立体纸包装容器，如图6-1所示。纸盒一般容装量较小，可以通过人工或机械装填动作完成包装操作，主要用于产品销售包装或内包装。纸箱既可以做销售包装，也可以做运输包装使用。

从成型原理与技术方法上，包装纸盒分为折叠纸盒和粘贴纸盒两大类型。瓦楞纸箱主要成型原理与方法同于包装纸盒。

折叠纸盒用厚度为 0.3 ~ 1.1mm 的耐折纸板制造，可以折叠成平板状堆码、仓储、运输，而且不需用其他材料裱贴，成型时不会沿纸板压痕处开裂。这是一种结

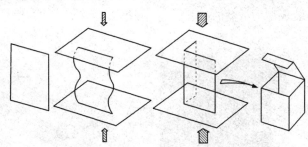

图6-1 抗压立体纸包装容器示意图

构变化最多、应用最为广泛的销售包装纸类容器。折叠纸盒又分为管式、盘式、管盘式和非管非盘式，每一种类型的折叠纸盒均可以在适当的位置增设功能性结构或异型结构，其成型基本原理都是纸板的旋转运动成型或水平位移运动成型。

折叠纸盒通常由白纸板或玻璃面卡纸等材料经过印刷、整饰、模切压痕加工后，以平板状运交到用户手中，再由用户通过人工或机构撑开，填装内装物，经过插合、锁合折装或粘合成型，来完成包装作业。其典型特点之一即是在被用户使用之前和使用之后，盒坯均为平板状，这样可以大大减少包装容器所占用的空间，有效降低仓储和运输成本。

粘贴纸盒是采用贴面材料将基盒裱糊成型后不能再折叠成平板状，只能以固定盒型运输和仓储的纸盒，又名固定纸盒。其基盒材料为厚度1~1.3mm及以上，刚度、挺度较大的非耐折纸板；外裱材料多用纸、布、绢、革、箔等；内衬材料多用白纸、白细瓦楞纸、海绵；角隅补强多采用胶带、钉和黏合剂等材料。

折叠纸盒、瓦楞纸箱等纸包装成型过程中，需要借助模切压痕工艺，根据各类结构线的设计要求，完成相邻纸板材料的相对旋转运动或水平移动，即折叠组装，最终制得立体纸包装容器，才能够实现纸包装的使用功能。这与其他塑料、玻璃、金属及纸浆模制品等需要立体模具直接成型为立体结构与造型的包装容器或制品，在成型原理与方法上有明显不同。图6-2是一款复活节彩蛋包装纸盒的平面盒坯和立体容器。

模切压痕是工业化包装纸箱纸盒生产中成型加工的重要技术手段。模切即把特定用途纸张纸板按照一定规格要求，用钢刀切成一定形状；压痕即利用钢线按照一定规格要求，在纸张纸板上压出印痕以便弯折纸或纸板。模切压痕工作原理如图6-3所示。

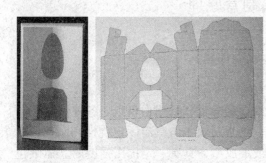

图6-2　复活节彩蛋包装纸盒　　　图6-3　模切压痕工作原理示意图

图6-4是一件双面印刷待加工产品通过模切压痕变成单一盒坯，再沿结构线折叠组装成型为纸盒的过程。

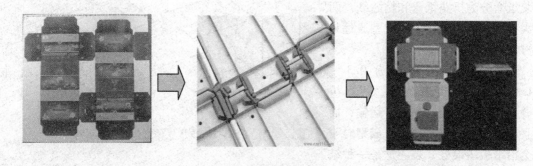

图6-4　纸盒成型过程

模切与压痕可按两道工序用模切机和压痕机分别完成。也可以将模切与压痕工序合并在一起，由模切压痕机一次完成。模切与压痕工艺特点相似，一件待加工产品往往既要模切又要压痕，而且模切工艺与压痕工艺不相冲突，所以很多场合都把模切压痕工艺一次完成，把模切压痕工艺简称为模切工艺或模压工艺，模切压痕机称为模切机或模压机模切压痕版称为模切版或模压版。

2. 纸箱纸盒的制造

大批量生产的折叠纸盒纸箱均采用自动或半自动纸盒生产线制造，这类机制纸盒生产速度快、工艺比较先进，质量能够保证。纸板材料折叠纸盒制造工艺流程如图6－5所示。

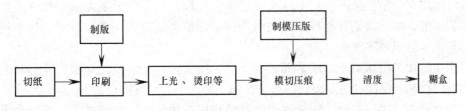

图6－5　纸板制盒工艺流程

开切备料是根据设计图纸上标注的纸盒制造尺寸和设备规格，将纸板材料切成一定大小的坯料待用。

印刷加工是为了增添纸盒装潢效果，可以采用胶印、凹版印刷、柔性版印刷、网版印刷等或几种印刷方式相互结合的方法完成。

印后加工是在完成印刷工序后，为进一步增强纸盒装饰性和使用功能的技术过程，例如：覆膜、上光、烫印、压凹凸等。

模切也属于印后加工工艺的一种，是根据设计要求，冲切出纸盒边缘轮廓并压出盒坯上所有折痕线的过程，以便纸盒成型。

剥离落料是从整张纸坯中取出纸盒盒坯，去除纸盒盒坯边沿和中间部分的废料，也称清废。折叠式纸盒制盒一般是将纸盒盒坯的盒体部分相对折叠，只在接头部位粘合或钉接即可。纸盒盒底、盒盖折装则在内装产品包装过程中实施完成。

彩面 E 型瓦楞纸板制作销售包装纸盒工艺流程如图6－6所示。

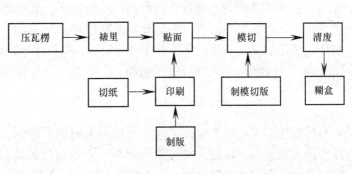

图6－6　彩面细瓦楞纸板制盒工艺流程

目前大部分粘贴包装纸盒制造是以手工为主，速度慢、产量低，适合小批量生产加工。粘贴包装纸盒制盒工艺流程如图6－7所示。

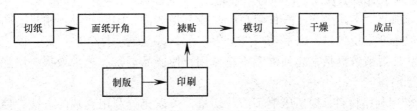

图6－7　粘贴纸盒制盒工艺流程

二、模切压痕特点

产品通过模切和压痕，可以制成各种各样的平面和直线型产品，也还可以制作成各种各样的立体和曲线型产品，使产品的形状造型更加美观精致。包装产品通过模切压痕工艺，可制成精美箱、盒产品；书封面经过压痕处理，使书背平整美观；塑料皮革产品经过模切压痕，可以做成各种容器或用具。模切压痕产品折弯、造型方便，且平整、美观，是其他工艺很难实现的。

模切压痕加工操作简便、成本低、投资少、质量好、见效快，对加工后的制品可大幅度提高档次和产品附加值。模切压痕工艺加工的产品类型及特点如下。

（1）立体型产品。纸板、卡纸材料经过模切压痕加工后，再经过手工或制盒成型设备加工，便形成各种形状的成型纸包装盒或装饰品，如圆柱形、长方形、正方形、棱锥形、多边形等形状的立体型纸盒。这类立体型纸包装盒广泛用于各种食品、医药、鞋帽、电器、仪表等商品包装。

立体型纸盒的优点是造型美观，能有效的保护商品，并对包装盒内产品起防压、防震的作用，但立体型纸盒成型后，体积大，运输和保管不方便。

（2）折叠型产品。纸板印刷品经过模切压痕加工后，经过手工或机械成型加工，制成各种造型的包装盒，这些盒可以撑开，也可以折叠，并适合包装机械自动包装的需要。这类折叠盒的优点是加工方便，产量高，折叠后体积小，便于储存和运输。但机械化生产的折叠盒造型简单，只适宜常规产品包装使用。

（3）平面型产品。各种不同种类、不同规格、结构繁简不一、造型各异（如正方形、长方形、三角形、多角型、梅花型、椭圆型和其他异型）的商标，吊牌等，都可以用模切压痕方法加工，其特点是以平面型为特征，单张使用，适用性很广。

（4）书封面。书封面经过压痕加工，与书芯黏合后，可以平整，贴实，美观，耐用。

三、模切压痕作用

模切压痕工艺用于包装纸盒、纸箱和书封面、商标、吊牌、不干胶产品、旅游纪念品等产品的模切和压痕，也可用于塑料、皮革制品的模切和压痕。各种产品采用模切压痕工艺加工后，其使用价值，艺术价值，产品档次都得以提高。

模切压痕工艺直接影响纸箱纸盒产品的外观和内在质量，关系到纸箱纸盒生产成本和流通成本。模切压痕具体作用概述如下：

（1）增加使用价值。各种各样的包装制品，经过模切压痕的加工，不仅造型精美，结构合理，而且使用方便，增加了实际使用价值。如：一个包装盒增加一个提手，可以用模切压痕工艺完成，使用方便性得以提高。

（2）增强产品艺术效果。一件包装产品或其他产品，印刷质量很精良，图案设计美观大方，但造型欠精美时，也不是一件上等产品，甚至是一件劣质产品。模切压痕工艺可以使产品外观精致挺括，起到锦上添花作用，使产品更富有艺术效果，增强商品竞争能力，促进销售。

（3）合理利用材料。模切压痕不需裁切量，可以充分利用套裁的方法，使各种材料能得到合理使用。甚至连各个空余部分或边角材料都能得到充分的利用，有利于降低生产成本。例如：通过模切版面的合理设计，可以使同样面积的纸板材料生产出尽可能数量多的合格纸盒，如图6-8所示。

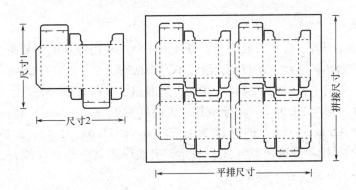

图6-8　模切盒坯排列方法示意图

（4）提高生产率。经过模切压痕的产品可以利用成型机器很方便地使产品成型，减轻操作人员劳动强度，提高了生产率。

第二节　制箱制盒工艺

一、模切压痕制版工艺

模切压痕版也称为模切版、模压版、刀版，结构与制版操作如图6-9所示。制版需要的刀具包括模切刀具、压痕刀具、滚筒模切压痕刀具；需要按照纸箱纸盒结构设计要求进行排版或称排刀，可以采用手工排刀、机械排刀、激光切割排刀、高压水喷射切割排刀等方法。还需要制作石膏压痕模、纤维板压痕模、钢质压痕模和粘贴压痕模中任意一种，粘贴压痕模最为常用。

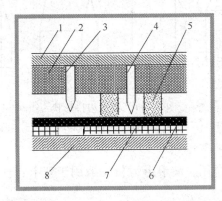

图6-9　模切压痕版结构与制版示意图
1—版台　2—衬空材料　3—钢线　4—钢刀　5—橡皮　6—印刷品　7—垫版　8—压板

（一）模切压痕刀具

模切压痕使用两种刀具，一种是模切刀具，另一种是压痕刀具，经压力作用完成不同的加工要求。

1. 模切刀具

模切刀具称为钢刀、模切刀或啤刀，刃口很锋利。利用锋利的刀具刃口将纸板切断，得到所要求的纸盒坯料形状。切口要光滑，不容许粘连。

钢刀是模切版的主要材料，应具有锋利、耐磨损、弯曲方便等特性。根据生产要求，常用钢刀的高度一般为23.8mm，不干胶用钢刀高度为7、8、9.5mm，特殊用途钢刀（高刀）高度为30～50mm。钢刀的厚度为0.53、0.71、1.05、1.42、2.13mm等，常用0.71mm。钢刀的厚度单位也用点（线）表示，上述厚度对应的点（线）分别为1.5点、2点、3点、4点、6点。

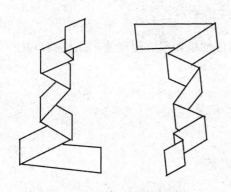

图6-10　钢刀弯曲形状

根据模切材料的不同，钢刀材料分为硬性、中硬性、软性三种，根据需要灵活选用。钢刀的软硬指刀体部分，钢刀的刃口都很硬。

硬性钢刀适用于模切很硬难切的物品，如电路板、橡胶板，对较软的物品，如纸张、塑料也很适用。中硬性钢刀适用于模切不干胶纸、贺卡、名片、纸板等。软性钢刀适用于不干胶纸、贺卡、名片、胶片、纸板等。

由于被模切产品形状各异，需要将钢刀弯成各种各样形状，如图6-10所示为钢刀弯曲形状。硬性钢刀弯曲特性较差，中硬性钢刀弯曲特性较好，软性钢刀弯曲特性最好。软性钢刀刃口经淬火处理，既有优良的弯曲特性，刃口又保持锋利，适合于多方面用途及难切材料。

为了适合不同的模切要求，钢刀有不同的刃口，图6-11为钢刀刃口形状。

根据不同的模切需要，钢刀有平直形刃口、齿形刃口（粗齿、细齿）、针孔形刃口、波浪形刃口和其他形状的刃口。齿形刃口可节省分段装钢刀，齿形大小可选择或定做。针孔形刃口切破纸张表面形成一排针孔方便撕裂或涂胶贴合用。波浪形刃口一般用于贺卡、盒边及商品吊牌等的模切。

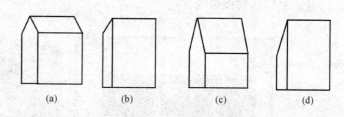

图6-11　钢刀刃口形状
（a）矮刃口　（b）单面矮刃口　（c）高刃口　（d）单面高刃口

2. 压痕刀具

压痕刀具称为钢线、压痕线、压痕刀、压线刀或啤线。钢线材料要具有耐磨损，弯曲度大等特性。

钢线的高度略低于钢刀的高度，一般为 22~23.8mm。根据压痕纸张的厚度，一般相差 0.3~0.8mm 或更多一些，常用钢刀高度 23.8mm，钢线高度 23mm。钢线的厚度与钢刀的厚度规格相同，钢线厚度为 0.71、1.42、2.13mm 等。钢线厚度还要根据压痕纸张厚度选定，常用厚度 0.71mm（2 点）。

根据不同压痕需要，钢线的形状有单头线、双头线、圆头线、平头线、尖头线等，图 6 - 12 为钢线的形状。

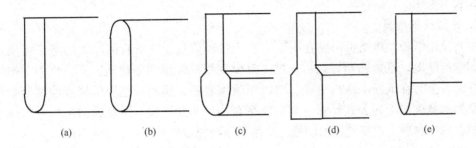

图 6 - 12　钢线的形状

（a）单头线　（b）双头线　（c）圆头线　（d）平头线　（e）尖头线

3. 滚筒模切压痕刀具

滚筒模切压痕刀具用于圆压式模切压痕机上。与平压式模切压痕一样，滚筒模切压痕刀具分为模切刀具和压痕刀具。钢刀和钢线基本形状是圆环形和直条形，高度一般为 21.3~26.7mm，厚度一般为 1.05~2.13mm（3~6 点），也可以按生产要求定做其他规格的钢刀和钢线，钢刀的刃口形状有平直形、齿形、针孔形、波浪形等。

另一种滚筒模切压痕刀具与模切滚筒做成一体，称为模切辊，分为上辊和下辊。利用模切辊进行模切压痕加工时，分为压切式和剪切式。

压切式模切辊的上辊是刀辊，下辊是光辊，刀口直接切压在光辊表面。这种结构制造成本低，安装方便，调整容易，清废简单，刀具使用寿命短。

剪切式模切辊的上下辊都是刀辊，上下刀口直接剪切实现模切。这种结构切口平整，刀具使用寿命长，制造成本高，不能模切不干胶类产品等。

模切辊由专业化生产厂根据用户要求制作。图 6 - 13 为滚筒式模压刀具。

（二）压痕模

压痕模是用于模切压痕的底模，也称为压痕条、压线模，固定在模压底板（压痕模底板、下底板、下压板）上。压痕模槽的宽度一般为：

$$b = 1.5\delta + 0.7 \qquad (6 - 1)$$

式中，b 为压痕模槽宽度；δ 为压痕物品的厚度。

压痕模的厚度一般与压痕物品，如卡纸、瓦楞纸的厚度相等，瓦楞纸厚度为压实以后的厚度。

图 6 - 13　滚筒式模压刀具

上式适用于选择 0.7mm 厚度的钢线。

1. 石膏压痕模

在压痕模底板上粘上一层黄板纸，黄板纸上涂一层石膏浆，石膏浆用细净石膏粉拌入胶水调和而成，石膏层厚度与压痕物的厚度有关。涂好石膏浆层后，将压印底板连同石膏层一起放入模切压痕机，并定位固定，把模切压痕版也装到机器上，慢慢开动，在石膏层上压出印痕，经过修整即成压痕模。适用于较厚承印物的压痕。石膏压痕模容易损坏，较少采用。

2. 纤维板压痕模

主要使用纸板，将纸板用黏合剂粘贴在压痕模底板上，纸板的厚度约等于需模切压痕承印物的厚度。纸板粘贴好以后，把压痕模底板放入模切压痕机，开动机器，使模切版压在纸板上，在纸板上压出痕迹。取出压痕模底板，用刻刀把压出痕迹的部分纸板刻掉，刻掉的宽度按上述公式计算。刻口要平直，尺寸要准确。压痕模槽可用专门压痕模开槽机在底模材料上按槽宽铣出凹槽。纤维板压痕模制作费时，较少采用。

3. 钢质压痕模

钢质压痕模是直接在底模钢板上加工成压痕模槽，这种方法加工的压痕模优点是具有极好的尺寸稳定性和机械强度，缺点是工艺复杂，需要昂贵的专用设备，制作成本高，仅适用于产品批量特别大的情况下。

4. 粘贴压痕模

粘贴压痕模也称为速装压痕模，是模切压痕中最常用的压痕模。

（1）组成。粘贴压痕模的结构如图 6-14 所示，由压痕模条、定位塑料条、强力底胶片、保护胶贴组成。

压痕模条是粘贴压痕模的主要部分，由它配合完成承印物的压痕。

定位塑料条是用来安装粘贴压痕模时，确定压痕模的准确位置。

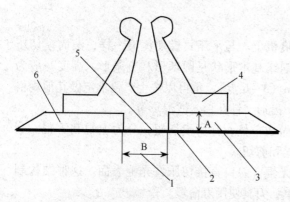

图 6-14　粘贴压痕模断面结构
1—压痕模槽宽　2—保护胶贴　3—压痕模条厚度
4—定位塑料条　5—强力底胶片　6—压痕模条

强力底胶片是用来把压痕模条粘贴在模切压痕底板上。

保护胶贴是用来在日常运输和保存中，保护底胶。

粘贴压痕模的规格为 $A \times B$，即前面数字为压痕模条厚度，后面数字为压痕模槽宽。

（2）选择方法。厂家生产的粘贴压痕模分为普通型，超窄型，单边狭窄型、连坑型和斜角型。

普通型压痕模用于模切压痕版中相邻两钢线距离较宽位置，适合大多数情况下的压痕。

超窄型压痕模用于钢线与钢刀距离较近位置，如图 6-15（a）所示。

单边狭窄型压痕模用于钢线与钢线距离较近的位置，如图6－15（b）所示。

连坑型压痕模用于两条以上较近距离的压痕线使用，如图6－15（c）所示。

斜角型压痕模是瓦楞纸压痕专用型，把压痕模与承印物接触处的尖角做成斜角，这样，可以有效地保护瓦楞纸箱的折痕，使其不易折裂。

模切压痕承印物不同，选择压痕模的规格也不同，图6－16所示为纸板用压痕模规格选择方法。压痕模厚度就是压痕模条的厚度，常用为0.3～1.0mm，相邻型号厚度一般相差0.1mm。压痕模槽宽度一般为1.0～4.0mm。

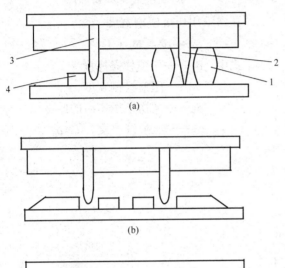

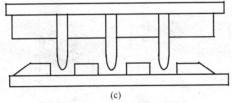

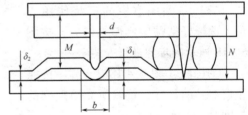

图6－15　压痕模类型选择
1—橡胶条　2—钢刀　3—钢线　4—压痕模

图6－16　纸板用压痕模选择方法
δ_1—压痕模条厚度　b—压痕模槽宽
δ_2—纸板厚度　d—钢线厚度

纸板用压痕模厚度：

$$\delta_1 = \delta_2$$

纸板用压痕模槽宽度：

$$b = (1.3 \sim 1.5)\delta + d \qquad\qquad (6-2)$$

式中：δ_1——压痕模条厚度，mm

b——压痕模槽宽度，mm

δ_2——纸板厚度，mm

d——钢线厚度，mm，$d \geqslant \delta_2$

上式中，当纸板纤维方向与压痕模条平行时，系数取1.3；当纸板纤维方向与压痕模垂直时，系数取1.5。

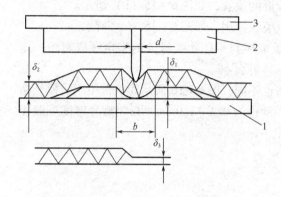

图 6-17 瓦楞纸板用压痕模选择方法
1—压印底板　2—木板　3—印版底板
δ_1—压痕模条厚度　b—压痕模槽宽　δ_2—瓦楞纸厚度
d—钢线厚度　δ_3—瓦楞纸压实后厚度

钢线高度：

式中：h——钢线高度，mm

　　　　h_1——钢刀高度，mm

　　　　δ_3——瓦楞纸压实后的厚度，mm

（3）粘贴压痕模的安装使用方法。选择好粘贴压痕模规格后，按图6-18 所示的步骤进行安装。

①量取［图6-18（a）］。按照压痕产品的尺寸，量取所需压痕模的长度。

②裁切［图6-18（b）］。用压痕模裁切机按所需长度将压痕模切开，切开后的压痕模两端呈90°度尖角。

③定位［图6-18（c）］。用压痕模上的定位塑料条将切好的压痕模卡在模切压痕版的钢线上。

④剥贴［图6-18（d）］。压痕模位置放好后，将压痕模底层的保护胶贴剥离。

⑤装版［图6-18（e）］。把装好压痕模的模切压痕版安装到模切压痕机上定位紧固，将模切压痕机慢慢开动一次，压痕即定位粘贴到模切压

钢线高度：

$$h = h_1 - \delta_2 - (0.05 \sim 0.1) \qquad (6-3)$$

式中：h——钢线高度，mm

　　　　h_1——钢刀高度，mm

　　　　δ_2——纸板厚度，mm

图 6-17 为瓦楞纸板用压痕模选择方法。

瓦楞纸用压痕模厚度：

$$\delta_1 \leqslant \delta_2 \text{ 或 } \delta_1 = \delta_3$$

瓦楞纸用压痕模槽宽度

$$b = 2\delta_3 + d \qquad (6-4)$$

式中：δ_1——压痕模条厚度

　　　　b——压痕模槽宽度

　　　　δ_3——瓦楞纸压实后的厚度

　　　　d——压痕线厚度，$d \geqslant \delta_3$

$$h = h_1 - \delta_3 \qquad (6-5)$$

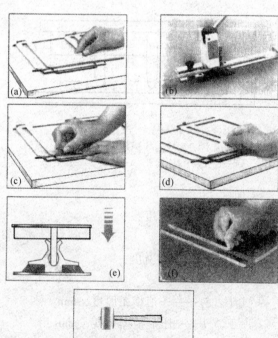

图 6-18　粘贴压痕模的安装

痕底板上。要重压，以使其粘牢。如果压痕线较短，要压住停留一会儿，这样效果更好。

⑥清理［图6-18（f）］。压痕模贴好后，撕去定位胶条，清理干净，完成整个模切压痕底板粘贴工作。

⑦加固［图6-18（g）］。压痕模贴好后，可用橡胶锤击打压痕模，使压痕模与钢板粘接得更牢固，从而免去用强力胶二次固定压痕模的工作。

压痕模贴好后，与纸张行进方向相逆的压痕模条尖角部分，可用砂纸打磨出圆角或粘贴薄胶带，可使模切压痕产品顺利通过而不至于损坏产品表面，如图6-19所示。

（4）粘贴压痕模质量故障及排除方法。使用粘贴压痕模，在模切压痕过程中，钢刀与钢线距离较小时，会出现"抢纸"现象，如图6-20所示。

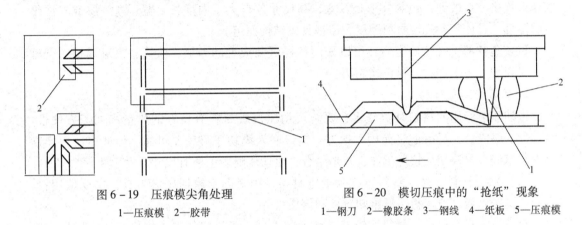

图6-19　压痕模尖角处理　　　　　图6-20　模切压痕中的"抢纸"现象
　　1—压痕模　2—胶带　　　　　1—钢刀　2—橡胶条　3—钢线　4—纸板　5—压痕模

工作时，纸板还未切透，钢线已下压，纸板变形受拉，切口出现毛刺，压痕模受到水平方向的力，严重时使压痕模产生移动，影响产品模切压痕质量，可采取如下方法排除故障：

①粘橡胶条时选用较硬的橡胶条，橡皮条高度略高一些。工作中，橡胶条压住纸张，保证纸张位置，使钢线抢不动纸张。橡胶条也不能过硬，过硬会损坏纸张，或使模切版变形，以钢刀与钢线刚好抢不动纸张为宜。

②在不影响压痕质量的前提下，可选用厚度稍小规格的压痕模。

（三）排版

模切压痕使用模切刀具和压痕刀具，所以模切压痕的排版也称为排刀。

1. 排版准备工作

根据模切压痕加工的包装纸箱纸盒产品的规格尺寸进行排版。

（1）精确计算包装内部尺寸规格。任何一个商品包装的内部尺寸，必须根据所装商品的最大外形尺寸来确定，同时还应了解所装商品的不同特点。由于各种商品的形状、品种、性质各不相同，对包装的要求也不同。

单个商品包装内部尺寸的计算方法为：

长度 ＝商品最大外形长度＋长度公差系数；

宽度 ＝商品最大外形宽度＋宽度公差系数；

高度 ＝商品最大外形高度＋高度公差系数。

复数商品包装内部尺寸计算方法为：

内部尺寸 =（单个包装外形尺寸×排列数）+公差系数+排列系数

（2）公差系数选择。公差系数是由纸张薄厚、纵横向和包装盒的内在联系等因素确定的一个数据。一般情况下，长度与宽度公差系数取 3～5mm；高度的公差系数取 0～2mm。

选取公差系数时，必须全面考虑，除纸张的伸缩性外，对不同产品应有不同要求，如：对服装等可压缩性物品，公差系数可以取小些；对玻璃器皿、仪表、食品等不可压缩的物品，公差系数应取大些。

（3）规格的确定。包装纸盒纸箱的内部规格确定以后，即可以内部尺寸为基础，选取外形规格。一般地，包装外形长、宽、高尺寸各自大于内部长、宽、高一层或二层纸料的厚度。具体相差几层材料厚度，需视具体结构而定。

包装盒各部位规格确定后，可以采用打样试装成型的办法，验算、核对规格的合理性、美观性、艺术性后，再正式制版。

2. 排版工具与材料

模切压痕版用的材料种类较多，要求模切压痕版材料有良好的质量和加工方便性、平整性、坚固性，尽可能轻而硬，钢刀、钢线嵌入模切压痕版要可靠，保证多次更换新钢刀、钢线后与模切压痕版仍能良好地结合，模切压痕版上所有尺寸不发生变化。

（1）衬空材料。衬空材料也称为填空材料，用来固定模切压痕刀具，主要使用铅、木板、高密度板、电木板、纤维塑胶板和钢质板等。

铅衬空材料有空铅、衬铅、铅条三种不同类型。铅衬空材料的规格与活字版用衬空材料相同。衬空材料填充模切压痕刀具空间，使刀具固定。采用铅作为衬空材料，排刀技术要求和难度高于木板作为衬空材料排刀。

木板衬空材料主要使用多层胶合板，木板材料受环境温度和湿度变化的影响较大，易产生变形，尺寸不稳定，影响模切压痕精度。木板吸水膨胀，脱水萎缩，温度上升产生热膨胀。无论在模切机上使用，还是在库存时都会产生变形，给模切生产和模切版的储存带来很多麻烦。

木板作为衬空材料制版精度较高，加工方便，成本低，重量轻，装拆刀版省工省力，操作方便，应用广泛。

纤维塑胶板是一种含有高无机成分的材料，不受温度和湿度变化的影响，尺寸稳定性好，是较好的模切压痕版材料。

钢质板作为模切压痕版材，不受温度和湿度变化的影响，尺寸稳定性好，但加工较复杂。

（2）切割机。切割机（裁剪机）是切断钢线、钢刀、铅条等排刀材料的工具，还可以切出桥位、异型切口、齿刀口等。切割机有多种型号和形式，图 6-21 所示为一种电脑控制的切割机。

（3）成型机。成型机也称弯刀机，它是模切压痕刀具造型的专用工具。成型机可以在一定圆度内，将钢刀、钢线弯曲成任何弧形和复杂形状。图 6-22 所示为一种全自动刀片成型机。

图 6 - 21　刀片裁剪机

图 6 - 22　刀片成型机

（4）打孔机。打孔机是将版基木板打孔的钻孔工具。可用小型钻床代替。

（5）锯板机。锯板机是将版基木板按嵌入的刀具造型锯缝的机器，图 6 - 23 所示为一种锯板机。

（6）辅助工具和材料。排版常用的辅助工具和材料有铁框、木条、榫塞、铁台、锤子、圆规、角尺、钢锯、锉刀、砂轮等。

3. 刀具成型

模切压痕排版前，先将钢刀、钢线按设计打样的规格与造型，分成若干成型段，然后进行刀具成型加工。

刀具加工时，整个图形轮廓的刀口应以尽量少拼接为宜。必须拼接的刀口，选择适当的拼接位置，即不影响造型美观，又不影响模切压痕质量。

图 6 - 23　锯板机

刀具成型后，一般是不宜裁剪的，因此，在成型前，必须计算好刀具的准确长度，再进行弯曲成型。

刀具成型加工时，不论弯曲成任何弧度和形状，都必须使钢刀或钢线的与压痕模底板相互垂直，不允许有歪斜。只有相互垂直，才能使钢刀或钢线刀锋面上的各点都处于同一平面，获得相同的压力。任何斜面的垂直线总是短于原来的直线距离，成型后，斜边部分的压力就会轻一些，而且无法用垫版的方法来调整。

使用成型机对刀具进行成型加工，能使刀具形状准确，精度高，并有良好的互换性。刀片成型机一般配有数十个刀具成型模具，可根据需要，任意选择。

4. 排刀

模切压痕排刀是将钢刀、钢线、衬空材料拼组成模切压痕版的工艺过程。钢刀和钢线已按设计要求进行了成型加工。

排刀方法分为手工排刀、机械排刀和激光排刀等。

（1）手工排刀。手工排刀是根据设计打样的规格和造型，用手工方法将成型加工后的钢刀、钢线拼成模切压痕版，并用衬空材料填充固定。手工排刀使用铅或木板作为衬空材料。

使用空铅、衬铅和铅条作为衬空材料时，用铅质材料直接将钢刀和钢线按设计图样固定在模切压痕版上。它的操作方法和活字印刷中的排版操作方法基本相同。

使用木板作为衬空材料时，用手锯将胶合板按产品规格锯缝，把钢刀和钢线嵌入锯缝中固定。

手工排刀工艺简单，但不结实，容易散落，模切量小，图形易变形，手工锯缝线缝不直，复杂图形不准确，重复性差，排刀效率低。只能加工简单模切产品。

（2）机械排刀。机械排刀是根据设计打样的规格和造型，先用钻孔机钻出小孔，再用专用的锯板机在版基木板上锯出与钢刀和钢线厚度相同的槽缝，然后将成型加工后的钢刀、钢线插入槽缝中，用固版装置固定，拼组成模切压痕版。

机械排刀使用各种排刀用机器，大大降低了操作工人的劳动强度，提高了生产效率，也使排刀质量显著提高了。

排刀之前，要根据设计规格和造型，画好规格样，并与印刷图文核对无误后，检查用刀规格，正式开始排刀操作。

根据印刷品的咬口规矩，确定模切压痕版面的排刀位置。版基边缘距第一条模切刀距离一般控制在20mm左右。纸板前边到第一条模切刀的距离称为叼口空白，叼口空白一般为9~17mm，各机型有差别，排版时参考机器说明。

选配好钢刀和钢线规格，按设计规格将刀具成型加工后，按规格样锯出刀具槽缝，塞入刀具，根据版面要求排列成版面。排版时左右方向要居中。

如果有直线和异型图案版面，则应先将异形图案版面排好；如果版面是由多个异形图案组成，应先将单个异形图案成型后，再逐个排列定型。

使用胶合木板作为衬空材料时，木板厚度一般为18mm左右，使用其他板材（钢板除外）与木板相似。利用锯板机根据设计规格锯出镶嵌钢刀和钢线的锯缝。锯缝不能全部贯通，中间留出若干2~5mm"桥位"，以保持锯缝后木板的整体性。

锯板机使用超窄锯条，锯条厚度等于相应位置模切刀或压痕线的厚度，宽度为1.5~3mm。首先在木板上每个线条的钢刀、钢线缺口（桥位）起止点处钻孔，使锯条顺利进入木板，钢刀和钢线缺口对应的木板位置不锯通，留出与缺口宽度相当的间隔，然后将钢刀和钢线嵌入锯缝中。

这种排刀方法属于半自动化形式，设备投资少，线条导向由人工控制，人工技术依赖性强，锯缝不太直，重复性不好。

（3）激光切割排刀。现代技术的发展，也使模切压痕排刀得到了很大发展。模切压痕排刀可以利用激光切割技术进行。

首先把需要模切压痕物品的规格、形状等参数用微机绘制产品图形，也可以用扫描仪录入，利用计算机编制模切压痕程序，控制单个图形设计，自动加桥位，配合模切压痕机确定版面，为模切压痕版编号，控制配套阴阳清废版底模制作，输出激光切割图形等，然后控制激光切割机将排刀木板切割出任意复杂的切缝，同时保持木板的整体性。

电脑自动弯刀机弯刀，把钢刀和钢线嵌入切缝。

用激光切割机切割出的模切压痕版线条光滑平直，准确到位。采用脉冲切割方式可以切割出一些手工无法做出的复杂图形。

激光切割技术制作模切压痕版精度高，误差小，速度快，重复性好，是模切压痕制版的发展方向，但是激光切割机价格昂贵，切割成本高，图6-24为激光切割机。

图6-24 激光切割机

（4）高压水喷射切割排刀。高压水喷射切割技术用于纤维塑胶板的切割。

采用激光切割机切割纤维塑胶板会产生有毒气体和烟雾；采用锯板机切割纤维塑胶板易磨损锯条，并产生大量尘埃，两者都污染环境。

高压水喷射切割纤维塑胶板时，没有污染，切割质量高，高压水束类似于激光束，可通过电脑精确控制，用微机绘制产品图形，也可以用扫描仪录入。高压水喷射切割后，嵌入钢刀和钢线，组成模切压痕版。

高压水喷射切割技术制作模切压痕版精度高，误差小，纤维塑胶板不受温湿度影响，重复性好，但是高压水喷射切割技术有待进一步提高，高压水喷射切割机价格高，切割成本高。

排列模切压痕刀具时，纵向和横向必须相互垂直，各边线必须相互平行，才能使版面平整。衬空材料与刀模规格一致。用榫塞等固定后，整个版面中不允许有衬空材料、刀具掉落或松动。

排刀可以自用自排，也可以由专业模切压痕版制版公司排刀。专业制版公司制版技术水平高，自动化程度高，模切压痕版质量好。

模切压痕印版排好后，应进行印版试样。试样无误后，上模切压痕机试压，一切无误后进行下一步工序工作。

5. 开连点

为了防止产品和废边散落，废边要设置连点（连接点），把废边和产品连接在一起，便于输送。连点要根据纸张厚度等参数设置在纸张运动方向上。

连点就是在模切刀刃口部，开一定宽度的小口。确保在模切后废品边仍有局部连接在整个纸张上面而不会散开，以便下一步走纸顺畅，收纸整齐。

边部和拖梢边的废纸均较长，如果直接清除，废边不易下落，因此在模切处将其分切成小块并用连点连接。

在开连点时通常要考虑开在成型产品的隐蔽处，如果需要在成型产品外观处开连点就要越小越好，以免影响产品的外观。此外，模切版过桥的位置和涂胶处不能开连点。

开连点时，切割片应垂直于钢刀，在纸张的咬口方向前方，连点要多一些，宽一点，但咬口处两侧的连点要比纸张拖梢两侧可以少一些，窄一点。

连点与生产速度相关，在连点处采用拱形橡胶条，在高速运转下能避免纸张散断掉落，同时也能消除了连点太大带来的外观缺陷。

连点的开设越多或每个连接点越宽，纸张越不容易散断掉落在模切版上，对模切来说可能越容易操作，但会给后面的清废工作带来困难。

在打连点时，应采用专用切割机进行作业，切割出 U 型缺口，大小可控。一般情况下连点切割片的厚度等于纸张的厚度，市场上所供应的切割片厚度有 0.3、0.4、0.5、0.6、0.8mm 五种规格。其中常用的宽度 0.4mm。

（四）排平衡刀

模压平台面积较大，模切压痕版版基幅面较大，产品尺寸往往较小，不能占满整个版面。输纸过程中，纸张咬口前边与模切平台的相对位置基本是固定的。排版中第一模切刀距离纸张咬口前边 9～17mm，机型不同尺寸有差别。产品前边位置基本确定，若产品尺寸较小，只能占据版基的前半部分，后半部分空出，造成模切压力不平衡。

如果使用版面较小的模切压痕版模切产品，由于压力在整个模压平台上分布不均匀，就会造成模切压痕版后方（纸张拖梢侧）的压力比较大，该处的模切刀很快变钝。

如果模切版版面走纸方向长度小于版基最大幅面的 95%，模切压力对模切版后方的模切刀会产生影响，版面长度越小，影响越大。安装平衡刀（块）是解决压力不平衡的有效方法。

把平衡刀直接安装在模切压痕版的后方位置，粘贴同样质量的橡皮条。

平衡刀数量计算（图 6-25）：

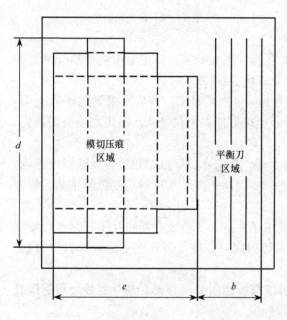

图 6-25　平衡刀安装

$$N = \frac{ab}{de} \tag{6-6}$$

式中，a 为模切范围内模切刀的总长度，根据模切产品计算；b 为平衡刀区域的长度，与平衡刀自身长度方向垂直，与走纸方向平行；d 为模切范围和平衡刀区域宽度，两者相等，与平衡刀自身长度方向平行，与走纸方向垂直；e 为模切范围的长度。

N 为平衡刀的数量，每条平衡刀的长度与 d 相等，在 b 范围内均布。

在压凹凸和烫印时同样存在压力平衡问题。需要安装平衡块。

平衡刀和模切刀必须安装在同一模切压痕版上，禁止使用两块模切压痕版；当模切刀更换后，平衡刀也需同时更换，并且平衡刀处应有对应的补压纸。

（五）产品设计注意事项

为使模切版的钢刀、钢线具有较好的模切适性，产品设计和版面绘图时应注意以下问题：

（1）开槽开孔的刀线应尽量采用整线，线条转弯处应带圆角，防止出现相互垂直的钢刀拼接。

（2）两条线的接头处，应防止出现尖角现象。

（3）避免多个相邻狭窄废边的联结，应增大连接部分，使其连成一块，便于清废。

（4）防止出现连续的多个尖角，对无功能性要求的尖角，可改成圆角。

（5）防止尖角线截止于另一个直线的中间段落，这样会使固刀困难、钢刀易松动，并降低模切适性，应改为圆弧或加大其相遇角。

二、模切压痕工艺

模切工艺用模切刀根据产品设计要求的图样组合成模切版，在压力作用下，将印刷品或其他板状坯料轧切成所需形状和切痕。

压痕工艺利用压痕线和压痕模，通过压力在板料上压出痕迹，或利用滚线轮在板料上滚出痕迹，以便板料能按预定位置进行弯折成型。用这种方法压出的痕迹多为直线型，故又称压线、痕线、线痕。

纸箱纸盒模切压痕的整个加工过程包括设计、打样、刀具加工、排刀（版）、装版、垫版、模切压痕、整理等。

（一）装版

装版是将模切压痕版固定在模切压痕机版框中，并按规定位置定位。

1. 粘橡胶条

橡胶条也称为海绵胶条、回弹垫，排好模切压痕版后，在钢刀的刀口侧边粘上橡胶条，利用橡胶条的弹性作用，将模切的产品从刀口间推出，避免钢刀被嵌牢而影响操作。模切用橡胶条一般分硬性和软性两种，由专业生产厂家生产。

橡胶条可分为透气型橡胶条、密封型橡胶条、微孔密封型橡胶条、固体型橡胶条和拱形橡胶条，其中前面四种橡胶条均为方形橡胶条。每一类橡胶条都有不同的硬度和尺寸供选择，不同模切机可根据模切速度、模切产品的要求以及其他相关条件选择合适的橡胶条。

橡胶条的形状与规格可以根据版面的具体情况选定。常用橡胶条的高度7mm，橡胶条应高出刀口 1~3mm 为宜，硬橡胶条高出少一些，软橡胶条可高出多一些。橡胶条的高低以能保证模切产品从刀口顺利推出，又避免钢刀与钢线"抢纸"现象。

橡胶条用自带的不干胶或双面胶带粘贴在钢刀刀口下沿的空档处。

如果钢刀刀口之间的空隙过小，如小于 1.5mm，就不宜粘橡胶条。

粘橡胶条工作看起来简单，没有深奥的学问，但对模切压痕生产的正常进行影响较大。橡胶条的密度要适中，不可过疏，主要钢刀刀口部位不可遗漏，否则，被模切的材料就不能顺利的与版面分离，影响生产正常进行。

2. 垫版

模切压痕版可以从模切压痕机的压印机构中自由装卸，可按需要调换或安装，它的定位机构很精确，每次装卸都不影响位置精度。为使模切压痕版的钢刀或钢线刀口各点获得均匀的模切压痕压力，版面要保持平整、光滑、整洁。采用垫刀和垫线的方法可以使压力均匀，保证模切压痕质量。

垫版是将模切压痕版下面垫上一层或数层纸或纸板，使版面钢刀、钢线高度合适，压力均匀。

（1）检查版压力

①试压。用大于模切版版面的纸板（可选用 $400\sim500g/m^2$）和 $60g/m^2$ 的牛皮纸覆在模切版面上，进行试压。压痕浅的地方压力轻，应进行垫版；压痕深的地方，压力大，不需要垫版，或少垫版。

②涂墨。用墨辊在模切压痕版面上涂墨，墨迹深的地方为版面高点，也是压力大的点，不需垫版或少垫版；墨迹浅或无墨迹的地方为版面低点，也是小压力点，必须垫版。

③压复写纸。将模切压痕版面压在复写纸上，复写纸下面铺上白纸，观察白纸上的复写印迹。复写印迹深的地方为大压力点，复写印迹浅的地方为小压力点。

（2）补压。测量刀、线，模切产品厚度，确定垫版纸。要保证模切刀宽度等于压痕线与模切产品厚度之和，如有差别则需垫版。

检查出模切压痕版面钢刀和钢线的压力情况后，用专用补压纸补压，使版面压力均匀。

模切刀和压痕线因高度不同，刃口不在同一平面上，要分别调整压力。所有钢刀高度调整一致，所有钢线的高度调整一致。

模切刀比压痕线高，压痕线将纸或纸板材料压出明显折痕，模切刀要将纸或纸板材料切断。模切刀和压痕线高度差要合理，否则就不能使两者都达到目的。模切压痕时一般选择模切刀规格为 23.8mm，钢线规格为 23mm，模切刀和压痕线高度相差 0.8mm，而需要模切压痕的纸或纸板厚度各不相同。

为了保证模切和压痕都能达到要求质量，模切刀和压痕线高度差要有一定要求，可用压痕线垫纸的方法实现这种要求。

压痕线垫纸厚度为 δ_1，

$$\delta_1 = h_1 - h_2 - \delta_2 \tag{6-7}$$

式中：h_1——模切刀的高度，mm

h_2——压痕线的高度，mm

δ_2——纸板厚度，mm

符合这个公式要求，模切和压痕都能达到质量要求。这个公式使模切刀和压痕线获得较为理想的压力。由于生产实际中各种因素的影响，虽符合这个公式要求，但也可能产生模切粘连情况，所以钢线的实际垫纸厚度应比计算数值小 $0.05\sim0.1mm$。

生产实际中，纸板厚度不同，模切刀与压痕线需要垫纸厚度也不一样；选择模切刀与压痕线的高度不同，垫纸厚度也不同。

（3）垫版步骤

①旋松压板，拉出版框，将模压版装入版框中，放入压条，旋紧顶版螺钉。翻转模压版，放入塑料垫板（或铝垫板），将模压版推入工作位置并压紧。

②旋松压板，拉出下底板（压痕模底板），在下底板铺一层垫纸，上面铺复写纸，再

铺一层垫纸，并粘贴牢固。

③推入下底板并压紧，拉起防护板，开机慢慢试压，将垫纸压出复写痕迹，拉出下底板，撤出垫纸 – 复写纸 – 垫纸，推入下底板。压复写纸工序也可以安排在粘贴压痕模之后进行，这样压痕的位置也很准确。

④旋松压板，拉出模切版并翻转，选择压痕模，测量并剪切压痕模，定位在压痕线上，揭去保护贴，清除杂物。

⑤翻转模压版，将有复写纸印痕的垫纸粘贴在模压版背面，测量刀线位置，确保复写纸印痕与刀线相对位置相同。

⑥将模压版翻转并推入工作位置压紧，拉起防护板，开机加压，使压痕模粘贴在下底板，旋松压板，拉出下底板，揭去定位条，用胶锤砸实，用纱布修边角，用擦机布擦去杂物。

⑦推入下底板并压紧，拉起防护板。将机器压力显示装置数值在压复写纸数值的基础上，加上撤掉垫纸和复写纸厚度，再减去模切产品厚度。

⑧开机单张手动续纸，检查压力和套准。根据产品切痕，确定补压，如果总体压力过大或过小，调节机器压力按钮，加压或减压，局部压力过小，在补压垫纸对应线条上粘贴补压纸，反复多次，直到产品合格为止。调节时压力应从轻到重慢慢加大至80%长度切穿，否则会造成设备损伤。

⑨安装调节清废装置，根据清废板调节上下清废针位置并锁紧，防止顶板，清废针应顶在废块的重心位置，若有尖角，略向尖角靠近。

⑩调节好各部件，对照盒样要求，生产10～20张，检查以下内容：压痕线要饱满，不能有爆线、爆色、爆角；刀口部位要切断、切齐、位置准确；模切版、压痕模底板要锁好，不能走位。

检查确认无质量问题，经签样后开机正常生产。

3. 铺压痕模

模切压痕印版装好后，还要在压印平板上铺压痕模，以保证压痕清晰，容易成型。按上述步骤粘铺压痕模。

（二）开机

模切压痕版和压痕模装好后，可开机进行模切压痕。根据印刷品的图文规格和成型要求，调整规矩位置，定位一定要准确。模切压痕工艺在模切压痕机上进行，模切压痕机有手动续纸和自动续纸。模切压痕按如下步骤进行：

1. 印刷品准备

模切压痕的印刷品已经过印刷，有的经过覆膜，有的已贴合成瓦楞纸。在这些工艺过程中，印刷品已受到各种力和温度、湿度的作用，难免产生变形，要采取调湿和整形的办法，使印刷品含水率与车间温、湿度相适应，把变形部分整理平整。

2. 装纸

若采用自动模切压痕机，把印刷品装入输纸装置的纸堆台，供自动输纸装置输送。印刷品要装得整齐、平整、不要粘连。

3. 试压

将印刷品输入模切压痕机进行试压，检查模切压痕后产品是否符合要求，有无错位，有无模切粘连、压痕过轻或过重等现象。如有质量问题及时解决，如无质量问题可正常生产。

4. 检查

经过试压，检查收纸、输纸、压印等部位工作是否正常，发现问题及时调整，特别要注意检查双张控制器，不要出现双张。模切压痕印刷品厚度较大，如进入双张容易损坏机器。检查模切压痕版压力和固定状况，防止压印中错位。规矩的位置要精确，确定定位规矩后，试压几张并仔细检查，如果产品是折叠纸盒，还应做成型规格和质量等项检查。

5. 正式生产

经过试压、调整、检查，产品生产无误后，可进行正式生产。生产过程中，操作人员和质量检查人员应随时注意模切压痕质量。

（三）整理与清废

1. 整理

经模切压痕加工的产品，必须仔细地检查，并根据产品特点，做成型规格和质量检验。

如果模切压痕版规格不正确，成型加工的规格也会不正确，制盒加工时就无法成型或造型不合格。模切压力不够，产品模切不透，断裂也不光洁，清废发生困难；压痕压力不够，产品上痕迹压得不深，成型加工比较困难，成品不坚挺。

2. 清废

清废整理时，还要进行仔细地检查。发现质量问题，及时处理。

（1）清废原理。清废装置所有清废辅件均可根据印品的需要组合使用，可大幅度降低短版产品的成本。清废装置包括上部清废框（上框架）下部清废框（下框架）和清废阴模板（中清废板），这些部件上分别装有清废针和弹性压块，模切好的纸张到达清废部位时，清废阴模板托住纸张不动，上部清废框向下运动，下部清废框向上运动，清废针与废料一起通过清废阴模板孔，然后上下部清废框回行，清废针与产品脱离，废料落下，完成清废工作。

（2）清废装置主要部件

①清废阴模板一般为12mm胶合木板，前板边必须正直，边缘包含模切板第一条模切刀的位置，左右边缘和后边缘包含外线模切刀位置。木板后边要倒角，防止阻挡或划破纸板。木板上内清废洞各边要比废纸大1.5mm。清废洞的边缘和固定孔的间隔须大于20mm，以免清废针碰到固定中清废板的角铁。

旁边和拖梢边的废纸均较长，如果直接清除，废边不易下落，因此在模切处将其分切成小块并用连点连接。在清废处要用分折废边铁片将其分开，以便废边下落。清废针要离开分折铁2mm以上。

②上部清废框有两种形式，第一种形式使用铝型材横梁将清废针和海绵等清废工具固定在上清废框上。第二种形式是加工一块层压木板，将清废针和海绵固定在木板上，利用铝型材横梁将木板固定在清废架上。木板前边的板边必须符合模切版第一条模切刀的位置要求。上清废框尺寸根据模切产品而定，木板要超出两边和后面的外模切刀30mm。这样便于安装清废工具和海绵（但不要大于最大的尺寸）。必须在木板上开一些大的孔洞（防真空孔），以避免清废时真空现象的产生。

③下部清废框为铝型材框架，用螺丝固定，可以前后及左右调整。铝型材可以任意组合，适应不同清废尺寸，不能阻挡废纸下落。

④伸缩性清废针安装在废纸的前方和连点的位置，每个废纸块只需装一个。

（四）标签模切

标签广泛应用于酒、食品、罐头、饮料、化妆品、洗涤用品、文教用品及大量与生活息息相关的商品及包装容器上。

标签中最常用的为不干胶标签。客户对不干胶标签产品有严格的外观和使用要求。模切过程的质量优劣不仅直接影响不干胶成品的质量，还会影响模切过程中的排废及不干胶标签的粘贴。这在使用自动贴标时非常重要。

不干胶标签的模切有联机圆压圆模切、联机平压平模切和脱机模切。脱机模切有单张平压平模切及复卷后的模切。其中圆压圆模切有整体式模切辊及磁性模切辊两种。联机圆压圆模切速度很高，适合外观及粘贴质量要求较高、批量较大的产品。平压平模切速度较低，适合中小批量、交货期较短的不干胶标签。

不干胶标签粘贴分为自动贴标和手工贴标。自动贴标工作效率高于手工贴标，但对不干胶标签有严格的外型精度和粘贴要求。圆压圆模切相对于平压平模切而言，更适合于自动贴标机。

不干胶标签的材料为一种复合材料，最常见的分为面纸与底纸两层，中间还有黏合剂层和涂硅层。不干胶标签的模切是对不干胶材料进行分层模切。

通常合格的不干胶标签的模切产品应为：面纸和中间的黏合剂被切穿而底纸表面及底纸上的涂硅层不被破坏，仅在涂硅层表面留下一道均匀的压印痕迹。如底纸表面的涂硅层被切透，不干胶标签面纸前面的粘合剂渗入底纸内部，则会使面纸与底纸黏结。若模切深度不到位或太深，则很容易在自动贴标机贴标时，因无法揭开标签影响贴标；手工贴标时，则揭标困难，效率低。

圆压圆模切是两滚筒的滚压过程，为线接触，且大部分为多个点接触。因此模切时的总压力要大大小于平压平模切的总压力，设备功率要求小，运行平稳性、模切辊的使用寿命和模切质量明显大于平压平模切。整体式的不干胶模切辊，由于模切刀线与模切辊一体加工，在加工中广泛采有 CAD/CAM 技术，刀线位置精度很高。

整体式圆压圆模切的不足之处在于一件产品必须配备一个模切辊，灵活性差。

不干胶圆压圆模切中的常见问题及解决方法如下。

（1）底纸切损。底纸少量切损时，可通过调整压力、加快模切速度来改善。大面积、严重的情况下必须返修模切辊。

（2）面纸切不透。故障轻微时，可在砧辊的相应位置上贴膜。严重的情况下一般要求专业制造公司进行修复。

（3）标签被废边带走。这种现象一般有两种情况，其一为有规律的带走，这时就必须检查局部刀线是否有缺陷，面纸是否完全切透。其二是无规律的带走，这时除了是由于底纸切透引起的外，废边间距太小也是一个因素。若无法解决，需要专业公司修复。

模切对被模切材料一致性要求很高。如中途改变材料，模切效果也会改变。

在日常使用圆压圆模切辊时应定期及每次使用前对滚筒进行检查，保持滚枕和砧辊表面的清洁；定期检查、清洗齿轮；在滚筒搬运时保护齿轮，绝对防止外力及硬物直接作用于辊刀表面；储存时注意防锈；日常运行时防止异物卷入辊刀与砧辊之间；定时加油，防止磨损。

（五）激光数字模切

激光数字模切即利用激光使材料蒸发，以完成各种产品的模切加工。

一般的激光数字模切系统由二氧化碳激光器、电源装置、冷却装置、软件、排烟系统组成，还有输纸系统和套准摄像监视系统。

激光数字模切系统可采用间歇式或指针移动方式做步进运行，也可在移动中模切。激光束编好程序的图案控制连续移动。模切的速度可以调整，激光光束既可以完全将材料切透，也可以加上不同的调节参数，只裁切面纸，而对底张不模切，即切出一定的深度或是打孔。

激光数字模切的优点很多。

（1）模切灵活。激光可沿任何方向移动，可以模切任何复杂的形状。每一个模切单元的形状都可在运行中改变，这样包装和商标的制作就可实现完全个性化。

（2）模切精确。激光数字模切精度可达 0.05mm。材料在印刷和印后加工中可能会被拉伸，激光数字模切可以补偿印刷和印后加工的误差。

（3）模切效率高。激光数字模切系统可有效、高产量地进行划痕操作，划痕的图案可在最后一刻进行修改，而不必中断生产。简单的形状和复杂的形状其生产成本是相同的，生产的时间也相同。

（4）模切质量高。激光数字模切时无压力，不会损坏被模切的材料，特别是模切出的压敏标签有更好的剥离性。

激光数字模切速度一般为 2～10m/min，可以联机使用，与大多数标签印刷机兼容，也可脱机进行加工。

软包装的激光划痕和激光打微孔的功能，激光精确的裁切不会损坏其他复合层，激光技术能在软包装上实现普通模切不能实现的一些非常特别的工艺，传统模切做不到用非常小的孔来保证包装通风，因为它不能清晰地模切出这么小的孔，模切废料可能会把这些孔堵死。

（六）常见质量问题及解决方法

模切压痕的质量以规格正确，造型优美，切边光洁，压痕清晰，该连接的部位不断裂，该断裂的部位不连接为标准。

模切压痕常见质量问题主要有尺寸不精确，造型不美观，压痕不清晰，切边不光洁等。

1. 印版尺寸不精确

（1）印版尺寸计算不精确。包装盒各边尺寸不精确，则成型后与加工要求、成品规格不符。所以排版之前，成品各边尺寸必须严格按客户加工要求计算，并且做出实样进行测量、审核并送客户审定合格后，才能正式排版。模切压痕印版排成后，也应试压，做出试样送审，以防因误差影响使用，而造成较大损失。

（2）排版尺寸不精确。若模切压痕版中的衬空材料松动或掉出，钢刀或钢线过长发生互相干涉，都会影响模切压痕版的精确度。排好模切压痕版后，要反复核对版面尺寸、用料规格和钢线与钢刀之间的尺寸。修正钢刀和钢线过长部分的端面，纠正接线部位的平整度，保持模切压痕版各部分尺寸的精确度。

（3）刀线脱开或重叠。钢刀、钢线裁切得不垂直或计算不精确，排成模切压痕版后接口不平整，造成两刀接口脱开或重叠，影响模切压痕质量。发生刀线接口脱开或重叠时，取出钢刀或钢线，检查刀口裁切得是否垂直，接缝是否齐整，装版是否合理。重新修正后，再装版。

（4）成品歪斜或重叠。模切压痕产品制成包装成品后，有歪斜或重叠现象，影响外观效果和使用。造成成品歪斜或重叠的原因是版面不成直角，装版质量差，填铅不准，装版材料尺寸不准，版框规格不准等。解决办法是重新装版，使模切压痕版四周成直角。

2. 纸张纵横向的影响

（1）纸张纤维排列与刀线关系。一般情况下，纸张纤维排列与模切压痕的钢刀、钢线相平行，模切时容易断裂，压痕时线痕不够理想；纸张纤维排列与模切压痕的钢刀、钢线垂直，模切时纸张就不易断裂，必须加重模切的压力，但压痕时，线痕较理想。为此，装版时，要根据纸张纵横向进行调节。应按纸张纵横向分开堆放，根据模切压痕产品的实际情况分批模切压痕。

（2）纸张纵横向与变形。纸张纵横向不同，印刷品的变形情况也不同。一般情况下，纸张纵向的伸缩性大。纸张变形后，对压痕位置的精确程度应做适当调整。

3. 模切压痕刀痕不光洁

造成模切压痕刀痕不光洁的原因主要有：

（1）压印平板底面压痕模黏结不牢。压印机构的垫纸、压痕模的位置都准确而平整，但是由于黏结不牢，使垫纸或压痕模脱落、脱壳，模切压痕时发生位移，造成模切刀痕或压痕不光洁。发生垫纸位移后，应立即调整。

（2）压印平板画线未经修正。压印平板画线加工完成后，正式投产一段时间，要进行修正，才能保持模切、压痕的效果。若不经常修正，也会产生模切刀痕或压痕不光洁现象。

（3）钢刀刃口不锋利，磨损严重。钢刀质量不好或磨损，造成刃口不锋利，对承印物模切不断或粘连，应及时更换新钢刀，并根据承印物的裁切性能，选用不同特性的钢刀。

此外，机器压力不够，也会使刀痕不光洁。

4. 压痕不清晰

（1）压痕压力不足。模切压痕压力不足是造成压痕不清晰的重要原因。造成压力不足的原因可能是垫版不合适，钢刀与钢线高度差小，机器故障等。首先要检查模切压痕版是否垫平整，钢刀和钢线的高度差是否符合要求，这些情况可用垫版方式解决。若是机器故障要修理机器。

（2）纸张纵横向影响。纸张纤维排列方向与钢线垂直，压痕较好；纸张纤维排列方向与钢线平行，压痕不太理想。解决这一问题可采用改变压痕模槽宽的方法，对于纸张纤维排列方向与钢线平行的情况，压痕模槽宽度略窄一些；对于纸张纤维排列方向与钢线垂直的情况，压痕模槽宽度略宽一些；瓦楞纸板压痕时，压痕模槽更宽一些。瓦楞纸板是多层纸贴合而成，厚度较大，选用钢线厚度也应大一些。

三、裱纸工艺

（一）裱纸

生产纸盒、纸箱时，为降低成本，增加挺度，增强抗振性能和承载力，将纸板或瓦楞纸等底纸均匀涂上黏合剂，与印刷图文的薄卡纸或其他面纸裱在一起，经适当加压，称为裱纸，裱纸也称覆面、贴面。

裱好的纸板包括面纸和底纸，面纸材料为质量较好的纸或纸板，一般印有图文。底纸材料为缺一面层的瓦楞纸板或其他成本较低的纸板。

面纸印刷工艺可采用分胶印、柔印和凹印，印好后与单面瓦楞纸板对裱。裱纸可以做成多层纸箱（三层、五层）、纸盒和折叠盒，产品用于包装啤酒、白酒、饮料、食品、水果、电器电子和化妆品等。裱纸复合工艺更适合批量较小、产品结构较复杂的纸箱和纸盒包装。大批量纸板采用预印刷。

1. 裱纸的分类

（1）手工裱纸。所有工序全部用人工操作，劳动强度大，生产效率低。

（2）半自动裱纸。人工放底纸，自动涂黏合剂，再用人工将面纸对位，由机器对裱复合，形成一张上有图文面纸下有物理性能高的底纸的半成品纸。然后经机器压合完成。

半自动裱纸机结构简单，配有纸板防卷器，手工作业比较灵活，速度不快。

（3）自动裱纸。所有工序全部用机器来完成。自动裱纸的作业对纸板要求较高，面纸和单瓦必须干燥、平整，同时对操作人员的熟练程度也较高。全自动裱纸机的生产效率高，机器本身成本高。

2. 裱纸工艺

裱纸的工艺流程为：

输送底纸→涂黏合剂
↓
输送面纸→裱纸→压合→收纸

为了避免瓦楞高度在裱纸过程中受挤压损伤，一方面要求纸板不能太软，含水率控制在14%以下；另一方面压合机部位的压力、角度和速度适中。可根据产品需求卸除、减少皮带下的压送滚筒，调节压合长度。自动裱纸机在压合部位装有液压感应系统，自动提升滚筒高度以调节不同纸段的压力可保护纸箱强度。

（二）贴合质量

在裱纸工艺中，经常出现的两个问题是贴合精度与贴合质量。

1. 贴合精度

贴合精度是指进行贴合加工的底纸与面纸贴合后，面纸与底纸边缘最大的相对距离，一般应在±1mm。

有的裱纸机前规为斜面式挡规，因挡规最低原点位置为面纸位置，这样可以使底纸不超前，故对操作人员的要求就是准确送至原点位置，并保持到点轮送纸加压之时底纸也由点轮送出，经圆带传送至点轮压合部位的前规处。在圆带下面还加了可调速风箱，是为了改善底纸的滞后时间。底纸在输送过程中达到稳定，准确到位。因其工作速度不同，对风箱的风力要求也不同。吸力大会造成底纸送到前规处时，因其弹性会使底纸离开前规向后移动一段距离；吸力小使得底纸滞后过大，造成面纸大距离超前底纸。调整风力，使底纸刚好稳定送至前规处，这样才能保证贴合精度。

如果客户要求面纸超前，特别是作鞋盒类的瓦楞纸彩箱时，面纸超前量可达到 0 ~ 40mm。有的裱纸机带有超前功能，这种设备的前规挡纸是靠点轮的压合间隙使底纸挤在面纸上的，通过点轮压合输送到施压部。

2. 贴合质量

贴合质量是指成品纸板的抗冲击度与黏合度。这两个指标都与黏合剂有直接关系。

黏合度是底纸与面纸的黏合强度。将黏合剂涂在瓦楞纸楞锋上，瓦楞纸与面纸黏合，施压后进输送压合之前，将半成品取出，完全分离面纸与底纸，观察面纸上的胶迹，在各输送辊压力适合的情况下，此胶迹应为一条连续的胶柱线。较大时此胶迹为一条具有一定宽度的胶痕；过大时将有两条具有较小宽度的胶痕；过小时此胶迹将呈现为一条不连续的胶柱线。

瓦楞纸的明显度就是透楞程度，严重的在贴合表面显波浪状。在保证黏合剂涂布量合适的前提下，面纸的纸纤维排列方向对透楞程度有较大影响。贴合时，若面纸纤维排列方向与瓦楞纸的楞向垂直，可完全避免透楞现象。

（三）常见故障及处理方法

1. 裱纸不牢

裱纸后容易撕开，原因是涂黏合剂不全面或不充分，或裱贴时黏合剂已干燥，或压合不够。

处理方法：①保证黏合剂有一定的黏度，尤其是对裱卡纸、瓦楞纸等吸水性强的纸张时，黏合剂的黏度应大些。②适当增大黏合剂的涂布量。③检查压辊表面电镀层是否有脱落，刮胶片是否不平，如出现漏刮黏合剂的情况，不仅会影响涂胶辊的上胶量，而且会造成底纸涂胶的反面带有胶水。④提高涂布黏合剂的均匀度，保证黏合剂涂布量一致。⑤适当增大压合力，并注意使压合力均匀一致。

2. 裱纸不准

裱纸时，面纸与底纸位置不一致，纸张上下两层边缘不齐，使下工序无法操作。

处理方法：①调节上下输纸装置和纸张定位装置，使上下输纸同步，左右对正。②调节裱纸压辊，保持两端一致。

3. 黏合剂痕迹

裱纸时，黏合剂涂布量过大，纸张边缘渗出的黏合剂粘到另一张纸上，形成一条黏合剂痕迹。

处理方法：①适当减少黏合剂涂布量，检查涂胶压辊是否带有糊精。②适当调整压合力，以底纸面纸良好黏合，瓦楞纸不变形为准

四、糊盒工艺

纸盒成盒方法有锁合、钉封和糊盒。锁合是利用各盒面的锁口或相互叠压锁口连接成盒。钉封是利用镀锌扁钢丝将不同盒面钉封在一起。

糊盒是纸张或纸板通过模切压痕后，按纸盒要求在需要涂布黏合剂的位置涂上黏合剂，折叠成型。糊盒又称为贴盒或粘盒。

（一）糊盒方式

（1）手工糊盒。制作过程全部用人工来完成。

（2）机器糊盒。制作过程用机器来自动完成。机器糊盒有糊单边；糊四角；糊双边；糊单边兼扣底。

（二）糊盒工艺

糊盒工艺流程为：

输送纸盒料→涂布黏合剂→折盒→粘盒→计数→压合→收盒

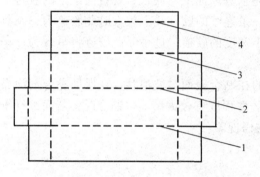

图 6 – 26　折叠纸盒糊盒工艺示意图

1—第 1 折痕　2—第 2 折痕　3—第 3 折痕　4—第 4 折痕

1. 折叠纸盒糊盒工艺

如图 6 – 26 所示，折叠纸盒糊盒时首先在纸盒的第 1、3 折痕处被糊盒机的前折部折弯，复位后加工皱褶，接着在粘贴部位涂布黏合剂，纸盒的第 2、4 折痕在糊盒机的精折部被折弯，并在传送带上加压粘接，最后输出，完成糊盒。

折叠纸盒糊盒生产工艺过程如图 6 – 27 所示。

| 送纸 | 预折 | 上胶 | 压合 | 收纸 |

图 6 – 27　折叠纸盒糊盒生产工艺过程示意图

启动电源后，整条传送带开始运动，将模切好的半成品纸盒放置在糊盒机进纸位，由传送带自动将单张盒片根据挡纸架已设定好的送纸间距送入中段皮带，若半成品纸盒经过覆膜或上光等表面处理，进入中段后，应对纸盒的涂胶部位进行磨边处理或等离子体处理，然后通过装有黏合剂的胶桶自动涂胶，单片（或以上）纸盒可同时由胶枪在内侧边缘上胶。传送带将纸盒输送至后段糊盒部位加压打包。

模切压痕缺陷对糊盒成型有很大的影响，如压痕模槽太宽、压痕压力不够，使痕线不饱满，折叠时没能精确地按痕线折叠，都会引起粘口歪斜等糊盒缺陷。而压痕时压力太大则会导致糊盒折叠时发生爆线或爆角现象。

为了糊出高质量的纸盒，对模切压痕后的纸板应做必要的检查，以免上机后造成不必要的浪费。

按痕线方向将纸板对折180°，用手沿折线方向压实往返不少于 3 次，如有裂纹产生，这样的纸板不适合上机。

检查痕线的宽窄、平行、垂直，比较小的纸盒其误差不能大于 0.5mm，否则糊出的纸盒外型产生歪斜。

（1）送纸。一般折叠纸盒的每个盒面下方需要放置一根皮带，如果单个盒面宽度超过 150mm，则需要放置两根皮带，多根皮带的张力应均匀相等，不能在传动轴上滑动。若盒面较轻，可以增加皮带，加大摩擦力。

前规（挡纸刀）分主前规和副前规，一般使用一个主前规，如果盒型较大时应一起使用主前规和副前规。

主前规放在第一条折痕和第三条折痕之间，使主前规自动靠近盒纸板中间，高度要按照纸板厚度调节，保证纸板能自由通过，但不能有空隙。电子双张检测系统严格控制双张出现。

常见的出料歪斜原因：输送皮带打滑，高低不平，松紧不一，速度不一；前规位置不正确；两侧接纸皮带不是同时接住盒片。

（2）预折。预折是根据痕线将纸盒弯曲一定的角度，再返回到原来的形状，主要是为了糊盒时不会出错，且折叠纸盒糊盒压折以后能容易打开。对于一个简单的折叠纸盒，通常在第一和第三痕线处完成预折，这种预折对于自动填充的折叠纸盒非常必要，糊盒以后能容易打开，易于实现自动填充。预折可以通过皮带和导杆来完成，对于一些特殊的折痕还是要借助不同的角度器和折杆来完成，例如勾底钩等完成锁底折叠纸盒的预折。

一般来说，预折角度越大，纸盒开盒力则越小。但预折角度不能超过 150°，否则容易造成自动包装机开盒时打不开。

预折中要避免纸盒压痕处出现爆线，纸盒表面出现擦伤。

（3）上胶。胶轮涂布是通过胶轮的运动将胶从胶锅里带出，再通过胶轮与盒片的接触完成胶的转移。

转移到盒片上的胶量大小会对黏合剂与纸盒表面的润湿性及最终黏合强度产生影响。随着胶层厚度的增加，黏合强度有上升的趋势，当增加到一定值时又呈现下降趋势。这是随着胶层厚度增加，胶的冷却变慢，胶能使盒片表面充分润湿，但随着胶层厚度的进一步增加，由于胶层内部缺陷导致黏合强度下降。

上胶时一定要正确调节胶盘位置，使之对准待糊纸盒糊粘中间位置，否则会造成黏合剂外溢，造成纸盒内粘；黏合剂外溢污染机器，影响其他纸盒；影响纸盒的开盒。

（4）折叠。折叠是将第 2 和第 4 折痕完成折叠，同时将粘上胶的粘接舌完成糊盒功能。折叠装置上部运送器为可调整压力的上输送装置，可以轻易提起，皮带容易更换，而且折叠部配备可拆卸的中间输送组，方便小纸盒的折叠。折叠器长度经过准确计算可以精确地进行，能处理各种形式的包装盒。

（5）压合。对于直线型盒子，加压接纸皮带一般采用一前一后接纸，两根接纸皮带与下方皮带之间压力必须相同。

计数中需要计数器电眼灵敏度较高，能保持纸盒走一张计数一张。对于金银卡纸等仿金属表面的糊盒产品而言，则需要把电眼斜着安装，以防止反光导致计数不准确。

压力过大，易把糊盒胶压出，造成盒子内粘、外粘等问题，同时也会在纸盒表面出现叠痕，影响外观；压力过小，则会出现假粘现象。

（6）收纸。糊好的纸盒以一定的压力夹在上下输送带中间，同输送带一起移动完成收料，输送带运动速度要适中，要让纸盒停在其中一定的时间，让黏合更加牢固。

调节接纸轮，接纸要齐；调节输出皮带，高度要适中，防止皮带擦伤产品表面；调节压力皮带，压力要调节适中，防止压痕和脱胶；调节压力皮带速度，速度适当，走盒平稳顺畅；调节计数电眼；调节计数分隔器。

2. 粘贴纸盒糊盒工艺

粘贴纸盒（固定纸盒）糊盒生产工艺过程如图 6-28 所示。面纸由全自动飞达输送，热熔胶由上胶系统自动循环、搅拌，热熔胶纸带自动输送、分切装置，一次性完成纸板内盒四角贴角作业。

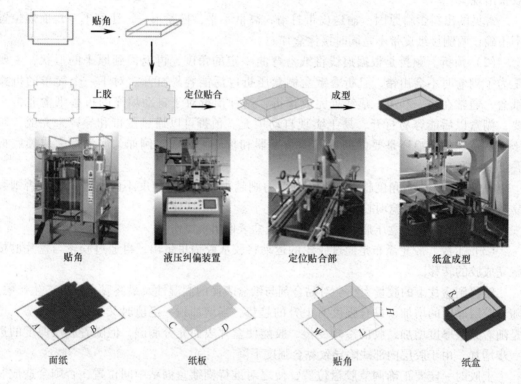

图 6-28　粘贴纸盒糊盒生产工艺过程示意图

输送带下方设有真空吸风机控制过胶面纸不会发生相对偏移。过胶面纸与纸板内盒采用液压气动纠偏装置，能够准确地定位贴合。

纸盒成型部根据输送带上方的纸盒输送情况，自动收取纸盒到成型部。纸盒成型部连贯作业进盒、包边、折耳及纸边折入成型一次性完成。

3. 粘贴口处理

（1）磨边处理。磨边机均匀地磨掉纸盒涂胶部位的上光油或薄膜层，提高粘接性能。

磨边机的转速为 1500 转/min，转动方向与纸盒走向相反，底下要有吸风装置，防止粉尘粘在产品中而污染成品。普通卡纸只要表面打毛即可；瓦楞纸磨边时不能太深，太深会发生脱胶现象；如果使用水性黏合剂，只要将纸张表面打毛，黏合剂就能渗透；压敏性黏合剂磨边不能太深，太深效果不好。

（2）等离子体处理技术。由于磨边机打磨粘口产生的纸粉纸毛对机器和成品的污染，加大设备的磨损。

等离子体处理技术对粘口部分进行处理，能够去除糊口表面的有机污染物，使粘口表面发生物理和化学变化，产生刻蚀而变得粗糙，形成致密的交联层，产生含氧极性基团，使粘口部位的亲水性、粘接性、极性、润湿性均得到改善，提高贴合面的表面能，而且不对表面产生任何损伤。

等离子体技术应用在糊盒工艺后，产品不会开胶；糊盒成本大大降低，有条件的情况下可直接使用普通糊盒胶；直接消除纸粉、纸毛对环境及设备的影响；提高工作效率。

4. 糊盒操作规程

（1）准备。正确、整齐地堆装好纸盒料；开机慢速试机，看皮带及其他各部件运转是否正常；根据纸盒料粘接部位宽度调节好胶水的用量。

（2）过程。根据产品要求做好调整工作；发现压痕线有问题立即停机和有关部门联系；慢车转动正常后方能加速；如遇锁底的盒子必须正确装上锁底钩子；根据产品结构调节盒子成型压力。

（3）结束。填写好日报表；整理好周围场地，整齐纸堆，关闭总电源。

（4）安全操作。接班前认真检查机件及安全防护装置有无异常情况；防护装置不准随便拆除，若修理时拆除防护装置，待正常生产时必须装好；机器开动时，不得手摸任何活动部件。

5. 糊盒质量要求

CY/T 61—2009《纸质印刷品制盒过程控制及检测方法》规定了糊盒质量要求。

（1）制盒要求。①制盒盒片符合《纸质印刷品模切过程控制及检测方法》标准的要求。②粘接部位若经过覆膜或上光处理，表面张力应大于 $3.6 \times 10^{-2} \text{N/m}$，并应进行进一步处理（如磨边）。

（2）黏合剂及涂布要求。①黏合剂应与制盒材料及工艺匹配。②涂布时，按工艺要求，涂胶位置准确，粘接牢固，不溢胶。③连续涂布黏合剂时，涂胶长度方向上胶痕连续不间断，压合后，粘接部位侧边和两端不溢胶。④间隔涂布黏合剂时，涂胶区域内涂布均匀，位置准确，压合后，粘接部位侧边和两端不溢胶。

（3）成型要求。①折叠偏差小于纸板厚度的1.5倍。②压合位置准确，压力与压合时间满足黏合剂固化要求。

（4）成品质量要求。①外观要求：表面平整，无褶皱、无擦痕、无污渍、无爆线。②粘接强度：符合下列条件之一，即认为粘接强度合格。

a. 粘接强度≥267N/m。b. 黏合剂固化后撕开粘接部位，纸张纤维破损的面积不小于涂布黏合剂面积的50%，并且破损面分布均匀。

（5）成型适性。折叠纸盒开合性能适合被包装物和包装设备的要求。

6. 盒型设计与糊盒工艺匹配

糊盒质量与模切质量是紧密相连的，模切不好，压痕不深，再好的糊盒机也不能糊出好的产品。模切版制作又与盒型设计有着密不可分的关系。同样规格的纸板，由于盒型设计的不同，做出的盒子往往是不一样的，所以盒型的设计直接影响最终产品的质量。

进行盒型设计时，必须对后续的生产工艺进行综合考虑。盒型设计必须注意折盒位置、折盒角度、糊盒点大小及位置等关键要素，保证这些要素符合糊盒机的加工精度及要求。做到盒型设计与自动糊盒工艺的匹配。

（三）常见故障及处理方法

1. 粘盒不牢

纸盒粘贴牢固度不高，粘口脱落，手轻轻一拉整个盒边全部分开。

主要原因：①黏合剂的黏度不够或涂布量不足。②黏合剂和纸盒材料不适应，如果盒子的粘口部分经过覆膜、上光等表面加工，则黏合剂难以透过表层，渗入纸张，这样的纸盒比较难以粘贴牢固。③折叠后压力不足，加压时间短，不利于粘贴牢固。

处理方法：①选择与纸盒材料相适应的黏合剂，黏合剂黏度高，黏结强度高，起皱率也会随之升高。操作车间的环境温度也会对黏合剂产生一定的影响，如果操作车间温度太低，黏合剂会凝固，影响黏结牢固度，涂胶量越少，对室温越敏感，操作车间的温度应保持在20℃以上。②对于经过覆膜、上光处理的纸盒，解决糊盒不牢固的方法有4种：a. 模切时在粘口处放置针线刀，将粘口的表层扎破，以利于黏合剂的渗入；b. 用自动糊盒机附带的磨边装置将粘口的表层磨破，以利于黏合剂的渗入；c. 将热熔胶喷射到粘口部分，利用高温熔化粘口表面的物质，提高糊盒牢固度；d. 在盒型设计时，可预先在要覆膜和上光的盒片边缘留出涂胶部位。③对于压力不足产生的糊盒不牢现象，可以增加糊盒机的压力，延长加压时间，或者更换黏结力强的黏合剂。

2. 糊盒不规范

没有按模切压痕准确糊盒，产生歪斜现象。

主要原因：①模切版精度不高导致纸盒不一致，糊盒时纸盒变形。压痕模槽太宽，压痕压力不够，压痕不饱满，没有精确地按照压痕线折叠。②黏合剂浓度低，含水量大，纸板吸湿变形，纸盒成型后不平整。③糊盒机自身没有调节好，折叠变速器调节不当，盒片的左右两边输送速度不一致，造成粘口歪斜。④折叠杆安装不恰当。⑤粘口对位不准。

处理方法：①模切压痕时，保证模切版精度，适当加大压痕线压力，压痕模槽宽度稍大些，选用压痕模槽宽度稍大些的粘贴压痕模为好。②选择浓度合适的黏合剂。③调节好糊盒机，调整机器运转速度。④重新安装好折叠杆。⑤粘口对位不准主要是调机精度不准，应提高调机精度。

3. 粘口溢胶

溢胶是指过量的黏合剂流出粘口，不该涂布黏合剂的地方涂了黏合剂，使纸盒成型困难。主要是由糊盒错位及黏合剂用量过多引起的。

处理方法：①黏合剂涂布量过多，要适当减少黏合剂涂布量。②检查涂胶轮是否直线转动，检查轴芯是否磨损或变形。③将粘边适当放宽些，以防黏合剂外流。

4. 糊盒擦伤

擦伤主要是指在糊盒过程中纸盒表面被其他纸盒或者糊盒机的各个部件碰伤。

主要原因：①油墨或上光油在干燥上存在问题，导致产品在前规处擦伤。②辅助配件上有杂质或毛刺等，导致产品在输送中擦伤。③压合皮带接料处前后距离及上下高度调节不合理,导致产品在堆积时后一个产品冲力过重而擦伤前一个纸盒。

处理方法:①减少加料高度,放低纸堆后挡板。②一切辅助装备都应该保持表面光滑。如在生产中发现产品擦伤,则应逐步检查与该部位相接触的部件,并给于解决。③降低车速,在慢车过程中调节压合皮带接料处的前后距离及送料皮带的上下高度,边调节边加速边检查,直至车速正常,且无擦伤出现。

第三节 制箱制盒材料

制箱制盒产品材料主要有白纸板、黄纸板、箱纸板、瓦楞纸板和纸塑复合材料。白纸板和纸塑复合材料已在第二章讲述,本节主要介绍黄纸板、箱纸板和瓦楞纸板。

一、黄 纸 板

黄纸板也称黄板纸或草板纸,是以稻麦草为主要原料制成的纸板,不漂白,草浆原色。

黄纸板是单面光滑纸板,要求单面表面平整,无硬块、斑疤、缺陷、褶埂、断裂,厚度均匀一致,不应有薄边或凹心,应平坦无翘曲,切边要齐整,无缺边缺角,不得有剥撕,不应有分层。黄纸板因系草纤维纸,故性脆,干燥时尤为明显。又因纤维粗而孔隙大,吸水性强。含水率高时,机械强度明显下降;而含水率过少时,又表现出明显的脆性增强。这两者都影响黄纸板的使用。因此控制水分含量对黄纸板尤为重要。经验表明,黄纸板的含水率控制在 8% ~13% 较好。黄纸板多为单张(平板)纸型。黄纸板的定量和厚度关系见表 6 – 1。

表 6 – 1 　　　　　　黄纸板的定量和厚度关系

黄纸板号	厚度/mm	定量/（g/m²）	黄纸板号	厚度/mm	定量/（g/m²）
6	0.45	310	12	0.90	640
8	0.60	420	14	1.05	750
10	0.75	530	16	1.2	860

黄纸板由于自身特性的限制,通常只作为普通包装材料,并有被取代的趋势。目前由于原料较多,成本较低等因素,还在使用。

二、箱 纸 板

箱纸板只供做纸箱用,故称箱纸板。按照造纸原料品种的不同,配比不一样,箱纸板有 5 个等级标准。

箱纸板也称箱板纸,一般为黄色,主要用于制造纸箱、纸盒。对于紧挺度、柔韧性有较高的要求,对于耐折度、含水特性也有较高的要求。箱纸板一般需要印刷,要求有较好的印刷适性。箱纸板不允许有损及表面整洁的缺陷,如皱褶、硬块、缺空、翘曲、缺角、薄边、剥层等。

纸箱经常受较大的环境湿度、温度变化的影响,所以还需具备较好的防潮和抗水性能。由于箱纸板是制作运输包装容器的主要材料，所以其技术标准要求较高。

箱纸板有卷筒型和单张（平板）型两种。

三、瓦楞纸板

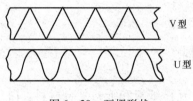

图 6 – 29　瓦楞形状

瓦楞原纸用于制造瓦楞纸芯，定量为 $112 \sim 200 \mathrm{g/m^2}$，瓦楞原纸有卷筒纸和单张纸。

瓦楞原纸用瓦楞机压成瓦楞状即成为瓦楞芯纸，瓦楞芯纸用黏合剂粘贴上面纸和里纸组成瓦楞纸板。面纸和里纸也称为瓦楞纸板的面层和里层，面层和里层用定量为 $120 \sim 530 \mathrm{g/m^2}$ 的箱板纸或其他板纸制作。

瓦楞芯纸的瓦楞形状常见的有 U 型、V 型和 UV 型，如图 6 – 29 所示。

U 型瓦楞有较高的能量吸收容量，表现出较好的弹性特征。当外部压力解除后，能较迅速地恢复原状，所能承受的压力较 V 型瓦楞低。V 型楞有较高的承压特性，所以在外部压力作用的初期，楞形毁斜机会较少。但是，当压力超过临界点时，楞形的损坏速度比 U 型瓦楞要快得多。由于这两种瓦楞形状各有自己的力学特点，所以在实用中多采用性能介于二者之间的 UV 型瓦楞。

根据瓦楞高度和瓦楞宽度的不同，瓦楞楞型分为 A、B、C、E、F、G、N、O 型，目前 G、N、O 型为非标准型，其特征参数见表 6 – 2。

表 6 – 2　　　　　　　　　　　瓦楞楞型特征参数

楞型	楞峰高度/mm	楞数/300mm	楞型	楞峰高度/mm	楞数/300mm
A	4.5 ~ 5.0	34 ± 3	F	0.6 ~ 0.75	136 ± 20
B	2.5 ~ 3.0	50 ± 4	G	0.50 ~ 0.55	175
C	3.5 ~ 4.0	41 ± 3	N	0.40 ~ 0.50	200
E	1.1 ~ 2.0	93 ± 6	O	0.25 ~ 0.35	267

在瓦楞纸箱的生产中，制作单层瓦楞纸箱时，常用 A 型或 C 型瓦楞纸板。制作双层瓦楞纸箱多用 A 型加 B 型或 B 型加 C 型瓦楞纸板。B 型瓦楞纸板抗冲击性能较好，多用于外层。A 型和 C 型瓦楞纸板的缓冲性能较好，弹性较大，多用于内层，以使制成的瓦楞纸箱发挥两个楞型的优越性。E 型则是代替厚纸板用于小包装中。F、G、N、O 型瓦楞纸板可以用胶印直接印刷。

按不同要求，常用的瓦楞纸板有单层（面层/瓦楞芯/里层）瓦楞纸板、双层（面层/瓦楞芯/里层/瓦楞芯/里层）瓦楞纸板、多层（面层/瓦楞芯/里层/瓦楞芯/里层/瓦楞芯/里层）瓦楞纸板。这三种纸板也称为三层、五层、七层瓦楞纸板。

四、制箱制盒产品造型结构

模切压痕加工产品的种类很多，最常见的是包装装潢产品中的纸箱纸盒。这类产品形状各异、造型美观，在其设计与加工时，还可以根据需要添设除了主体结构之外的其他特殊结构及附件，例如：开窗、开孔、倾倒口、提手、展示台、支架等。模切压痕的制版和加工工艺对其质量保证起着很大的作用。

（一）盒式产品

包装纸盒分为折叠纸盒和粘贴纸盒两大类型，折叠纸盒又分为管式、盘式、管盘式和非管非盘式，流通使用中以管式和盘式折叠纸盒最为常见，如图 6 - 30 至图 6 - 32 所示。

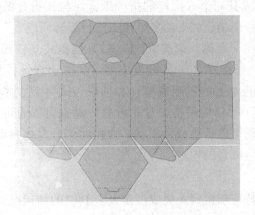

图 6 - 30　管式折叠纸盒平面盒坯与立体造型

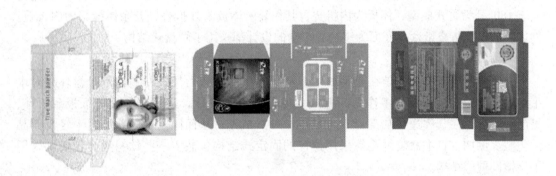

图 6 - 31　盘式折叠纸盒实例

1. 管式折叠纸盒

管式折叠纸盒盒盖结构种类包括多次开启式、一次开启式、第一次开启后成新盖式等，组装方式包括插入式、锁口式、插锁式、连续摇翼窝进式、粘合式、正揿封口式等。盖板是纸盒容器内装物进出的门户，往往需要反复开启，而且在陈

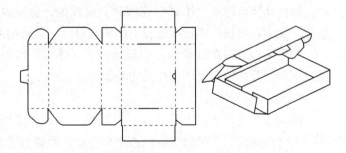

图 6 - 32　盘式折叠纸盒平面盒坯与立体造型

列时也是最容易引起消费者注意的结构部位，所以盖板的结构应该既美观又容易开启封合。

管式折叠纸盒盒底结构种类包括连续摇翼窝进式、锁底式、自动锁底式、间壁封底式和间壁自锁式等。底板是纸盒容器承载内装物的重要部位，而且直接影响纸盒容器陈列和堆码的稳定性，所以底板的结构应该简单而保证强度。

2. 盘式折叠纸盒

盘式折叠纸盒是以固定底为中心，四周体板折叠一定角度成型，需要时其一体板可以延伸为盖板，角隅处粘合、锁合或其它形式固定的折叠纸盒。盘式折叠纸盒成型时也具有旋转性，即角隅处相邻各个盒板围绕盒底平面各个顶点进行旋转而成。

盘式折叠纸盒盒盖结构有罩盖式（盒体、盒盖单独成型）、摇盖式（铰接式摇盖成全封口式，与盒体用一页纸板成型）、插别式（一页纸板成型，类似于连续摇翼窝进式）、正揿封口式（由一页纸板，利用纸板本身的挺度成型）和抽屉盖式（盖、体各自独立成型，盖板管式成型而盒体盘式成型）等结构种类。盘式折叠纸盒也可以通过在体板上设计折叠角而成自动成型式，即使用前可以折叠成平板状，使用时张开盒体自动恢复成型。欧洲运送果蔬托盘就采用了盘式折叠纸盒结构。

3. 管盘式折叠纸盒

管盘式折叠纸盒即在该盒型的特征部位（A类成型角大于180°的结构点），用管式盒的旋转成型方法来成型盘式盒的部分盒体。管盘式折叠纸盒也可以在体板上设计内、外折叠角，使之成为管盘式自动折叠纸盒。对于管盘式自动折叠纸盒，一般选择A成型角大于180°处为管式成型，体板为内折叠，其相邻两体板为外折叠，其余体板均为内折叠。例如，五星型折叠纸盒、底面为多边异形盒的设计都采用了管盘式结构。

4. 非管非盘式折叠纸盒

非管非盘式折叠纸盒是在成型时，该盒型的主体结构需经过左右两部分盒坯相对水平运动和旋转运动成型，多作为间壁式多件包装纸盒设计。它充分利用了纸板耐折性、挺度和强度，在盒体边角局部做反揿结构，外折成型，从而固定内装物，适于轻量商品的包装。例如，日本盆装鲜花就采用这样的固定式结构包装，一些饮料集合包装则采用了反揿间壁式结构。

折叠纸盒的功能性结构包括异型结构、间壁结构、组合结构、多件集合结构、开窗结构、展示结构、易开启结构、倒出口结构、支脚结构、镂空翻折结构、提手结构等。

异型结构可以在主体盒型成型时直接成型，也可以在主体盒型成型后再做一些技巧变化。例如：盖板、体板或底板上的斜线设计、盖板的曲线设计、体板上的角隅设计等。

间壁结构可以在折叠纸盒底板延长板、体板、体板延长板上进行设计，即将纸盒内部空间分割开，以固定体积小的内装物。

5. 组合结构

组合结构是两个以上基盒在一页纸板上成型，成型后的基盒可以相互连接，整体上为一大盒。例如，十字形组合、乙字形组合、回旋型组合等纸盒结构。

多件集合结构是适合于刚性圆柱、圆台形内装物单行排列的包装。它由一页纸板成型，可以节省纸板材料。

开窗结构则经常和其它功能性结构结合起来，完成一些特殊包装。例如：开窗加间壁结构、开窗加展示结构、开窗加固定结构等。

展示结构可以通过设计展示板（牌）、展示架（台）、陈列板等实现。

易开启结构常通过撕拉线结构、拉片结构实现，以方便纸盒使用。

倒出口结构通过导流设计实现。支脚结构则可以起到一定的缓冲衬垫的保护作用。

镂空翻折结构是由纸板旋转设计原理演绎而来。即在一张纸板上，按任意图案切出一非封闭曲线，从母板中折出，可以连续镂空翻折。以此实现衬格设计或追求包装造型上的变化。

提手结构是为了便于纸盒提携而设计，其尺寸与人体的生理或习惯直接相关。一般提手长度取最大5%成年人体手掌正向执握宽度（极小尺寸）均值，通常为86mm；提手宽度取最大5%成年人体手掌正向执握厚度（极小尺寸）均值，通常为31mm；提梁高度取最小5%成年人体手掌握柄尺寸（极大尺寸）均值，通常为21mm。

图6-33为粘贴式包装纸盒，粘贴式包装纸盒只能以固定盒型运输和仓储，经常被用于礼品包装。粘贴纸盒基本盒型分为管式、盘式和亦管亦盘式三类结构形式。管式粘贴纸盒即以管式成型方法成型盘式盒，经过裱贴、固定、装饰而成；盘式粘贴纸盒即由一块纸板成型盒底和盒框，经过裱贴成型，精度较差；亦管亦盘式粘贴纸盒是指盒盖、盒体分别各为管式和盘式结构。粘贴纸盒的盒盖结构种类包括罩盖式、摇盖式、铰链式和异型式等。

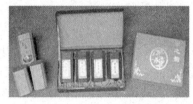

图6-33 粘贴纸盒

6. 纸盒结构形式

实际生产中，包装纸盒的最常见的造型结构形式有天地盖式（又称罩盖式、天罩地式）、摇盖式、双插口式、封底插口式、提携式等种类。

（1）天地盖式纸盒。如图6-34所示，天地盖式纸盒分上下两部分，上部分称为罩盖，下部分称为盒体。两部分可以互相分开，自由套合。所以被称为"天地盖"或"天罩地"式等纸盒。上盖平面和侧边可以印刷图文。上盖平面也可制成开窗式，直接显示商品的外观与特色。下盒印刷面积较少，甚至不印刷。例如各种服装、电子产品、药品、玩具、食品、糖果等包装纸盒，很多都采用罩盒式纸盒包装，一部分制成了开窗式。

图6-34 天地盖式纸盒

天地盖式纸盒的上罩和下盒，要求尺寸必须互相配合，松紧适宜。上罩尺寸小于下盒时，上罩不能套进下盒，无法使用；上罩尺寸过大，上罩套在下盒上就会前后左右移动，不紧凑不美观，容易损坏商品。

对于该类纸盒，模切压痕制版时，应使上罩平面的长宽两边比下盒底面的长宽两边各大两层纸盒材料厚度。纸盒的每个折弯处和展开平面的边缘处都是模切或压痕边。

（2）摇盖式纸盒。如图6-35所示，摇盖式纸盒分盒底和盒盖两部分，但盒底盒盖相互连成一体，设计在一页纸板上。一般在盒盖上平面和侧面印刷图文、商标等信息。摇盖式纸盒可撑开，也可折叠。使用时将盒盖撑开，如铰链状摇动。盒盖的舌头塞在盒内，就成为完整的立体型纸盒。

图6-35 摇盖式纸盒

摇盖式纸盒的盒盖可以做成开窗式，以显示盒内物品的外观和特色，常用作食品、文具用品、针剂药品等产品的包装。

摇盖式纸盒的盒底、盒盖的规格相等。塞舌应小于塞进盒边二层以上纸盒厚度。但塞舌的宽度要适中，塞舌过宽，装配困难；塞舌过窄，则装配不牢固。

（3）双插口式纸盒。如图6-36所示，双插口式纸盒的两端均用塞舌装配，而纸盒的中缝常用黏合剂粘牢。平时折叠，使用时撑开。尤其适合机械化自动包装。

图6-36 双插口式纸盒实例

双插口式纸盒一般为小包装纸盒，使用灵活方便。常用于牙膏、鞋油、瓶装药品、化妆品、酒类等产品的包装。

双插口式纸盒的模切压痕线简单、明了、直观，成型质量较高。

（4）封底插口式纸盒。如图6-37所示，封底插口式纸盒是一端为塞舌或插口式，另一端用黏合剂粘牢或用金属钉钉牢，成为封闭式盒底的纸盒。

封底插口式纸盒装拆方便，坚实牢固，使用安全可靠，常用于器皿、光学仪器、化妆品、药品等物品的包装。

（5）提携式纸盒。如图 6 – 38 所示，提携式纸盒的结构常为摇盖式与提手相结合组成。提携式纸盒造型新颖、美观、使用方便，极具艺术风格。

图 6 – 37　封底插口式纸盒实例　　　　图 6 – 38　提携式纸盒平面盒坯与立体造型

（二）箱式产品

箱式产品包括瓦楞纸箱、销售或集合包装用托盘等容器，其强度较高、易于加工、成本低廉、使用方便、易于回收，被大量用在商业物流和销售领域，如图 6 – 39 所示。

图 6 – 39　箱式纸包装实例

（三）袋式产品

袋式模切压痕产品主要有购物袋、文件袋等，如图 6 – 40 所示。

1. 购物袋

购物袋也称手提袋，经模切压痕工艺制作的购物袋有纸产品、塑料产品和纸塑复合产品。

制袋原料经模切压痕后，按压痕线成型，将袋底和侧边用黏合剂粘牢。不使用时可折叠起来。

以纸板为主要原料的购物袋容积较大，物美价廉，有利于环境保护。

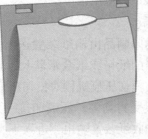

图 6 – 40　袋式纸包装实例

2. 文件袋

文件袋包括档案袋，一般用牛皮纸
制作。经模切压痕的牛皮纸，把袋底和袋侧用黏合剂粘牢，可撑开，可折叠，使用方便。

（四）展示架式产品

瓦楞纸板等材料通过模切加工可以制作出展示架式产品，近年来被越来越多地用于
销售、宣传、展览等场合，如图 6-41 所示。

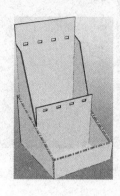

图 6-41　展示架式产品实例

第四节　制箱制盒设备

一、模切压痕设备

模切压痕工艺在模切压痕机上进行，有的机器是分开的，即模切工艺在模切机上进
行，压痕工艺在压痕机上进行。但大部分机器把模切和压痕放在一起完成。

模切压痕机按压印形式不同，有平压平型和圆压平型和圆压圆型三种类型，平压平
型用得较多。将模切压痕、压凹凸、烫印和分盒集于一身，组成多功能设备，很受使用
者欢迎。

（一）平压平型模切压痕机

平压平型模切压痕机有立式和卧式两种，规格有四开、对开、全开等。卧式平压平
模切压痕机是主要机型，应用很广泛。

1. 工作原理

需要模切压痕的印刷品由输纸装置送入，经定位进入到模切压痕机构，模切压痕机
构根据所需模切压痕的纸箱或纸盒形状尺寸已装好版，模切压痕版上的刀具将印刷品模
切压痕成所需形状。模切压痕机构对模切压痕版施加了大且均匀的压力，在装版过程中，
保证了整个模切压痕受力均匀，压痕印迹一致。经过模切压痕机构，完成模切压痕工序
后，由输送装置送到收纸装置输出，进入下一道工序。

2. 主要机构

（1）立式模切压痕机。立式模切压痕机结构与平压平印刷机结构基本相同，去掉平

压平印刷机的输墨装置，即可改造成立式模切压痕机。各种立式模切压痕机多数为手工续纸，劳动强度较大，生产效率较低，模切压痕幅面较小，适合于小批量生产。有的机型为自动输纸模切压痕机。

立式平压平型模切压痕机主要由版台、压印平板、滑道和传动系统组成。

立式模切压痕机的模切压痕版垂直固定在机架上，压印平板做复合运动，压印平板回转中心不是固定的，连同滑块在机身的滑移导轨上移动，其运动是装在压印平板轴上的连杆随着曲柄的转动而转动，因而压印平板的摆动是在机座的滑移导轨上进行的。它的转动轴不固定，压印平板先经连杆拉动作顺时针摆动，待它的平面呈垂直状态，与模切压痕版相互平行时，压印平板平行地移向模切压痕印版，一直到完成模切压痕任务为止。

这种模切压痕机在压印时，模切压痕印版和压印平板各处平行接触，各点受力和压印时间相等，从而获得整个版面均匀一致的压力，使压痕清晰，不致变形。

（2）卧式模切压痕机。卧式平压平模切压痕机生产成本低，换版容易，安全防护好，自动化程度高，模切精度高，价格适当，操作维修简便，市场占有率较高。

国内外卧式平压平模切压痕机发展迅速，国际先进水平模切速度可达 10000 张/h，模切精度小于 0.1mm。国产模切机也达到了国际先进水平，正在扩大国际市场。

卧式平压平模切压痕机一般采用 PLC 可编程序控制器及 LCD 触摸屏控制和操作，可实现数据输入、存储及与上下位机通讯功能，对机器的数据和有关资料能输出存档，并能自动计算步长和跳步。

采用先进的变频调速技术和快速清废、全清废技术，采用光电套准机构代替前规和侧规，实现了给纸、模切压痕、收纸、计数、故障显示、检测等方面的自动化。有的机型带有最先进的全息烫金功能，与其他机器联机配套也成为比较成熟的技术。

卧式模切压痕机主要由输纸装置、模切压痕装置、清废装置、收纸装置、控制系统和辅助系统（双向辅助吹风装置、压力超载保护等）组成。

堆积在输纸装置输纸台上的印刷纸板被一张一张送出，在输纸板上定位，咬纸牙咬住纸板咬口，由间歇传送的链条把印刷纸板送往模切压痕装置。经过模切压痕装置进行模切压痕，最后由收纸装置送出，咬纸牙把纸放在收纸堆上。

图 6-42 为卧式模切压痕机工作原理图。

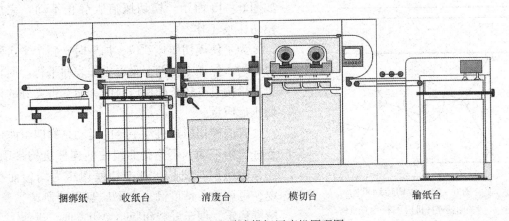

捆绑纸　　　收纸台　　　清废台　　　模切台　　　输纸台

图 6-42　卧式模切压痕机原理图

①输纸装置。卧式模切压痕机都采用自动输纸装置，所以也称为自动模切压痕机。自动输纸装置有摩擦式和气动式两种型式。气动式输纸机工作可靠性高、生产效率高、定位精度高、适合于高速自动化生产。目前广泛采用气动式输纸机。气动式输纸机主要由传动机构、分纸机构、输送机构、输纸台机构、定位机构、检测机构和气路系统组成。

输纸机传动机构用来传递输纸机所需的运动和动力。

输纸机的分纸机构又称分纸头、飞达，它把输纸台上的纸堆逐张分开并送到输送机构。

输送机构又称为输纸板机构，它把分纸机构传过来的纸张送到定位机构进行定位。

输纸台机构堆放纸张并能自动上升，在工作中使纸堆保持一定高度。

定位机构包括前规和侧规，它们使输纸机构送过来的纸张进行定位。前规确定纸张咬口的位置，侧规确定纸张侧边的位置。前规用两点定位，侧规用一点定位。

检测机构用来检测双张和空张。一张纸或纸板正常通过检测机构，检测机构不动作，机器正常运行，如果双张或多张纸或纸板通过，双张检测器动作，发出信号并使机器停止工作。正常工作中，如果没有纸或纸板通过，以及通过时纸张发生倾斜或缺角等，空张检测器动作，发出信号，机器停止工作，故障排除后继续工作。

气路系统包括气泵、气路、气阀，其作用是供给分纸机构各个气嘴气量和进行控制。

自动输纸机构一般均装有不停机续纸装置。

分纸机构的气嘴互相配合把纸堆上的纸一张一张送到输纸板，经过双张和空张检测再送到定位机构定位。然后由固定在传送链条上的咬纸牙排将纸张咬住送往模切压痕部位。

②模切压痕装置。模切压痕装置由上平台（模切压痕版压盘）、动平台（压痕模底板压盘）和传动机构组成。

上平台也称上压盘或上部压盘，压盘面安装模切压痕印版。动平台也称下压盘或下部压盘，上面安装压痕模底板。传动机构是模切压痕装置的驱动机构，一般由曲柄轴带动四组肘杆上下移动下压盘。加压的调整是用手柄上下移动肘杆销承受台进行。曲柄机构运动使下压盘上下移动带动压印平板上下移动，如图6-43所示。模切压痕版静止不动，完成模切压痕工作。

为了使模切压痕到位，加压时，整个平台受力均匀，保证上下两个平台工作表面平行。肘杆压力机构具有较长的保压时间，能获得良好的模切压痕质量。

有的模切压痕机动平台的运动是靠四组曲柄连杆机构带动。不论是四组曲柄连杆机构带动，还是四组肘杆机构，都能使模切压力均匀而稳定，可调整，精度高。上下压盘面要研磨平整，精度稳定，便于安装印版，换版方便、迅速。

③清废装置。印刷品模切后挂连的废纸板称

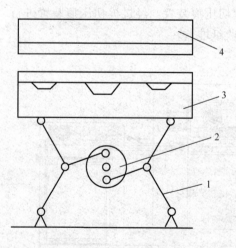

图6-43　模切传动机构
1—曲柄连杆机构　2—肘杆机构
3—动平台　4—上平台

为尾料，可用人工敲落。带自动排废装置的模切压痕机装有排废装置，它能去除咬纸牙咬住的纸板之外的废纸边。

排废装置和模切压痕装置的下压盘联动。可进行上下运动。上部放置了带有销钉的咬纸槽，下部装有阴模的胶合板或带销钉的挂杆，当它们联动时，可以排除废纸屑。排废装置中的预调整台能预先装备咬纸钉，由于它的使用，提高了机器的运行效率和生产效率。

清废装置包括上部清废框（上框架）下部清废框（下框架）和清废阴模板（中清废板），这些部件上分别装有清废针和弹性压块，模切好的纸张到达清废部位时，清废阴模板托住纸张不动，上部清废框向下运动，下部清废框向上运动，清废针与废料一起通过清废阴模板孔，然后上下部清废框回行，清废针与产品脱离，废料落下，完成清废工作。

④收纸装置。经模切压痕和排除废纸屑后，纸板由咬纸牙排送至收纸台。纸板离开咬纸牙排后陆续堆积，堆积到一定高度收纸台自动下降，收纸台上的纸板达到一定数量时，不停机收纸装置将纸板堆移走，收纸工作继续进行。

收纸装置由传送装置、收纸台、收纸台升降机构、不停机收纸装置等组成。

传送装置由链条和咬纸牙组成，传送链条共两条，为套筒滚子链，机器的左右两侧各安装一条。两条传送链条之间安装几排咬纸牙排，每排咬纸牙排上安装若干个咬纸牙。咬纸牙排运动到定位装置时，咬纸牙排的滚子与机器上的开牙凸轮正好相碰，开牙咬住纸板向模切压痕装置传送。到了模切压痕处，传送链条停止运动，等候模切压痕装置对纸板进行模切和压痕。这一工序完成后，传送链条继续咬住纸板运行到收纸台上方，咬纸牙排的滚子与收纸台机架上的开牙凸轮相碰，开牙放纸。模切压痕时纸张静止，所以咬纸牙排的运动是间歇的，纸张停留位置必须精确。

卧式平压平模切机咬纸牙排间歇运动广泛采用平行分度凸轮机构实现。这种机构是共轭凸轮机构，在一个运动周期中，每一个凸轮都依次推动若干个滚子，每一个滚子都有一段相应的凸轮轮廓曲线，一段接一段推动相应的滚子运动，实现咬纸牙排的运动和静止。平行分度凸轮机构运动特性好，振动噪声小，结构紧凑，加工方便。

收纸台的作用是存放已经过模切压痕的纸板。收纸台上装有纸板闯齐机构，它使纸板在收纸台上自动闯齐。

收纸台可以自动下降，还可以电动和手动升降。当收纸台需要快速升降时，采用电动或手动升降装置。当输纸台在工作过程中，一张一张的纸板落在收纸台上，达到一定高度时，触动收纸台上的微动开关，使收纸台自动下降一段距离，纸板继续落在收纸台上，收纸台自动下降反复进行。

当收纸台已经堆满纸张时，可以停机运走，也可以不停机运走，这时可以启动不停机收纸装置，收纸台继续收纸，下面的纸堆与上面分离，可用机器或人工把下面已经过模切压痕的纸堆移走。不停机收纸装置生产效率高，减少了停机次数，使废品减少。

⑤辅助装置。双向辅助吹风装置通过两个方向吹风使收纸堆上产生气垫，辅助纸张平稳回收，可独立控制两个方向的气流大小。上吹风管可根据纸张幅面，在机器外部调整吹风管的位置，操作方便。

压力超载保护采用压力传感器检测墙板变形，当超过最大压力时立即报警，提高机器安全性。

（二）卷筒纸模切压痕机

卷筒纸模切压痕机有圆压圆型和平压平型，这里讲述平压平型卷筒纸模切压痕机。

卷筒纸模切压痕机是一种由卷筒纸板输纸进行模切压痕的机器，一般有线外和在线两种加工方式。线外加工方式是用印刷机印刷卷筒纸板，再把回绕到卷纸机上的卷筒纸板放到模切压痕机输纸机架上，进行模切压痕加工。线外加工方式的特点是印刷机与模切压痕机没有联系，互相不受限制。印刷机高速印刷可用多台模切机与印刷机配合，或增加模切压痕机开机时间。

线内加工方式是模切压痕机与印刷机连接起来，组成联动机，从卷筒纸板开始用一道印刷、模切压痕工序进行生产。这种方式可以减少操作人员，但是一般印刷机速度较高，模切压痕机速度较低，两者速度不能匹配，只能降低印刷机速度，不可能提高模切压痕机速度，使生产效率受到影响。

（三）圆压平模切压痕机

将平压平模切压痕机的模切压痕印版部分改造成滚筒形式，压印部分为平板，就变成了圆压平模切压痕机。

圆压平型模切压痕机将钢刀和钢线安装在滚筒上，钢刀和钢线是滚筒形模切压痕版专用。这种模切压痕机速度和生产效率比平压平型高。

滚筒上面安装模切压痕版，即把钢刀和钢线排在滚筒表面，下面的平板安装压痕模。当滚筒旋转一周，平板往复运动一次，完成一个模切压痕循环。钢刀、钢线布置在滚筒的一半面积上，另一半为空挡。当钢刀与钢线与需模切压痕的纸板接触时，平板带动纸板向右运动，完成工作行程；当空挡转到平板上时，平板向左运动，为空行程，为下一次模切压痕作准备。

这种模切压痕机的输纸装置和收纸装置与上述所讲相同。

（四）圆压圆模切压痕机

圆压圆型模切压痕机是把钢刀、钢线排在滚筒上，压痕模安装在另一滚筒上，上下两滚筒组成一组。也有的机型把钢刀和钢线分别排在两滚筒上。图6-44为圆压圆模切机组。

圆压圆型模切压痕机整体式滚筒是把模切刀和压痕线和滚筒加工成一体，组合式滚筒一般利用磁性将模切刀和压痕线和滚筒组成一体，图6-45为磁性滚筒和模切刀、压痕线。

图6-44　圆压圆模切机组

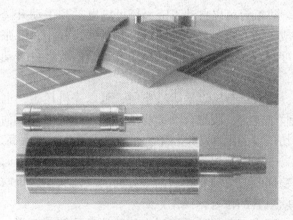

图6-45　磁性滚筒和模切刀、压痕线

圆压圆型模切压痕机模切压痕时是线接触，模切压力比平压平型小得多，设备功率小，运行稳定性高，生产速度高，模切速度在 100m/min 以上，有的机型可达 300 ~ 350m/min。圆压圆模切压痕机具有高精度的套准装置及模切相位调整装置，可获得相当高的模切压痕精度。

圆压圆模切压痕机在国内外一些厂家已得到应用，由于价格高，使用受到一定限制。它的输纸和收纸装置与前边讲过的相同。这种模切压痕机适用于大批量生产，特别适用于与印刷机联成自动生产线。

（五）联机模切压痕机

联机模切压痕机是把模切压痕机与印刷机（如柔印机、凹印机、胶印机、压凹凸机、烫印机等）连接起来，组成联动机。联动机一般使用卷筒材料。如前所述，平压平模切压痕机可以组成联动机，圆压圆模切压痕机更易与高速印刷机联机配套。这种联动机生产速度快，生产效率高，生产周期短，简化管理，降低成本。

联动机需要精度很高的电子套准技术，广泛用于胶印、凹印及柔性版印刷生产线中。

1. 联机平压平模切压痕机

联机平压平模切压痕机的模切压痕装置和模切压痕版与单张纸模切压痕机基本相同，模切压痕时纸张是静止的。两种机器不同之处在于：

（1）联机模切压痕装置不需要咬纸牙排。联机使用卷筒纸，靠卷筒纸输送装置送纸，模切压痕版台的移动冲程较短，模切压痕速度得以提高，最高可达 20000 次/h。

（2）联机模切压痕采用套准标记定位。单张纸模切压痕机一般采用前规和侧规定位，两者定位方式不同。

（3）联机模切压痕运动为间歇运动，输纸运动为连续运动。联机的前面印刷机纸张为连续运动，进入模切压痕部分时，纸幅由一个偏心机构实现储存和放纸。纸幅在模切压痕位置处于静止时，前面连续送来的纸幅被偏心机构压向储存位置，纸幅完成模切压痕向前运动时，偏心机构继续转动放纸。

2. 联机圆压圆模切压痕机

联机圆压圆模切压痕机是高速度、高精度设备。

（1）联机圆压圆模切压痕机是在连续转动中完成对纸幅的模切压痕，无须纸幅停顿，效率更高。

（2）圆压圆模切压痕机和与之联机的印刷机都是卷筒纸机，速度高，配合好。

（六）模切压痕打样机

模切压痕打样机由电脑控制，用于纸箱、纸盒的样品设计、打样，代替传统的手工设计和打样。模切压痕打样机可以快速实现纸箱、纸盒的结构设计，包括折叠型、管状型、盘型、固定纸盒、瓦楞纸箱等，完成尺寸标注、外形输出、拼排、模切、压痕等一系列操作。图 6 - 46（a）为模切压痕打样机外形。

模切压痕打样机有三种刀具：切刀［图 6 - 46（b）］用于切割，分为振动切刀和半切刀。振动切刀能切割瓦楞纸板、卡纸、纸板、复合材料、皮革、布等不同材质的材料；半切刀用于纸板半切割之后的折叠和虚线切割。压轮［图 6 - 46（c）］用于压痕，能够在瓦楞纸、卡纸、胶板等材料上压出完美的折痕线。划线笔［图 6 - 46（d）］用于各种图形的画线。模切压痕打样机由伺服电机驱动，刀具可以沿水平和垂直方向移动。

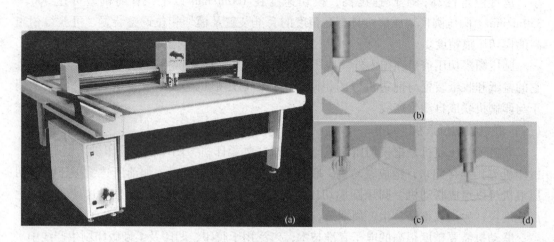

图 6-46　模切压痕打样机

笔、轮、刀的加工速度允许不同。速度等级有若干级，等级越小则速度越慢，但效果越好；等级越大则速度越快，但效果越差。

模切压痕打样机图形的切割比例，由控制台自动确定，换装刀具时和切割完成后，刀架移动到指定位置。显示加工所用的时间，显示这个图形的加工次数。

输入大于 1 的值将会在加工完成后相隔设定分钟后再自动加工。

下刀之前、抬刀之前、线条拐点之后、线条拐点之前，可以补偿运动轨迹的缩短与延长。

一般情况下，模切压痕打样机加工的最大纸板尺寸可达 2500mm × 1600mm，移动速度可达 65m/min，切割厚度可达 10mm，切割精度可达 0.02mm。

（七）常用模切压痕机

1. 立式平压平模切压痕机

立式平压平模切压痕机适用于各种纸板、瓦楞纸板、塑料片、皮革等材料的模切压痕，结构紧凑、压力大、使用方便、速度较低。图 6-47 为立式平压平模切压痕机外形图。

图 6-47　立式平压平模切压痕机

2. 卧式平压平模切压痕机

卧式平压平模切压痕机是自动模切机，适用于各种纸板、瓦楞纸板、塑料片、皮革等材料的模切压痕。这种模切压痕机安装了自动输纸和自动收纸装置，实现了输纸、模切压痕、收纸、计数、故障显示、检测等多方面自动化，不停机连续生产，提高了生产效率，降低了劳动强度。图 6-48 为卧式平压平模切压痕机外形图。

3. 圆压平模切压痕机

圆压平模切压痕机适用于各种纸板、塑料片、皮革等材料的模切压痕。这种机器采用一回转圆压平机型，钢刀和钢线安装在滚筒上，滚筒转一周，压印平板往复运动一次，完成一个工作循环。

图 6-48 卧式平压平模切压痕机

4. 自动清废模切压痕机

自动排废模切压痕机适用于包装纸盒、纸箱、商标等模切压痕和凹凸压印。自动排废模切压痕机为平压平机型，卧式布置。除具有自动模切压痕机特点外，还加装了清废系统，它能在模切生产的同时，排除纸屑和废边，提高了生产效率。清废时，纸张不需要任何不必要的移动，上部框架和下部框架可以拿下来。机器备有两套框架，一套框架使用时，另一套框架可以在预装台上准备，缩短了生产准备时间。在加工瓦楞纸板时，配有快速锁定清废工具和带穿孔板的上框架。所有清废部件都能根据不同的纸盒形状，任意选用，调整迅速。

图 6-49 为 MK1450ER 平压平自动全清废模切机，一次走纸可实现模切成型、全清废、成品计数、堆码收集功能，产品可直接进入下一工序或装箱。

自动全清废模切机由输纸装置、模压装置、清废装置、清成品装置和废边输送装置等组成。清废部由上清废框、清废阴模板、下清废框组成，采用中心定位结构，操作便捷，微调方便。

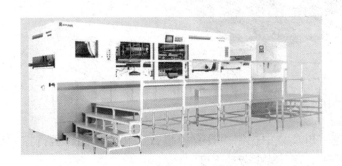

图 6-49 MK1450ER 平压平自动全清废模切机

清废阴模板采用快速锁紧机构，操作便捷，重复安装时可在操作侧窗口处操作。清废预置架系统允许在机器外预先对清废针等部位进行排列安装，降低换版时间。上清废框气动抬起装置，增加了机器内部的操作空间。

5. 圆压圆模切压痕机

圆压圆模切压痕机适用于大批量生产，特别适用于与印刷机联成自动生产线。图 6-50 为圆压圆模切压痕机。

图 6-50 圆压圆模切压痕机

二、裱 纸 设 备

裱纸机是将二张纸板覆合、粘结在一起的机器。

裱纸机由输纸机构，裱纸机构、压合机构及控制装置组成。输纸机构由上下两个，上面输纸机构一般为气动式，用于面纸的输送，下面输纸机构一般为摩擦式，用于底纸的输送。裱纸机构由一组涂胶辊组成，用于给底纸涂胶。压合机构由压合辊及压合输送机构组成，如图 6 – 51 为裱纸机。

图 6 – 51　裱纸机

全自动裱纸机一般采用变频调速，PLC 集中控制，具有模拟数字转换功能，运行控制精确。采用液面控制系统，自动循环上胶，减少劳动强度。

裱纸机的机加工精度决定涂胶均匀性。胶辊的外圆和内圆精度一致，贴面精度至少 5 年保持不变。全自动机器采用内置式胶槽，封闭式泵胶，胶量液压供胶，均匀、安全与卫生。

裱纸机每次生产前要全面检查机器的基本情况，重点检查安全保护装置，检查机器各部分的油箱液面，给非自动加油的部位加油。

根据工单要求把纸张放在输纸装置的纸堆台上居中的位置，把纸堆台升到分纸装置下面，打开气泵开关。然后按自动浆糊按钮→主机按钮→离合器按钮→输送机按钮。

调整面纸与半瓦楞纸的粘合位置，当裱出第一张后认真检查，无误后正式生产。生产过程中要控制黏合剂的厚度，产品不能出现起泡、脱胶、粘花等现象。生产结束后要把黏合剂供给系统清洗干净，对机器设备进行清洁、保养，做好生产记录。

三、糊 盒 设 备

1. 糊盒机的组成

糊盒机主要由输纸、预折、上胶、折叠、加压、收纸装置组成。整台动力由一台或多台无级调速电机提供，图6－52为糊盒机。

图6－52　糊盒机

　　输纸装置是将纸堆上的盒坯料一张一张的分开，传递到预折装置。输纸采用下送式连续输纸的方式，输纸皮带和主传送皮带的速差可由变速器进行调节。输盒是通过传动机构上的电磁离合器与制动器进行的，离合器在输盒按钮板上和遥控器按钮板上及触摸屏上均有控制键。输盒按钮板上按钮可完成输纸、主机开启、停止、加速、减速等功能。

　　预折装置是根据痕线将纸盒弯曲150°左右，再返回到原来的形状，主要是为了糊盒时不会出错。折叠纸盒糊盒压折以后能容易打开。预折装置可安装预折附件，特长的预折部分和与之匹配的附件均是经过特别设计的，目的是减小调机和产品转换时间。同时还可以安装扣底部件，来满足客户对折盒的不同要求。如果用户想在产品上同时完成预折扣底，可另外增加一段扣底部分。

　　上胶装置是通过胶盘或喷胶装置给纸盒黏合部上胶完成黏合。上胶装置既可以采用机械滚轮式，也可以选用电子喷胶装置，包括底胶和面胶。面胶装置有两种安装位置，一种是安装在预折部分，另一种是安装在折叠部分。上胶装置位于折叠部分的前端。

　　机械滚轮式上胶装置主要由胶轮、胶锅、压轮、胶量调节器、引导杆和气刀切割器组成。胶轮为3mm或5mm厚的金属叶轮，根据不同上胶要求选择不同厚度的胶轮。3mm厚的用于常见的盒型，5mm厚的用于需求胶量多的粘合盒片。胶锅是用于储存和补给胶量，通常是由锅和胶瓶构成。压轮可根据盒片的厚度调节其压力，保证上胶量。胶量调节器是通过一个刮刀刮去胶轮上多余的胶量，可以调节其与轮片的距离和间隙。引导杆的作用是引导盒片与胶轮接触，其高度可以根据盒片的厚薄来调节。气刀切割器可调节气量大小来切割胶的连接，让胶粘合时不出现粘连和拖尾，提高糊盒的质量。

　　折叠装置是将第2和第4折痕完成折叠，同时将粘上胶的粘接舌完成糊盒功能。折叠装置上部运送器为可调整压力的上输送装置，可以轻易提起，皮带容易更换，而且折叠部配备可拆卸的中间输送组，方便小纸盒的折叠。折叠器长度经过准确计算可以精确地进行，能处理各种形式的包装盒。

折叠机构的按钮箱上装有一个触摸式显示屏，用以显示机器的工作状态，例如纸张计数显示、机器转速显示，显示屏还用来进行参数设置，如收盒离合器时间及开关设置等。显示屏另一功能是机器的故障显示，机器有故障时显示屏将显示故障原因、解决方法等内容，可以进行人机对话。

加压装置是将粘接舌和对应的部分在一定短暂的压力辅助下完成黏合过程，采用光电计数器自动计算，并将不合格的产品剔除。

收纸装置由长支架或垂直支架加输送带构成。糊好的纸盒以一定的压力夹在上下输送带中间，同输送带一起移动完成收料，输送带运动速度要适中，要让纸盒停在其中一定的时间，让黏合更加牢固。

收盒是通过 PLC 变频调速，对纸盒运动的速度自动控制。同时在触摸屏有控制键，并可设定开启时的时间，收盒按钮板上按钮可完成主机开启、停止等功能。

2. 糊盒机的类型

（1）半自动糊盒机。半自动糊盒机主要应用于大型的包装盒和瓦楞纸箱以及其他全自动糊盒机不能糊制的纸盒。半自动糊盒机结构简单，设备外型较大、结实、可靠，使用和调试容易。使用频率高，几乎所有盒子都可以在半自动糊盒机上制作。

工作流程为：自动进纸→磨边→涂胶→经皮带送出→人工折叠成型，再由一侧的气压压台定型（单边配有 6 个工位）。用机器糊制的纸盒外表美观，粘口坚固，又省胶，其产量取决于工人的熟练程度。

（2）全自动糊盒机。全自动糊盒机通常有三种类型。

① 普通型糊盒机。具备最基本的两边折叠和两边边贴功能，这种糊盒机占市场比例最高，适用范围最广，是代替手工糊盒最基本的糊盒设备。

②预折的糊盒机。普通纸盒基本上是方型（即四条边），普通型糊盒机和手工糊盒只能折两条边，另外两条边只有压痕却没有折过，因此打开纸盒不太容易。经过预折的纸盒容易打开，适合自动装货包装机，尤其是药盒，基本上都采用预折糊盒机。

③扣底的糊盒机。这类糊盒机结构复杂，调试难度高。它不但具备以上两种类型糊盒机的功能，而且还可以对盒子的底部进行折叠和粘贴，这种盒子在使用时容易打开。盒子底部已粘好，不用人工再插底，这种盒子俗称为自动底纸盒。

一般高档的包装盒（如化妆品盒）均采用扣底结构。扣底糊盒设备价格高，国内一部分印刷包装商家采用传统的人工扣底。

3. 糊盒机的调节

（1）输纸部位。①调节纸板平度。纸板前端上翘，应手工弯一下，尽可能使之恢复平整，再放入输纸部位。②纸堆高度太低，下面的纸板受到的压力不够，摩擦力不足。应使纸堆保持一定的高度。③保持传送带清洁。盒片上的纸粉和印刷时的喷粉粘在橡胶传送带上，越聚越多，导致输纸困难。对此，应经常用湿抹布擦洗传送带，及时去除纸毛、纸粉和喷粉等。

（2）涂胶部位和折叠部位。① 确保纸盒粘口边与输送带平行。② 上、下胶轮的间隙及涂胶量要合适，以保证涂胶层薄而均匀。③ 纸盒粘口与胶轮宽度要匹配，纸盒的粘口宽度应满足糊盒机的要求，过宽过窄都会影响糊盒质量。上胶轮的同心度要保证精确，边缘的滚花要无磨损，以保证上胶均匀。④ 涂胶位置要恰当，离折痕线太远则成盒不美观；太近则可能使不该涂胶的位置涂上了胶，导致成盒困难。⑤ 已涂有黏合剂的粘口不能再碰到机器的其他部位。

（3）磨边部位。磨边适用于经过 UV 上光和覆膜的纸盒，将黏合部位的上光油和薄膜打磨干净，使用普通黏合剂就可以黏合。① 磨边的位置要恰好是涂胶的位置，这个位置距离折痕线 1~2mm。② 磨边时应将纸板表面的涂层稍稍磨破，但不能磨得太深，以免痕迹过于粗糙，不利于涂胶。③ 在磨边部位应加装纸粉、纸毛的收集装置。

（4）收纸部位。纸盒经折叠后送至加压部，因其长度不同，其压轮需重新安装，高档自动糊盒机可针对不同的盒型分别采用上部收纸法、下部收纸法及横向收纸法来收盒。

4. MK800FBII 高速自动糊盒机

图 6-53 为 MK800FBII 高速自动糊盒机，这种糊盒机输纸装置单独调整给纸皮带装置，调换皮带方便；给纸刀，左右挡纸板上下调整，缩短调整及换盒时间。

图 6-53　MK800FBII 高速自动糊盒机

预折装置可完成第一痕线 180°、第三痕线 135°预折，便于纸盒填充实物时方便打开。勾底装置安装在可翻转支架上，充分减少勾底与其他盒型互换调整时间。

上胶装置左右、上下位置均做到单独精确调整，方便装拆、清洗。

折叠装置加长设计，能充分保证左右折叠皮带配合各种角度导轮做精确调整，满足不同材质、尺寸纸盒要求。

压合装置压力调整方便，纸品压力可靠，压紧压实，提高粘接质量，配备安全开关，确保整机运行安全。

可配置联机在线废品剔除装置，具有彩色条码检测功能、滚轮胶量检测功能、喷胶胶量检测功能。

可糊制直线盒、勾底盒、微型盒、针剂盒、盒中盒、CD 封套、薯条盒、四角贴、六角贴等盒型。

复习思考题

1. 什么是模切压痕？模切压痕的特点和作用是什么？
2. 模切压痕排版有哪些形式？各有什么特点？
3. 模切压痕工艺主要哪些工序？各工序有什么作用？
4. 简述模切压痕的工作原理。
5. 激光排版有什么优点？工作原理是什么？
6. 设计模切压痕版时，一般要注意哪些问题？其工艺流程是什么？
7. 粘贴压痕模的组成和作用是什么？
8. 瓦楞纸板的组成和特点是什么？
9. 卧式平压平模切压痕机的组成和工作原理是什么？
10. 圆压圆模切压痕机的工作原理是什么？
11. 联机平压平模切压痕机的特点和工作原理是什么？
12. 模切压痕产品常见质量问题和解决方法是什么？
13. 裱纸的方式有几种？各自的特点是什么？
14. 裱纸的工艺流程是什么？裱纸的常见故障和解决方法是什么？
15. 糊盒的方式有几种？各自的特点是什么？
16. 糊盒的工艺流程是什么？糊盒的常见故障和解决方法是什么？

第七章 复 合

将两种或两种以上基材（纸、塑料薄膜、铝箔等）黏合在一起即成复合材料。复合材料一般具有构成它的各基材的优良性能；同时又弥补了相互的不足，在一定程度上满足了多种产品的包装要求，尤其在食品包装中得到了广泛的应用。

许多复合材料是先在基材上印刷后再进行复合，印刷层被夹在基材中间，既增加了印刷的色泽和牢固度，又避免了油墨中的有害物质对内装物的直接污染。

第一节 复合方法与工艺

复合材料的生产方法主要有干法复合、湿法复合、无溶剂复合、热熔复合、涂覆、挤出复合、共挤出复合等。

一、干 法 复 合

干法复合是用黏合剂将两种或两种以上基材复合在一起，复合中，先将涂布在基材上的黏合剂干燥。干法复合是生产复合薄膜最常用的方法。

（一）干法复合的特点

（1）适用范围广。可用于各种塑料薄膜、铝箔、镀铝薄膜以及纸张的复合，尤其适用于同种或异种塑料薄膜的复合。

（2）生产效率高。复合速度一般为 $130 \sim 150 m/min$；最高可达 $250m/min$ 左右。

（3）黏合强度大。使用聚氨酯黏合剂和其他溶剂型黏合剂，黏合强度大，并有良好的耐热性和耐化学药品性，可用作耐高温蒸煮袋等。

（4）操作较简单。只要干燥温度和张力控制适当，就可顺利生产。

（5）能源消耗大。干法复合的黏合剂用量大，能源消耗大，其生产成本较高；且聚氨酯黏合剂有一定的毒性。

干法复合主要用于蒸煮食品、风味食品等中高档商品的包装。

（二）干法复合工艺

1. 干法复合过程

用印刷的薄膜作第一基材，经过涂布装置将黏合剂均匀地涂布在第一基材的印刷面上，然后将其通过烘道，使黏合剂中的溶剂挥发，再经过复合压辊在加热加压下与第二基材复合在一起，冷却后卷取即成复合膜卷，工艺流程为：

放卷→涂布黏合剂→干燥→复合→收卷

复合膜卷还需进一步固化，即进行熟化处理，以达到应有的性能。干法复合工艺流程如图 7-1 所示。

2. 工艺参数

工艺参数主要有涂布量、干燥温度、复合温度、压力以及熟化温度和时间等。

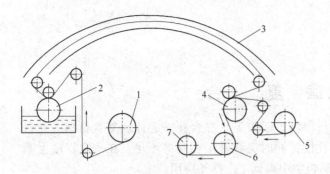

图7-1　干法复合工艺流程图
1—第一基膜　2—涂胶　3—烘道　4—复合辊
5—第二基膜　6—冷却辊　7—收卷

（1）涂布量。若涂布量过大，会使复合薄膜发皱变硬，溶剂不易挥发彻底，胶层中也会残存溶剂，造成脱层，影响黏合强度；若涂布量不足，复合薄膜的黏合强度差，热封强度降低。

黏合剂的涂布量根据基材的状况确定，若基材表面平滑，黏合剂涂布量一般为 $1.5 \sim 2.5 g/m^2$；对表面粗糙的基材，若印刷墨层厚实，面积较大以及多色印刷的基材，黏合剂涂布量一般为 $2.5 \sim 3.5 g/m^2$；

耐蒸煮、耐高温和黏合强度要求高的复合薄膜，黏合剂涂布量一般为 $3.5 \sim 5.0 g/m^2$。

（2）干燥温度。复合烘道有三段工作区：蒸发区、硬化区、排除溶剂区。根据溶剂的种类和基材的耐热性等来确定干燥温度，各段温度分别控制。干燥温度也要与生产速度相适应，使黏合剂中的溶剂完全挥发。若干燥温度过高，薄膜受热易被拉长，产生皱纹，同时溶剂挥发过快，容易产生针孔等；若干燥温度过低，溶剂的挥发速度慢，涂布在基材上的黏合剂层中残存的溶剂多，复合膜的黏合强度降低。

干燥温度从进口到出口由低到高分三段控制。第一段为蒸发区，基材首先进入烘道的蒸发区。这时，黏合剂中的溶剂含量大，蒸发容易，温度应低一点，使其慢慢蒸发，有利于保证质量。当基材进入硬化区时，因溶剂不断蒸发以及黏合剂两组分间的反应，黏合剂的黏度逐渐升高，溶剂再继续蒸发困难，此时应提高烘道温度。当基材进入排除溶剂区时，应进一步提高烘道温度，以使黏合剂中残余的溶剂完全蒸发掉，形成有一定黏性的胶层。烘道的三段温度一般为：蒸发区 $50 \sim 60℃$；硬化区 $60 \sim 70℃$；排除溶剂区 $70 \sim 80℃$。溶剂的挥发速度除与烘道的温度有关外，还与烘道中的风速、排风量等密切相关。一般风速越快、排风量越大，则溶剂的挥发速度越快，反之亦然。

（3）复合温度和压力。适当提高复合温度和压力，可以使黏合剂的流动性增加，第一基材和第二基材的亲和性增加，复合强度提高。但复合温度过高，会使基材的透明性降低。通常的复合温度为：透明薄膜 $50 \sim 60℃$；铝箔 $80 \sim 100℃$；其他基材 $70 \sim 80℃$。复合压力一般为 $0.4 \sim 1.2MPa$。

（4）熟化温度和时间。聚氨酯黏合剂在将两基材复合后并未完全固化，因此复合后的薄膜还需要经过熟化处理，使其充分交联固化，达到应有的复合强度。适当提高熟化温度，可以缩短熟化时间，增加复合强度，但熟化温度过高，会使复合薄膜的开口性变差。一般熟化温度在 $50 \sim 60℃$，熟化时间需48h左右。

（三）干法复合常见故障和解决方法

1. 涂布不均匀

产生原因可能是胶槽中的部分黏合剂固化，这时，应更换或增添黏合剂。若涂布压力小，应加大涂布辊的压力；若橡胶辊溶胀、变形，应更换胶辊；若薄膜厚度误差大，应更换薄膜，选用厚度误差小的薄膜；若薄膜松弛，应调大走膜张力。

2. 复合膜黏合不良

产生原因可能是黏合剂选择不当，涂布量设定不当，配比计量有误，这时，应重新选择黏合剂牌号和涂布量，准确配制。若稀释剂中含有醇和水，使主剂的羟基不反应，应使用高纯度（99.5%）的醋酸乙酯；若黏合剂被印刷油墨吸收，使涂布量不足，应重新设定配方和涂布量；若黏合剂有效期已过（一般为 2～3 天），应更换黏合剂，黏合剂应随配随用；若熟化时间、熟化温度不当，应适当提高熟化温度或延长熟化时间；若聚烯烃薄膜表面处理不够，应提高电晕处理的电压和电流；若复合压力偏低，速度较快，应提高复合温度和压力，适当降低复合速度。

3. 复合膜卷曲

产生原因可能是互相贴合的基材拉力不一致，薄膜向着受力大的基材一方卷曲，这时，应调节辊速和张力。

4. 复合膜外观不良

产生原因可能是涂布不均匀，有刮刀痕迹，这时，应调节黏合剂液黏度、浓度和刮刀角度。若黏合剂涂布量过多，应重新设定涂布量；若基材表面润湿性差，应提高复合辊温度；若传送膜导辊上有杂质，应清理干净导辊；若刮刀上有杂物或损伤，产生刮痕，应清理或研磨刮刀；复合膜起皱，应调整收卷张力和速度；若环境湿度大或加工时夹入水分，产生白化现象，应提高干燥温度，降低环境湿度。

5. 复合膜产生气泡

产生原因可能是干燥温度过高，黏合剂表面结皮，这时，应降低干燥温度。若复合压力不够，应提高复合压力；若基材薄膜有皱褶或松弛现象，薄膜不均匀或卷边等，应更换合格的基材，调整辊速和张力；若复合膜上裹入灰尘、杂质，应清除静电和杂质；若黏合剂涂布不均匀，用量少，应提高涂布量和均匀度；若黏合剂浓度高，黏度大，涂布不匀，应用稀释剂降低黏合剂浓度。

6. 产品有异味

产生原因可能是黏合剂残留溶剂未除净，这时，应调节干燥温度、进风量、排风量、温度梯度及速度，若印刷后残留溶剂未除净，应控制印刷速度和印刷质量。

7. 复合膜表面发黏

产生原因可能是熟化温度过高，这时，应降低熟化温度。若溶剂残留量大，薄膜中滑爽剂失效，应排除残留溶剂。

8. 纵向有漏粘痕迹

产生原因可能是张力控制不合适，复合后薄膜收缩或松弛，这时，应根据薄膜规格选择最佳张力及控制参数。若残留溶剂量大，应降低黏合剂涂布量，或复合速度；若干燥过度，薄膜延伸增大，黏合剂反应剧烈，得不到充分的初黏结力，应严格控制延伸性大的薄膜干燥和卷取张力；若辊温过高，应降低辊温。

二、湿法复合

湿法复合是用水溶型黏合剂将两种或两种以上的基材复合在一起，涂布后的黏合剂

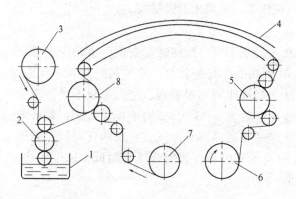

图 7 - 2　湿法复合工艺流程图
1—黏合剂　2—涂胶辊　3—第二基膜　4—烘道
5—冷却辊　6—收卷　7—第一基膜　8—复合辊

不经干燥即复合在一起，复合后再经过热烘道干燥成为复合膜。湿法复合工艺流程如图 7 - 2 所示。

湿法复合是一种经济、环保的复合方法。因不使用有机溶剂，所以污染少，成本较低，复合速度可达 150～300m/min。

由于湿法复合中使用的是水溶型黏合剂，所以要求复合基材至少有一侧是疏松多孔、透气性好的材料，以便复合后使黏合剂在烘道中充分干燥。湿法复合主要用于铝箔/纸、纸/纸、纸/玻璃纸、塑料/纸的复合。湿法复合黏合强度不高，主要用作香烟、糖果、巧克力的内包装材料，以及包装商标材料。

湿法复合膜的黏合强度与基材的表面状况、黏合剂的涂布量及固体含量密切相关。如铝箔表面残留的压延油污会降低黏合剂的润湿效果，使黏合强度降低；纸基材厚薄不均、表面有异物等也会降低黏合强度。

湿法复合机工作原理和结构与干法复合机相似，主要由放卷和收卷装置、涂布装置、复合装置、干燥装置组成。因为湿法复合是将涂布黏合剂的基材直接与另一基材复合后，再进入烘道干燥；而干法复合是将涂布黏合剂的基材先经烘道加热待溶剂挥发后再与另一基材复合。因此相应的复合机装置也有些不同。

由于湿法复合的环保性和经济性，是一种很有发展前景的复合方法。

三、挤出复合

挤出复合一般是将 PE 材料经挤出机 T 型模头挤出后成熔融状态时与其他基材黏合在一起，冷却定型后成为复合薄膜。

（一）挤出复合的特点

挤出复合是一种用途广泛的复合方法，主要有以下特点：

（1）在挤出复合中，PE 既是黏合剂又作为复合结构层，无须再使用其他黏合剂，因此生产成本较低，比干法复合降低 1/3 左右。

（2）从挤出到复合一次完成，生产效率高，一般复合速度在 150m/min 左右，高速复合可达 200～300m/min。

（3）挤出复合温度高，挤出复合膜比干法复合膜柔软。

（4）挤出复合无溶剂挥发，对环境污染小。

（5）挤出复合设备费用过高，适用于大批量复合，小批量复合的经济效益低下。

挤出复合可用于塑料/铝箔、塑料/纸、塑料/塑料、塑料/铝箔/纸之间的复合，挤出复合产品可加工成包装袋、纸盒、软管等，主要用于食品、饮料、化妆品、牙膏等产品的包装，也可作为水泥袋、化肥袋、集装袋等大型包装袋。

三层复合膜的特点为结构对称，不发生卷曲，便于自动包装，但需要进行两次挤出复合加工。三层以上挤出复合膜按要求进行设计，可用于多种产品的包装，需多次复合，工艺复杂。

（二）挤出复合工艺

1. 挤出复合过程

挤出复合有单联式挤出复合和串联式挤出复合。单联式挤出复合由一台挤出机和复合装置组成，可生产两三层的复合膜。串联式挤出复合由两三台挤出机和复合装置组成，可生产3~7层的复合膜。工艺流程见图7-3和图7-4。

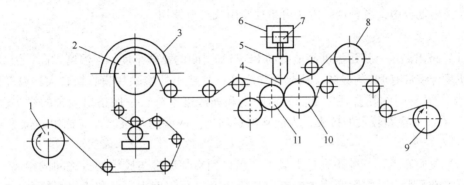

图7-3 单联式挤出复合工艺流程图

1—放卷 2—鼓形辊 3—烘箱 4—空隙 5—T型模头 6—挤出机
7—塑模板 8—基材 9—收卷 10—冷却辊 11—夹紧辊

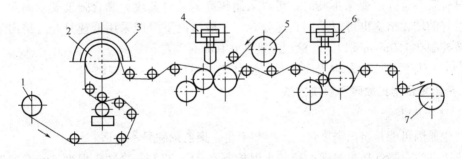

图7-4 串联式挤出复合工艺流程图

1—放卷 2—鼓形辊 3—烘箱 4—挤出机 5—夹层基材 6—挤出机 7—收卷

2. 增黏处理

由于PE热黏结材料与基材的黏合牢度较低，因此，在挤出复合中常需要对基材进行增黏处理，以增加挤出复合材料的黏合强度。

（1）电晕处理。在复合前对基材表面进行电晕处理是最常用的方法。电晕处理方法一般用于塑料薄膜的表面处理，提高表面张力。在挤出复合中，对纸基表面进行高强度电晕处理，也可增强其黏合强度。

（2）打底处理。复合前在基材的表面涂布一层增黏剂。将增黏剂涂布在基材上，加热将溶剂蒸发后，再通过黏合剂与其他基材复合在一起。

（3）高温氧化。在热融片膜从 T 型模头的出口流到复合基材上的过程中进行空气氧化。可通过提高热融片膜的温度和延长片膜暴露在空气中的时间，来提高片膜的氧化程度。但热融片膜过度氧化会有异味，对食品包装有影响，还会使复合材料的热封性能降低。

（4）臭氧氧化。采用臭氧发生器进行氧化，通过喷嘴喷出高浓度的臭氧，冲击热融片膜与基材相黏合的一面，使其充分氧化。

（5）火焰处理。在许多 PE 与纸基的挤出复合中，对纸基表面进行火焰处理，能使 PE 与纸基的黏合性得到改善。

在挤出复合中，各种增黏方法可单独使用或组合使用。

3. 挤出复合

（1）挤出温度。挤出温度高能提高 PE 与基材间的黏合牢度，但温度过高，因高温氧化会使复合膜带有 PE 的异味，热封性能降低，且挤出的熔融片膜收缩较大；温度过低，则使 PE 与基材间的黏合强度下降，透明度和光泽度下降。一般挤出复合的机头温度为 300℃左右，对幅宽较大的机头，为使其出料均匀，两端的热融温度应比中心位置高 5℃左右。

（2）气隙距离。气隙距离是指从 T 型模口到冷却钢辊与胶辊切点之间的距离，即热融片膜的流下距离。气隙距离大，挤出片膜表面氧化程度大，有利于提高复合牢度。但气隙距离过大，热融片膜的损失将增大，不仅会影响复合牢度，还会产生较大的缩颈。气隙距离一般控制在 50 ~ 150mm。

（3）复合速度。复合速度越快，涂覆层越薄，则黏合强度越低；反之亦然。一般当挤出复合膜黏合强度要求不高时，可以采用较高的复合速度；黏合强度要求高时，若采用了较好的增黏措施也可以采用高速复合，一般情况下只能采用低速复合。挤出复合速度一般控制在 150m/min 以下，涂层厚度在 0.05mm 左右。

（4）冷却温度。冷却辊表面温度一般为 20 ~ 35℃。

（三）挤出复合常见故障和解决方法

1. 透明度不佳

产生原因可能是挤出温度过高，冷却不足，聚乙烯牌号不合适。

解决办法有降低挤出温度；冷却水温控制在 21 ~ 27℃，冷却辊温度 < 66℃；选用合适的聚乙烯牌号。

2. 涂层厚度不均

产生原因可能是出模口温度不够均匀，出料不均，波形出料。

解决办法有调节机头温度，调口模间隙、消除薄点，提高上模两端温度。

3. 缩孔龟裂

产生原因可能是挤出温度过低，螺杆塑化不良，不同树脂混合。

解决办法有提高挤出机温度，更换螺杆，清理螺杆及机头，用新料。

4. 薄膜条纹

产生原因可能是口模定型段有异物，定型段有伤痕。

解决办法有清理口模定型段，修整、打光。

5. 卷取皱纹

产生原因可能是薄膜厚度不均，冷却不充分，卷取张力小，卷取打滑。

解决办法有调节口模间隙温度，降低冷却辊温度，提高走膜张力，调节卷取机。

6. 表面粘连

产生原因可能是涂覆温度过高，卷取前冷却不足，电晕处理过度或预热过度，树脂牌号不合适。

解决办法有根据树脂牌号选择适宜温度，降低冷却辊温度或适当降速，调整电晕处理或预热条件，选用合适的树脂牌号。

四、无溶剂复合

1. 无溶剂复合原理

无溶剂复合是采用无溶剂型黏合剂，将两种基材复合在一起的方法，又称反应型复合。

无溶剂复合使用的黏合剂无溶剂，都是有效成分，涂布量很小，将如此少量的黏合剂均匀地涂布在基材上，采用一般的涂布装置不能进行精确涂布。因此，要使用稳定的、高精度的涂布装置来完成。由于无溶剂复合中黏合剂的涂布量非常少，因此要采用很高的复合压力。

2. 无溶剂复合黏合剂

无溶剂复合一般使用单组分和双组分聚氨酯黏合剂。聚氨酯预聚体经加热变成低黏度液体，与空气中的水分相遇即发生固化。黏合剂加热时处于液状，用复合机的涂布装置涂布到塑料薄膜表面。

无溶剂黏合剂常温是黏稠的液体，在加热的情况下为黏度低的可流动液体，能很好地进行涂布。

单组分无溶剂黏合剂是靠空气中水分反应而固化，当涂布量超过 $2g/m^2$，将产生固化不良，使用受到限制。单组分无溶剂聚氨酯黏合剂包括聚醚聚氨酯聚异氰酸酯、聚酯聚氨酯聚异氰酸酯和两种类型的混合型。

双组分无溶剂聚氨酯黏合剂由两组聚氨酯预聚体组成的，在使用时将两个组分均匀混合在一起，靠相互的反应形成大分子而达到交联固化。这种黏合剂黏度相比单组分黏合剂低，初始粘接力强，有些品种在常温下就可使用。

双组分无溶剂黏合剂主组分一般为聚酯聚氨酯预聚物，另一组分（也称为固化剂），为聚异氰酸酯预聚物，操作温度在 40～50℃。无溶剂黏合剂的黏度与预聚物中异氰酸基的含量成反比，降低预聚物中游离二异氰酸酯基的含量，黏度增加。使用操作温度增高，操作条件不易控制。

3. 无溶剂复合工艺条件

一般单组分黏合剂的涂布温度控制在 70～100℃，黏度控制在 600～3000mPa·s；双组分黏合剂涂布温度控制在 45～80℃，黏度 500～1500mPa·s。

在无溶剂复合中，黏合剂的涂布量对质量非常关键。涂量不足，易引起复合粘接力不足，易剥离甚至脱层。黏合剂最佳涂布量的选择，要依据复合产品的质量要求、薄膜性质、印刷效果和油墨以及黏合剂性能等综合考虑。一般使用单组分涂布量为 $0.5 \sim 1.8 g/m^2$。当涂布量 $>2g/m^2$，不利于黏合剂的固化反应，影响复合产品的粘接强度。

使用双组分无溶剂黏合剂无此限制，但是涂布量过大也不利于复合质量，一般涂布量控制在 $1 \sim 3.5 g/m^2$，做特殊需要的复合时，可加大到不超过 $5.0 g/m^2$。

4. 无溶剂复合特点

①不用有机溶剂，成本下降。②没有有机溶剂挥发对环境的污染。③不需溶剂挥发干燥装置，降低了能耗。④没有火灾，爆炸的危险，不再需要溶剂的防爆措施，也不再需要贮存溶剂的设备和库房。⑤复合产品没有残留溶剂损害问题，并消除了溶剂对印刷油墨的侵袭。⑥不含有机溶剂，消除了复合基材易受溶剂和高温干燥被损坏的影响，复合产品尺寸稳定性良好。⑦无溶剂黏合剂的涂布量要少于溶剂型黏合剂的涂布量，节约了成本具有很好的经济性。⑧设备较简单，占地面积小，节约了投资。

无溶剂复合是一种很有发展前途的复合方法。

5. 无溶剂复合设备

无溶剂复合机由混合计量配胶系统、涂布系统、复合冷却系统、放卷收卷系统等主要部分构成，涂布系统带有加热装置。

双组分无溶剂黏合剂在使用时，需要一套自动供给涂布系统的装置，通常使用计量泵来达到此目的。

无溶剂复合机没有烘道，复合速度可达 $300 m/min$。

五、热 熔 复 合

热熔复合使用热熔型黏合剂，先将热熔型黏合剂加热熔融后涂布在基材的表面，与其他基材复合在一起，冷却后即成为复合膜，工艺流程如图 7-5 所示。

热熔型黏合剂不使用溶剂，无溶剂挥发。热熔复合工艺简单，成本较低，黏合剂耗量大，耐热性较差。

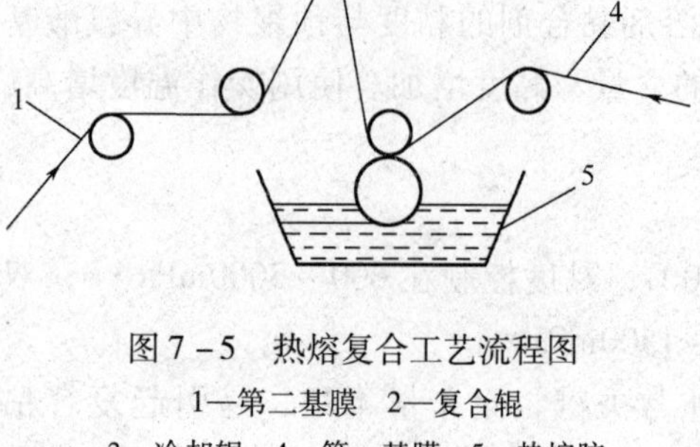

热熔复合主要应用于生产铝箔/纸、铝箔/玻璃纸、玻璃纸/玻璃纸等复合膜，用作香烟、食品等包装材料以及瓶贴商标材料等。

热熔复合主要使用合成黏合剂，如 EVA、乙烯-丙烯酸酯共聚物、聚异丁烯、聚丁烯、石油树脂等。其中以 EVA 热熔黏合剂用得最多。另外，铝箔/纸、纸/纸复合也常采用蜡作黏合剂，这种复合薄膜因成本低，大量用于食品包装。

热熔复合机把热熔黏合剂涂布到基膜上，与其他基膜复合起来。热熔复合机没有干燥装置。

热熔复合机主要由进卷装置、涂布装置、

图 7-5 热熔复合工艺流程图

1—第二基膜 2—复合辊
3—冷却辊 4—第一基膜 5—热熔胶

复合装置、收卷装置和控制系统组成。

进卷装置主要由基材支承架和张力控制系统组成。基材放置在进卷装置的支承架上用送膜轴支承放卷。基材在工作过程中必须保持恒定的张力，张力过大过小都会影响复合质量。

涂布装置将热熔黏合剂涂布到基材表面。

热熔复合机的复合装置主要由热压辊和橡胶压辊及压力调节机构组成。

热压辊为中空钢辊，表面镀铬，内装加热和温度调节装置，一般情况下，采用远红外石英管加热即能满足工艺要求。热压辊内装有铝合金衬套，保证热压辊表面温度均衡。橡胶压辊表面包橡胶，橡胶要平整、光滑、耐热。热压辊为硬辊，橡胶压辊为软辊，软硬辊相压使复合压力均匀，复合质量好。

热熔复合机收卷装置的工作原理与干法复合机基本相同。

热熔复合机的控制系统主要控制进卷、收卷、涂布、复合装置的驱动、变速和热压辊的加热系统。

六、涂　　覆

涂覆是在基材的单面或双面均匀地涂覆一层涂覆剂，使其形成复合膜的方法。

最常用的涂覆剂是 PVDC（聚偏二氯乙烯）树脂，它对气体、气味、水汽的透过率很低，是极佳的阻隔性材料。将 PVDC 树脂涂覆在玻璃纸、BOPP（双向拉伸聚丙烯）、BOPET（双向拉伸聚酯）和 BONY（双向拉伸聚酰胺）薄膜上，可显著地提高薄膜的阻隔性，使其具有优良的防潮性、气密性和保香性，同时也改善了某些薄膜的热封性。

PVDC 涂覆剂有乳液型和溶液两种。目前主要使用水溶性 PVDC 乳液，它可直接在薄膜加工过程进行涂覆，也可在薄膜的印刷生产线上通过涂覆装置一并完成。一般在涂覆前对基材进行电晕处理或预涂一层黏合剂即底胶，以增加涂层与基材间的黏结牢度。一般底胶是热熔性黏合剂，采用较多的是乙烯 - 醋酸乙烯共聚物，PVDC 的涂布量一般为 $4 \sim 6 g/m^2$。

七、印刷对复合的影响

许多复合膜是先在基材上印刷后再进行复合，因此基材的印刷情况对复合有一定的影响。因此，必须使基材的印刷情况与复合工艺相适应。

1. 墨层厚度和图文面积

复合用基材的墨层厚度和图文面积对复合时的黏合剂涂布量和黏合强度会产生一定的影响。

墨层厚度较大，图文面积较大，与其他基材黏合困难，黏合后容易出现脱层、起泡等缺陷。这主要是因为基材表面的厚墨层降低了黏合剂对基材表面的润湿性。随着墨层厚度或图文面积的增大，基材的表面张力明显降低。因此对印刷墨层厚、图文面积大的基材，在复合过程中需增大黏合剂涂布量。但黏合剂涂布量过大，会增加成本，延长干燥时间，降低生产效率，较厚的黏合剂层也容易产生气孔等缺陷。

采用不同的印刷方法，墨层厚度也不同，墨层厚度从大到小依次为网版印刷、凹版印刷、柔性版印刷、平版印刷。在保证印刷质量的情况下，墨层厚度应尽量小，有利于复合加工。

2. 油墨的类型

若采用干法复合时，印刷油墨应有较好的耐溶剂性。干法复合使用聚氨酯黏合剂时，不能使用聚酰胺油墨，因两者的黏合性较差，会使复合薄膜的黏合强度降低。采用湿法复合则要求油墨的耐水性好。而采用挤出复合等热黏合时，要求油墨应有较好的耐热性。

3. 油墨干燥

墨层未完全干燥，复合后，油墨中的高沸点溶剂会使塑料薄膜润胀和伸长，油墨溶剂对 BOPP 薄膜的润胀影响最大。引起复合膜起泡、脱层。因此，在复合膜生产中，必须使用完全干燥的印刷基材，以保证复合薄膜的质量。

第二节　复合材料

一、基　材

基材品种较多。纸类有牛皮纸、白卡纸、玻璃纸等；薄膜类有 PE（聚乙烯）、BONY、BOPP、BOPET 薄膜等；还有铝箔、布类、聚丙烯编织布等。

复合膜的外层材料应具有较好的印刷适性和透明度，强度高，不易划伤、磨毛，耐热、耐腐蚀性能好。常用的外层材料主要有 BOPP、BONY、BOPET 薄膜、镀铝薄膜、纸和玻璃纸等。

中层材料应具有较好的阻隔性能，对气体、气味、水汽的透过率低，能遮光等。常用的中层材料主要有铝箔、镀铝薄膜、PVDC、BONY、BOPET 薄膜等。

内层材料应具有较好的热封性能，无味，无毒，耐油，耐水，耐化学药品。常用的内层材料主要有 LDPE（低密度聚乙烯）、HDPE（高密度聚乙烯）、CPP（流延聚丙烯）、PVDC、EVA（乙烯-醋酸乙烯共聚物）薄膜、离子型聚合物薄膜等。

二、复　合　膜

将 2~7 层薄膜复合在一起，构成复合膜，主要用于食品包装。复合膜的结构可以根据被包装产品的要求，选择适合的基材，进行合理的设计。如蒸煮袋要求具有较好的耐热性、阻隔性和强度等。PET（聚酯）薄膜具有较高的强度和透明性，印刷适性好，铝箔具有刚性和阻隔性，CPP 薄膜具有较好的热封性和化学稳定性。蒸煮袋可以采用 PET（外）/AL（铝箔）/CPP（内）结构。

挤出复合三层复合膜通常是在两层基材的中间涂布热黏结树脂，基材的选用灵活性大，可制得具有较好机械性能和阻隔性能的复合膜。

在一层基材的两面涂布热黏结材料也可以制得三层复合膜，如 PE/铝箔/PE，铝箔为基材，PE 为热黏结材料。常见复合膜的结构、特点及用途见表 7-1。

表 7 – 1　　　　　　　　　　复合膜的结构、特点及用途

结　　构	特　　点	用　　途
BOPP/LDPE	机械强度好，耐磨性优良，防湿、防潮，可低温冷藏	包装快餐面、饼干、酱菜、蜜饯、化妆品
BOPA/CPP	良好的冷藏性，耐腐蚀好，抗穿刺，阻气，保香，可低温冷藏	豆腐干、鱼类，肉和香肠、奶酪、咖啡、医疗器具、冷冻品
镀铝 PET/CPP	机械强度高，阻气，保香性好，可蒸煮	调味品，香肠，咖啡
BOPP/Al/LDPE	阻气，阻湿，阻光性好，有刚性，可低温冷藏	榨菜，牛奶，饮料，液态食品
BOPP/PVDC/LDPE	阻气、阻潮，保香，透明	香肠，火腿，调味品，咖啡
BOPET/A1//CPP	阻气、阻湿，保香，机械强度高，可蒸煮，可低温冷藏	烘烤食品，肉类制品，奶油
玻璃纸/镀铝 PP/LDPE	阻气、阻湿、光泽好	药品、烘烤食品，巧克力
PE/粘结层/Al/粘结层/PE（挤出复合）	印墨在薄膜内，印刷效果好，强度高，阻隔性好，防水	作软管，用于牙膏、膏状食品的包装
PE/粘结层/纸/粘结层 Al/PE（挤出复合）	机械强度、耐磨性、阻气、保香性好	作软管，用于化妆品、油膏，高级食品等的包装
玻璃纸/粘结层（挤出复合）	防潮性、气密性、透明性、热封性优良	一般包装
PET/粘结层（挤出复合）	防潮性、气密性、耐油性、耐蒸煮性、耐寒性、透明性、热封性优良	真空包装、杀菌包装、肉类包装
BOPP/粘结层（挤出复合）		一般轻包装用
玻璃纸/涂覆层/Al/粘结层（挤出复合）	防潮性、气密性、热封性优良	咖啡、粉末食品
包装牛皮纸/粘结层（挤出复合）	机械强度高，防潮	塑料树脂、化肥等重包装
PP 编织布/粘结层（挤出复合）	机械强度高，防潮、防水	塑料树脂、化肥、食盐等重包装

三、黏 合 剂

1. 干法复合黏合剂

干法复合使用溶剂型黏合剂，常用聚氨酯、环氧树脂、天然橡胶和合成橡胶等热固性树脂黏合剂，以及醋酸乙烯、氯乙烯、丙烯酸酯聚合物等热塑性黏合剂。其中，聚氨酯黏合剂具有优良的综合性能，使用最广。

应根据复合膜的结构组成和用途来确定黏合剂。干法复合中广泛使用的是聚氨酯黏合剂。通常使用的聚氨酯黏合剂是双组分的。使用时分别根据主剂与固化剂的固体含量不同，按一定重量配比将两组分混合，再加入醋酸乙酯稀释，固体含量一般为 15% ~ 30%。稀释剂除醋酸乙酯外，也可采用甲乙酮、丙酮、正己烷和甲苯等。

调配黏合剂时，在主剂中加入稀释剂搅拌均匀，再加入固化剂充分搅拌均匀后即可使用。

主剂与固化剂混合后即进行反应，黏度逐渐增加，直至成为凝胶状。配成的黏合剂固化剂含量越高，其固化速度越快。配好的黏合剂在25℃条件下保存时间一般为2天，气温升高，保存时间缩短。

2. 湿法复合黏合剂

湿法复合使用水溶型黏合剂，所用的黏合剂主要有淀粉、干酪素、聚乙烯醇、硅酸钠、聚醋酸乙烯、聚丙烯酸酯以及天然橡胶和合成橡胶等。其中以聚醋酸乙烯使用得最多。

3. 挤出复合黏合剂

挤出复合膜是在基材的一面挤出涂布热黏结材料，又称挤出涂布薄膜，其基材的复合面可预先进行印刷，挤出涂布后油墨层被夹在复合薄膜中间，不会脱落，印刷效果好，如玻璃纸/PE的复合。三层复合薄膜通常是在两层基材的中间涂布热黏结材料，其特点是基材的选用灵活性大，可制得具有较好机械性能和阻隔性能的复合薄膜。另外，也可以在一基材的两面涂布热黏结材料制得，如PE/铝箔/PE。

（1）热黏结材料。热黏结材料相当于其他复合中的黏合剂，大多数热黏结材料采用LDPE树脂。挤出复合用的LDPE树脂中不含润滑剂，熔融指数为4~8g/10min，具有熔融黏度低、流动性好、易黏附、价格低等特点。常用复合用PE见表7-2。

（2）增黏剂。增黏剂是增加挤出复合黏合强度的黏合剂，又称AC剂，是在基材上预先涂布的一层底胶。

常用的增黏剂有：有机钛酸酯类、聚乙烯亚胺类和异氰酸酯类。增黏剂所用的稀释剂、浓度和涂布量及适应性见表7-3和表7-4。

4. 无溶剂复合黏合剂

无溶剂复合采用无溶剂型黏合剂。

无溶剂复合一般使用单组分和双组分聚氨酯黏合剂。黏合剂加热时处于液状，用复合机的涂布装置涂布到基材表面。

表7-2　　　　　　　　　　　　挤出复合用PE树脂

规格	熔融指数/（g/10min）	密度/（g/m²）	生产单位
IC7A	7.0	0.920	北京燕山石化总厂
1C8A	6.8~9.2	9.917~0.919	上海石化总厂
L702	7.0	0.922	住友化学工业
LM-31	8.0	0.918	三菱石油化学
L320	7.0	0.920	三菱化学工业
2360M	6.0~8.0	0.924~0.926	德国巴梯斯
4352	4.8		美国杜邦公司
4383	8.0		美国杜邦公司

表7-3　　　　　　　　增黏剂所用的稀释剂、浓度和涂布量

增黏剂	稀释剂	常用浓度/%	涂布量/（g/m²）
有机钛类	己烷，甲苯	3~5	2~4
聚乙烯亚胺类	水，甲醇	0.5~1.0	2~4
异氰酸酯类	醋酸己酯，甲苯	5~10	2~5

表7-4　　　　　　　　增黏剂对基材的适应情况

基材	增黏剂		
	有机钛类	聚乙烯亚胺类	异氰酸酯类
普通玻璃纸	优	良	良
防潮玻璃纸	良	不能用	良
定向聚丙烯	良	优	优
聚酯	良	一般	优
尼龙	良	良	优
铝箔	良	良	优

5. 热熔复合黏合剂

热熔复合使用热熔型黏合剂。

热熔型黏合剂主要是合成黏合剂，如EVA、乙烯-丙烯酸酯共聚物、聚异丁烯、聚丁烯、石油树脂等。其中以EVA热熔黏合剂用得最多（详见第二章第四节覆膜材料）。

第三节　复 合 设 备

一、干法复合机

（一）干法复合机的结构

干法复合机一般有两套放卷装置，一套涂布装置、干燥装置、复合装置和收卷装置，还有薄膜的传递和张力控制装置、电晕处理装置和控制装置等，如图7-6所示。

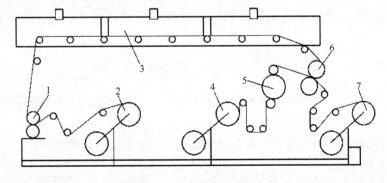

图7-6　干法复合机原理图

1—涂布装置　2—送卷装置　3—干燥装置　4—收卷装置　5—冷却装置　6—复合装置　7—送卷装置

1. 放卷和收卷装置

放卷装置和收卷装置与卷筒纸印刷机放卷装置和收卷装置相同。

2. 涂布装置

复合机涂布装置有多辊式、网纹辊式等几种形式。最常用的是网纹辊式涂布装置。网纹辊式涂布装置由一个金属网纹辊或陶瓷网纹辊、一个刮刀和一个橡胶衬辊组成。常用的网纹辊网线为 40～120 线/cm（100～300Lpi），网穴深度为 10～60μm，网点形状有斜槽型、倒四棱锥型等。

通过更换不同网穴深度和加网线数的网纹辊，可得到所需要的涂布量。涂布量一般为 2～5g/m²，黏合剂的浓度为 15%～30%。

涂布量可参考如下经验公式计算：

$$W = Kwh \tag{7-1}$$

式中，W 为涂布量（g/m²）；w 为黏合剂的固体含量（%）；h 为网纹辊的网穴深度（μm）；K 为修正系数，即黏合剂从网穴中转移到基材上的情况，一般取 0.15～0.25。

网纹辊式涂布装置能够准确地控制涂布量，需要经常清洗。

3. 干燥装置

干燥装置使涂布在基材上的黏合剂中的溶剂挥发。干燥装置由烘道、加热器、鼓风机和排风机等组成。烘道采用拱门隧道式或水平隧道式，以防止基材在干燥过程中卷起。鼓风机将经过电热器加热的风均匀地吹向涂布黏合剂的基材上，热空气流动使横向温度分布均匀，流动方向与基材的运行方向相反。排风机将挥发的溶剂蒸气排出或进行回收。

4. 复合装置

复合装置将已涂布黏合剂并经过干燥的基材与另一基材进行热压复合。复合装置由一个热压辊和一个橡胶压辊组成。热压辊是中空钢辊，辊内可通入热油、蒸气或过热水加热；也可采用电阻丝加热或燃气加热。橡胶压辊是钢辊表面包一层橡胶，辊内需要通冷却水，保护面层。

（二）印刷复合机组

干法复合一般是先在基材上进行印刷，然后再进行复合加工，两者是独立完成的。这种操作工序多，生产效率低，产品质量不易保证。印刷复合工艺是将印刷机与复合机串联起来，这样在一道工序中可完成对基材的印刷和复合加工，大大提高了生产率和产品质量。将印刷机、干法复合机、分切机、制袋机组成自动生产线，可以进行连续化生产。

二、挤出复合机

挤出复合机主要由放卷和收卷装置、挤出装置、复合装置、切边装置等组成。

1. 放卷装置和收卷装置

挤出复合机的放卷和收卷装置与卷筒纸印刷机的放卷装置和收卷装置相同。

2. 挤出装置

挤出装置用来完成热融片膜的挤出。

挤出装置主要由加热的料筒、在料筒中旋转的螺杆和 T 型模头组成。有单螺杆挤出装置和双螺杆挤出装置。挤出装置是将热黏结材料在一定的温度和压力下熔融塑化，并连续地通过 T 型模头挤出成片状熔融薄膜。

挤出复合主要利用熔融树脂的流动性进行基材间的黏合，挤出装置的塑化效果和机头出料的均匀度是挤出复合的关键部分，而塑化效果则主要取决于挤出装置螺杆的结构和长径比（L/D），适于挤出复合的螺杆长径比在 20 以上，通常为 $(24 \sim 28) : 1$。

挤出装置料筒外部分设有电阻加热装置以及水冷装置。

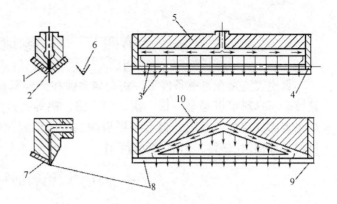

图 7 - 7　T 型模头示意图

1—调节孔　2—口模面　3—口模成型面　4—调幅板
5—T 型模头　6—V 型面　7—可调模唇　8—口模成型面
9—外部调幅板　10—衣架涂布模头

挤出复合用的机头也称为 T 型模头，结构如图 7 - 7 所示。

为了与复合辊配合，T 型模头有伸出的模唇，外截面设计呈"V"字形。模唇的长度一般为 $500 \sim 1500\text{mm}$，也有大于 3000mm 的。口模出料缝的大小沿长度方向可分段调节，以控制挤出的热融片膜在横向厚度的均匀性。

3. 复合装置

复合装置用来将挤出的热融片膜与基材复合在一起，并进行冷却。复合装置由冷却钢辊、橡胶辊和压辊等组成。

（1）冷却钢辊。冷却钢辊的作用是带走熔融片膜的热量，使复合膜冷却定型，并与橡胶辊配合完成复合。冷却钢辊的直径一般为 $450 \sim 600\text{mm}$，最大为 1000mm，长度比机头口模的长度稍长。冷却钢辊的直径越大，复合材料与其接触冷却的时间越长，冷却效果越好。冷却钢辊一般为水冷却，钢辊内通入冷水。

（2）橡胶辊。橡胶辊与冷却钢辊配合，完成对热融片膜和基材的加压复合。从挤出装置挤出的热融片膜的温度高达 200℃ 以上，要求橡胶辊的耐热性和耐磨性好，且不黏附薄膜。橡胶辊表层一般采用硅酮橡胶制成。橡胶辊的直径较小，一般为 $200 \sim 300\text{mm}$，长度略大于模唇长度。

（3）压辊。压辊的作用是对橡胶辊加压和冷却。压辊表面镀铬，内部可通冷却水。压辊直径一般为 $250 \sim 300\text{mm}$，长度与橡胶辊相同。压辊利用气动加压对橡胶辊施加压力。

4. 切边装置

挤出复合膜的两边一般偏厚，因此，需要将复合膜切边后，再到收卷装置。常用的切边装置有剪刀式、划线刀式、刀片式和剃刀式等几种形式。剪刀式用于切割复合纸板材料；刀片式用于切割薄膜与纸张的复合材料；划线刀式用于切割一般复合材料；剃刀式用于切割较厚的塑料片材复合材料等。切去的废边可用鼓风机吹出回收。

第四节　真空镀膜

真空镀膜是在真空条件下，将金属蒸镀在薄膜基材的表面而形成复合膜的一种工艺。被镀金属材料可以是金、银、铜、锌、铬、铝等，其中用得最多的是铝。在塑料薄膜或纸张表面（单面或双面）镀上一层极薄的金属铝成为镀铝薄膜，广泛用来代替铝箔复合材料，如铝箔/塑料、铝箔/纸等使用。

一、真空镀铝膜的特点

真空镀铝膜是最常用的复合材料，真空镀铝膜与铝箔复合材料相比具有以下特点：

（1）节省能源和材料。真空镀铝膜大大减少了用铝量，降低了成本，复合用铝箔厚度多为 $7 \sim 10\mu m$，而镀铝薄膜的铝层厚度约为 $0.025 \sim 0.05\mu m$。

（2）生产效率高。真空镀铝膜生产速度可达 $450m/min$。

（3）具有优良的耐折性和良好的韧性。真空镀铝膜很少出现针孔和裂口，无揉曲龟裂现象，因此，对气体、水蒸气、气味、光线等的阻隔性提高。

（4）具有极佳的金属光泽。真空镀铝膜光反射率可达 97%；且可以通过涂布颜料形成彩色膜，装潢效果是铝箔所不及的。

（5）可采用屏蔽式部分镀铝。这样可以获得任意图案或透明窗口，能看到内装物。

（6）镀铝层导电性能好。能消除静电效应，封口性能好，尤其是包装粉末状产品时，不会污染封口部分，保证了包装的密封性能。

（7）对印刷、复合等后加工具有良好的适应性。

真空镀铝膜成为一种性能优良、经济美观的新型复合膜，在许多方面可以取代铝箔复合材料。真空镀铝膜也大量用作印刷中商标标签材料等，特别是用在电化铝烫印中。

二、真空镀铝膜基材

真空镀铝膜的基材主要是塑料薄膜和纸张。

常用真空镀铝膜基材有：BOPET、BONY、BOPP、PE、PVC 等塑料薄膜和纸张类。塑料薄膜基材中 BOPET、BONY、BOPP 三种基材形成的镀铝薄膜，具有极好的光泽和黏结力，是性能优良的真空镀铝膜，大量用作包装材料和电化铝烫印材料。

镀铝 PE 薄膜的光泽度较差，但成本较低，使用也较广。

以纸为基材制成的真空镀铝纸，其成本比真空镀铝塑料薄膜低；比铝箔/纸的复合材料更薄而价廉；真空镀铝纸加工性能好，印刷中不易产生卷曲，不留折痕。因此，大量取代铝箔/纸复合材料，用作香烟、食品等内包装材料以及包装商标材料等。

三、真空镀铝原理

将卷筒状被镀基材装在真空镀膜机的密封镀膜室中，用真空泵抽真空，真空度达到 $1.3 \times 10^{-2} \sim 1.3 \times 10^{-3}Pa$，将坩埚加热到 $1200 \sim 1400℃$，使高纯度（纯度为 99.9%）的铝丝在高温下熔化并蒸发成气态铝蒸气。

薄膜基材围绕冷却滚筒转动，铝蒸气微粒遇冷凝固，在经冷却的、移动的薄膜基材表面沉积，形成一层连续而光亮的铝膜层。真空镀膜原理如图 7-8 所示。

通过控制金属铝的蒸发速度、薄膜基材的移动速度以及镀膜室的真空度等来控制镀铝层的厚度，一般镀铝层厚度在 $0.025 \sim 0.05\,\mu m$，镀铝薄膜的宽度为 $800 \sim 2000 mm$。

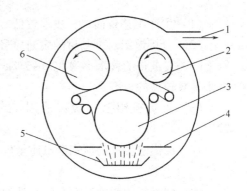

图 7-8 真空镀膜原理
1—真空泵 2—放卷 3—冷却辊筒
4—隔热膜 5—坩埚 6—收卷

四、真空镀铝工艺

(一) 蒸镀方法

真空镀铝方法有直接镀铝法和转移法两种。

1. 直接镀铝法

直接镀铝法是被镀基材直接通过真空镀膜机，将金属铝蒸镀在基材表面而形成真空镀铝薄膜。直接镀铝法要求基材具有较好的表面平滑度，才能形成表面光亮的金属膜。

如果基材的表面较粗糙，要采用直接镀铝法，在镀铝前需先进行表面涂布。另外，在镀铝过程中，基材的挥发物要少。直接镀铝法主要适合于蒸镀塑料薄膜，也可用于平滑度高的纸张。

2. 转移法

转移法是借助中间体将金属铝层转移到基材的表面而形成真空镀铝膜。转移法是在直接镀铝法的基础上发展起来的工艺方法，它克服了直接镀铝法对基材要求的局限性，尤其适合于在各种纸及纸板上进行镀铝，也可用于塑料薄膜的镀铝。

转移法还可以用于布、纤维、皮革等基材的镀铝产品。

(二) 塑料薄膜镀铝工艺

塑料薄膜的镀铝工艺较简单。BOPET、BONY、薄膜基材镀铝前不需进行表面处理，可直接进行镀膜。BOPP、PE 等非极性塑料薄膜镀铝时，在镀膜前需对薄膜表面进行电晕处理，薄膜表面张力要达到 $(3.8 \sim 4.0) \times 10^{-2} N/m$。

镀膜时，将卷筒薄膜置放于真空室内，关闭真空室抽真空。当真空度达到一定时，将坩埚升温至 $1200 \sim 1400$℃，然后再把纯度为 99.9% 的金属铝丝连续送至坩埚高温区。调节好放卷、收卷速度、送丝速度和蒸发量，开通冷却源。使铝丝在高温区内连续地熔化、蒸发，从而在移动的薄膜表面形成一层光亮的铝层，经冷却后即成成品。制成的镀铝薄膜按规格分切后即可用于印刷、复合制袋等。

(三) 纸张镀铝工艺

1. 直接镀铝法

先将被镀的卷筒纸基材表面涂覆一层胶或复合一层 PE 薄膜，再经真空镀膜机直接镀铝，使纸的表面形成一层镀铝膜，然后将镀铝纸再进行调湿处理即成产品。如果需要得到各种不同颜色的镀铝纸，则需在镀铝纸表面再进行着色处理。

纸张直接镀铝主要有以下特点：

（1）生产工艺较简单，成本较低。

（2）直接镀铝对纸基材的表面质量和强度要求较高。镀铝时要求纸张的含水率在3%以下，一般纸张的含水率为6%～7%，含水率降低会使纸张发脆、易断裂。因此，要求纸张具有较高的强度。

（3）直接镀铝法一般仅适用于定量在$30g/m^2$以下的薄纸，较厚的纸很难进行镀铝。

直接镀铝法生产的镀铝纸虽质量较差，但成本较低，所以使用也比较广泛。

2. 转移法

首先把涂料均匀地涂布在塑料薄膜基材上，一般采用 BOPET 薄膜或 BOPP 薄膜；再将塑料薄膜基材在真空镀膜室进行镀铝，使涂层表面形成镀铝膜层；然后在镀铝塑料薄膜的铝层表面涂布一层黏合剂；按需要把纸、纸板或其他基材与之复合，然后再进行分离，使涂料层及铝层从塑料薄膜上分离下来。涂料层一般采用有机硅树脂溶液，也可用黏附力较小的树脂均匀地涂布在塑料薄膜表面，容易与塑料薄膜分离。被分离后的塑料薄膜可以重复使用。

转移法生产镀铝纸主要有以下特点：

（1）转移法生产工艺比较复杂、成本较高。

（2）转移法对纸张的适应范围宽，定量在$30～600g/m^2$的纸或纸板均可进行镀铝，对纸张的质量要求不高，表面也无须再涂涂料或覆膜。

（3）转移法产品的质量好，表面光亮，成品的涂料层在镀铝层表面，起到了保护镀铝层的作用，提高了印刷适应性。

（4）在涂料层中加入颜料，可生产彩色镀铝纸。

复习思考题

1. 什么是干法复合、湿法复合、挤出复合、热熔复合、无溶剂复合？
2. 干法复合薄膜质量的主要工艺条件有哪些？
3. 干法复合和湿法复合相比各有什么不同？
4. 在挤出复合中，为什么要对基材进行增黏处理？常用增黏方法有哪些？
5. 为什么多层共挤出复合是比较经济的复合方法？
6. 真空镀铝的原理是什么？
7. 在纸或塑料薄膜表面形成铝膜的方法有哪些？
8. 无溶剂复合有哪些特点？
9. 无溶剂复合的基本原理是什么？
10. 真空镀铝产品有哪些作用？

第八章　金属罐和软管

金属印刷的承印物主要是金属薄板和金属箔，本章主要讲述金属薄板和软管的印后加工。

金属薄板在包装中占有重要的地位，主要用于食品罐头、饼干、化妆品、饮料等的外包装。金属薄板印刷后一般还要对印刷品进行成型加工，因此，金属印刷只是产品制造工艺的一部分。

第一节　金属印后加工

金属印后加工主要为上光和成型。上光的目的是保护墨膜，增加印刷品的光泽，使金属制品更加美观，并能增强对成型加工时的弯曲和冲击的承受能力。上光原理及工艺方法与普通印刷品相似。上光油也称罩光油或罩光清漆，涂布在印刷后的金属印刷品表面，使印刷品表面增加光泽、美观，并可保护印刷面，同时也使印刷面具有一定的柔韧性和耐化学腐蚀性。

用于金属上光的上光油主要有三聚氰胺树脂与醇酸树脂混合物，环氧树脂、尿酸树脂、乙烯树脂混合物，分为有光泽、半光泽、亚光和皱纹加工等，使用涂布机或上光机加工。涂布于金属容器内壁的涂料称为内涂料。内涂料保证金属与内容物的隔离，保护食品，也保护内装物对金属的侵蚀。

一般内涂料以油树脂连结料为主，加一些酚醛树脂。内涂料必须无毒、无味，不与内装食品发生化学反应。用喷涂机将内涂料涂敷在罐身接缝面，加热固化。

金属制品的制造在自动线上进行，印刷是其中的一道关键工序，承印物一般是成型制品，在金属制品的成型工艺中，很多工序是在印刷前完成的。本节讲述时未对印前和印后工序严格区分。

一、成 型 加 工

（一）冲压

金属包装容器大部分是利用金属冲压原理，经过分离和塑性变形工序成型。

分离工序使冲压件与原材料按要求的轮廓分离，并获得一定的断面质量。分离工序一般包括切断、落料、冲孔、切口、修边和剖边等操作。

塑性变形工序使冲压毛坯在不破坏的条件下发生塑性变形，获得所要求的形状和尺寸，通常有弯曲、拉伸、成型三种。弯曲包括压弯、卷曲、扭曲、折弯、滚压、拉弯等操作；拉伸主要是拉伸和变薄拉伸；成型方法较多，包括翻孔、翻边、扩口、缩口、成型、卷边、胀形、整形、校平等操作。

（二）制罐

将薄铁板坯料裁成长方块，然后将坯料卷成圆筒（筒体）再将纵向接合线焊起来，形成侧封口，圆筒的一端（罐底）和圆形端盖用机械方法形成凸缘并滚压封口（双重卷边接缝），形成罐身；另一端在装入产品后再封上罐盖。由于容器是由罐底、罐身、罐盖三部分组成，故称三片罐。三片罐罐身有接缝，用焊接、压接或粘接方法连接。

将一块圆形薄铁板坯料冲压，罐身和罐底制成一个整体，装入产品后封口，即为二片罐。二片罐的成型方法有冲拔法和深冲法。

1. 三片罐的制作

用剪切机将薄铁板卷材切成长方形板材，涂底和装潢印刷，再按三片罐尺寸切成长条坯料，然后卷成圆筒并焊侧缝，修补合缝处和涂层，切割筒体，形成凹槽或波纹，最后在两端压出凸缘，滚压封底。

三片罐是在金属板材表面印刷后再制罐成型的，由于金属承印物质地坚硬，没有弹性，因此，平板罐材印刷多采用胶印的方法，印后进行上光和印后加工。

（1）筒体的加工。主要是卷曲成型和焊侧缝。侧缝的封合方式有锡焊法、熔焊法、压接法和粘接法等。

制作三片罐时，先将薄铁板坯料裁成长方块，然后将坯料卷成圆筒，再将所形成的纵向结合线焊接起来，圆筒的一个端头和圆形端盖用机械方法形成凸缘，并滚压封口，形成罐身。圆筒和端盖是双重卷边接缝，另一端在装入产品后再封上罐盖。

①锡焊法。锡焊罐的锡焊料一般由60%锡和40%铅；50%锡和50%铅；98%的铅和2%的锡组成。筒体制作机是与侧缝封合机成对使用。在筒体制作机内，薄铁板坯的边缘经清洗并弯成钩形，这样在制成圆筒时便于固定。然后筒体经过侧缝封合机，加上溶剂和焊料，用喷枪预热封合区，通过纵向锡焊滚轮，进一步加热使焊料流满接缝，最后用旋转刮辊将多余的焊料清除干净。

由于锡焊法焊料中有一定比例的铅，对内容物会有一定污染，已基本上被电阻焊制罐工艺所代替。

锡焊罐制造工艺流程为：罐身板切板→切角、切缺→成圆→端折→压平→涂焊药→涂内涂料→翻边→上盖。

②熔焊法。熔焊是采用电阻焊工艺，利用一对上下配合的电极滚轮，滚轮上开有沟槽，槽内有一条压扁了的铜丝作为移动电极。薄铁板搭接后，一般两边搭接量为0.3～0.7mm，上下两电极压紧通电，由于薄铁板的电阻比铜电极的电阻高得多，在被焊接铁板接点上，有较高的界面电阻，引起接点上的增温，温度上升到近1500℃，略低于金属熔点，搭接处的金属变软熔化，在较高的滚轮压力下焊接，将两搭接面锻压在一起，冷却后成为紧密均匀的焊缝。也有的采用大搭接量、达到金属熔点的高温度、低滚轮压力焊接。

熔焊法杜绝了铅、锡等重金属对罐内食品的污染，也节省了金属锡；焊缝密封性好，强度高；焊缝重叠宽度小，节省原材料，外形美观；生产率高。

熔焊罐制造工艺流程为：印铁→切板→卷圆→焊接→补涂→烘干→翻边→封盖→检验。

熔焊法罐身质量检验包括不得有漏罐、胀罐现象；罐外壁锡层完整，无明显生锈和擦伤，罐身光滑无明显棱角；罐外印刷图案和文字清晰，无严重擦伤和损伤；整条焊缝平滑、美观；搭接均匀一致，焊点均匀连接，不得有焊接和击穿现象；焊缝补涂带应平滑均匀，完全覆盖焊缝及涂料留空部分，固化完全，应无大的气泡和漏铁点，罐身不应有机械碰撞而造成的严重碰痕；罐的内涂料不脱落。

焊接破坏了内表面原来涂底的光滑表面，使焊缝的两面都存在暴露的铁、氧化铁和锡。为了防止产品受到污染和焊缝受到产品的侵蚀，在大多数情况下侧封口都需要加涂层保护。

③压接法。压接法是将坯料经过切角、端折、压平工艺，使两边压接在一起。压接法用于一些密封要求不严格的食品罐，如茶叶罐、月饼罐、糖果罐、饼干罐等。压接罐外形美观，图案完整。压接罐有方形、圆形、椭圆形、多边形等。

④粘接法。粘接法用于包装干燥产品罐的侧封口密封。粘接法采用尼龙黏合剂粘贴纵向接缝，尼龙黏合剂在圆筒成型后熔化并凝结。其优点是能使原来的边缘得到了完全的保护，但只能用于无锡薄铁板，因为锡的熔点接近塑料的熔化温度，熔化尼龙黏合剂时也会熔化锡。

粘接法不用焊锡焊缝，罐内食品不受锡、铅等重金属污染，节省锡，可采用价格便宜的无锡钢板，可以降低成本，可以采用满版印刷，外形美观。

（2）筒体的后加工。在筒体的两端还必须加工凸缘，以便安装端盖。对于加工食品罐，在处理过程中罐可能要承受外部压力，或者在存放期间内部处于真空状态。为了增加罐的强度，筒体表面可能还要制作加强筋。这个工艺过程称作压波纹。为提高生产效率，制作浅底容器的圆筒长度往往为 2～3 个罐身长，这时，第一道工序要切断圆筒。传统的做法是，成型前板坯在切割机上作不断开的切割。

（3）罐身板规格。按照下料图要求的尺寸和公差把马口铁剪切成罐身板，罐身板长度 L 为：

$$L = \left[\pi(d + \delta + l) \right] \pm 0.05 \qquad (8-1)$$

式中，d 为空罐内径，单位 mm；δ 为马口铁厚度，单位 mm；l 为折边总长度，单位 mm。

罐身板宽度 b 为：

$$b = (h + 3.5) \pm 0.05 \qquad (8-2)$$

式中，h 为罐外高，单位 mm。

2. 两片罐的制造

制造两片罐的成型是在复合应力作用下，通过晶体结构重新排列，表现出的金属"流动性"，在这一过程中材料不应发生断裂。

（1）冲压成型。冲压成型利用冲压机冲头将一块圆形薄板冲进圆柱形的冲模中，使平板变形而成圆筒。初始冲压后圆柱形杯的直径较大，可以用再冲压工序来缩小。再冲压工序用冲压套筒代替冲模，安装在冲头与圆柱形杯内径之间。再冲压圆筒直径缩小，高度增加。再冲压工序可再重复一次，使直径在一定范围内逐渐缩小，避免金属发生断裂。

（2）杯壁拉伸。冲压后的圆柱形杯套在冲头上，挤入一个圆柱形模具，模具与冲头之间的间隙小于杯壁的厚度，这样在圆柱形杯直径保持不变的情况下，杯壁就被拉伸减薄。变薄后圆柱形杯筒体的金属体积等于拉伸前筒体的金属体积，也等于原始圆形薄板坯的金属体积。在两片罐的制造中，这个过程要重复两次或三次，带圆柱形杯的冲头先后通过一系列模具，一次冲压通过一个模具。将经冲压的杯安装到冲头上最方便的方法，是在第一次变薄拉伸之前，进行一次再冲压操作。

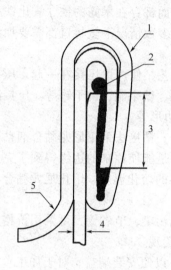

图 8 - 1 双重卷边封合

1—端盖卷边包筒体凸缘 2—密封填料
3—封口搭接量 4—筒体 5—端盖

（3）冲拔制罐。冲拔法制罐是冲压－变薄拉伸成型。制造冲拔罐首先展开普通带状薄板卷材，卷材上涂润滑剂；然后下料和冲压，再冲压，使杯成型，侧壁被拉伸变薄；底部成型，筒体按正确高度切边；最后清洗和处理。对于饮料罐、食品罐，还要进行外表面涂层、印刷装潢、内表面涂层、敞口端的凸缘成型和收口。

罐盖或罐端是在多模具压力机上用预先涂覆的板材制造的，罐盖一般压有波纹，以承受内、外压力。经过卷边形成双重卷边接缝（图 8 - 1）。在最终的封口上放置填料，充当密封垫圈。

（4）深冲制罐。深冲法制罐是冲压－再冲压成型。制造深冲罐首先涂覆板材；圆片坯下料和冲杯；再冲杯（一次或二次，取决于罐的尺寸）；罐底成型；凸缘切边到正确宽度；检验和灭菌处理。

与冲拔工艺一样，使用多模具冲杯机，从宽的薄板带卷材或板材上下料，并将其冲成浅杯。浅杯通过一次和二次再冲压逐渐缩小直径和增加高度。冲压完成时，罐上会留下一个凸缘。切除不规则的边缘，罐底要加工成所要求的外形。

（5）涂料。两片罐上亮光油的目的是保护墨膜，增加印刷品的光泽，使制品更加美观，并能增强抗冲击力。印刷完成的罐由针轮带动，进入上光油涂布装置，给罐身涂布上光油。上光结束后，给罐底突出边缘涂一些透明漆，主要是有利于铝罐在生产线上的滑移。

根据内装物选定内涂料，一般采用喷涂机喷涂于罐内壁，喷涂时罐作瞬时旋转，内壁均匀地被涂上涂料。涂好内涂料的罐身，再放到烘箱内烘干。

（三）罐身制作

1. 罐身板的切角、切缺

将罐身板的一端两角切去，在另一端切制两个锐角或缺缝，便于罐身两端端折。罐身钩合后，两端铁板减少重叠量，便于翻边和封口。切角切缺有钝角形、宝塔形、三角形等。切角操作在切角机上进行，常切成钝角。

2. 罐身板卷边

将罐身板的口部向内卷成一个小圆弧，避免罐口铁边影响使用。卷边操作在卷边机上进行。

为了使两片罐罐身卷边后的直径与罐盖外径相同，把罐口端直径缩小（缩颈），然后罐口进行翻边，缩颈部分也起罐身加强作用。

3. 罐身板端折

将罐身板两端冲折成钩形，一端向上，一端向下，便于罐身板两端钩接。端折操作在端折机上进行。

4. 罐身板成圆

把平直的罐身板卷曲成圆筒形，便于罐身板两端钩接与合缝。成圆操作在三辊成圆机上进行。成圆机上面一根辊与下面两根辊旋转方向

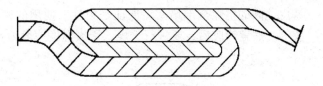

图 8 - 2 压平示意图

相反，薄铁板从中间通过时，在上下辊压力作用下被卷成圆筒形。上下辊之间的间隙可以调整，间隙太大，卷筒直径偏大，影响钩合。

5. 罐身板压平

将罐身圆柱体的端折边钩接压紧成钩合纵缝，并陷入罐身内部，罐身处只留一条缝沟。图 8 - 2 为压平示意图。

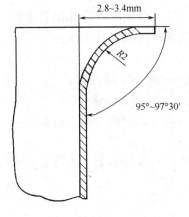

图 8 - 3 卷边示意图

6. 罐身板翻边

将罐身两端边缘翻出，以便与底、盖配合，进行二重卷边，达到密封。翻边宽度一般为 2.8 ~ 3.4mm，罐体直径大取大值；反之，取小值。翻边圆弧半径为 2 ~ 2.5mm。翻边与罐身的角度为 95° ~ 97.5°。图 8 - 3 为卷边示意图。

7. 罐身板压波纹

为了增加罐身的刚性，使外表美观，在罐身上部滚压出波纹（凸筋）。滚波纹的机器较简单，上下各有一个滚压轮，并能自转。将需滚波纹的罐身置于两滚轮之间，两滚轮合压转动，在罐身上压出波纹，波纹的位置由定位块控制。

（四）罐盖制作

1. 三片罐底盖

三片罐底盖由底盖钩槽和膨胀圈构成。底盖钩槽主要是储存封口胶。膨胀圈的主要作用是增加底盖强度，使之具有足够的弹性，保证罐体的密封。罐内内装物密封后要进行加热杀菌，会造成罐内压力升高，底盖膨胀。杀菌结束后要进行罐体冷却，底盖必须复原。膨胀圈适应罐体变化，不会造成永久性变化，也不会使罐体卷边部位产生歪扭变形。

三片罐底盖由镀锡薄板通过冲床的冲裁制成与罐身相配的底盖，底盖的形状由模具形状决定。

三片罐制盖的工艺流程为：薄铁板→切板→冲盖→圆边→涂胶→烘干。

三片罐制盖的冲盖工序主要在半自动或全自动冲床上完成。经冲床制造出来的底盖钩槽外边缘是直立的，它不能与罐身进行二重卷边，必须通过圆边机使底盖外边缘向底盖中心弯曲成 35° 左右，有利于卷边，也有利于在钩槽内涂胶，图 8 - 4 为圆边示意图。

在底盖钩槽部位涂上密封胶，使底盖与罐身铁皮在二重卷边成型压紧后，密封胶把

铁皮之间的空隙全部堵塞，保证密封性。使用的密封胶有氨水胶、溶剂胶、热塑性塑料胶等。底盖涂胶后，要进行干燥，干燥温度一般为 $80 \sim 100℃$，时间为 $15 \sim 20min$。

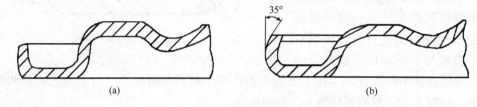

图 8 - 4　圆边示意图

（a）圆边前　（b）圆边后

2. 易拉罐盖

易拉罐盖有拉环式、拉片式、按钮式等。易拉罐盖的材料为高硬度的冷轧铝合金板材，含镁量较高。也有的采用镀锡薄铁板制造易拉罐盖，或者将镀锡薄铁板作为易拉罐盖的拉环。

易拉罐盖制作工艺流程为：铝合金板→波形切板→冲盖→成圆→涂胶→烘干。

冲盖制作工艺流程为：鼓泡→成纽扣形→划线→拉环嵌入→预铆合→铆合。

拉环制作工艺流程为：板材→冲孔→剪切→拉环成型→第一道圆边→第二道圆边→第三道圆边→冲落→与罐盖铆合。

易拉罐盖的划线深度一般为罐盖材料厚度的 $40\% \sim 50\%$，与罐径有关，罐径大的划线则适当浅一些。

二、加 工 设 备

制罐加工的主要设备包括各种冲压成形机、剪切落料机和其他辅助设备。制罐设备种类繁多，自动化程度高。

一般的冲拔罐生产线组成为：展卷机→选卷检查和润滑剂涂覆设备→冲杯机→侧壁变薄拉伸机（制作筒体）→切边机→罐清洗机→外表面涂布设备→箱式炉→装潢设备→箱式炉→收口—凸缘成形机→检验机→内喷涂机→固化炉→局部二次喷涂→固化炉。

薄板卷由运输车送到展卷机上。展卷机一般有两个臂，一个臂朝着薄板卷运输车，另一个臂给压力机供料，可通过旋转臂来更换薄板卷。薄板卷通过润滑剂涂覆设备，在两面均涂上润滑剂，并经过一对橡皮辊，除去过多的润滑剂，润滑剂是配成正确的浓度后盛在一个容器里，一般使用外部循环系统，它可以进行温度控制，连续地过滤并保持润滑油质量恒定。

冲杯压力机是专门设计的双动作压力机，它先冲下若干圆形板坯，接着将圆板坯冲压成浅杯状。这两个动作在一次行程中完成。

杯壁变薄拉伸机的作用是将杯转变为侧壁厚度正确分布的圆筒，并将杯底变成在使用中能抵抗内部压力的设计形状。此外，冲杯受到再冲压并留在冲头上，然后依次通过 3 个变薄拉拔环，使杯壁减薄。在行程的末了进入辅助压力机，成型圆拱和杯底。在回程的开始，借助冲压管送来的压缩空气，弹簧顶出杆将罐身从冲头上卸下，由传送带将罐送出机器。

每台杯壁变薄拉伸机均与一台切边机联合工作。切边机有导轨式和滚轮式两种形式。导轨式切边机的旋转架上装有许多型芯，罐边在旋转的型芯和静止导轨之间被切下。滚轮式切边机上，罐的一端被送进两滚轮之间并绕自身的轴旋转，两滚轮相互靠拢而完成切边动作。

罐按固定的高度切边后，罐的敞口朝下，倒扣在网格传送带上，被大量地传送到装有喷雾嘴的一系列清洗室里，用洗涤剂将冲压与变薄拉伸时所用的润滑剂洗掉，最终在无离子水中进行漂洗，以确保无污点并进行干燥。

收口—凸缘成型机对饮料罐进行收口和凸缘成型加工，而对食品罐则是压波纹和凸缘成型。为避免在变薄拉拔时造成金属轴向表面粗糙，凸缘成型一般采用旋压工艺。饮料罐顶端的缩颈，可以在旋压凸缘后用模具进行收口成型。

第二节　软管印后加工

软管是可被挤压的筒状容器，软管具有存储型、保质性、携带方便等特点。软管多用于牙膏、鞋油、医用药膏、化妆品、黏合剂、食品、画料、清洗剂、调味品、果酱、番茄酱等。

一、软管的分类和特点

软管可用锡、铝、合成树脂和复合材料制作。

1. 分类

按软管材料可分为：金属软管、塑料软管、复合材料软管。金属软管的材料为铅、锡、铝、锡－铅合金、锡－锑合金等。塑料软管的材料为 PE（聚乙烯）、PVC（聚氯乙烯）、PVDC（聚偏二氯乙烯）、NY（尼龙）等。复合材料软管的材料为铝、纸、PET（聚酯）、NY、乙烯－醋酸乙烯醇共聚物、聚烯烃类树脂等复合材料。

按软管的构造可分为：单层软管、多层软管。单层软管有铅锡合金软管、铝软管、PE 软管、PVC 软管、PVDC 软管。多层软管有 PE/NY/PE、PE/PVDC/PE、5～8 层的多层层压软管（其中一层为铝箔）等。

2. 特点

金属软管防毒气性好，密封性好，不漏气，没有焊缝，形状变化明显，遮光性好，长期使用中部易龟裂，肩部成型为难点。

塑料软管形状保持不变，使用轻便，可自由选择透明或上色，无焊缝，可满版印刷，单层软管易漏气、遮光性差，多层软管防气性好，塑料软管印刷处理困难。

复合材料软管防气性位于金属软管和塑料软管之间，漏气少，可多色印刷，口部防气性差，封口较困难。

二、软管制作

1. 金属软管制作

现在，用锡、铅制作的软管已不多用，铝制软管应用日益广泛，主要用于膏状和半膏状产品，如牙膏、药品和某些食品。铝制软管的容量一般从4ml到500ml。

铝制软管的生产方法类似两片罐，加工工艺流程为：环形铝坯料→挤压→管口螺纹加工→成品。

用铝坯料在压力机上经冲模挤压成管状。由于冷挤压产生加工硬化，需要进行退火处理，使其变成软质管子。软管内壁涂布环氧型涂料，然后烘干，再进行外壁印刷，最后上盖。软管的另一端是敞开的，装入内装物后，压平卷两折，形成封口。食品软管装入内容物后，进行高温杀菌。

2. 塑料软管制作

塑料软管主要以单一塑料为原料制成，最常见的塑料软管是聚乙烯软管。聚乙烯易于挤出加工，具有优异的热封性，不易产生氯气。

塑料软管生产工艺流程为：

（1）吹塑成型→切割底部→印刷→上光→烫印→加盖。

（2）挤出管体→注塑管头和管肩→印刷→上光→烫印→冲孔→加盖。

（3）挤出管体→印刷→上光→烫印→注塑管头和管肩→冲孔→加盖。

塑料软管在距管肩约5mm内为印刷盲区，在该区域内，不宜设计印刷图案。由于烫印精度较低，应尽量避免设计精度要求高的烫印图案。

3. 复合软管制作

复合软管主要用于膏状商品包装，通常用于牙膏及化妆品包装。复合软管的性能优于塑料软管。

制作软管的复合材料主要有：聚乙烯（外层）/黏合剂/铝箔/黏合剂/聚乙烯（内层）；聚乙烯（外层）/乙烯－醋酸乙烯醇共聚物/聚乙烯（内层）。

复合软管先印刷后复合的复合工艺流程为：制单层膜→印刷→复合→分切→封合→注塑管头和管肩→加盖。

这是先印刷后复合的复合工艺，首先在透明薄膜上印刷图案，一般采用柔性版印刷或凹版印刷，印刷前要对塑料薄膜表面进行处理，改善印刷性能。印刷是采用里印方式，先印其他色墨，最后印刷白墨，然后再进行复合。

复合软管先复合后印刷的复合工艺流程为：复合→印刷→分切→封合→注塑管头和管肩→加盖。

复合薄膜可以从生产厂家直接购买，一般采用柔性版印刷或凹版印刷，印刷前要对复合薄膜表面进行处理，改善印刷性能。印刷是采用表印方式，复合膜一般为白色，印刷时无须白墨打底，直接印刷彩色图文。

先复合后印刷的复合工艺，薄膜片材的整体质量有保证，但原材料成本偏高，印刷效果略低于凹版里印。

复习思考题

1. 金属印刷有何特点？
2. 金属材料的印刷适性怎样？
3. 金属印刷的工艺流程是什么？

4. 金属印刷的制版工艺有何特殊要求?

5. 金属印刷涂底处理工艺是什么?

6. 对打底涂料的基本要求是什么?

7. 印铁油墨有什么特点?

8. 何谓三片罐? 其制作工艺过程是什么?

9. 何谓冲拔罐? 其制作工艺过程是什么?

10. 何谓深冲罐? 其制作工艺过程是什么?

11. 软管有哪些类型? 各有什么特点?

12. 金属软管和塑料软管的制作工艺是什么?

第九章 装　订

装订是将印张加工成册所需的各种加工工序的总称。把印刷好的纸张包括插图、封面等，按不同的开本规格折成书帖，经过压平、锁线、上胶、裁切、包封皮等一系列加工程序对书帖进行加工，并按要求对封面进行装潢处理，最后完成整书。

装订是书刊印刷加工的最后一道工序，装订质量的优劣直接关系到书刊的质量和外观。一本书如果装订质量不高，不管印刷质量多么好，用纸多么讲究，也不会受到使用者的欢迎。装订是书刊印刷加工非常重要的一道工序。

第一节　装订的作用和范围

一、装　订　方　法

装订主要有精装、平装、骑马订和特种装订等方法。

精装主要用于需要长期保存或使用时间较长的书籍，如经典著作、辞典、手册等。精装书在完成印刷、折页、配页、锁线、上胶、压平、裁切等工序后，还要进行扒圆、起脊、贴纱布、贴堵头布、贴书背纸、上书壳、压槽和整理等工序。由于工序多、生产速度较慢。精装书封皮坚固耐用，耐磨，长期使用不会损坏书籍。精装书采用锁线法和胶粘订方法装订或采用两种方法组合装订。一般来讲，胶粘订比锁线法成本低、速度快，但坚固程度和耐久性不如锁线法。

平装方法应用最广，平装装订的书刊最多。平装装订工序一般采用线装订、胶粘订和铁丝订三种。平装装订的主要工序为：折页、配页、订书、压平、包封皮、烫背、裁切等。铁丝订所用装订铁丝易受潮生锈，特别是潮湿地区不适用。线装订包括缝纫装订和锁线装订，适用范围较广，可以装订厚书，也可以装订薄书，使用寿命长。胶粘订采用热熔胶，由于热熔胶的黏结性能越来越好，胶粘订发展很迅速，在装订中占有的比例越来越大。胶粘订速度快、质量好，适用于高速装订生产线使用，生产效率高、书籍外表美观，平整程度优于铁丝订的书刊。

骑马订法主要用于页数较少的书刊、杂志、少儿读物、宣传资料等。骑马订工艺简单，速度快，生产效率高。用骑马订法装订的书刊页数较少，折页和配页完成后，放在骑马订机上，在中缝订上书钉，然后经过裁切整理，完成装订。

一般情况下，精装装订的书籍最厚，平装次之，骑马订书刊最薄。如果书籍页数很多，但不需要精装装订，即不属于长期保存或长时期内频繁使用的书籍，一般采用分册平装装订。即使需要精装装订的书籍，页数太多也要分册精装装订。

特殊装订包括线装、塑料夹条装订、塑料线烫订、螺旋圈装订、开闭环装订等。这些装订方法适用范围广、美观，适于装订册数少的印品。线装主要用于仿古装订，保持古书籍的古朴风格，装订效率低，成本高，出书慢，工艺复杂，但装订质量高，耐用性能强、收藏价值高。

二、书刊的形式

1. 精装书的形式

精装书一般用锁线装订和胶粘订。精装书的书背有圆背和平背两种。如图9－1所示，每一种书籍都有柔背、硬背、腔背三种形式。

有的精装书封面在折痕处压有书槽，主要为了坚固、翻开方便和美观。精装书各部位名称如图9－2所示。

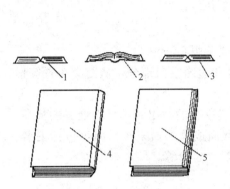

图9－1 精装书的形式
1—柔背 2—硬背 3—腔背
4—圆背无脊 5—平背

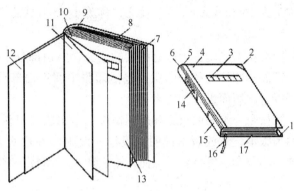

图9－2 精装书各部位名称
1—飘口 2—书皮包角 3—封面文字 4—封面 5—书槽 6—书脊
7—切口 8—天头 9—堵头布 10—订口 11—环衬 12—护封
13—扉页 14—书背文字 15—书背 16—丝带 17—地脚

2. 平装书的形式

平装书一般用胶粘订、铁丝钉、锁线订等装订方法。平装书形式简单，书背一般没有变化，均为平背形。书的封面一般采用上光、压光或覆膜加工，使表面美观耐用。

3. 骑马订书的形式

骑马订书形式简单，一般将套配在一起的书页和封皮用铁钉装订在一起，装订后，经裁切即可成书。

三、装订基本知识

在装订工作中，有很多术语和习惯称呼，这些术语包含着装订的很多基本知识。

1. 纸张幅面

纸张幅面是指纸张的规格。纸张规格有国家标准。

单张纸幅面分为 A 系列和 B 系列。A 系列尺寸为 880mm × 1230mm，900mm × 1280mm；B 系列尺寸为 1000mm × 1400mm。787mm × 1092mm 是过去使用的标准，正在逐步被淘汰。

卷筒纸宽度有 1800、900、880mm 和 787mm 等规格。

2. 纸张定量

纸张的定量是以纸张的每平方米重量表示，单位为 g/m^2，即平常所说 60g 胶版纸，是指这种胶版纸的定量为 $60g/m^2$。

3. 令数

书刊用纸数量很大，用张数计算不方便。在印刷行业中，均以令为单位计算，每令纸为 500 张全张纸，半令纸即为 500 张对开纸。

4. 开本

开本指每一全张纸折出多少小的单张，即是全张纸的几分之一。全张纸称为全开，对折一次称为对开，再对折一次称为四开，对折三次称为八开，以此类推。书刊的开本大多数为 16 开和 32 开。由于全张纸幅面系列不同，尺寸不同，大幅面的全张纸折出的书页称为大 16 开或大 32 开；反之，称为小 16 开或小 32 开。

5. 版心、版面、版权

版心指书刊印张中印有图文的部分，空白部分不属于版心。

版面指印好的整个印张，包括印张中间空白部分和边缘空白部分。从图文布置等情况可以看出版面设计的优劣。

版权是一本书的出版和所属情况，是出版者对作者享有的对出版物另作处置的权利，也称为版本记录或版本说明。版权一般附印在扉页背面或全书最末页，内容包括书名、作者、印装者、发行者、幅面开本、印次、印数、字数、定价等。

6. 衬纸、扉页、环衬、插页

衬纸是指封面（封二）下面另粘上的纸页。衬纸是起衬托封面与书芯的衔接作用，并保护书芯。

扉页是衬纸下面印有书名和出版者的单张页。有些书刊衬纸和扉页印在一起，称为扉衬页。

环衬是指精装书书芯上下一折两页的衬纸。环衬有的印有各种暗色花纹图案，其作用是连接书芯与书壳，并且美观。

插页是指在书页上粘放一张或多张图文来补充书册内容的完整。

7. 书帖、书芯、书封

书帖是指将全张纸按页码及版面的顺序折成需要的折数后，成为一沓纸页。书帖可用手工或机器折叠。

书芯是指将折好的书帖按其顺序配页并装订成册的半成品。书芯有时也称毛本。一般情况下，毛本是指书芯包好封面，而未经裁切的书本。

书封即书的封面，也称书衣、外封、皮子、书皮、封皮、封壳、书壳等。书封是包在书芯外面，保护书芯和装饰书籍的专用纸张。书封分为封面、封底，或封一（封面）、封二、封三、封四（封底）。一般情况下，封面印有书名、作者和出版者，封底印有定价或版权。

8. 天头、地脚、前口、订口

天头是指书刊正文最上面一行字的字头到书帖上面纸边之间的部分。

地脚是指书刊正文最下面一行字的字底到书帖下面纸边之间的部分。

前口也称切口或口子，指订口折缝边相对的阅读边位置。

订口指书刊应订联部分的位置。

9. 刀花、小页、勒口

刀花是指裁书时切刀不锋利或切刀崩口，造成所切书册的切口部分不光滑，且有凹凸不平的花纹。

小页是书册装订裁切后书芯内有的页张缩小于书册尺寸的现象。折页时折边不齐或配页后碰撞不齐，装订成册后，有的书页缩进书芯内，造成比应切尺寸小。

勒口是平装书的一种形式，是封面的前口边大于书芯前口边一部分，将多余部分沿书芯前口切边向里折齐在封二和封三内，也称为折口。

10. 书背、书脊、书槽、飘口

书背是指书帖配册后需订联的平齐部分。书背上一般印有书名、出版者或作者名称，多册书印有册数。精装书书背有方书背和圆书背，平装书均为方书背。

书脊是书芯表面与书背的连接处。

书槽又称书沟或沟槽，书槽是指精装书籍装订加工后，封面和封底的连接部分压进去的沟槽。书槽的作用是使书籍结实、美观，便于翻阅。

飘口是精装书经装订加工后，书封壳大出书芯的部分。飘口一般为 3 mm 左右，可以保护书芯，并使书籍外形美观。

11. 中腰、中径、中径纸、中缝

中腰也称为书腰，一般指上下书封壳中间的连接部分，即指封一和封四的腰部位置。

中径是指书封壳的封二和封三两块封面纸板之间的距离。

中径纸也称为中径纸板，是中腰部分内侧所粘贴的纸板条。

中缝是中径纸板与书壳封面纸板间的两个空隙。中缝是为了书壳与书芯连接和压槽成型所用。

12. 堵头布、锁绳头

堵头布也称堵布、堵布头、绳头布或花头布，堵头布粘贴在精装书书芯的两端，将每帖折痕堵盖住，可使各帖之间牢固连接，并使书刊外型美观大方。

锁绳头是用一定规格的丝绳一针针捆锁在书背两端的方法，与堵头布作用相同，比堵头布美观。

13. 方角、圆角

经裁切的书四角呈 90°，为了使书籍美观，把书刊前口的上下两角切成一定程度的圆角，不切成圆角即切成方角。圆角加工造型美观，翻阅时不易折损。

14. 活套、固套、护封

活套也称活络套装，书籍加工成册后，书芯和书封壳可随意分开或调换。这种形式使用方便，适合日记本册或一些工具书的加工装帧。

固套是指在套合加工时，书芯的环衬牢牢粘在书壳上，是一种常见的装订形式，适用于一切精装书籍的加工。

护封是指套在封面外的包封纸。一般用于比较讲究的书籍或经典著作，可以保护封面，增加书籍的庄重和艺术感。护封选用质地较好的纸张或覆有塑料薄膜及印有花纹图案的材料。

15. 色口、金口、花口

色口是将切好的书刊或本册（一般是账本等），在切口的一面或三面喷涂上各种颜色，适用于账簿、户口簿等物的加工。

金口是将书籍的切口一面或三面粘贴上一层金银箔。金口的加工复杂，技术难度大，适用于比较昂贵的、有保存价值的经典特装书籍。

花口是将书籍的切口一面或三面用较复杂的配料方法和工艺技术，制作出各种花纹图案。

16. 栏线、鱼尾栏

栏线也称边栏，是线装书页的四边印上的界格线，页张上面的称上线，下面的称下线，两边的称左右线。

鱼尾栏是线装书页的中间印有鱼尾记号。大多都印在书页中间（一折两页的折缝上）前口位置的上方或下方，作为装订整齐标记，鱼尾栏形式有多种。

17. 副页、签条

线装书封面内另粘上一两张空白页张，称副页，相当于衬纸。它可以保护书芯，副页上还可以印作者或出版者的题语等。

签条是线装书封面左上方附粘印有书名和卷册的纸条或织品条。

18. 纸钉、书函

纸钉是用与书页相同的纸张搓捻成线状物，用于线装书订线前，作为一种暂时将书页固定的工具，以便后面加工。装订后，纸钉可以取出，也可以不取出，盖在封面下面。

书函也称为书套、书匣、函套等，为包装线装书籍所用，起保护书册和装饰书籍的作用。

第二节　装订工艺

精装书装订工艺流程为：印刷→折页→配页→锁线→压平→涂黏合剂→干燥→压实定型→切书→扒圆起脊→涂黏合剂→三粘→上封面→压槽→整理→包装。

精装书封皮的加工较复杂，主要包括：开料前压平→裁切书封料及烫料→涂黏合剂→糊书封纸板和中径纸→包壳包角→压平→干燥→烫印。

平装书（胶粘订）装订工艺流程为：印刷→折页→配页→铣背→切槽→涂黏合剂→粘纱卡→干燥→涂黏合剂→包封面→烫背→切书→包装。

平装书（锁线订）装订工艺流程为：印刷→折页→配页→锁线→压平→涂黏合剂→粘纱卡→干燥→割本→涂黏合剂→包封面→烫背→整理→包装。

平装书（铁丝订）装订工艺流程为：折页→捆帖→粘套插页→上蜡→配页→撞捆浆背→干燥分本→订书→涂黏合剂→包封面→烫背干燥→裁切成品→检验→包装。

骑马订工艺流程为：印刷→折页→配页→骑马订书→压平→裁切→整理→包装。

一、装订过程

（一）折页

印刷完成后，进入折页工序。书刊印刷有的采用单张纸，也有的采用卷筒纸。卷筒纸印刷机有的和折页机联装在一起组成联动机，印刷完成后，折页裁切也完成。

单张纸印刷机印刷的印张在印刷机的收纸装置上已闯齐，堆放整齐，可直接搬运到折页机上使用，也可以组成联动机。

如果在印刷机收纸装置上未闯齐，还要进行闯页，把印张闯齐，闯页一般使用振动式闯页机或其他形式闯页机。

1. 折页开本

开本表示书刊幅面的大小，是指占全张纸的几分之一，图9-3为开本示意图。

2. 折页方式

折页方式随版面排列方式不同而变化。在选择折页方式时，还要考虑书的开本规格、纸张厚薄等影响因素。折页方式可分为平行折页、垂直折页和混合折页。

相邻两折的折缝相互平行的方式称为平行折页，图9-4（f）中，先沿虚线1-1折，再沿虚线2-2折。这种折页方式适用于纸张结实的儿童读物、图片等。

相邻两折的折缝相互垂直的折页方式称为垂直折页，图9-4（f）中，先沿虚线1-1折，再沿点划线1′-1′折，大部分印张均采用这种方式折页方式。

在同一书帖中，折缝既有相互垂直的，又有相互平行的，这种折页方式称为混合折页。图9-4（f）中，混合折页顺序为：①沿虚线1折；②沿虚线2折；③沿点划线1′折；④沿点划线2′折。

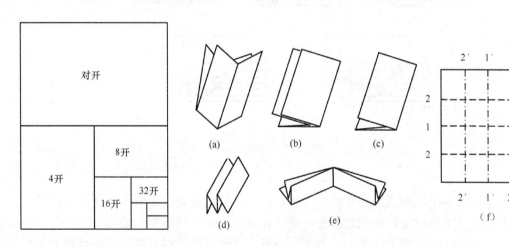

图9-3 开本示意图

图9-4 折页方式
（a）垂直交叉折 （b）双对折 （c）包心折
（d）扇形折 （e）混合折 （f）折痕位置

折页有机械折页和手工折页。书页印刷时，已按书页的一定顺序拼版，每一书页都有页码、书眉线或规矩线等，折页时要以这些为标准来折。

手工折页速度慢，质量低，劳动强度大，但节省设备投资，并可安排部分人员就业，在市场竞争中经常处于劣势。手工折页在小型装订企业中仍有使用。

用于机械折页的折页机种类很多，自动化程度较高，生产率高，折页质量可靠。关于折页机将在后面章节进行介绍。

（二）配页

配页是把折好的书页从第一帖到最后一帖按页码顺序整理好。折好的书页一般称为折帖或书帖。

配页的方法有两种：套配法和叠配法。

套配法是将一个个折帖按页码顺序依次套在另一个折帖的外面或夹在另一个折帖的里面，使其成为一本书刊的书芯，如果再配上封面，就可以装订成书了。套配法常用于骑马订装订的书刊、杂志。套配法每一折帖折数较少，有的只折一次。套配法装订的书刊内层书页比外层书页略小，内外页的尺寸差称为缩位，也称为"爬移"量，印前排版时应留出"爬移"量。

叠配法是按各折帖的页码顺序叠加在一起，使其成为一本书刊的书芯。

配页有手工配页和机器配页。手工配页只在小厂使用。机器配页生产效率高、质量好、劳动强度低、便于实现自动化。

配页时，折帖的背上印有折标（也称折梯档），如图9-5所示，可以识别缺帖、重帖、错帖等。

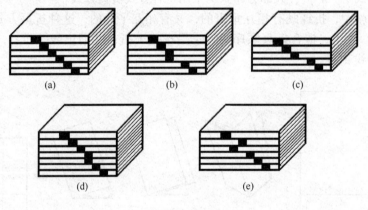

图9-5 折标
（a）配帖正确 （b）重帖 （c）缺帖 （d）多帖 （e）乱帖

根据装订方法的不同，对配好页的书芯要进行不同的处理，如果采用缝纫订、铁丝订和胶粘订，需要将已配好的书芯捆扎压紧，在书背上刷一层薄薄的胶水，防止分本时书芯散乱，有利于下一道工序加工。为便于分本，在配页之前将折帖的首帖首页或末帖末页折口进行上蜡。如果采用锁线订，则在收帖之后直接送到锁线工位上加工。

（三）订书芯

订书芯有下面几种方式：锁线订、胶粘订、铁丝（钢丝）订、缝纫订和骑马订等。

1. 锁线订

将各折帖按顺序用线连接成为一册，折帖与折帖之间相互锁紧。

锁线订用锁线机进行，用搭页机将折帖依次放置在锁线机的输帖链上。

锁线加工是沿折帖折缝连接，各页均能摊平，并且坚固，使用寿命长。锁线订用于要求质量高和耐用的平装和精装书籍。

锁线订分为平订和交叉订两种。

（1）平订。平订是把各折帖的订口折缝锁在一起。平订又分为普通平订和交错平订，普通平订和交错平订锁线方式不同，如图9-6所示。

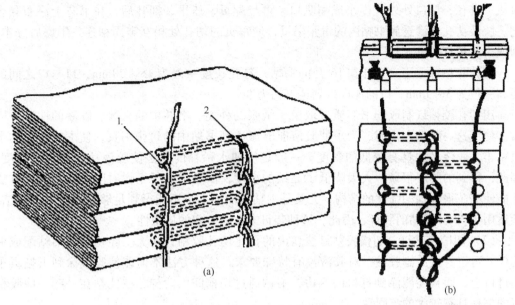

图9-6 普通平订和交错平订

(a) 平订书芯 (b) 交错平订

1—针孔穿入 2—针孔穿出

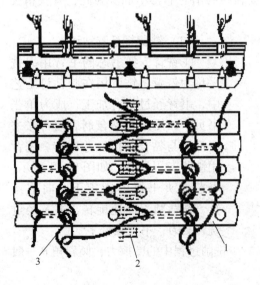

图9-7 交叉锁线

1—书帖 2—纱布 3—针孔和线

交叉锁线装订速度略低于平订速度。

普通平订线从针孔穿入，沿书帖折缝内侧由针孔穿出，并留下一个活扣，将折帖依次串联，形成一串锁链状。当一本书芯锁线完成后，让锁线机空转一次，不送折帖。这时最后一帖钩出的线圈也被打成活扣留在书芯外面，将线剪断就是一本书芯。

交错平订是为避免书背锁线部位突出或过高地鼓起采用的装订方法。用于纸张较薄或纱线较粗的情况下，使书芯装订后平整，每组锁线相互错开。

一般16开书籍常采用4组锁线，32开采用3组锁线，64开采用两组锁线。

（2）交叉订。交叉订和交错订原理和适用范围基本相同。两折帖之间的装订线交叉锁线，如图9-7所示。这种锁线方式可使装订线分布均匀，还可串以纱布带，使书籍牢固美观。

2. 胶粘订

胶粘订的方法很多，一般可分为：切孔胶粘订，切槽胶粘订，单页胶粘订，铣背打毛胶粘订。

（1）切孔胶粘订。印张折页后，沿书帖最后一折的折缝线上用打孔刀（也称花轮刀）

打成一排孔，切口处外大内小成喇叭口。再经配页、压平、捆扎后，在书背上涂布黏合剂。胶液从孔中渗透到书帖内的每张书页，使每页的切孔处相互牢固粘连。干燥后分本，即成为胶粘订的书芯。

切孔胶粘订适用于 8 开和 16 开的书帖，打孔长度一般为 15～28mm，口与口之间的距离一般为 3～5mm，口的深度以划透书帖为准。

用切孔胶粘订制成的书芯质量取决于纸张的种类、书芯中的页数、胶液的性质等因素。使用这一胶粘方法时，为了使胶液能够渗透到书帖中的每张书页，使书帖里面的书页粘牢，胶液必须具有较低的黏度。一般是用加水稀释的方法使胶液达到要求的黏度，因此，得到的胶层很薄，大大降低了黏结的牢度，而且增加了干燥时间。这种装订方法不能使书芯得到均匀强度的结构，尤其是书帖里面的书页不能得到足够牢固可靠的黏结，不适用于 32 开书帖的装订，因此，这种装订方法有一定的局限性。

（2）切槽胶粘订。切槽胶粘订法切出的孔比切孔胶粘订法大。经切槽的书帖配成书芯后，可以直接涂刷胶液，对胶液没有特殊要求。这种方法不但能使胶液涂到书帖页子的订口上，而且还能涂到订口的侧边，书帖通过切槽间的阶梯，彼此粘在一起，使胶粘订的书帖具有较大的牢固性。

（3）单页胶粘订法。全书以单张书页或以一折书帖为单位、沿订口闯齐后，再将各页的订口均匀地错开 1.5～2mm，放在台子上，均匀地刷上胶液，然后沿订口闯齐并加压，使页与页之间相互连成为书芯。用这种方法黏结的书芯非常牢固。为此，有些精美画册、地图册的书芯常用这种胶粘方法加工。

（4）铣背打毛胶粘订

①铣背。把书芯的书背用刀铣平称为铣背。铣背用在胶粘订工艺中，书背经过铣背加工，成为单张书页，以便涂布黏合剂后使每张书页都能与黏合剂接触并粘牢。铣背用铣背专用设备，如图 9-8 所示，书芯在夹书器的固定下，向前运行，铣背圆刀高速旋转，书芯经过铣背圆刀，书背被铣平。

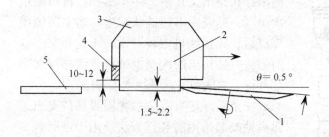

图 9-8　铣背机构

1—圆刀　2—书芯　3—夹书器　4—夹书器挡规　5—定位平台

圆刀盘及转轴倾斜安装，这种安装方式可以减少铣削过程中的摩擦力，倾斜角 θ 一般为 0.5°。

书芯纸张越厚，折数越多，书背的铣削深度越大，以铣透为准。一般铣削深度在 1.5～3.5mm，以最内页铣开为准。

②打毛。打毛是对铣削过的光整书背进行粗糙处理，将书背切出小沟槽，也称为切槽。打毛使纸张边沿的纤维松散，利于浸胶和相互粘接，打毛用专用的打毛刀。

打毛过程如图 9-9 所示，图中有一高速旋转刀盘，刀盘四周安装 4 把打毛刀。打毛刀圆周上有齿，上端有一毛刷盘，上面安装若干小毛刷。书芯经铣背后，进入打毛工序。打毛刀将书背切出许多间隔相等的小沟槽，小毛刷擦净沟内残存的纸屑。

打毛刀类似机加工用圆盘铣刀，有的采用高速钢制造，有的采用硬制合金刀头嵌入刀体的结构形式。硬质合金打毛刀使用寿命长，因而被广泛采用。

在书背上切出许多间隔相等的小沟槽，以便储存胶液，扩大着胶面积，增强书芯黏结的坚固性，如图9-10所示。

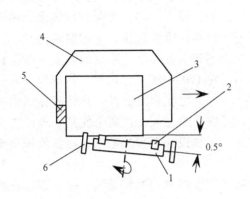

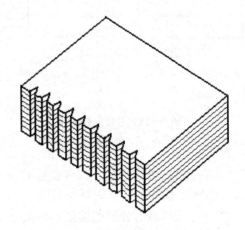

图9-9 书背打毛示意图

1—刀盘 2—毛刷 3—书芯

4—夹书器 5—挡规 6—打毛刀

图9-10 书背沟槽示意图

书背沟槽的深度一般为1～3mm，间隔2～20mm，16开书册8～10个沟槽，32开书册6～8个沟槽，根据要求的牢固程度确定。一般情况下，间隔小，切槽深度大，书芯黏结较牢固。

高速旋转的打毛刀轴上均匀安装着打毛刀，刀片数量和间隔可根据书背沟槽要求确定。工作台支撑书芯，书芯在夹书器和夹书器挡规作用下在工作台上移动，完成打毛工序。

③上胶。上胶是在经过机械处理的书背上，涂上一定厚度的黏合剂，以固定书背，粘牢书页，使整个书芯具有足够的黏合强度，是书芯加工中的关键工序。

经过铣背、打毛、切槽、切孔等工序后，书芯进入上胶工序。

上胶方法有手工刷胶法、辊涂法、喷涂法和热熔枪法。

手工刷胶是用刷子将胶直接刷到书背上。这种方法上胶不均匀，易污染不应上胶部位，只在小企业采用。

辊涂法是通过定量辊（轮）连续地直接将胶涂到书背表面，这种方法上胶均匀，上胶机构简单，上胶效果好，广泛用于胶粘订中。

喷涂法是将热熔胶在预熔槽内熔化，用泵送到一个带阀门的喷嘴，调节喷嘴使热熔胶均匀快速喷出。这种方法适用于较大面积的黏合表面。

热熔枪法是先将热熔胶制成棒状或颗粒状，使用时放入专用热熔枪内，通电加热，当升到一定温度时，即可施涂，把熔融的热熔胶挤到被黏合表面。

辊涂式上胶方法适应胶粘订特点，许多装订厂家均采用辊涂式上胶。一些自动化程度较高的装订生产线的上胶装置也采用辊涂式上胶方法。

图9-11为书背上胶示意图，书芯到达上胶工位，在上胶辊上方通过，便将胶层转移

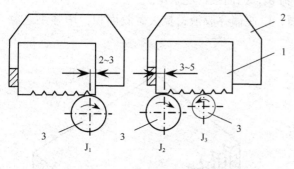

图9-11 书背上胶示意图
1—书芯 2—夹书器 3—上胶辊

给书背，完成了书背上胶。

上胶辊安装在带加热装置的胶锅中，并在锅内旋转，将胶液带起，经过刮胶板将胶刮匀，再转移到书背上。上胶辊浸入胶的部分约为直径的1/3处，浸入过多，带起胶液过多，难于控制；浸入过少，带起胶液过少，达不到上胶要求。胶锅的温度一般保持在170~180℃，这时，热熔胶具有较好的黏度和浸润性。热熔胶在锅内不应受热过久，否则会使其物理性能下降，影响书芯的黏结强度。胶料要随时补充更新，需加设一个预热胶锅，将新胶预热至160~170℃，随时向胶锅内补充消耗。

第一上胶辊载有较厚的胶层，以大于书芯行进速度的圆周速度旋转，使上胶辊表面与书背间产生滑动摩擦，把胶层搓动，让胶液进入沟槽，并充满，使书背黏结牢固。上胶辊表面有许多环形小沟槽，以使书背纵向条纹充分浸胶，把书页黏合牢固。黏结未经铣背的书芯（如花轮刀轧口的书芯，切槽的书芯）时，作用更加明显。

第二上胶辊所载胶层较薄，它的作用是补充第一上胶辊上胶的不足。第二上胶辊的表面与书背不接触。有一小段距离，以控制胶层厚度并使其均匀。书背胶层厚度一般控制在0.7~1.5mm。

第三上胶辊为热胶辊，本身不带胶，转向与前两个上胶辊方向相反。辊内装有电热丝，其表面温度控制在190~200℃。它的作用是滚平背胶，烫断热熔胶的拉丝。

3. 铁丝订

铁丝（钢丝）订分为骑马订和平订两种。

（1）骑马订。骑马订是把正文和封面一起配页，用钢丝在书背的折缝处穿过封面和书芯，把封面和折帖装订成本。这种装订方法适宜高速大批量生产，装订成本低，工艺流程短，出书快，翻阅时可将书本摊平，便于阅读。其缺点是钢丝易生锈，装订强度低，不利于保存，不适宜装订超过100页的厚本。

骑马订多用于装订杂志、画报、宣传资料及各种小册子。

骑马订的折页和配页是从折好的折帖最中间一帖开始，依次套叠在一起，最后套叠封面。

骑马订采用骑马订书机，将骑马订书机和折页配页机与切书机连接起来，组成骑马订联动机。再加上一些机器如堆积机、包装机、插页机等就组成一个完整的骑马订生产线。骑马订主要工作过程如图9-12所示。

①送铁丝。铁丝从装订机上的穿丝嘴穿入，在送丝轮作用下，再从切料轴的孔中穿过，进入成型钩的缺口中。

②切铁丝。送铁丝完成后，成型钩和咬丝钩把铁丝咬住。切丝刀片C向下切断铁丝。

③做钉。边刀C_b下降，刀槽对准所叼铁丝两边伸出部分，把铁丝弯成"┌┐"形。成型钩抬起，咬丝钩打开，等候下一次送铁丝。

④订书。边刀 C_b 下移的同时，中刀 C_a 也下移，其行程比边刀长些。把弯好的书钉钉进折帖。

⑤紧钉。折帖下面托架中的弯脚在顶杆上顶作用下，把书钉下部顶弯，压紧，完成订书。

（2）平订。平订是把配页后的书芯用铁丝横向穿过装订，然后在书背上刷胶，再粘贴封面。这种装订方法多用于刊物杂志、教学参考书等，装订的书刊不能太厚，一般不超过 25mm，装订好的书不易翻开，但很结实。由于书钉会生锈，不宜长期保存。

平订一般采用单头铁丝钉书机，它的工作原理和工作过程与骑马订书机相似。

4. 缝纫订

将配好页的书册用工业缝纫机沿书脊距订口约 8mm 处订缝起来，使其联结成册，称为缝纫订。

用缝纫订方法装订的书册比铁丝订牢固耐久，可以平订，也可以骑马订，最薄可订 3～4 页，最厚可订 150 页左

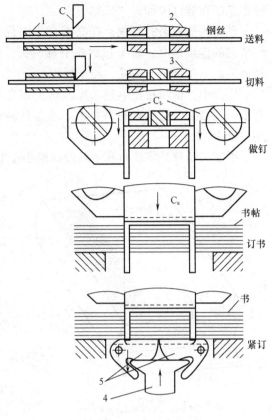

图 9-12 骑马订工作过程
1—切料轴 2—成型钩 3—咬丝钩 4—顶杆 5—弯脚

右。缝纫订速度慢，不适用于大批量生产，费工费料，只适用于某些证、册和特殊工作物。

缝纫订是以手工和机器配合完成装订工作。订书前，根据书刊幅面的大小、薄厚及订法（平订或骑马订），将侧规和高低挡规调整合适。平订以针头为基准，调节书脊与订线的间距；骑马订以书册中间的骑马订折缝为基准，将侧规定位在针头位置的左或右侧均可。调整高低挡规，可根据书册的厚度进行，以线条平直能拉紧无松套、书册订口无订头压痕或撕裂为标准。

规矩定好后，试订无误后进行订缝操作。操作时，将工作台板上的书册一本顶一本地连续进行订联。书册越厚，订缝针直径越大，纱线越粗。针距为 3～10mm。订缝推本时，推力要均匀一致，不可过快或过慢。进本要放平后再订缝，订出的书册，后背要平直。骑马订的书册，线缝要平直，折合后的齐纸边误差不超过 2mm。

书册经订缝后，本与本之间的纱线仍连接，用剪刀将其剪断，使书本分开。检查无误后码叠堆积，完成缝纫订过程。

（四）贴背

贴背也称粘背，平装书厚度超过 15mm 时应加贴背，精装书都需贴背。

贴背是在书背上粘纱布、书背纸（卡纸）和堵头布。粘堵头布只用于精装书中。这

三道工序在装订中称为"三粘"。

贴背可掩盖书的缝线，提高书背牢固程度，固定书背形状，提高折帖与折帖、书壳与书芯的连接牢度。堵头布贴在书背两头，使书粘连得更加牢固，并起装饰作用，使上封面后的书籍耐用、美观，便于翻阅。

生产中，粘纱布是单独工序，堵头布先粘贴在书背纸上，裁成适当宽度，再连同书背纸一起粘到已粘纱布的书背上。纱布粘满整个书背宽度方向，两端还要多出一部分粘到衬纸上。

平装书贴背是将纱布或卡纸做成略小于书背的尺寸，用手工或机器贴于书背胶层上。

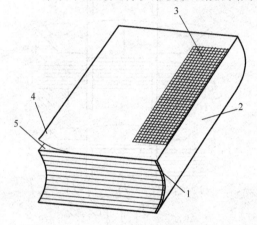

图 9-13 "三粘"后的书芯
1—堵头布 2—书背纸
3—纱布 4—衬纸 5—书芯

不进行贴背处理书芯的扒圆和起脊会恢复原状。精装书的书芯经过扒圆起脊后，经过贴背处理，硬封面与书芯书背贴服，变形持久，经常翻阅也不会恢复原状。贴纱布和贴堵头布使硬书封面和书芯之间的连接力加强，书芯两端也得到加固并美观。"三粘"工序对精装书装订是不可缺少的工序。精装书"三粘"后的书芯如图 9-13 所示。

"三粘"一般在贴背机上进行，小型装订厂一般采用手工方法进行"三粘"。不论是手工贴背还是机器贴背，一般的加工次序为：①上胶；②粘纱布；③上二遍胶；④粘书背纸；⑤粘堵头布；⑥托实。

"三粘"工序安排在书芯裁切之后进行，粘堵头布是先将堵头布粘贴在书背纸的两端，然后裁成所需宽度一起粘向书背，使堵头布的定位更加可靠。

在贴背机上进行贴背，书芯加工位置一般有两种：一种是书背朝下，在直线排列的工位上完成上述诸项加工处理，如图 9-14 所示。另一种是书背朝上，在直线排列的多工位机组上进行"三粘"，如图 9-15 所示。

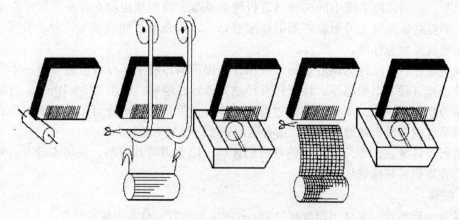

图 9-14 书背朝下贴背工艺流程

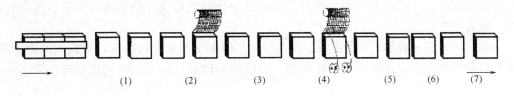

图 9 – 15　书背朝上贴背工艺流程

另外还有将书芯平放从侧面进行"三粘",目前采用不多。

一般情况下,在贴背机上贴背按下列工序进行:

(1) 进本。书芯由贴背机的传送装置夹紧,一本一本地间隔送入上胶工位。

(2) 上胶。书芯进入上胶工位后,在夹紧装置和传送装置作用下,继续向前运行,行进中,上胶装置给书背上胶。

(3) 粘纱布。书芯移到粘纱布工位时,粘纱布机构得到信号,切断装置从布卷上切下所需宽度的纱布,托布台迅速将纱布粘到运动着的书背上。

(4) 二次上胶。将胶涂在粘有纱布的书芯书背上。上胶原理和第一次上胶原理相同。在二次上胶之前,把书背两边宽出的纱布收拢贴服、粘好。

(5) 粘书背纸和堵头布。裁纸机构把卷筒状书背纸裁切成所需长度,把堵头布粘在裁切好的书背纸两端,按所需宽度切下,这时,输送台将其送到书芯下面,将书背纸和堵头布粘贴在书背上。

粘书背纸时,书背纸在输送和粘贴装置的作用下,一方面随书芯运动,另一方面还要做书背纸靠近书背的粘贴运动。书背纸和书背粘贴时,它们的相对位置要足够精确,书背纸和书芯运动速度严格同步,其精度和速度均由贴背机保证。这样,才能使书背纸在书背上位置正确,堵头布均匀地突露在书背两端。

(6) 托实。书芯进入托实工位,由浸在水槽中的成型橡胶辊和两个锥形橡胶辊把书背纸和堵头布辗实到书背上,3 根橡胶辊连续转动。

(7) 出书。书芯完成了"三粘"后,由输送装置将粘好背的书送出机外,进行下一工序。

贴背机由于型号和生产厂家等不同,工位数量、工作机构和工艺顺序有所不同,但其原理基本相同。

(五) 包封面

平装书与精装书包封面的工艺和方法不同。

1. 平装书包封面

经过装订后的书芯再包上封面的工艺过程称为包封面或上封面、包封皮。骑马订的书刊订书芯与包封面一次完成。其余的平装书刊都要单独上封面,一般装订联动机上都设有上封面工位。专门用来上封面的机器称为包封面机或包本机。包好封面的书刊称为毛本,毛本再经过裁切就成为成品书刊了。

平装书刊的封面分为有勒口(折口)和无勒口两种。平装书封面勒口是指将封面沿书本切口处折转到里封去的折边。无勒口的平装书称为普通平装书。普通平装书是先包上封面后进行三面裁切成为书本。有勒口的平装书称为勒口平装书,勒口平装书先将书芯切口裁切好，然后再上封面，将封面宽出部分折到里面去，最后进行天头、地脚的裁切，成为书本。

勒口平装书一般都用手工折出，成书美观，但由于增加了折叠和二次裁切两道工序，并且折叠一般用手工完成，折叠速度慢，所以成本较高。包本机所包封面都是普通平装书封面。

普通平装书包封面都在包本机上进行，勒口平装书是手工包封面。

（1）手工包封面工艺。平装书手工包封面的操作分为折封面、切书芯、刷胶、粘封底、包封面、折勒口、切天头和地脚、压平等。手工包封面的劳动强度大，产量低，随着印刷装订生产的发展，大部分工序已采用机器完成。

（2）机器包封面工艺。机器包封面往往在同一台机器上连续完成多道工序，这样的机器比单独的订本机器、包封面机器的生产效率高得多。

各种包封面机结构和形式不同，其工序和特点存在区别，机器包封面的主要工序为：

①进本。书芯书背朝下放在进本台板上或进本输送带上，并设置定位装置使书芯进行定位，进本输送装置把定位好的书芯送入夹书器，使书芯相对位置固定，以便在下道工序中位置保持正确。

书芯在进本过程中，始终保持挺直，位置正确避免倾斜，一般进本动作为间歇向前运动，使包本工艺在相对静止条件下进行，以保证质量。

②刷胶。书芯连续向前运行，进入刷胶工位后，刷胶机构对书背、侧面刷胶。刷胶机构有辊轮式的，也有片状的，刷胶片或刷胶辊在胶盒里蘸胶水，然后再刷到书背和书芯订口侧面上，刷胶机构设有调节装置，根据书芯的厚度和书芯的开本规格进行调节。辊轮式刷胶机构首先由两个相对旋转的小轮子对订口两侧刷胶，再由另一个旋转的胶辊对书背刷胶，最后还有一个胶辊把书背已刷的胶涂布均匀。

③输送封面。书芯向前输送的同时，封面台上的封面首先被传送到封面压痕工位。经过前后方向和左右方向定位后，压痕机构在封面上压出两道印痕，两道印痕的距离与书芯厚度相同，其作用是保证把书背包准确而平整。印痕由压痕装置压出。

封面在封面台上封里向上放置，封面台上装有挡规和挡板，给封面定位。挡规和挡板可以根据封面、开本的大小调节。封面台的前面和侧面一般装有吹风管，以便把封面吹松，便于分离和传送。封面输送机构的工作原理与印刷机输纸装置原理相似，也设有双张或多张以及空张检测机构。

④包本。经过压痕的封面由输送装置传送到包本工位，此时，待包书芯也正好被输送到包本工位，书芯被输送到封面上的两条印痕之间，包本机构使封面与书芯紧紧地压实在一起。

包本工序是包封面工艺最主要的工序，在包本机上完成，包本工作过程如下：

a. 进入工位。如图 9-16（a）所示，书芯和封面同时被输送到包本工位，这时书芯与封面不接触，封面已压好印痕，书背已刷好胶。

b. 相互接触。如图 9-16（b）所示，书芯和封面在包本机构作用下接触在一起，有的包本机封面不动，书芯下降；有的包本机书芯不动，封面上升。不论哪种包本机都使书芯和封面产生相对运动而接触。

图 9-16 所示的包本机为书芯在包书辊的作用下下降与封面接触。

c. 包皮压紧。图 9 – 16（c）所示，书芯在包书辊作用下继续下降。为使包本位置准确，书芯应匀速下降，防止书芯突然下落冲击封面。在下面包书辊的作用下，将封面与书芯粘在一起并压实挤紧。

在图 9 – 16 所示的包本机中，将封面与书芯夹紧的机构采用包书辊机构，也有的包本机采用夹紧板等机构将封面与书芯夹紧。

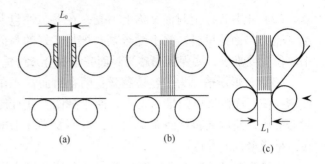

图 9 – 16　包本工作过程

包本工作过程中，左右各有上下两个包书辊，分别与两个齿轮同轴，带动其顺时针转动。其中两根轴分别安装在上下滑板上，上下滑板在凸轮作用下可以左右移动相同距离。当夹书器夹着刷过胶的书芯进入左右上包书辊之间时，包书辊之间距离大于书芯厚度 L_0，同时，封面被运到上下包书辊之间的规定位置［图 9 – 16（a）］，夹书器松开书芯的同时，右上包书辊由上滑板带着向左移动［图 9 – 16（b）］，此时上包书辊之间距离 L_1 略小于书芯厚度 L_0，书芯被挤紧。

由于两个上包书辊相对转动，使书芯匀速下降，使包本位置准确。当书芯下落连同封面一起进入下包书辊之间时，右下包书辊向左移至最小间距 L_1［图 9 – 16（c）］。书芯和封面一起通过下包书辊之间被挤紧，粘在一起。

⑤收书。包好封面的书未经裁切时，称为毛本。经过包本工序后，书芯已和封面粘在一起，由输送机构将毛本输出，至此，一本书的包封面工作完成。

毛本传送到收书工位，书本夹紧装置松开，将书放下，书本落到收书板台上，由收书机构推出。

2. 精装书包封面

精装书的封面与平装书封面不同，精装后的书籍要美观、耐用，便于翻阅。

（1）封面加工。精装书的封面由里层材料、芯层材料和表层材料（封面材料）组成。

里层材料也称衬纸，为较厚的白纸，和书芯装订在一起，用黏合剂再和封面粘在一起并把书背所贴纱布边粘在其中，增加了坚固性。

芯层材料一般用较厚的纸板，整个封面和书芯黏合之前，芯层材料先和表层材料黏合在一起。

表层材料也称装帧材料，装帧材料用布、人造革、纸等。用黏合剂把装帧材料和上下芯层材料黏合在一起，装帧材料的边缘叠进，把上下封面的芯层材料侧面包住，装帧材料里面在书背位置一般贴一层较薄纸板，保证书背挺括而有弹性、美观、不变形。

为表现书名和装饰，有的封面上要进行烫印和压凹凸加工。

烫印也称烫金、烫箔、压箔，一般用金属板通过加热加压印上金、银色或其他彩色箔，提高装帧效果。金属箔也有用纯金的，一般以用电化铝箔为主。箔的背面涂有黏合剂，经过加热加压和承印物表面黏合。为提高装饰效果，在烫印加工前在封面上先粘上一层薄薄的漆片，然后再在漆片上烫金。烫印一般采用烫印机。

压凹凸是通过加压，作出凹凸的图案进行装饰，效果好。

（2）上封面。上封面又称上书壳，在书芯外包上封面称为上封面。把书芯的前后衬纸（也是封面的里层）涂上黏合剂，把加工好的封面套在书芯外面，进行黏合。封面和书芯位置要准确，要保证书芯与封面完全黏合，这是上封面的关键。

（3）整形压槽。为了容易翻开、闭合封面，要在前后封面靠近书背边缘处压出一道凹槽，使封面以这道凹槽为支点，便于翻阅，并且使书籍更加美观。压槽的同时，再给封面加压，使衬纸和封面完全黏合，但不要弄坏书槽，这叫做成型作业。压槽成型一般在压槽成型机上进行。

压槽成型机模板上有一窄形凸出的阳模，该模沿封面与书背连接处边缘压下，即成为书槽。有的小型装订厂采用木板上钉铁条（阳模），把待压槽的书籍放在各层木板模之间，统一加压，一次放置二三十层。

（六）压平

书芯经订装后，书页呈自然状态，书页之间残留较多空气，书页不平整，有折痕，锁线处变厚，书帖之间比较松散。压平是使书芯在压力的作用下用压板压实，挤出书页间残留的空气，保持书芯平整、结实、整体厚度均匀，有利于后面工序的加工和提高书籍质量。

1. 书芯压平

压平工序一般采用压平机进行，压力要适当，不应使书芯产生过大变形。压平机下压板固定，上压板活动，以利于加压，加压方式一般采用液压或螺旋加压。将一册或多册书芯放在压平机两压板之间，加压并保持一定时间。压平工序安排在刷胶工序之前。影响压平质量的主要因素是对书芯的压力，一般对书芯的压力控制在 200kPa 以内。

书芯压平时所用的压力大小和时间目前尚无统一标准。在装订生产线中，书芯压平机多采用单本多工位加压的方法来分散纸张变形时间，以适应生产线的生产节拍。

2. 精装本压平

压平是书芯订装完成后，进行精装加工的第一道工序，也是后面工序的基础，其压平质量对后面工序影响较大。

在装订生产线上，书芯多采用书背朝下放置，除受生产线传送方式的制约外，还因这种放置方式具有能自然定型的优点。书芯在折叠和锁线部位，其厚度和变形程度较其他部位大得多，在工序排列上都是先对背部加压，然后进行整个书芯压平。

精装本在生产线中的压平步骤如图 9－17 所示。

（1）进书。输送装置将书芯输送到预定工位，最前一本书芯运送到挡板处被挡住（书芯竖放，图Ⅰ为俯视图）。

（2）压脊。压脊一般多工位进行（一般为 3 个），后面压脊工位的压脊压力较前一工位大，压脊压力逐工位增加。书芯输送装置将书芯送到压脊工位，压脊块在机械力的作用下同时挤压书籍两侧，然后退离书芯。经过 3 个工位后，压脊完成。

（3）压平。书芯压好脊后，输送到压平工位，压平工位上有两块压平板，将整个书芯压平。

压平工位有时设置两次压平，第二压平工位平板间距离调整得比第一压平工位为小，其目的是使工作压力逐渐增大。

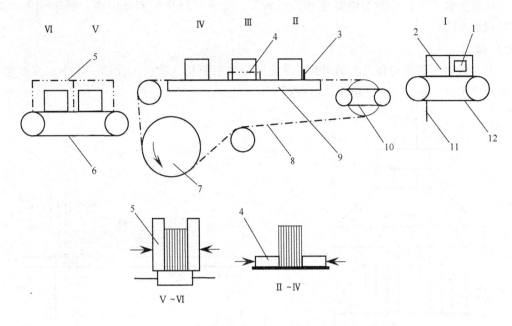

图 9 - 17 精装本压平步骤

1—分书闸块 2—书芯 3—拨书棍 4—压脊条 5—压平板 6—传送带 7—链轮

8—送书链条 9—定位平台 10—加速传送带 11—挡板 12—传送带

Ⅰ—进书 Ⅱ—拨书 Ⅲ—压脊 Ⅳ—送书 Ⅴ—初压平 Ⅵ—压平

Ⅴ～Ⅵ—压平侧视图 Ⅱ～Ⅳ—压脊侧视图

3. 平装本压平

平装书芯在上胶前需压平整，有利后道工序加工，书芯压平一般采用压平机完成。

书芯包好封面后，还要加压成型，加压成型是胶粘订的最后一道工序（包装整理除外）。加压成型使书封面与书芯进一步包拢在一起。使书背成型美观，封皮粘贴牢固。

加压成型是对书背进行 3 个方向，即两侧面和书背加压，如图 9 - 18 所示。两个挤压板对书两侧面加压，托板对书背加压。

托挤压力的大小、动作时间以及两个挤压板的间隙对成书质量均有影响。压力过小，书背棱线不清，

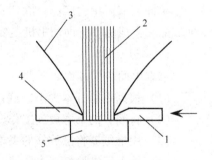

图 9 - 18 书本加压成型

1—外挤板 2—书芯

3—封面 4—内挤板 5—托板

封面粘贴不牢；压力过大，书背两侧产生压痕。当托的动作超前于挤的动作时，书背有出现圆角的趋势；当挤的动作超前托的动作时，书背有出现棱角的趋势，两者的动作时间要调节适当。

4. 烫背

为了使压平后的书籍更为美观，使书背更为平整，还需加一道烫背工序。烫背在烫背机上进行。将多册书背朝下放在烫背机上，烫背机的夹紧装置从三面将书夹紧，书背

紧压在加热装置上，一般加热温度 $100 \sim 150℃$，烫背时间 $0.5 \sim 1 min/$次，图 9 – 19 为烫背原理示意图。

（七）裁切

书本裁切有单面切和三面切两类。单面切一本书要切三次，三面切一本书一次成型，效率高质量好。图 9 – 20 是单面切示意图。

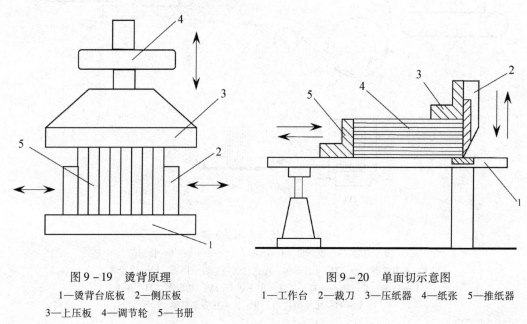

图 9 – 19　烫背原理
1—烫背台底板　2—侧压板
3—上压板　4—调节轮　5—书册

图 9 – 20　单面切示意图
1—工作台　2—裁刀　3—压纸器　4—纸张　5—推纸器

单面切书机用途广泛，除切书本外还可裁切纸张、纸板、塑料等各种装订材料和其他成品、半成品。三面切书机主要用来裁切各种书籍和杂志的成品，是专用的装订机械。

1. 单面裁切

书本单面裁切过程如下：

（1）根据书籍开本大小，试移推纸器，确定其移动的前后位置。

（2）将闯齐的书本放到工作台上，并使其紧靠推纸器和侧挡规。

（3）用推纸器将已放好的书本推送到规定的裁切线上。

（4）放下压纸器把书本压紧、定位、裁切。

（5）裁切完成后，切刀上升离开书本，随后压纸器也上升，返回原始位置。

裁切时，书本要闯齐；与推纸器相互位置要准确；裁刀刃口要锋利；裁刀与工作台面垂直；推纸器表面与工作台要垂直，否则会出现书本切后歪斜、切口不光滑等。

2. 三面裁切

书本三面裁切用三面切书机来完成，裁切质量高、速度快、劳动强度低。书本三面裁切原理如图 9 – 21 所示。

书本三面裁切过程如下：

（1）把需要裁切的书本叠放在压书器的压舌板下面，将书夹紧。

（2）夹书器把需裁切的书本推送到压书器下面的裁切位置，压书器下降，将书本压住，夹书器退回原位。

（3）调好左右两侧切刀的位置和尺寸，左、右两侧切刀同时下落，裁切书的天头和地脚。

（4）侧切刀裁切完毕后返回原位，前切刀下落，裁切书的切口。

（5）前切刀与压书器自动上升复位，裁切好的书叠由输送装置或人工运走，完成一个工作循环。

压书器、侧切刀、前切刀的上升和下降时间与高度要协调。切刀要与工作台垂直，两侧切刀之间要平行，侧切刀与前切刀之间要垂直，切刀刃口要锋利，压书器压书要可靠。

由于书刊的幅面不同，两侧切刀之间的距离可以调节，以保证书刊的裁切尺寸。

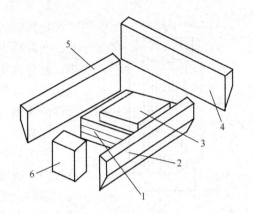

图9-21 书本三面裁切原理
1—书叠 2—右侧刀 3—压书器
4—前刀 5—左侧刀 6—夹书器

（八）扒圆起脊

扒圆起脊工序用于精装书籍。

1. 扒圆

把书背做成圆弧形，书芯的每一书页相互均匀错开，书芯的切口也形成一个凹圆弧形，这样的书籍既便于翻阅，也很美观，同时，又提高了书芯与书壳的连接牢度，这个加工过程称为扒圆。

扒圆工序安排在书背刷胶后并裁切完毕。扒圆在专用的扒圆机上进行，也有用手工完成。扒圆工作原理如图9-22所示。

扒圆时，书背可以朝下，也可以朝上。两个扒圆辊从书芯两侧以一定的压力将书芯夹紧，扒圆辊按箭头方向转过一定角度，书芯在扒圆辊作用下向下移动。在扒圆辊作用下，书芯的书帖之间被压紧，页与页之间产生摩擦力和运动，距扒

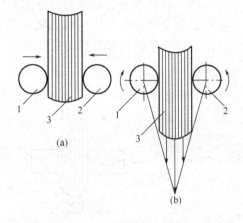

图9-22 扒圆工作原理
1、2—扒圆辊 3—书芯

圆辊远的书帖运动速度高，运动路程远，距扒圆辊近的书帖运动速度低，运动路程短。书芯同时受到两个互为相反转动的扒圆辊的作用，双方互相起制约作用，各书帖之间又有摩擦作用，使得书芯中间书帖运动速度快，外面书帖运动速度慢，形成了圆弧形书背。

图9-22（a）为扒圆前的书芯，图9-22（b）为扒圆后的书芯。

为了使扒圆进行顺利，书背圆弧形状均匀美观，在扒圆前往往先进行冲圆，或称初扒圆。冲圆用了上下两个冲模，一个阳模一个阴模，如图9-23所示。

冲模时，书背可以朝下，也可以朝上。冲模和底模可以是半圆形，也可以是V型模。V型模适用范围广，加工书芯厚度变化范围不大时，基本可以不变。

冲圆和扒圆必须在书背胶未干透的情况下进行，这样才能保证质量。

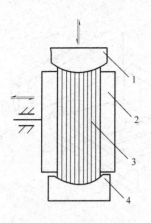

图 9-23　冲圆工作原理
1—冲模　2—夹板
3—书芯　4—底模

2. 起脊

把扒圆后的书芯半圆端点处压挤出凸台，这道工序称为起脊，凸台称为书脊。书脊使封面和书芯结合紧密，便于开合书本；起脊也使扒圆后的书芯不致变形回圆；起脊又使装上厚书壳后的书籍外形整齐美观。起脊工序应使每个书帖背部受压变形倒向两侧，起脊高度一般与书壳纸厚度相同。

起脊有手工起脊和机器起脊。

手工起脊首先将扒圆后的书芯后背朝上平整地放在起脊架夹板内，将书芯夹紧。起脊架夹板是两块带三角坡口的木板，夹书芯时，使书脊部分露出木板3mm左右。然后用木制或铁制锤头敲打书背，先从书背中间着力，再向两边着力，直到敲打出书脊。

机器起脊在扒圆起脊机上进行，有两种起脊方法，一种是用辊子碾出书脊，称为辊式起脊，如图 9-24（a）、（b）所示；另一种是用起脊块起脊如图 9-24（c）所示。

（1）辊式起脊。辊式起脊分为单辊式［图 9-24（a）］和双辊式［图 9-24（b）］起脊，起脊时，夹书块从两边将书芯牢牢夹紧，起脊辊向上压紧书背，同时左右摆动挤出书脊。单辊式起脊摆动角度较大；双辊式起脊完成同样的工作摆角只有单辊式的一半。

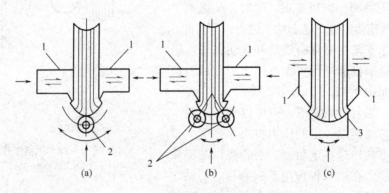

图 9-24　起脊原理
1—夹书块　2—起脊辊　3—起脊块

辊式起脊在起脊过程中除对书背有一定的揉挤变形作用外，实际上还把每个书帖略微掰开，定形效果不十分理想。

（2）起脊块起脊。起脊时，书芯被夹书块夹紧，起脊块压紧书背并向两边摆动。书背基本上是在起脊块的挤压下产生变形，而不是被起脊块摩擦成脊。此种起脊方式的效果比辊式起脊法好。但为了适应各种书芯尺寸的要求，需要准备相当数量的不同尺寸的起脊块，这是起脊块挤压法的不足之处。

用于扒圆起脊的机器称为扒圆起脊机。扒圆起脊机可以作为单机使用，也可以纳入精装生产线中使用。

二、装订质量要求

1. 书页与书帖

（1）三折及三折以上书帖，应划口排除空气。

（2）59g/m² 以下纸张最多折四折；60～80g/m² 纸张最多折三折；81g/m² 以上纸张最多折两折。

（3）书帖平服整齐，无明显八字皱折、死折、折角、残页、套帖和脏迹。

（4）书帖页码和版面顺序正确，以页码中心点为准，相连两页之间页码位置允许误差≤4.0mm，全书页码位置允许误差≤7.0mm；画面接版允许误差≤1.5mm。

（5）书芯粘连的零散页张应不漏粘、联粘，牢固平整，尺寸允许误差≤2.0mm。

2. 书芯订联

（1）锁线订。①针位应均匀分布在书帖的最后一折缝线上。②40g/m² 及以下的四折页书帖，41～60g/m² 的三折页书帖，或相当以上厚度的书帖可用交叉锁。除此以外均用平锁。③锁线后书芯各帖应排列正确、整齐，无破损、掉页和油脏。④锁线紧松适当，无卷帖、歪帖、漏锁、扎破衬、折角、断线和线圈，缩帖≤2.5mm。

（2）胶粘订。①锯口深度：2.0～3.0mm，宽度：1.5～2.5mm。②铣背深度：三折书帖为 2.0～3.0mm，四折书帖为 2.5～3.5mm，以书帖最里面一页能粘牢为准，铣削歪斜≤2.0mm。③粘书背纸：书芯厚度在 15mm 以上时，应粘书背纸；书芯厚度在 15mm 以下时，可以不粘书背纸。封面用纸≤150g/m² 时，可不粘书背纸。

3. 包封面

（1）胶粘装订封面。①机械粘贴封面的侧胶宽度为 3.0～7.0mm。②粘贴封面应正确、牢固、平整。③定型后的书背应平直，无粘坏封面，无折角。④黏合剂黏度要适当，书背纸和封面应粘牢，无黏合剂溢出。

（2）铁丝平订和锁钱订封面。①根据书芯和封面纸的厚度，正确选用黏合剂的种类、黏度和用量。以书背为准，浆口≤7.0mm。封面与书芯应吻合，包紧、包平，无双封面，上下误差≤3.0mm。②烫背后，书背应平整，无马蹄状压痕及杠线、变色等。③封面用纸超过 200g/m² 时，粘口应压痕。④书背及粘口压痕误差≤1.0mm。

4. 成品质量

（1）封面与书芯粘贴牢固，书背平直，无空泡，无皱折、变色、破损。粘口符合要求。

（2）成品裁切歪斜误差≤1.5mm。

（3）成品裁切后无严重刀花，无连刀页，无严重破头。

（4）书背字平移误差以书背中心线为准，书背厚度在 10mm 及以下的成品书，书背字平移的允许误差为≤1.0mm；书背厚度大于 10mm，且小子等于 20mm 的成品书，书背字平移的允许误差为≤2.0mm；书背厚度大于 20mm，且小于等于 30mm 的成品书，书背字平移的允许误差为≤2.5mm；书背厚度在 30mm 以上的成品书，书背字平移的允许误差均为 3.0mm。书背字歪斜的允许误差均比书背字平移的允许误差小 0.5mm。

（5）成品护封上下裁切尺寸误差≤2.0mm。护封或封面勒口的折边与书芯前口对齐，误差≤1.0mm。

（6）成品外观整洁，无压痕。

三、装订工艺流程

装订工艺流程的类型很多，下面介绍几种常用的装订工艺流程。

（一）平装书工艺流程

1. 铁丝订

折页→打蜡→配页→撞捆→浆背→干燥→分本→订书芯→半成品检查→刷胶→包封面→烫背→切书→检查→包装

简要分析：铁丝钉书册不能太厚，装订工艺和方法简单，书钉易生锈，不宜长期保存。

2. 锁线订

折页→打蜡→配页→锁线（订书芯）→半成品检查→压平→扎捆→刷胶→粘纱卡→干燥→割本→刷胶→包封面→烫背→切书→检查→包装

简要分析：锁线订书刊牢固，可以长期保存，外形美观，书刊多次翻阅仍能保持原样，但其成本高，装订速度较慢。这种装订方法在平装书中主要用于经常翻阅和较厚的书籍。

3. 胶粘订

折页→配页→半成品检查→撞捆→铣背打毛→刷胶→粘纱卡→干燥→刷胶→包封面→烫背→切书→检查→包装

简要分析：胶粘订工艺简单，技术成熟，成本低，装订效率高，书刊牢固程度也较高。粘背用的热熔胶高温时软化，书籍不宜在高温下存放，胶粘订书籍废书纸回收利用时对热熔胶处理较难。

（二）精装书工艺流程

1. 精装书封面加工

开料前压平→切书壳料→刷胶→糊封面纸板和中径纸→包壳包角→压平→自然干燥→贴漆片→烫印

2. 精装书芯加工

折页→配页→锁线→半成品检查→压平→刷胶→干燥→分本→切书→扒圆→起脊→刷胶→粘纱布、堵头布和书背纸→粘环衬

3. 精装书芯与封面套合

刷胶→套书壳→粘衬纸→压平→压槽→检查→整理→包护封→装书盒→包装

简要说明：精装书一般采用锁线订，再刷热熔胶，至少经过两次压平工序，还要进行"三粘"。精装书封面和书背一般都烫印，为了美观，有时在烫印部位先贴上紫色漆片。按上述工艺流程装订的精装书，美观结实，便于翻阅，可长期保存，但因工艺较复杂，生产效率较低。

四、装订生产线

（一）胶粘订联动生产线

胶粘订联动生产线将配页、闯齐、夹紧、铣背、刷胶、粘纱卡、二次刷胶、包封面、

烫背等工序连在一起组成一条自动生产线，这种生产线装订质量好，速度快，适合大批量生产。

图9－25为胶粘订联动生产线工作过程图。

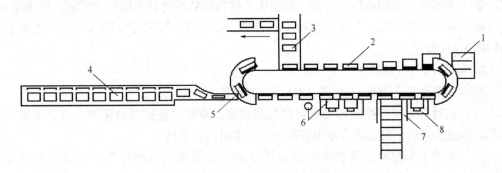

图9－25 胶粘订联动生产线工作过程图
1—输封面上封面部分 2—夹紧成型部分 3—出本部分 4—配页部分 5—进本部分
6—夹紧铣背刷第一遍胶部分 7—粘卡纸部分 8—二次刷胶部分

1. 进本与振齐

传送链条将生产线配页机配好页的书芯向前传送，并逐渐转动90°立起。在传送过程中，书芯的天头地脚和书背被振齐，并被送到定位台上夹紧定位。当书芯配页出现多帖或少帖时，可以自动被推到错书台上进行修正（没有此装置的联动机由人工检查）。

2. 铣背

被夹书板夹紧的书芯进到铣背工位，用铣背刀将书芯后背铣成单页或铣成沟槽状。铣背刀作旋转运动，将书背铣开或铣出沟槽是为了黏合剂容易浸透，使书芯连接牢固。纸张越厚，书帖折数越多，铣削深度就越大，一般深度在$1.5 \sim 3.5$mm；铣沟槽深度一般$1 \sim 3$mm，沟槽间隔一般不大于20mm。

3. 刷胶

铣背后的书芯被夹书板送到刷胶工位进行第一次刷胶。由于热熔胶流动性好、固化快，一般联动机高速生产均采用热熔胶。热熔胶温度控制在$170 \sim 180$℃为好。

4. 粘贴纱布卡纸

将纱布纸和卡纸（一般为$150 g/m^2$胶版纸）按书背宽度及长度粘贴牢固，纱布长度一般与书背长度相同，卡纸长度一般比书背长度多10mm。纱布和卡纸宽度完全相同，且均比书背宽度小$0.5 \sim 1$mm。

操作时，纱布在上，卡纸在下，放在纱卡台架上，用点胶将两者固定，机器自动将纱卡切断，粘贴在书背上。胶粘订书册厚度一般在15mm以内，只粘卡纸，不粘纱布；15mm以上应粘纱布和卡纸。有时根据出版者要求加工。

5. 二次刷胶、粘封面

粘完纱卡的书芯，要进行二次刷胶以粘贴封面用。胶粘订联动生产线是由平台自动输送封面的，当输出的封面被传送到粘封面位置时，先进行定位，书芯再与封面准确黏合。

6. 压平、烫背

胶粘订联动生产线的压平烫背有两种方法，一种采用托背瓷板与内外铜夹板的紧合，将包好封面的书册经夹紧后利用高频加热烫平书背；另一种是利用铁制夹书板将书册夹紧压平（热熔胶大多用此法）冷却，最后人工检查胶粘订装订书册的全过程。发现歪本、无封面、双封面要剔除；发现烫背压平不合格，如起泡、皱褶等立即返工，以免胶水干燥后损失封面。

7. 生产线自动控制

胶粘订联动生产线有 5 个必要的自动控制装置。

（1）前后自动离合控制。当配页机出现少帖、双帖、乱帖等故障时，自动停机，操作人员排除故障后，自动离合器保证配页机与主机同步运转。

（2）不进书夹控制。书芯未按预定要求进入夹书板，自动停机，或通知下面工序调整。

（3）不给纱卡控制。配页机出故障及因故有空本时，自动停止给纱布卡纸，待工作正常后恢复供给纱布卡纸。

（4）不给封面控制。封面台上由于某些原因不能正常输送封面，全机立即停车，通知操作者排除故障。

（5）不下书册控制。当书册由于黏合剂过多、夹书板有胶液等原因，出现书册不能按预定出书位置从夹书板脱落时，书芯露出部分能触动微动开关，全机立即停机，故障排除后可正常运行。

8. 生产线操作顺序

胶粘订联动生产线占地面积较大，生产线路较长，一般由前后机分工操纵，统一管理。

（1）开机前接通电源，按电铃发出开机信号。

（2）前后机按点动按钮，各自点车运转，无故障后再按运转按钮进行空车运转。

（3）按主机气泵、配页机气泵按钮。

（4）一切正常后，主机部分开慢车，用手续几本书芯进行装订。

（5）检查质量合格后，将配页机与主机部分合拢，进行正常装订。

（6）将计数器扳到初始位置。

（7）全机停止工作时，先将配页机与主机离合器分开，使配页机先停止工作，然后全机停车；再按热合机或热熔胶加热按钮；最后关闭总开关，全机停止生产。

（8）做好整机清理工作。

9. 生产线操作规程

（1）上班前按胶粘订操作顺序做好准备工作，检查各主要部件，加注润滑油。

（2）配页机储帖人员要检查号码顺序，配出的书芯要保证正确。

（3）主机部分要随时掌握胶料温度及黏着力、胶层大小、粘封面的准确程度等。

（4）出书收本人员要逐本检查所装订的书册质量，特别是外观质量，发现问题及时处理和通知领机及有关人员进行调整。

（5）书册装订后，出现大批书背不干或起皱等，要用烫背机重新烫压，保证所包书册字正背干，无杠线和不变色。

（6）全机人员要密切配合，前后机人员要经常保持联系，使全机能够正常生产并保证出书质量。

（二）精装书生产线

书芯经过裁切、折页、配页、锁线等工序加工，为了使装订后的书籍美观、耐用，便于翻阅，要进行精装。精装书生产线是对书芯进行最后阶段加工，书芯的加工与平装书基本相同。图 9 - 26 为精装书生产线。

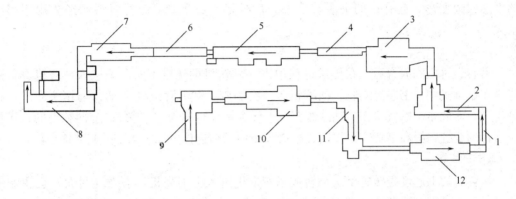

图 9 - 26　精装书生产线

1—书芯堆积机　2—三面切书机　3—扒圆起脊机　4、6—输送翻转机　5—书芯贴背机　7—上书壳机
8—压槽成型机　9—供书芯机　10—书芯压平机　11—烘干机　12—书芯压紧机

1. 压平

经过锁线的书芯放在供书芯机上，一本一本地送到压平机上，对书芯整个幅面压实，挤出书页间残留空气、使芯平整、厚度均匀，有利于后面工序加工。压平后的书芯厚度与书壳相适应。

2. 刷胶

经过压脊、压平后，书芯被输送到刷胶烘干机，进行书背刷胶。刷胶使书帖粘在一起，书芯基本定型，在其后工序中书帖之间不会错动。刷胶后，书芯要进行烘干，图中生产线采用红外线烘干，也有的生产线采用自然烘干法。干燥程度要适当，过分干燥影响扒圆工序。专用烘干设备干燥时间短，干燥程度易掌握，生产效率较高。

3. 压脊

经刷胶烘干的书芯书脊部分往往有少许膨胀，叠在一起后造成书芯倾斜影响裁切质量，在生产线中加入压紧机。经烘干的书芯输送到压紧机进行压脊，使书脊平整，便于加工。

4. 裁切

再次压脊后的书芯书背向下直立，在生产线输送过程中，书芯躺倒，书背朝后输送到书芯堆积机。书芯堆积到一定高度（最高可达 90mm），进入三面切书机，裁切切口与天头地脚。

5. 扒圆

书芯裁切完成后，继续向下一道工序输送，将堆起的书芯分成单本并翻转成书背向上进入扒圆起脊机，先进行冲圆和扒圆。扒圆是把书背做成圆弧形，使书芯的各个书帖以及书页均匀地错开，切口和书背都形成一个圆弧，这样的书籍便于翻阅，也提高了书壳与书芯的连接牢度。先冲圆后扒圆可提高扒圆质量。

6. 起脊

在同一台扒圆起脊机上，扒圆完成后再用起脊块进行起脊。起脊是为了防止已扒圆的书芯回圆变形，起脊后的书芯装上书壳后外形整齐美观。起脊对书籍经久耐用影响很大。

7. 贴背

书芯经过扒圆起脊后，在传送过程中进入翻转机翻转成书背向下进入贴背机进行贴背。在贴背机中，书芯经刷胶、粘纱布、二次刷胶、粘书背纸（卡纸）与堵头布、打托等工序，完成整个贴背工作。粘贴纱布、卡纸和堵头布称为"三粘"，前两粘目的在于掩盖书背的线缝，提高书背牢固程度；贴堵头布使书帖连接更加牢固，并起装饰作用。

8. 上书壳

贴背后的书芯经翻转机再次翻转成书背向上进入上书壳机。书壳（封面）已由制书壳机或手工做好放在送书壳器中。在上书壳机中，书芯先上侧胶，然后被分书刀分开，挂书板从分书刀中间缝隙中穿过将书挑起上升，书芯上升过程中，经上胶、套壳、胶辊压紧，使书壳紧紧地套在书芯外面。精装书书壳美观、耐用、结实、能很好地保护书籍。

9. 压槽

书芯在上书壳机中上好书壳后，在下降过程中翻转成书背向前，被输送到压槽成型机。装好书壳的书本进入压槽成型机后又翻转成书背向下。先用凸型模块下压书籍，使书芯进一步贴紧书壳，再前行，经过 4 次压槽、6 次压平后送到出书传送带上，完成全部工作。

书籍装订生产线种类很多，自动化程度也不相同。一般将各种单机和中间连接装置排列在一起，自动化程度较低的称为联动线或生产线，自动化程度较高的称为自动线。联动线需要操作者做一些辅助性工作，自动线调整好后可以把书芯自动加工成书。操作工人只需在线外看管，调整机器，排除故障，添加用完材料。自动线劳动生产率高，劳动强度低。

五、特殊装订方法

（一）线装法

线装也称古线装，是一种古老的装订方法。线装书防蛀，久藏不变形，翻阅方便。线装主要有三种类型，如图 9 - 27 所示。① 四周式线装法，目前主要用于各种单据、凭证等财务散页的装订［图 9 - 27 (a)］；②双眼系绳式线装法，目前主要用于各种报表、账目卡片等的装订［图 9 - 27 (b)］；③边角锁线装法，目前主要用于财务零散发票的装订［图 9 - 27 (c)］。

线装书的制作几乎全部用手工操作，速度慢、成本高，已被精、平装等方法代替，但仍有一部分历史资料、古籍书刊和旧书整理需用线装形式装订成册。此外，用于装订量不大的单据、凭证、报表等。装订这些材料用打孔穿线机完成。

古装书的加工与平装、精装的加工有所不同，线装书装订时印张是以中缝为规矩对折后理齐前口栏线用纸钉定位的。书册的前后面再加封面和封底，切齐订口、天头、地脚三面毛边。然后打眼穿线订缝牢固。经过缝后的线迹有规律地露在封面外的订口上。

（二）塑料夹条装订法

塑料夹条装订方法主要有烫合型、卡口型和弯脚型三种类型，用于各种高档办公文件、样本、重要资料、标书等的装订。

塑料夹条分为上夹条和下夹条。上夹条带有订脚，订脚长度可选择。下夹条带有与上夹条相对应的穿孔，如图 9-28 所示。烫合型塑料夹条可装订厚度 50mm 以内的书芯；卡口型塑料夹条可装订厚度 25mm 以内的书芯；弯脚型塑料夹条可装订厚度 15mm 以内的书芯。

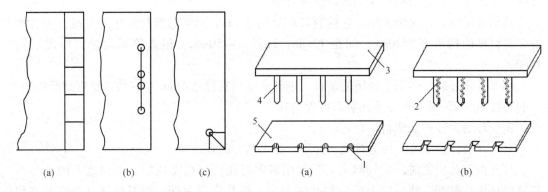

图 9-27　线装的类型
（a）四周式线装　（b）双眼系绳式线装
（c）边角锁线装

图 9-28　塑料夹条
（a）弯脚型塑料夹条　（b）卡口型塑料夹条
1—弯脚暗槽　2—卡口　3—上夹条　4—订脚　5—下夹条

塑料夹条装订一般在塑料夹条装订机上进行。其工作过程主要为书芯打孔、装压夹条、订脚切断或弯脚、订脚烫合（烫合型）。

书芯打孔由打孔器完成。打孔器一次打孔厚度有限，一般为 3~5mm，若书芯较厚，需要多次打孔，然后叠在一起。打孔后装入上夹条，并把下夹条孔套入上夹条订脚压紧，卡口型塑料夹条压紧后将多余订脚切断即可；烫合型夹条切断订脚后用切断刀通电发热将订脚烫合；弯脚型塑料夹将多余订脚弯入下夹条的弯脚暗槽中。

（三）螺旋圈装订

螺旋圈装订一般用于装订各种高档书、本、挂历、台历、说明书等，厚度在 200 页以下，如图 9-29 所示。

螺旋圈装订主要工序为书芯打孔和手工穿圈。书芯打孔使用打孔机来完成，对较厚书芯，采用多次打孔。打孔孔径一般为 3~4mm。螺旋圈一般由直径为 1~1.5mm 的塑料丝、铅丝或钢丝制成。螺旋圈直径 10~25mm，可根据书芯厚度选择，螺旋圈长度可任意截取。

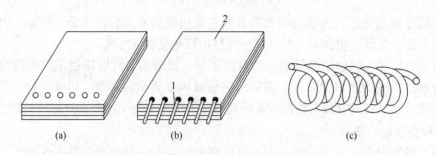

图 9-29　螺旋圈装订
(a) 打孔　(b) 穿圈　(c) 螺旋圈外形
1—螺旋圈　2—书芯

（四）开闭环装订

开闭环装订主要用于挂历、说明书、本册及高档资料的装订，装订厚度一般在 45mm 以内。开闭环装订有塑料环和钢丝环两种类型。

塑料开闭环装订比较常用，它的装订环是用 0.3mm 厚度的塑料片压制而成，弹性很好，装订环的钩爪宽为 6mm，间距 12mm，环径 6~50mm，根据不同的装订厚度进行选择。

钢丝开闭环装订多用于挂历的装订，钢丝环是用直径 0.5mm 左右的钢丝弯制而成的，一般环径 10~25mm，根据不同装订厚度选择。

钢丝环的弹性不如塑料环好。

开闭环装订的主要工序为打孔、开环、穿书芯、闭环。

打孔由打孔机完成，对较厚书芯，采用多次打孔。打孔完成后，由机器上的开环爪将装订环钩爪打开，然后穿上已打好孔的书芯，松开机器手柄，塑料环靠自身恢复到闭环状态；钢丝环由机器完成闭环工作。

（五）其他装订方法

1. 龟册装

"龟册"是我国最早的装订形式。制作龟册的材料是乌龟壳和牛羊的肩胛骨。制作龟册的方法，是把刻了字的龟甲、兽骨串联起来。

2. 简策装

写上文字的竹条称为简，写上文字的木板条称为牍，统称为"简"。将写好后的竹木简，上下各穿一孔，用丝线绳、皮革或藤条，逐简联起来，这种联起来的竹木简就称为"策"，也称为"简策"。有时在策的开头，还编加两根无字的空白简，以保护正文，称为赘简。编简成策之后，以尾简为轴心，朝前卷起，装入事先做好的布袋内，以便保存。这种布袋称为囊，也称为帙。后世将一部书也称为一帙。简策装如图 9-30 (a) 所示。

3. 卷轴装

将文字、图像写绘于丝织品上，称为帛书。帛书的装帧方法比较简单，绝大多数是采用卷起来的方法，写好后从尾向前卷起，故称为卷轴装。帛是丝织品，富于柔软性，也有采用折叠收藏的。丝织品作为书籍材料，成本太高。卷轴装一本长卷书很长，阅读起来很不方便。

公元 2 世纪东汉时蔡伦发明了造纸术，公元 11 世纪毕昇发明了活字印刷术，用纸作为书写和印刷材料。由于纸张同样具备帛书柔软轻便的特点，也是将写好的长条纸书，从尾向前卷起，也称为卷轴装，如图 9 – 30（b）所示。

卷轴由左向右卷起，右边是书首，为了保护书首，卷的前面留一段空白，裱一段韧性较强的纸或纺织材料，叫作缥，也叫"包首"。缥的前端再系上一根丝织品，称为带，用来捆扎书卷。卷书的轴通常用竹和木制成，比较讲究的卷轴材料有琉璃、象牙、玳瑁等。

4. 旋风装

旋风装是在卷轴装的基础上发展起来的。旋风装是以一幅比书页略宽而厚的长条纸作底，而后将单面书写的首页全幅粘裱于底纸右边，其余书页因系双面书写，故从每页右边无字之空条处粘一条纸，逐页向左鳞次相错地粘裱在每页之外的底纸上。收起时，从首向尾卷起，书页向一个方向旋转，如同旋风，所以称为旋风装。从外表看，仍是卷轴装。打开时，形似龙鳞，所以也称为龙鳞装。这种方法比卷轴装便于翻阅，如图 9 – 30（c）所示。

5. 经折装

经折装也称为页子装，经折装是把书页做成一长条，按照一定的规则左右连续折叠起来，形成一个长方形的折子。为了保护首尾页不受磨损，再在上面各粘裱上一层较厚的纸作为护封，也叫书衣、封面。因为这种方法最先使用于佛教经书，所以叫经折装，如图 9 – 30（d）所示。

经折装沿用的时间很久，直到现在还有一些字帖、旅游画册、签名簿等用这种装法，经折装有些图片翻阅时能给人以完整的印象。经折装翻阅次数多了，容易从折缝处断开，致使整书散乱，给保存和阅读造成很大不便。

6. 蝴蝶装

蝴蝶装也称为蝶装。蝴蝶装是将印好的书页向印有文字的一面对折，然后将其中缝处粘在一张用于包背的纸上。打开蝴蝶装书籍，书页朝两边展开，如蝴蝶展翅，故名蝴蝶装，如图 9 – 30（e）所示。

7. 和合装

和合装是在封壳里层的上下接缝处，各粘一条供穿线联订用的板条（也称封耳），上面打孔 2 ~ 3 个，一般与内芯订口的宽度相同。装配使用时，根据封耳上的孔距位置，在书芯订口部位相应地打孔，然后用线或绳穿在一起，就成了一本书，如图 9 – 30（f）所示。

和合装的书芯和封壳可以分开，书芯可以随时更换，封壳硬而耐用，多用于各种账册、账卡、户口簿等。

8. 包背装

包背装是在蝴蝶装的基础上发展而来，与蝴蝶装不同的地方是将印好的书页正折，折缝成为书口，有文字的一面向外，然后将书页折缝边闯齐、压平，在折缝对面的一边用纸捻订好，砸平固定。而后将订口裁齐，形成书背。再用一张比书页略厚的整纸作为前后封面粘在书背，再将天头地脚裁齐，一部包背装书籍装帧完毕，如图 9 – 30（g）所示。

由于包背装书背是纸捻装订，糨糊粘背，经不起经常翻阅，极易散落。

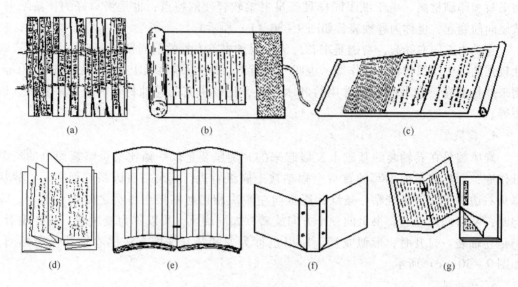

图 9 - 30　各种古代装订方法

第三节　装订材料

装订材料主要包括装订胶、装订线、装订铁丝、蜡、纱布、卡纸等。

一、装订胶

装订用胶有动物胶、淀粉胶、冷胶和热熔胶。淀粉胶常用于手工作业的包封、粘单页等。动物胶可用于手工胶粘订，黏着力强，凝固快，但来源有限，已逐步被合成胶取代。一般常用两种装订胶，一种是冷胶，一种是热熔胶。

（一）冷胶

冷胶一般用聚乙烯醇（PVA）和聚醋酸乙烯（PVAC）乳液等。冷胶黏着力强，使用方便，干燥较慢。冷胶可直接使用或根据情况适当加水调用。胶粘订第一次刷胶使用冷胶时，一般使用原胶，不加水。原胶黏着力较强，适于粘贴纱卡。使用时直接将胶液放入冷胶锅内即可，放胶量以浸过刷胶轮一半为宜。

聚醋酸乙烯是白色或乳酪色黏稠液体，呈微酸性，可流动，能溶于多种有机溶剂，可用水稀释，耐稀酸碱，遇强酸和强碱会发生水解。施用后得强韧膜，凝固速度快，气味小，加工性能好，储存稳定性好，不易老化，抗油性好，低毒。

（二）热熔胶

1. 热熔胶的特点

热熔胶在胶粘订中使用最广。热熔胶的主要成分是热塑性树脂，再填加增塑剂，增黏剂、填充剂、改性树脂、抗氧化剂等材料。热熔胶呈白色或棕色，柔弹性好，弯曲性能优越，热稳定性和抗老化性好，无臭、无毒，凝固快，黏合力强，耐水性好，耐酸碱，重新加热熔融，可以再使用，应用范围广。

热熔胶常用热塑性树脂有聚乙烯醇、乙烯－醋酸乙烯共聚树脂（EVA）、乙酸－乙烯聚氨酯、聚酯、聚苯乙烯、聚碳酸、乙基纤维素、聚酰胺、聚丙烯酸等。常用增黏树脂有松香、改性松香、石油树脂等。常用改性树脂主要有石蜡、醇酸树脂、微晶石蜡。常用增塑剂有苯二甲酸二辛酯、苯二甲酸二丁酯等。常用填充剂有碳酸钙、高岭土等。常用防氧化剂有烷基酚、二丙烯酸等。

热熔胶热塑性树脂为主要黏合物质，它使热熔胶具有黏合力和内聚力。

胶粘订热熔胶以乙烯－醋酸乙烯共聚物（EVA）最为常用。

增黏树脂可降低热熔胶熔融黏度，提高润湿性、初黏性及后效黏性，提高黏合强度，改善操作性能。

改性树脂主要用途是降低热熔胶的熔融黏度，改善其流动性和润湿性，防止结块，增加表面强度，降低成本。改性树脂应用要适当，加入量过大会使胶层收缩性变大，黏合强度下降，抗拉强度和耐折强度也下降。在要求高强度黏合时，用量应少些。

增塑剂可以提高热熔黏合剂的柔韧性和耐磨性，降低熔融黏度，改善流动性，提高对被黏物表面的润湿能力。增塑剂不易挥发，用量过大，会使胶层内聚力降低，黏合强度下降。

填充剂可以减少黏聚性较大的低分子量树脂的结块倾向，减少热熔黏合剂的收缩率，防止黏合剂渗透到多孔基材内部，能提高耐热性，降低成本。填充剂加入量过高会影响热熔胶的初黏性、润湿性和黏合强度。

防氧化剂可以防止热熔胶在加热熔融设备中被氧化分解，从而变色、变脆并失去黏合能力。一般情况下，如果热熔胶在180℃以上，加热时间较长或所用组分热稳定性差，则需要加防氧化剂。

2. 热熔胶的制备

（1）制备。①按反应釜体积，根据配比称量好各种原料，要使熔融产品总体积小于反应釜体积的四分之三。②先加入增塑剂和改性树脂，加热使其熔化，再加入防氧化剂，搅拌均匀，最后加入主要黏合物质，如主要黏合物质黏性太大可分批加料，保证搅拌均匀。加料顺序可根据具体情况改变，整个加热过程要严格控制温度，避免局部过热，以免发生焦化分解。③制备完毕的热熔胶出料成型。出料成型的一种方法是将反应完毕的热熔胶经反应釜下部出料阀直接放入冷水中成型，取出晾干备用。另一种方法是将热熔胶放到涂有脱模剂的石板盘中，吹冷风使其固化成大胶片，然后切成小块备用。热熔胶有棒、块、片、条等形状。

（2）参考配方。①乙烯－醋酸乙烯共聚树脂（醋酸乙烯含量28%，熔融指数80～180）40%（30%～50%）；松香酯40%（30%～60%）；微晶蜡10%（0～20%）；二氧化钛；10%（0～15%）；丁基橡胶5%（0～10%）；防氧化剂0.5%（0.1%～1%）。本配方用于胶粘订固化速度快，改性潜力大。

②乙烯－醋酸乙烯共聚树脂（醋酸乙烯含量28%，熔融指数80～180）40%（30%～50%）；松香酯40%（30%～60%）；二氧化钛10%；丁基橡胶5%；防氧化剂0.5%。此种热熔胶黏合范围广，功能全面，固化速度快，具有代表性。

③乙烯－醋酸乙烯共聚树脂（醋酸乙烯含量28%，熔融指数80～180）40%

（30%～50%）；松香酯40%（30%～60%）；石蜡20%；防氧化剂0.1%。该配方使用温度范围广，低温能保持柔韧性，长时间高温仍能保持黏度稳定。

④ 聚乙烯50%；β-蒎烯树脂（熔点115℃）30%；丁基橡胶18%；防氧化剂2%。这种热熔胶成本较低，聚乙烯必须与其他材料结合提高黏合力。

（3）热熔胶使用方法。使用热熔胶时，首先将胶块放入可以加热的胶锅内，在开机生产前的2h将胶锅及刷胶辊加热到一定温度。热熔胶加热温度一般控制在150～200℃（最佳温度为170～180℃），并要保持温度的稳定，温度不得过高或过低。温度过高，胶料容易老化，不起作用；温度过低，胶液流动性差，影响刷胶后黏着效果，出现粘不牢、掉纱布卡纸等现象（即胶层刷后起光皮）。因此，要根据热熔胶的温度及所加工书册的具体情况，自动控制恒温，保持温度正常。

书芯厚、纸质好，可适当提高5℃左右。预热胶锅是热熔胶保持正常温度的保证，预热胶锅的预热温度通常要低于工作温度15～20℃，因此，要经常往胶锅内添胶。这样可防止胶锅中工作温度突然下降。预热可防止热熔胶热应力过大，热应力过大可导致老化。

将热熔胶刷到书芯的书背上可用手工方式和机器方式。手工方式是用手工刷子将胶直接刷到书背上，这种方式效率低，刷胶位置的准确性及刷胶量不易掌握。机器方式是采用刷胶辊，定量连续地将热熔胶刷到书背上。这种方式生产效率高，质量好，被大多数装订厂采用。

使用热熔胶时，要注意以下几点：

①一般上胶量为1mm左右，封面压痕，黏结效果较好。

②根据气候情况，只要胶不老化，尽可能以偏高温度使用，黏结效果较好。

③若装订难度大的书籍，可在侧胶内按5:1比例兑进背胶，黏结效果较好。

④因设备、气候等原因，胶槽内实际温度与机器显示温度不一样，会影响使用效果。

⑤如对干燥时间要求慢，可在背胶内以低于2%的比例、侧胶内低于5%的比例兑进30号以上的机油，超过比例黏合强度明显下降，此法仅做临时之用。正常情况下，降低使用温度即可。

⑥使用温度应符合技术指标，否则易出现发脆或黏合强度下降等现象。

⑦当温度超过150℃时，胶液静态停留时间不得超过10h。

⑧若不慎将热熔胶粘在手上，应立即用冷水冲洗，切不可立即剥离。

二、装订金属丝

装订金属丝种类很多，有铁丝、铜丝等。

用于铁丝订的金属丝大都是用低碳钢制得的，在订书芯厚度很大的书籍时，就得使用含碳量较高的铁丝了。为了改善铁丝容易锈蚀的缺点，采用铁丝表面镀锌、铜、锡的方法，以及在铁丝表面涂清漆的方法。也有的采用具有一定硬度且价格较贵的不锈钢丝、黄铜丝和其他金属丝。

最简单而应用最广泛的铁丝装订设备是订书器，订书器体积小，结构简单，使用方便，价格低，但装订精度较差，劳动强度也较大。订书器使用的书钉为普通钢材压制成型，为防止生锈表面镀锌。

骑马订和铁丝平订使用的书钉为盘状铁丝，铁丝的直径和硬度随着书芯的厚度变化而选用不同数值。书册越厚、纸质越好，所用铁丝直径应大些，硬度应高些；反之铁丝直径和硬度就可小些。

装订金属丝粗细应一致，表面光滑无毛刺和锈迹，盘状金属丝曲率应小一些，便于制钉。

一般情况下，装订铁丝直径与书芯厚度关系如表9-1。

表9-1 书芯厚度与铁丝直径关系

书芯厚度/mm	钢丝号数	钢丝直径/mm
0~4	26	0.46
5~10	23~25	0.51~0.61
10~20	21~22	0.71~0.81
20~40	20	0.91
40mm以上的书籍，一般不采用铁丝装订		

铁丝订主要是骑马订和平订，利用盘状铁丝在铁丝订书机中根据书芯厚度自动制钉，自动订书。

特殊装订用的金属丝圈和金属丝开闭环也是由金属丝制作，为了美观和防锈，金属丝表面可进行喷塑装饰或选用铜丝、镀铬钢丝等。

三、装 订 线

装订用线种类很多，传统装订多用棉线，目前常用纯度高、性能好的化学纤维线。

1. 棉线

棉线是用棉纤维纺织的线，分上光和不上光两种。过去装订业一直采用棉线作为锁线用线。细棉线强度不够，粗棉线则在书背上形成几道高高凸起的棱，影响书背美观。棉线粗细的选择还与装订方法、书刊厚度、纸张定量等有关，手工锁线应比机器锁线的线粗一些，机器锁线用线也因机器型号不同而选择不同粗细的线。

使用棉线进行锁线订时，应在线上涂一层石蜡或肥皂。

2. 亚麻线

未漂白的亚麻线比棉线强度大，锁线装订出的书籍更牢固，更耐久，它是几股线捻到一起的复捻股线，粗细也各不同，也有几种型号，一般用于手工装订。

3. 化学纤维线

化学纤维线种类很多。常用的有涤纶线和尼龙线。

化学纤维线是将聚合物在高温高压下熔融后，经过直径只有0.25mm的细孔喷头喷出丝流，凝固后而成纤维，再用其纺成线。

化学纤维线强度高，能够用很细的线装订书籍，而在装订和使用中不会断线，价格也较便宜。

尼龙线强度极好，相对来说也比较便宜。由于尼龙线弹性太高，在锁线后，将线切断时，引起收缩而拉回去，使书帖变得松弛。

涤纶线强度也很高，它的弹性比尼龙线小。将涤纶纤维或其他化学纤维与天然纤维混纺，则能把化学纤维高强度的优点与天然纤维低弹性的优点在一股线中表现出来。

此外，装订用线还有丝线、热熔线、塑料线等。

四、其 他 材 料

1. 纱布

纱布为普通纱布，精装时，纱布长度比书芯的长度短 15～20mm，纱布的宽度比书背弧长或厚度大 40mm 左右。操作时，将预先裁切好的纱布粘贴在刷完胶的书背上，纱布要居中、平整地粘在书芯后背上，不得歪斜或皱褶不平。

2. 书背纸

书背纸也称背脊纸、卡纸，一般使用白卡纸或灰纸板，定量为 150～250g/m²。书背纸长度一般比书芯的长度短 4mm，以稍压住堵布头边沿为标准，宽度与书背弧长相同或与纱布宽度相同。也有将纱布与书背纸裱糊在一起同时使用的。贴书背纸的操作与贴纱布相同，要平整居中，无皱褶。书背纸在粘贴前经过开水与骨胶适量煮泡 10h 后使用，可使书背纸光滑。

3. 堵头布

堵头布也称花头布或堵布、堵布头、花头，因粘贴在书背两头而堵住两头故称堵头布。堵头布为了装饰书芯及使其牢固，一般常用在圆背或较厚的方背书籍上。堵头布通常是由专门加工厂根据使用者要求而制作的，也有由装订厂自己糊制加工的，宽度在 10～15mm，可以做成卷盘状，长度按书背宽度或书背弧长剪裁，长度一致（±1mm）。堵头布粘贴位置要正确，不歪斜，线棱要与上下切口面平行，不弯曲，无皱褶，粘堵头布工序在粘纱卡工序之前。

4. 书签带

书签带为丝制长带，长度一般为所粘书册对角线长度，粘进书背天头上端约 10mm 位置，夹在书页中间，下面露出书芯长度为 10～20mm。

5. 蜡

上蜡是在配页前，将所配书册的首帖或尾帖的订缝边处刷抹上一层预先调制好的蜡液。上蜡的作用是使配页后的书册经浆背后，可以一本本地自动分开，便于下道工序的订联和书背薄厚的一致。铁丝订、锁线订和三眼订等平装书册都要上蜡。

上蜡分手工上蜡和机器上蜡。

手工上蜡是用短毛刷将调制好的蜡液刷抹到书帖订边缝上。将一沓书帖撞齐错口摊开，露出订缝边 2.5mm 左右。

机器上蜡是把整摆的书帖倒放在上蜡机的进帖台板上，排列错口均匀地摊开，在输帖轮和传送带的配合下，将书帖送进着蜡的圆辊毛刷下面，随着书帖的传送与着蜡液辊的转动，书帖自动地从刷蜡液辊下经过，将其订口边 2mm 左右处刷上一层薄薄的蜡液。

上蜡原料大多数是石蜡和机油，经加热溶解混合，加入少量滑石粉，再经冷却凝固后使用。

调制蜡液与天气变化和温度高低有直接关系。一般情况下，天气热、温度高时要求蜡液凝固性要强些；天气冷、温度低时蜡液的凝固性要低些。天气热、温度高蜡液易过软，不易凝固，着蜡后的书帖容易出现溢蜡或弄脏书帖等现象；反之，蜡液过硬，无法擦抹。调制后的蜡液不宜存放过多，存放时间不宜过长。温度高时可少放机油；温度低时，可适量增加一些机油。石蜡与机油在其加热时温度不宜过高。表9-2为一般情况下蜡液调制配比。

表9-2 蜡液调制配比

温度/℃	石蜡用量/g	机油用量/g
12~17	1000	1500
19~23	1000	1000
25~30	1000	750

五、装订用纸

在印刷用纸中有许多纸是常用于装订的。如白卡纸、米卡纸、精装用纸板等。

白卡纸是定量较高、厚度较大的纸张，坚挺度较好，白度高，一般经过涂料处理。白卡纸用纸浆均为高级漂白浆。主要用于印刷名片、请柬、证书、书籍封面、精装书籍的书背纸、中径纸等。

白卡纸为单张平板纸、幅面尺寸一般为787mm×1092mm，880mm×1230mm等。

米卡纸是卡纸的一种，颜色为米色。米卡纸的纤维组成高度均匀，两面细致平滑，有一定柔软性，有的压出花纹。

米卡纸用于印刷画册、精装书籍的衬纸和美术印刷品等。米卡纸为单张平板纸，幅面尺寸一般为930mm×645mm，787mm×1092mm，880mm×1230mm，定量有70g/m² 和200g/m² 两种。

封面纸板是精装书籍、画册等常用的封面用纸板。封面纸板为单张平板纸，一般幅面为920mm×1350mm。封面纸板经压光，颜色为纤维本色，表面一般不施胶。其主要性能指标如表9-3。

表9-3 封面纸板的主要技术指标

指标名称		单位	规格	允许误差
厚度		mm	1.0	±0.1
			1.5	±0.15
			2.0	±0.2
紧度 ≥		g/cm³	0.9	
抗张力	纵横向平均值 ≥	MPa	14	
水分		%	10	±2

封套纸板是用于制作精装书籍、画册封套的纸板。封套纸板也为单张平板纸，一般幅面尺寸为990mm×1120mm。表面经压光，颜色为原浆的颜色，表面不施胶。主要技术指标如表9-4。

表 9 – 4　　　　　　　　　　　　　　　封套纸板的主要技术指标

指标名称	单位	规格
厚度	mm	0.7 ± 0.05 1.5 ± 0.15 2.0 ± 0.2 2.5 ± 0.2
紧度　≥	g/cm³	0.7
抗张力　≥	MPa	16
耐折度（往复次数）纵横向平均值　≥	次	20
水分	%	10 ± 2

黄纸板主要用于较廉价书籍的装订。黄纸板刚性好，价格低、韧性差。

涂布封面纸是在纸张表面涂布一层聚合物，提高封面纸的耐水、耐油和抗脏污等性能。涂布封面纸性能良好，外表美观。

涂布封面纸主要有漆纸、乙烯树脂纸、聚氯乙烯封面装帧用纸、聚丙烯酸酯类封面纸、织物与纸复合的封面装帧材料、封面压花纸、静电植绒封面纸。

装订用纸塑复合品见覆膜一章。

第四节　装订设备

装订方法很多，使用的设备也各不相同，装订新工艺、新技术的出现也促进了装订设备的发展和更新。本节讲述装订中几种常用设备。

一、折页设备

（一）折页设备的类型

本书主要讲述单张纸折页设备。单张纸折页设备根据折页机构的不同可分为刀式折页机、栅栏式折页机和栅刀混合式折页机。根据折出印张的折痕可分为平行折折页机和混合折折页机。

（二）刀式折页机

1. 工作原理

刀式折页机折页机构主要由折刀和折页辊及盖板、规矩部件组成，如图 9 – 31 所示。

刀式折页机构较复杂，占地大，惯性大，折页速度较低，但在进行较厚印张多折折页时，精度高。

印张由输送机构送至折页辊上面的盖板上，经规矩定位后，折刀下落，将印张压入两根折页辊之间，折刀下落到距离折页辊中心线大约 4mm 时，开始向上返回。印张在折页辊带动下，继续向下完成折页。

两折页辊中，一根为固定折页辊，只作旋转运动，另一根是浮动折页辊，除做旋转运动外，还随印张的厚度变化相应浮动，以保证折页精度。如果是多折折页，在折页机上就要多安装几组折页机构。

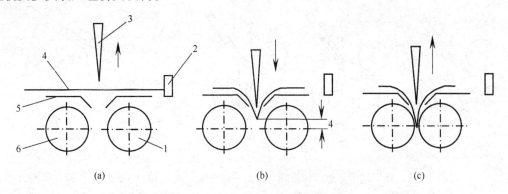

图 9 - 31　刀式折页机构工作原理
1—浮动折页辊　2—规矩　3—折刀　4—印张　5—盖板　6—固定折页辊
(a) 印张定位　　(b) 折刀折纸　　(c) 折页辊折纸

如上述原理，第一折页完成后，切断刀在印张中间进行切断，打孔刀在二折线上进行打孔，被切断和打孔的一折书帖由传送带传送到二折工位，重复一折过程，如此反复完成三折和四折。

2. 主要机构

（1）折刀。折刀运动形式很多，一般有往复摆动式、往复移动式两种。利用凸轮摆杆机构使折刀往复摆动，凸轮转动推动滚子，使摆杆往复摆动，折刀安装在摆杆上，也随摆杆往复摆动，完成折页工作。往复摆动机构结构简单，占空间小，但往复摆动惯性大，精度低，主要用在四折页组组成的刀式折页机的第三、四折页组。

往复移动式折刀机构结构复杂，占空间大，往复移动惯性较小，控制精度高，多用于大幅面的第一、二折页组。

小型刀式折页机一般采用往复摆动式折刀运动机构。

（2）折页辊。刀式折页机每个折页组都有两个折页辊，一个是固定折页辊，一个是浮动折页辊，以适应书页厚度的变化。固定折页辊做旋转运动，浮动折页辊既做旋转运动又可以移动。

（三）栅栏式折页机

栅栏式折页机结构简单，占地少，速度高，但在进行较厚印张的多折折页时，折页精度较低。

1. 工作原理

栅栏式折页机的折页机构由折页辊、折页栅栏和挡规组成。栅栏式折页机构每组有 3 个折页辊，当输纸机构将印张送到折页机构后，折页辊将印张高速送入栅栏内，在挡规和折页辊的配合下完成折页，如图 9 - 32 所示。

图 9 - 32（a）为两个相对旋转的折页辊将印张高速送入栅栏中，纸头撞到挡规上；图 9 - 32（b）为印张在折页辊 A、B 作用下继续前进，被迫折弯；图 9 - 32（c）为印张折弯处进入相对旋转的折页辊 B、C 之间向下运动，完成折页。重复上述过程可完成两折或多折，如图 9 - 33 所示。

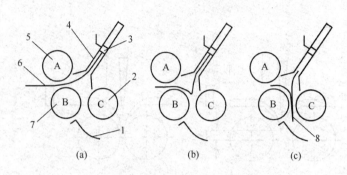 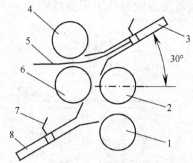

图9-32 栅栏式折页机工作原理

1—收帖导板 2、5、7—折页辊

3—挡规 4—栅栏 6—印张 8—书帖

图9-33 二折折页原理

1、6—固定折页辊 2、4—浮动折页辊

3—上栅栏 5—印张 7—挡规 8—下栅栏

2. 折页机构

（1）折页栅栏。折页栅栏又称篱笆，由上栅栏和下栅栏组成，如图9-34所示。两片栅栏之间安装有挡规，用来控制纸页宽度，挡规可进行高度和平行度调整，还可使栅栏封闭不用。折页栅栏倾斜安装，一般安装角为30°。栅栏可以升降，一般角度保持不变。这样既可减少折页机高度，又使印张顺利进入栅栏。栅栏的宽度大于印张最宽尺寸，印张进入栅栏后与栅栏两侧保持一定空隙，使之自由移动。

（2）折页辊。栅栏式折页机每组折页辊共有3根，如图9-35所示，辊2、1、7为一组，辊2、7、6为一组。由于被折印张或书页厚度变化，辊间间隙应可调，因此，每对折页辊中有一个轴套可以移动的浮动辊，浮动辊可周向转动也可调节间隙；另一根折页辊为固定辊，只能作周向转动。浮动辊轴套安装在可移动的滑座中，滑座装有弹簧，由于弹簧的作用，使浮动辊与固定辊间始终保持一个极小的间隙，在工作时产生对被折书帖的挤压力，从而带动印张随折页辊运动，完成折页。

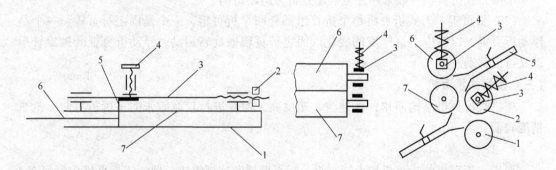

图9-34 折页栅栏和挡规

1—下栅栏板 2—微调螺母 3—滑杆

4—螺钉 5—挡规 6—印张 7—上栅栏板

图9-35 栅栏式折页机折页辊

1、7—固定折页辊 2、6—浮动折页辊

3—滑座 4—弹簧 5—栅栏

（四）栅、刀混合折页设备

栅、刀混合折页机由2~5个折页组组成。第1、2折页组采用栅栏式折页机构，后面的折页组采用刀式折页机构，这样就利用了栅栏式和刀式折页机构各自的优点。

第一折页组为栅栏式折页机构，第二折页组为刀式折页机构。当印张被输纸机构送到第一折页组时，栅栏式折页机构可完成最多平行折二折的折页；书帖输送到第二折页组时，刀式折页机构进行折页，最后堆放到收帖台上。

栅刀混合折页机主要由输纸机构、折页机构、收帖机构和控制系统组成。

二、配 页 设 备

配页设备用于将折好的书帖或单张书页，按页码的顺序配齐成册。

配页的方法有两种：套配法和叠配法，如图9－36所示。

套配是将书帖按页码顺序依次套在一起，外面套上封面。套配法通常用于骑马订各种杂志和较薄本册。

叠配是按照书芯页码顺序将书帖或单张书页叠放在一起。叠配法用于除骑马订以外装订方式的各种

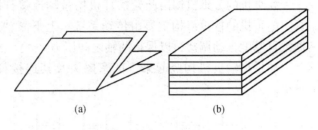

图9－36 配页形式
(a) 套配 (b) 叠配

书刊。用配页机进行配页生产效率高，劳动强度低。

配页机分为单张纸配页机和书帖配页机。单张纸配页机又分为圆盘式配页机、长条式配页机和立式配页机。书帖配页机又分为钳式配页机和辊式配页机，钳式配页机和辊式配页机的主要区别在于叼页装置的结构及运动方式不同，其余装置基本相同。

(一) 单张纸配页机

现以长条式配页机为例，讲述单张纸配页机工作原理。

长条式配页机主要由传动机构、储页装置、分纸机构、输页机构、落叠和闯齐机构、收叠机构、检测机构组成。长条式配页机只适用于单张纸的配页，不适用书帖，也不适用较薄纸张。长条式配页机的工作原理如图9－37所示。

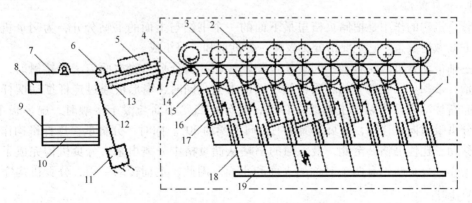

图9－37 长条式配页机工作原理

1—摩擦头 2—上辊 3—传送带 4—落叠板 5—侧挡板 6—压轮 7—杠杆
8—电磁铁 9—收叠台 10—书芯叠 11—电磁铁 12—前挡块 13—书芯叠
14—下辊 15、17—书页 16—贮页格 18—推杆 19—连接杆

各叠书页按页码顺序依次放在每个储页格中，上滚轴高速转动，下滚轴反方向高速转动，转动动力来自传送带，安装在推杆上的摩擦头在连接杆向上移动时也向上移动，将上面一张书页与书页叠分离，进入上下滚轴之间，被传送到落叠板上，书页撞到前挡块，自动定位，侧挡板将书页侧面定位。接着前挡块自动下降让纸，书页自行落入收叠台，完成配页过程。压轮的作用是防止高速运动的书页在前挡块处定位时出现偏差。

长条式配页机储页格一般为 10~15 个。储页格可以升降，以适应各种幅面的配页，并且存取书页方便。

配页机的分纸机构由凸轮摆杆机构带动连接杆向上移动，通过推杆使摩擦头分离书页。配页机的输页机构主要由传动系统、上下滚轴、传送带等组成。上下滚轴的间隙根据纸页厚度自动调整，以保持两轴之间压力。

如果把输页机构竖起来，把摩擦头及其连接杆换成摩擦轮，则成为摩擦式立式配页机。

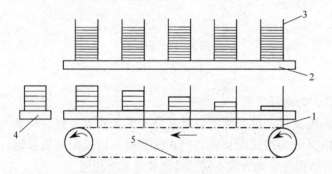

图 9 - 38　配页机工作原理图
1—拨书机构　2—储页台　3—储页格　4—收书装置　5—传送链条

（二）书帖配页机

书帖配页机的作用是将书帖配齐成册，用于叠配法书芯的配页。配页机可以和胶粘订联动机配套使用，也可以单机使用。图 9 - 38 为书帖配页机工作原理图。

配页机工作时，分页机构将储页格中最下面的书帖分离出来，叼页机构将书帖放到传送链条上，传送链条上的拨书机构推动书帖前进，每前进一格，书帖多出一叠，直到收书装置配页完成。

配页机的主要结构由分页机构、叼页机构、收书机构和检测装置组成。

1. 分页机构

分页机构的作用是把储页格里最下面的一个书帖与上面的书帖分开，为叼页机构咬住此书帖做好准备。它主要由分页吸嘴、分页爪和气路组成。

主轴带动分页凸轮转动，叼页轮也随之转动，当分页凸轮大面与滚子接触时，扇形板上抬，带动分页吸嘴上抬，吸住最下面的书帖。同时，扇形板通过连杆推动摆杆使分页爪向右移动离开书帖。主轴继续转动，当分页凸轮小面与滚子接触时，扇形板下落，带动分页吸嘴向下移动，分页吸嘴使书帖向下摆动30°。同时，分页爪在连杆机构作用下向左移动，托住书帖。至此，最下面的书帖从储页格中分离出来，分页机构完成了一次分页工作。分页凸轮有两个对称的大面和小面。因此，主轴转动一周，分页机构完成两次分页工作。

在托页杆上装有落页挡板，它的作用是防止叼下的书帖抛出，使书帖平稳地落到隔页板上。分页吸嘴的吸页动作靠气阀控制。

2. 叼页机构

叼页机构有钳式叼页机构、单叼辊式叼页机构、双叼辊式叼页机构。

单叼辊式叼页机构结构复杂，效率低，已逐渐被双叼辊式叼页机构代替。

叼页机构是配页机最主要的机构，它的作用是将分页机构分出的书帖从储页格中叼出，放到书帖传送机构上。

双叼辊式叼页机构主要由叼牙、叼页轮、叼牙控制机构组成，叼牙控制机构包括叼页凸轮、滚子、摆杆、叼牙凸轮和扇形齿轮等，如图9－39所示。

叼牙凸轮固定不动，叼页轮带着叼牙连续旋转。当滚子与叼页凸轮大面接触时，扇形齿轮在摆杆作用下向下移动，带动叼牙齿轮逆时针转动，使与之固联在一起的叼牙闭牙，叼住书帖向下转动，将书帖抽出。书帖到达传送机构上方时，滚子与叼页凸轮小面接触时，叼牙开牙，将书帖放在传送机构上面，完成叼页过程。

叼页轮上安装两套叼牙机构，叼页轮每转一周，完成两个书帖的叼页过程。

3. 检测机构

检测机构的作用是检测机器故障和多帖、缺帖、乱帖等故障。发现故障向相应机构发出信号，并通知操作人员及时排除，保证配页质量，保护机器。多帖和缺帖的检测装置主要有机械式和光电式检测装置。图9－40为检测装置原理。

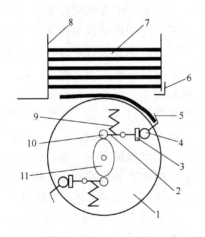 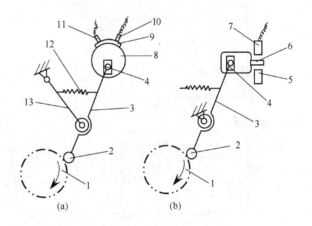

图9－39 叼页机构组成

1—叼页轮 2—摆杆 3—扇形齿轮 4—齿轮
5—叼牙 6—分页爪 7—书帖 8—储页格
9—弹簧 10—滚子 11—凸轮

图9－40 检测装置原理图

1—叼页轮 2—滚子 3—杠杆 4—拨销 5—受光管
6—遮光板 7—发光管 8—圆盘 9—电极板
10—电刷A 11—电刷B 12—弹簧 13—支撑杆

图9－40（a）为机械式检测装置，当叼牙叼着多帖或空帖时，滚子与叼页轮之间增加或减小距离，滚子通过杠杆和拨销带动圆盘转过一个角度，一次叼过书帖越多，转角越大。正常工作时电刷A、B位于圆盘上的电极板中间位置，同时与电极板接触，当发生多帖或空帖时，滚子与叼页轮之间的距离变化，电刷与电极板相对位置变化，发出信号。发生多帖时，电刷A与电极板接触，电刷B不接触；发生空帖时，电刷B与电极板接触，电刷A不接触。调节螺钉可以调整滚子与叼页轮的间隙，以适应不同厚度的书帖。电极板在圆盘上的位置可以根据需要调节。

图9－40（b）为光电式检测装置，正常工作时，遮光板挡住发光管。出现多帖或空帖时，遮光板移开，发光管发出的光被受光管接收，发出多帖或空帖信号，机器停止运

行，排除故障后继续运行。

三、书芯装订设备

（一）铁丝订书设备

铁丝订书设备包括订书器、电动订书机、铁丝订书机、折订机。

1. 订书器

订书器一般用于办公室少量文件、书本等的装订，结构简单，人工操作，装订精度低，采用标准预成型书钉，装订厚度一般为0~4mm。

2. 电动订书机

电动订书机是轻印刷装订的常用设备，体积小，操作灵活方便，装订精度高，可进行平订和骑马订，利用标准预成型书钉。普通电动订书机装订厚度一般为0~6mm；加厚电动订书机装订厚度一般为0~11mm，特殊的可达20mm。

电动订书机主要由机架、传动杠杆、订书机头、置书机构、控制装置和安全机构等组成。

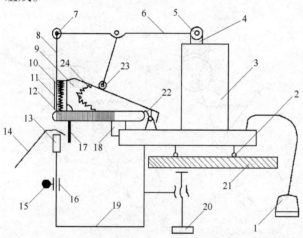

图9-41为电动订书机工作原理图，图中所示置书板状态为骑马订形式。当要进行平订时，松开手轮，滑套沿机架向上滑动，使置书板处于水平状态，调整定位杆可以确定书钉订入位置。工作时，将所订书页放在订书机头下，定好位后，踏动脚踏开关，电磁铁瞬间通电，电磁铁触头推动滚轮带动杠杆绕A点逆时针转动，滚轮首先压下订书机头，接近并压紧书页叠，接着滚轮压下压钉片，将书钉订入书页叠。此时，电磁铁断电，电磁铁触头下落，压钉片上升复位，杠杆复位。同时，推钉片在拉簧作用下推动排书钉向前移动一钉，订书机头在弹簧片作用下复位，完成整个装订过程。

图9-41　电动订书机原理图
1—脚踏开关　2—支脚　3—电磁铁　4—电磁铁触头
5、7、23—滚轮　6—杠杆　8—压钉片　9—订书机头　10—压簧
11—开启杆　12—排书钉　13—书钉成型板　14—置书板
15—手轮　16—滑套　17—规矩开关　18—钩爪　19—机架
20—紧固螺杆　21—工作台面　22—片撑簧　24—拉簧

订书机头中的伸缩舌在订书过程中起到支撑书钉的作用，以便增加装订厚度。

3. 铁丝订书机

铁丝订书机是一种适合大量生产用的订书设备，装订质量好，装订精度高，采用盘状铁丝作装订材料，装订厚度一般在100页以下，可进行平订或骑马订。

铁丝订书机由机架、工作台、传动机构、脚踏操纵机构、送丝机构、切断机构、做钉机构、订钉机构、紧钩机构等组成，如图9-42所示。

脚踏操纵机构通过连杆、杠杆控制单向离合器，操纵机头订书动作。每踏动一次脚踏操纵机构，机头动作一次，进行一次工作循环。

（二）胶粘订机

胶粘订机是一个椭圆形或直线形的联动线，主要由传动机构、送书芯机构、夹书机构、铣背机构、锯槽机构、上胶机构、包皮机构、送封皮机构、成型机构和控制装置组成。

胶粘订机装订牢固，质量好，应用范围广。装订时，书芯首先送到夹书器，定位后，将书夹紧，送到铣背工序，将书芯的书背铣去 1.5～3.5mm，以最内页铣开为准。铣背后，书芯又被送到打毛工序，锯槽刀对书芯进行锯槽。锯槽完成后，书芯又到了上胶工序，由上胶辊完成对书芯的上胶。

在完成上述工序的同时，将书封面送到包封面工位并定位。书芯到达包封面工位后，包封面机构对书芯进行包封面。接着夹书器又将已粘贴书封面的书芯带至成型工序，由成型机构对书背三面加压，使书本成型。最后夹书器松开书芯，书本落到收书台上。

图 9 - 42 铁丝订书机外形图

1. 铣背机构

铣背机构安装在书芯加工的第一道工序，铣背圆刀高速旋转。铣背过程中，为了防止书背受力变形，用两个靠轮从两侧压紧夹书器和书背，靠轮依靠弹簧与夹书器保持一定压力。

圆刀盘下方安装一个磨刀砂轮，以保持铣背刀锋利。砂轮和铣背刀盘是由单独电机分别驱动。铣背刀和砂轮位置都可以调节。铣背刀是电机通过皮带带动其旋转，磨刀砂轮是电机通过软轴带动其旋转。

2. 打毛机构

打毛机构（见图 9-9）是高速旋转的刀盘，沿圆周安装 4 把打毛（锯槽）刀，上面有一毛刷刀盘，盘上嵌有许多小毛刷。书芯在打毛工位，被高速旋转的打毛刀切出许多间隔相等的小沟槽。同时，小毛刷掸净沟槽内残留的纸屑，以利于书芯渗胶。小沟槽深度一般为 1～3mm。与铣背圆刀一样，打毛刀盘的旋转平面与书芯的前进方向也有 0.5° 左右的夹角。

3. 上胶机构

书芯经过打毛，进入上胶工序，如图 9-43 所示。上胶辊 J_1、J_2 在胶液槽中涂上胶层，书芯在胶辊上通过，胶辊沿书芯运动方向旋转，将胶层转移到书背上，完成上胶。上胶辊 J_1 叫一胶辊，它载有较厚胶层，线速度大于书芯前进速度，胶辊表面与书背产生搓动，将胶液压入沟槽，保证沟槽内胶液饱满。上胶辊圆周表面有许多环形小沟槽，能使书背纵向条纹充胶，书页黏合牢固。

上胶辊 J_2 叫二胶辊，所载胶层较薄，离书背较远，其作用是补充一胶辊上胶的不足，控制胶层厚度并使胶层均匀。

热胶辊 J_3 本身不带胶，工作时高速逆转。辊内装有电热丝，表面温度可达 190 ~ 200℃，它的作用是烫断热熔胶的拉丝和滚平背胶，对书背胶层厚度进行控制。

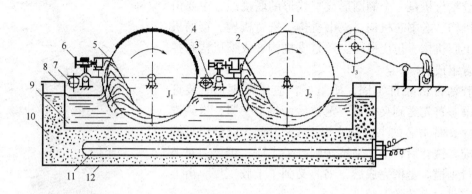

图 9-43　书背上胶机构

1、5—刮胶板　2—二胶膜　3—双层凸轮　4—胶膜　6—调节螺钉
7—双层凸轮　8—胶锅　9—热熔胶　10—62#汽缸油　11—电热管　12—热锅

4. 上封面机构

上封面机构又称为上封皮机构或包皮机构、包本机构。上封面机构的托板在双曲柄机构作用下做连续平动。书芯行至上封面位置时，托板到达最高点，将预先定好位的封面贴在带胶的书背上。

5. 成型机构

成型机构的作用是把封面与书芯进一步包拢并通过加压使书背成型美观。成型是书芯加工的最后一道工序（图 9-18）。

书芯带着刚粘上的封面来到成型工位，托板和两个挤板从 3 个方向对书背加压，将书封面包拢，完成对书背的整型。成型后书本被释放继续向前，然后夹书器打开，包好封面的毛本书便离开夹书器，落在收书台上。

（三）锁线机

锁线机用于锁线订，可以进行平装书和精装书装订。

锁线机按自动化程度分为手工搭页锁线机、半自动锁线机和自动锁线机。

自动锁线机是目前广泛使用的锁线机，其结构复杂，工序多，动作配合要求高，安全可靠，锁线质量高，速度高，工作状态稳定。图 9-44 为锁线机工作原理简图。

搭好页的书帖搭在输帖链导轨上，推书块将书帖沿导轨推至送帖轮之间，高速旋转的送帖轮将书帖加速送至订书架。订书架接到书帖后摆向锁线位置，安装在订书架上的缓冲器和拉规对书帖定位。订书架下的底针对书帖打孔，穿线针由升降架带动向下移动穿线，钩线爪牵线和钩线针配合打活结。

锁线完成后，由敲书棒和打书板将书帖送到出书台上，这时，挡书针将书挡住，以防书帖倒退，完成一个书帖的锁线过程。当一本书芯的所有书帖锁线完成后，机器空转一次，割线刀将线割断，完成一本书芯的锁线过程。

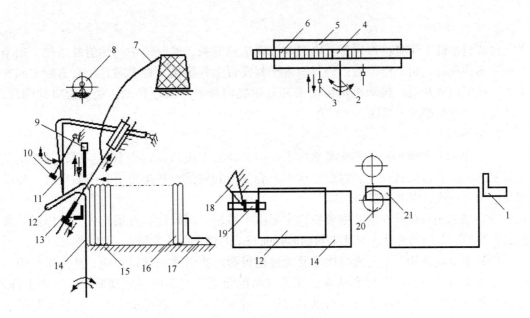

图 9 - 44 锁线机工作原理图

1—推书块 2—钩线针 3—穿线针 4—小齿轮 5—升降架 6—齿条 7—装订线

8—纱布带 9—挡书针 10—打书板 11—敲书棒 12—书帖 13—底针 14—订书架

15—出书台 16—书芯 17—挡书块 18—凸板 19—缓冲器及拉规 20—送帖轮 21—输帖链

锁线机主要由输帖机构、缓冲定位机构、锁线机构、出书机构、传动机构和控制系统组成。

四、包本设备

包本设备用来给完成订本的平装书芯包封面。包本设备可以单机包封面，也可以设置在联动生产线中包封面。

（一）分类

包本设备按机器外形可分为台式包本机、圆盘包本机和直线型包本机（也称为长条包本机）。

（二）台式包本机

台式包本机是常用装订设备，操作方便，体积小。适用于由单张书页配成的书芯或已订成书芯的包封面工作，包封书芯厚度一般为 35mm 以内。

台式包本机主要由传动机构、书芯夹紧机构、书芯刷胶机构、上封面机构和温控装置等组成。图 9 - 45 为台式包本机示意图。

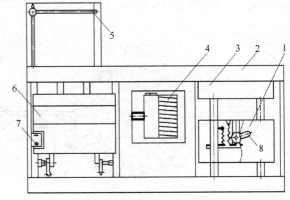

图 9 - 45 台式包本机

1—活动夹书板 2—机架 3—固定夹书板
4—刷胶机构 5—书封前挡规 6—封面加紧板
7—书封侧挡规 8—夹书手柄

1. 工作原理

台式包本机工作时，首先打开电源和胶锅加热开关，使胶锅中的热熔胶熔化。把书芯夹紧机构移到起始工作位置，将封面置于封面台上并定位。将书芯置于夹书板之间并夹紧，按下启动开关，传动机构带动书芯夹紧机构和书芯向左移动，经刷胶机构刷胶，书芯移动到最左端时上封面。

2. 主要机构

（1）书芯夹紧机构。书芯夹紧机构主要由活动夹书板和固定夹书板组成，其作用是夹紧书芯，使书芯在刷胶、上封面过程中不会变形和脱落，并排出书芯中的空气，保证刷胶量均匀一致，使书芯粘牢。

（2）书芯刷胶机构。书芯刷胶机构主要由上胶辊、刮胶板和胶锅组成，其作用是将热熔胶均匀涂布到书背处，保证上封面时封面与书芯能牢固地黏结在一起。

（3）上封面机构。上封面机构主要由底托板和两块封面夹紧板组成，其作用是使封面牢固地黏结到书芯的书背和两侧，保证封面的成型。书芯向左移动时，底托板下降，封面夹紧板松开，使书芯通过。当书芯到达上封面位置时，底托板上升，将封面与书芯的书背书脊接触完成黏合。同时，封面夹紧板完成封面与两侧的黏结成型，完成包封面工作。

（三）圆盘包本机

圆盘包本机主要由机架、大夹盘、进本机构、刷胶机构、封面输送机构、包本机构、收书机构、传动机构及控制系统组成，如图9-46所示。

1. 工作原理

有的圆盘包本机有两套执行机构同时工作，又称为双头圆盘包本机。

圆盘包本机工作时，书背向下放在进本架上，进本机构间歇地把书芯推到进本架的顶端，吸书芯板将书芯送入连续匀速转动的大夹盘（转盘）的夹书器中，在凸轮机构的作用下，夹书器将书芯夹紧，传送到刷胶架上，对书背和侧面刷胶。同时，封面输送机构将封面分离并送到包封台上。此时，涂好胶的书芯也随大夹盘转到包封台上方，包封台上升把封面托起包在书背上并夹紧，完成包本动作。大夹盘上有两个吸嘴将封面吸住，防止封面在输送中从书芯上掉下。到达收书器

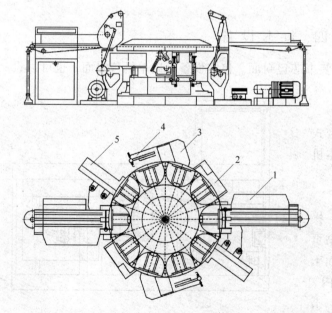

图9-46 圆盘包本机
1—进本架 2—刷胶架 3—封面输送机构
4—包封台 5—收书台板

前，吸嘴放开封面。夹书器在凸轮作用下松开书芯，书本落到收书台上，由推书机构将其推出。

2. 主要机构

（1）进本机构。进本机构的作用是将书芯依次输送给大夹盘上的夹书器。进本机构完成 3 个动作：书芯的前移、定位、送入夹书器。

（2）刷胶机构。刷胶机构的作用是给书背及书背两侧刷胶，以便包封。图 9 - 47 为刷胶机构原理图。

刷胶机构有两个动作：底刷胶片的上下移动和侧刷胶片的夹紧动作。

工作时，凸轮 C_2 推动滚子通过杠杆和连杆带动夹紧轴转动，夹紧轴上的两个齿轮通过离合器嵌合在一起转动，两个齿轮与两个齿条啮合，两个齿条分别与内侧刷胶片和外侧刷胶片相连接，使两个侧刷胶片相对运动，夹紧书芯并将胶液粘到书背两侧。调整连杆上的螺母可调节两个侧刷胶片的间距。

底刷胶片的上下移动是由凸轮 C_1 作用于滚子，通过杠杆和连杆带动升降轴上下移动。底刷胶片与升降轴联在一起随升降轴上下移动，完成粘胶和刷胶动作。

图中另外的连杆用于控制包本机构。

（3）封面输送机构。封面输送机构的作用是将书封面分离并送到包本机构。封面输送机构上还安装了多张和空张检测装置。

（4）包本机构。包本机构的作用是完成包封面工作。图 9 - 48 为包本机构原理图。

包本机构是包本机最主要的机构。它有两个动作，夹紧动作和升降动作。工作时，包本机构的两夹紧板

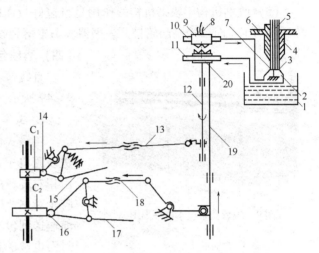

图 9 - 47　刷胶机构原理图

1—胶盒　2—底刷胶片　3—外侧刷胶片　4—固定夹书板
5—书芯　6—活动夹书板　7—内侧刷胶片　8—螺母
9、20—齿轮　10、11—齿条　12—夹紧轴
13、15、17、18—连杆　14、16—小滚　19—升降轴

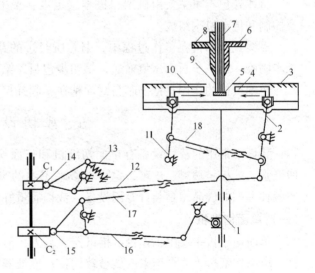

图 9 - 48　包本机构原理图

1—升降轴　2—杠杆　3—包封台板　4—夹紧板　5—底板
6—固定夹书板　7—书芯　8—活动夹书板　9—封面　10—夹紧板
11—杠杆　12、13、16~18—连杆　14、15—小滚

相对运动把封面夹紧在书芯上，凸轮 C_1 与滚子 16 作用，通过杠杆、连杆、拉杆等机构完成夹紧板相对运动。凸轮 C_2 与滚子作用，通过杠杆、连杆，使升降轴作上下移动，带动底板上升时对书背加压，使书封牢固地粘在书芯上。夹紧板间距和底板上升高度可通过螺套调节。图中另外的连杆用于刷胶机构。

（5）收书机构。收书机构的作用是将包好封面的毛本书收集起来。包好封面的毛本转到收书工位时，控制凸轮松开夹书器。书本落到收书板上。

图 9-49　长条包本机外形图

（四）直线包本机

直线包本机又称为长条包本机，其外形如图 9-49 所示。

1. 工作原理

直线式包本机工作时，首先由间歇转动的输送装置将书芯向前推动。书芯进入刷胶工位后，由相对旋转的小轮对订口两侧刷胶，再由另一刷胶轮对书背刷胶，刷胶后的书芯由夹书器夹住向前输送到包本机构。书芯向包本机构输送的同时，封面也被送到压痕工位。在压痕工位，压痕机构在封面上压出两条印痕，印痕间距与书芯厚度相同。封面压痕后送到包本工位，夹书器将书芯放在封面上的两条印痕之间，由包本机构将封面与书芯压实、压紧。包好封面的毛本书掉到收书台上，由推书机构推出。

2. 主要机构

直线式包本机主要由机架、进本、走本、夹书器、刷胶、压痕、包本、收书等机构及控制和传动机构组成。

直线式包本机在工作过程中，书芯所经过的路径基本上是一直线：第一步进本，第二步刷胶，第三步封面压痕输送，第四步包封，第五步出书。

包本机构的作用是把书芯与封面粘在一起并挤紧压实。

五、裁 切 设 备

装订中常用的裁切设备有单面切纸机和三面切书机。单面切纸机用途广泛，可以裁切纸张、纸板、塑料、皮革，也可以裁切书本的半成品和成品。三面切书机主要用来裁切各种书刊的成品，是装订专用设备，裁切质量好，效率高。

（一）单面切纸机

单面切纸机主要由工作台、推纸器、裁刀、刀条及控制系统组成（图 9-20）。

单面切纸机工作台用来堆放被裁切物；推纸器用来将纸推到裁切线上并起定位作用；压纸器用来将裁切的纸叠压紧，防止裁切时纸张弯曲；裁刀用来裁切纸张；刀条用来保证底层纸裁切平整并保护刀刃。

单面切纸机可分为轻型切纸机和大型切纸机。

轻型切纸机切纸幅面一般在四开以下，主要用于机关、学校、科研单位等，它的特点是结构小，重量轻，价格低，裁切尺寸和厚度小，精度低，劳动强度大。

大型切纸机切纸幅面一般在四开以上，分为普通切纸机，液压切纸机，液压程控切纸机和自动上料液压程控切纸机。

普通切纸机主要由机架、压纸机构、切纸机构、推纸器、传动系统、控制系统和安全装置组成。

液压切纸机的基本组成与普通切纸机相同。液压切纸机的压纸机构是利用液压系统实现的，结构简单，压纸力调节范围大。在裁切过程中，随纸叠厚度变化，液压系统能自动调整压纸力，保持恒定，容易控制和操作。液压切纸机使用较广泛。液压压纸机构由油泵、滤油器、压力表、电磁阀、油箱、油管、油阀和机械机构组成。

液压程控切纸机是在液压切纸机上装有程控系统，并在推纸器上装有高精度位置检测装置，从而使切纸程序化。

当进行切纸时，需将切纸刀数、推纸器位置数等输入切纸机程控系统。在工作时，推纸器将按程序自动移动位置。同时裁切数据可以存储，以便以后裁切时调用。

自动上料液压程控切纸机是在液压程控切纸机上装有自动上下料装置。这样，在裁切过程中，纸叠的上料、换向、移动和下料，全由切纸机自动完成。从而极大地提高了效率，减轻了劳动强度。

（二）三面切书机

三面切书机专门用来裁切书刊，它具有裁切精度高、速度快、劳动强度低等优点。

1. 工作原理

三面切书机装有三把切纸刀，其中侧刀两把，用于裁切书籍天头和地脚；前刀（门刀）一把，用来裁切书籍切口。

工作时，先将要裁切的书叠放到夹书器的压书板下面，然后压书板自动将书夹紧，夹书器将书叠推到压纸器下面的裁切位置，紧跟着压书器下降，将书叠压住，夹书器退回原位。接着，左右侧刀同时下落，切齐书籍天头和地脚，侧刀切完上升时，前刀下落，裁切书籍切口，前刀切完后上升复位，切好的书叠由出书机构自动推至收书位置，完成一叠书籍的裁切。

三面切书机的工作过程为：

　　脚踏操纵器→夹书器夹书→送书→压书器下降→侧刀下切→前刀下切→输出书叠

2. 裁切机构

裁切机构是三面切书机最主要的部分，分为前刀裁切机构和侧刀裁切机构。

六、装订联动设备

装订联动设备自动化程度高，生产效率高，装订质量高，稳定性强，劳动强度低。

（一）印装联动线

印装联动线是将印刷机与装订设备通过中间传送环节组成的机组。

1. 组成

印装联动线由印刷机组、裁折配页机组和装订机组组成。

印刷机组对纸幅进行印刷，印刷机采用卷筒纸双面印刷机。

裁折配页机组对印刷好的纸幅进行加工，其工作过程是：裁切装置将纸幅裁成要求尺寸的窄纸幅，窄纸幅继续向前运行，双页宽度纸幅进入折页装置作纵折，单页宽度纸幅则直接进入配页机，配好页后一本一本地送到装订机组。

装订机组由胶粘订机与三面切书机组成。

工作过程为：对裁折配页机组送来的书芯进行书背加工、上胶、包皮、烘干、切书。

2. 印装联动线主要结构

（1）裁折配页机组结构。裁折配页机组由裁切、折叠、配页三大部分组成。裁切刀机构由一个固定承切座和一个转动的圆筒构成，筒上等距离安装着几把刀片，将叠合起来的窄纸幅按要求长度切成等长书页。

裁好的书页通过传送机构输送到配页机构，配成整本书。配页机构为高速直立式，配好页的书由收页装置送往装订机组。

（2）装订机组。装订机组主要由胶粘订机和三面切书机连接而成。可对平装书进行连续加工，从印刷开始，直到裁切好书为止。如果装订精装书，再连接上精装封面加工设备、扒圆起脊设备、贴纱布卡纸设备、上书壳和压槽成型设备。

在装订机组后面再安装打包机、贴封签机和自动发送装置，该联动机即可成为从卷筒纸进纸直到成书全过程自动化印装联动机。

印装联动线还有多种联机形式。

（二）骑马订联动线

1. 组成

骑马订联动线一般由搭页机组、订书机组和三面切书机组成，搭页、订书、切书连续完成。目前，有的骑马订联动线增加了单张插页功能、计数堆积功能及裱卡打包等功能。

2. 工作原理

骑马订联动线工作由搭页开始，将书帖按次序放在搭页机的放书台上，搭页机组（由多台组成）将书帖分别吸下，按次序自动搭骑在集帖链上匀速移动。配好的书帖送到订书机头下面进行装订。装订完的书刊经顶书叉送到输书架再传给三面切书机。检测装置使缺页或多页的书帖不予装订而送到废书斗。送到三面切书机的书刊通过前刀和侧刀完成切口和天头地脚的裁切。成品书通过光电计数器送入出书斗。

骑马订联动线是最简单的书刊装订联动设备，结构简单，生产效率高。

（三）胶粘订联动线

胶粘订联动线主要由书帖配页机、书芯传送机构、胶粘订机、贴纱卡装置、烫背或干燥装置、三面切书机、计数堆积机、打包机等机组组成。

胶粘订联动线装订速度快，装订质量好，自动化程度高，图9-50为胶粘订联动线平面布置图。

胶粘订联动线布置形式种类很多，但基本组成相似。

书帖经配页机组配页后，形成书芯；书芯经翻转立本机构翻转立本，除废书，定位，由夹书器夹紧进入铣背工序，将书芯的书背用刀铣平，使书芯成为单张书页；铣背完成后进入打毛工序对书芯进行打毛处理；书背加工完成后，进入上胶工序；然后进入粘纱卡工序，在上过胶的书背上粘贴一层纱布或卡纸，提高书背连接强度和平整度；书芯粘

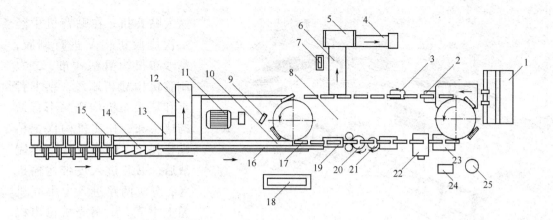

图 9-50　胶粘订联动线平面布置图

1—给封皮机构　2—贴封皮机构　3—加压成型机构　4—出书传送带　5—计数堆积机　6—传送带
7—计数堆积机控制器　8—胶粘订机　9—计速表　10—链条　11—主电机　12—配页机出书芯部分
13—除废部分　14—翻立本部分　15—配页机　16—进本机构　17—夹书器　18—主控制箱　19—定位平台
20—铣背刀　21—打毛刀　22—贴纱布机构　23—上封皮胶锅　24—吸尘器　25—预热胶锅

纱卡后，经过上封面胶进入包封工序，先将书封皮贴到书背上，再进行加压成型，从三面向书背加压，把封面粘牢，然后进行烫背，进一步干燥；最后包封好的毛本书经三面切书机裁切后获得成品，经计数，包装完成全书胶粘订。

这种胶粘订联线的配页机通过过桥交换链条与胶粘订机相连接，共同由主电机驱动，其运动由主控制箱控制。堆积机由单独电机驱动，另一控制箱控制毛本书的堆积本数。吸尘器用于把加工书芯时产生的纸屑和热熔胶锅产生的废气吸走，干燥装置和三面切书机安装在出书传送带的后面。

配页机与胶粘订机连接也可以取消过桥传送链条，使书芯从配页机直接进入胶粘订机的进本机构。

胶粘订联动线结构紧凑，使用灵活，组成联动线的各个机组也可以单独工作，联动线设有多种故障控制系统，对于多帖、少帖、气嘴破裂、通气管道阻塞、连续出现废书、纱卡封皮送不到位等都能及时排除。

（四）精装联动线

1. 精装联动线的组成

精装联动线由多台机组组成，能够连续完成精装书刊装订。精装联动线种类很多，但其基本组成和工艺流程相似。

精装联动线主要由进本机构、书芯压平机、刷胶烘干机、三面切书机、扒圆起脊机、书芯贴背机、书壳输送机构、上书壳机、压槽成型机、计数堆积机、打包机等设备联机组成。精装联动线装订速度高，适应性强，自动化程度高，生产率高，功能多，应用广。

2. 精装联动线的工作原理

图 9-51 为某一类型的精装联动线平面布置图。

书芯经过压平，刷胶烘干，裁切后从扒圆起脊机的星轮翻转进书装置Ⅰ进入扒圆工位Ⅱ进行扒圆，扒圆后进入起脊工位Ⅲ进行起脊。扒圆起脊完成后，由输送翻转机构Ⅳ

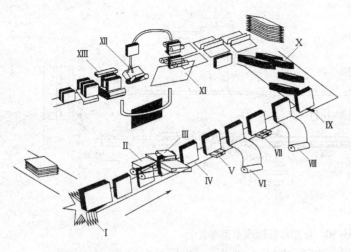

图 9-51　精装联动线平面图

送入贴背机。在贴背机中经一次刷胶机构 V 进行刷胶，粘纱布机构 VI 粘纱布。二次刷胶机构 VII 再刷胶，粘书背纸和堵头布机构 VIII 粘书背纸与堵头布，托实机构 IX 把粘贴物托牢。贴背机各工序完成后，书芯进入皮带运输机 X，分成两路进入上书壳机 XI 上书壳。上书壳机输出机构 XII 经带式传送装置，使书芯进入压槽成型机 XIII，两列书本平行移动，经整型、压槽、压平等工序后输出。

3. 精装联动线的主要机组

（1）书芯压平机。书芯压平机用于精装书芯加工的第一道工序。

书背厚度和变形程度与平面部位差别很大，书芯压平时先对脊背加压，然后进行整个书芯加压。将压脊块和压脊条换成大面积的压平板即可对整个书芯加压。

（2）刷胶烘干机。刷胶是在压平后的书芯书背上涂刷黏合剂，固定书背。刷胶烘干机布置在压平机之后。刷胶烘干机一般由进本机构、刷胶机构、烘干槽、落书机构、夹板提升机构、出书传送带和控制系统组成。

（3）扒圆起脊机。扒圆起脊机主要由进本机构、扒圆机构、冲圆机构、起脊机构、出书机构组成。

书芯进入到扒圆起脊机进本工位，经翻转机构将书芯翻成书背朝上放到输送装置上，送到扒圆工位。扒圆一般利用两个相对旋转的扒圆辊对书芯两侧同时进行滚压扒圆。扒圆辊既有相对进退运动，又有相对转动。扒圆之前要进行冲圆，使扒圆能顺利进行。冲圆是利用两个凹形冲模，将书芯放在冲模中间，凹形冲模对准书背，凸形冲模对准书芯切口，加压后将书芯冲出圆弧。扒圆完成后书芯被送到起脊工位，起脊块以一定的压力自上而下将书背压紧，然后左右摆动形成书脊。起脊后起脊块退回，书夹将扒圆起脊后的书芯送到出书工位。出书机构将书芯送到书芯贴背机。

（4）书芯贴背机。书芯贴背机布置在扒圆起脊机之后。书芯贴背机主要由进本机构、上胶机构、粘纱布机构、二次上胶机构、粘书背纸和堵头布机构、托实机构、出书机构等组成，图 9-52 为贴背机工作原理图。

贴背机工作时，进本工位 I 将书芯分本，一本一本地进入传送链条，使书芯运行到上胶工位 II。在上胶工位，上胶辊转动给书背上胶。上胶完成后，书芯被送到粘纱布工位 III。在粘纱布工位，托布台带着从布卷上切下的纱布条上升，将它粘到运动着的书背上。纱布粘好后，书芯进入到二次上胶工位 IV。在二次上胶工位，上胶辊将胶液涂在粘有纱布的书芯书背上。书芯进入到粘书背纸和堵头布工位 V，专门的机构把卷状书背纸裁成所需长度，将堵头布粘在书背纸两端，托纸台把书背纸和堵头布送到

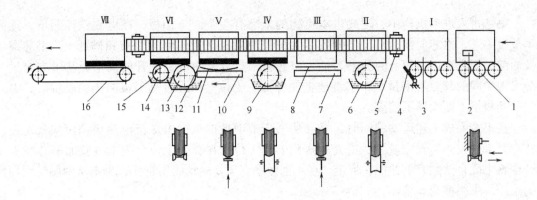

图9-52　贴背机工作原理图

1—凹形辊　2—挡书闸块　3—书芯　4—探针　5—履带传送链条　6—胶辊　7—托布台　8—纱布

9—二胶辊　10—托纸台　11—书背纸　12—堵头布　13—托辊　14—二托辊　15—水盒　16—出书传送带

书芯下面，粘在书背上。在托实工位Ⅵ成型橡皮辊和两个锥形橡皮辊把书背纸和堵头布辊实到书背上。书芯在6个工位上完成进本和"三粘"后，进到出书传送带，将贴好背的书芯送出机外。

（5）上书壳机。上书壳机一般由进本机构、上侧胶机构、送书壳机构、书壳烙圆机构、上衬页胶机构、立式传送机构、出书机构和控制系统等组成。

上书壳机布置在书芯贴背机之后，图9-53为上书壳机工作原理图。

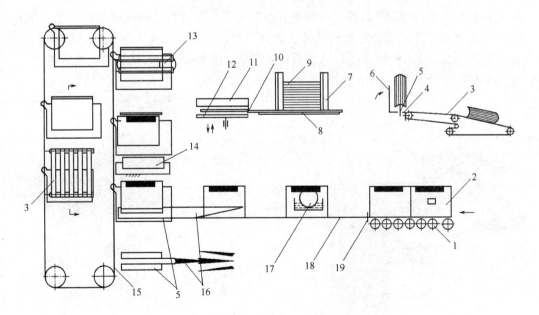

图9-53　上书壳机工作原理图

1—进本机构　2—书芯　3—传送带　4—收书台　5—挡书板　6—挡板　7—书壳槽

8—导轨　9—书壳　10—推爪　11—压刀　12—烙圆模块　13—压辊　14—上胶辊

15—立式传送链条　16—分书　17—上侧胶装置　18—进书槽　19—同步挡板

书芯进入进本机构中，辊式进本机构的末端有一个同步挡板，在电磁铁控制下，逐本放过书芯。书芯向前运行，上侧胶装置把胶液涂在书背两侧的纱布和衬纸上。书芯继续向前，固定在进书槽上的分书刀插入书芯将书打开。随链条上升的挑书板从下方穿过分书刀中间的缝隙将书挑起，垂直地带往各加工工位。在通过挑书板两侧的胶辊时，书芯的两衬纸上便涂满了胶液。

在书芯完成上述运动的同时，书壳从书壳槽中被推爪推出送至电热烙圆模块处，进行脊背部烙圆。烙圆完成后，书壳被送到套壳工位。在套壳工位，刚上过胶的书芯在上升中将书壳自然地套上并把它带走。在4个做垂直往复运动的压辊处，书本从两侧受到均匀滚压，书壳被套紧粘牢。

挑书板铰接在3条套筒滚子链条上做平面平行运动。套完壳的书本被挑书板带到收书台上，挑书板向下抽出，书本被挡板翻到出书传送带上，然后送往压槽成型机。

（6）压槽成型机。压槽成型机一般由进本机构、成型机构、压槽机构和出书机构等组成。

上好书壳的书本由传送带进入压槽成型机进本机构的传送带，在电磁铁的作用下，挡书板下降，书本向前，翻书栅板使书本直立。在成型工位，书本放置在凹形下模板上，凸形上模板下降压向书的切口使书籍压紧成型并紧贴书壳。书本成型后，被送到压槽工位，压平板把书本夹紧，压槽器对书脊进行压槽。压槽器中装有电热管，对书脊槽加热，便于成型。最后压好槽的书本被传送带送出。

七、常用装订设备

栅栏式折页机可进行平行折，扇形折，卷筒折，并在折页过程中可进行打孔、压痕、分切等，为书刊封面折页提供便利条件，适合于平行折大批量生产，栅栏式折页机可以由多个机组组成，图9－54为栅栏式折页机外形图。图9－55为刀式折页机外形图。

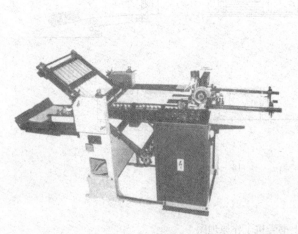

图9－54　栅栏式折页机

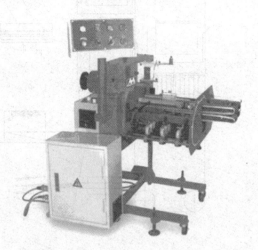

图9－55　刀式折页机

混合折页机适用于平行折或平行折垂直折的混合折页。混合折页机由多个折页机组组成，一般装配气动自动输纸装置，自动化程度高，定位准确，可在折页的同时完成打孔、压痕、分切等工序。图9－56为混合式折页机外形图。

图9–57为钳式配页机外形图。

圆盘包本机适合各种平装书籍的中小批量生产。它可以完成铣背、开槽、上侧胶、上背胶、封面压痕、上封面、托实、书脊压实等工序。这种机器结构紧凑，操作简便，图9–58为圆盘包本机外形图。

骑马订书机适用于各种薄本书刊杂志、广告、说明书等印刷品。一般采用两只钉头装订，最多可用4只钉头同时装订。对于单联本或双联本均可一次装订完成。骑马订书机一般采用变频调速系统，工作平稳，调速方便。经人工搭页后，即可自动送入书帖、自动装订、自动收书。操作简便、维修方便，图9–59为骑马订书机外形图。

图9–56　混合式折页机

图9–57　钳式配页机

图9–58　圆盘包本机

三面切书机适用于书刊杂志的三面裁切。三面切书机有手动式送书和自动送书，一次性完成书籍的三面裁切。无书时机器不动作，无级调速。自动切书机设有故障显示和安全防护系统，图9-60为三面切书机外形图。

图9-59　骑马订书机

图9-60　三面切书机

复习思考题

1. 什么是书刊装订？装订方法有哪些？
2. 试述平装和精装书籍的结构。
3. 书刊装订方法如何分类？
4. 折页的方式和方法是什么？
5. 刀式折页和栅栏式折页的工作原理是什么？
6. 书帖配页的方法和原理是什么？
7. 叙述常用的书芯订连方法、特点及应用。
8. 锁线订有哪几种方式？
9. 什么是胶粘订？常用的胶粘订方法有哪几种？各有什么特点？
10. 铣背、打毛的作用是什么？
11. 什么叫扒圆、起脊？机械扒圆、起脊的工作原理及特点是什么？
12. 精装书壳有哪几种类型？
13. 平装和精装的工艺流程是什么？各工序的作用和工作原理是什么？
14. 书刊裁切的方法有哪些？各自特点是什么？
15. 特殊装订方法有哪些？各自特点是什么？

第十章　制袋制杯滴塑

第一节　制　　袋

袋是由纸、塑料、铝箔或其复合材料做成的一种非刚性容器，袋的一端或两端封闭，有一个开口，便于装进被包装产品。

制袋是用粘合、缝纫和热合等方法制成袋的工艺。

一、袋的种类与封合

（一）袋的种类

按制袋材料的层数分为单层袋、双层袋和多层（三层或三层以上）袋三种。双层袋也常被称为多层袋。以纸作为基材的多层袋中，如果有塑料层或铝箔层，袋的强度和隔气性会大大增加。

按袋的用途分为小袋和大袋两种。小袋多为单层袋，主要用于零售商品，尤其是食品的包装。大袋为多层结构，多用作如水泥、化肥、大米等的运输包装。

按袋的形状分为缝合敞口袋、缝合闭式袋、黏合敞口袋、黏合闭式袋、扁底敞口袋、自封袋（无齿拉链袋）等。其中，黏合敞口袋的应用最广泛。

按袋的使用方式分为手提袋和普通袋。手提袋多为长方形、正方形、扁方形，外表一般印有广告图文，袋身可折叠。手提袋有纸手提袋、塑料薄膜手提袋、复合材料手提袋、聚丙烯编织手提袋等。手提袋可作为纪念性、广告性、知识性、礼品性物品。手提袋的提手有圆形或方形开洞、穿绳、塑料板、钉绳等形式。

（二）袋的封合

袋的封合方式很多，主要有下述四种。

（1）缝合封合。缝合封合是一种通用的封合技术，用棉线、塑料线或棉与塑料的混合线缝合袋的开口端。常用牛皮纸带条包住袋端再行缝合，以增强缝口的强度。

（2）黏合封合。黏合封合采用速干黏合剂封口，先将袋口折叠两次，再涂上黏合剂封合。

（3）胶带封合。胶带封合是用胶带粘贴封口。

（4）热压封合。热压封合是使用加热的热封合元件，施加一定的压力，使袋顶端的塑料衬里熔融封合。

二、制　袋　工　艺

（一）塑料袋制袋工艺

塑料袋有两侧缝袋、L缝袋、U缝袋、T缝袋等，如图10-1所示，还有尖底袋、侧折袋、角底袋、平底袋等。

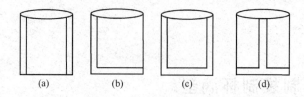

图 10 - 1　塑料袋接缝形式

（a）两侧缝袋　（b）L 缝袋　（c）U 缝袋　（d）T 缝袋

塑料薄膜袋及塑料复合袋的制袋过程包括三道主要工序：下料、热封、分切，其中关键工序是热封。大多数制袋机的制袋作业，往往是热封和分切一次完成。

1. 热封原理

热封就是对塑料薄膜进行封合。封合方法很多，常用的有手工封合、高频封合、热板封合、脉冲封合、超声波封合等。

手工封合是用普通电烙铁刀口加热塑料薄膜，刀口宽度一般为 3mm，借助于耐热薄膜（玻璃纸、涤纶薄膜等），将袋口封住。手工封合常用于 PE、PP 等薄膜的封合。封合时，薄膜在封口处留出封边（距离袋底线 3～5mm），热封缝的强度会更大些。热封前先在被热封薄膜热封线间覆盖玻璃纸，再用手紧握电烙铁手柄，使热封刀口沿着待热封线不停地移动，将熔融的两个表面封合在一起。

高频封合又称高频热合，是利用上下电极压住两层薄膜，电子管自激振荡器所产生的高频电场，使塑料介质分子产生热量，并施以一定压力来达到热合的目的。高频封合机（热合机）一般包括高频振荡、机械传动和电气控制等部分。

热板封合，俗称热工具焊接，是借助加热金属板在压力作用下进行封合，首先将两层重叠的薄膜放在两块加热（或其中一块加热）的金属板之间，直到表层熔融，然后在压力作用下使熔融的表面迅速黏合在一起，并保持压力至冷却为止，如图 10 - 2 所示。热板封合装置简单、成本低、寿命长、不易损坏，因而应用广泛。

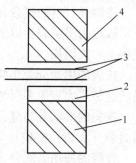

图 10 - 2　热板封合

1—工作台　2—耐热垫
3—塑料薄膜　4—加热板

超声波封合所用的超声波频率为 20～40kHz。封合机是由高频振荡器、磁致伸缩振子和指数曲线型振幅放大器组成，磁致伸缩振子将高频电能转换成纵向振动，指数曲线型振幅放大器将纵向振动传给薄膜，如图 10 - 3 所示。由振幅放大器传出的超声波振动，使薄膜的叠合面发热而熔融黏合。

脉冲封合的原理与热板封合相似。先使焊件在加压之下进行热熔，再冷却释放压力。通常是用一条镍铬带代替金属板作加热元件，使镍铬带通入瞬时电流而加热，切断电流后随即冷却，如图 10 - 4 所示。此种方式热合质量高，多用于液态包装和真空包装袋的封合。脉冲封合设备较复杂，冷却需要时间，影响封合速度。

2. 热封工艺

热封工艺中，主要控制热封温度、热封压力和热封时间三大因素。其中热封温度是主要因素，它是选择最佳黏流温度的主要依据。热封必须在黏流温度（或熔点）以上才能进行，同时，热封压力不宜过大，热封时间不宜过长，以免聚合物大分子降解，使封口强度下降，界面密封性劣化。

不同的塑料薄膜材料。热封温度不同，表 10 - 1 为各种塑料薄膜的热封温度。

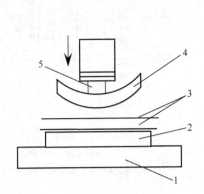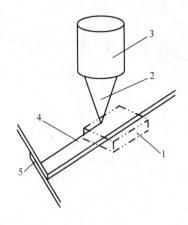

图 10 - 3　脉冲封合
1—工作台　2—胶垫　3—薄膜
4—涂聚四氯乙烯玻璃布　5—镍铬带

图 10 - 4　超声波封合
1—底座　2—振幅放大器
3—磁致伸缩振子　4—封合部　5—薄膜

表 10 - 1　各种塑料薄膜的热封温度

材料	热封温度/℃	材料	热封温度/℃	材料	热封温度/℃
低密度聚乙烯	120～175	聚丙烯（拉伸）	100～130	聚碳酸酯	205～430
高密度聚乙烯	135～155	聚氯乙烯	95～175	聚酰胺	175～260
线性低密度聚乙烯	175～180	聚偏二氯乙烯	90～200	聚苯乙烯	120～165
聚丙烯（未拉伸）	165～205	聚酯	150～190	玻璃纸	205～260

（二）复合薄膜袋制袋工艺

复合薄膜袋是通过热封单边或多边，热封方式主要有边封合、底部封合和双封合三种形式。

1. 边封合

边封合是对复合薄膜袋侧边和底面进行封合，将圆棱型热封刀加热，与热封辊配合完成封合。当圆棱型热封刀压入复合材料并压到软橡胶热封辊上时，热封刀将两层薄膜切断同时封合。复合薄膜在压力和温度的联合作用下被熔化，如图 10 - 5 所示。

2. 底部封合

底部封合是只在复合薄膜袋的底部进行封合。用于制袋的管形复合薄膜材料被送入制袋机，在单个袋的底部进行密封，袋与袋之间用刀切开。分切动作与封合动作是分开的。底部封合通常采用平直的热封杆，热封杆将准备密封的薄膜层压在覆有聚四氟乙烯的橡胶垫（热封垫）上进行封合，如图 10 - 6 所示。有的封合机采用另一热封杆代替热封垫进行封合，上下两端加热，热量均匀。热封完成后，用分切刀将袋同原料分离开。

边封合是通过薄膜的熔融来完成的，若薄膜受热过度，热封处冷却后会改变塑性分子的物理结构。底部封合可控制热量和压合时间，也就是控制了对薄膜热封的加热时间，不会损坏薄膜，也不会改变薄膜的物理性能。此外，由于热封杆有固定的宽度，因而封合在一起的薄膜的总量较大，且薄膜不会熔化或烧焦。

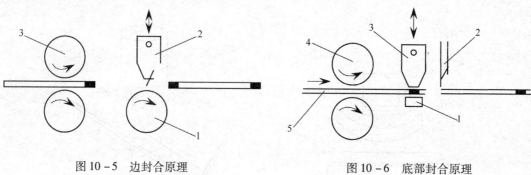

图 10 - 5　边封合原理
1—牵引辊　2—热封刀　3—热封辊

图 10 - 6　底部封合原理
1—热封底座　2—切刀
3—热封杆　4—牵引辊　5—管坯料

3. 双封合

双封合方法使用双底部封合机构。双封合机构带有加热或不加热的分切刀，定位在两密封头之间，如图 10 - 7 所示，在每一热封周期将热量供给原料的上面和下面，并形成两个完全分离和独立的封合线。

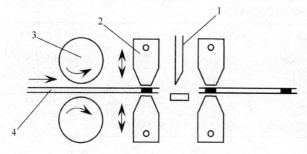

图 10 - 7　双封合原理
1—切刀　2—热封杆　3—牵引辊　4—管坯料

像底部封合方法一样，双封合技术能在给定密封周期内供给大量可控制的热量。这就使双封合在密封较厚的薄膜、共挤塑和层合薄膜时很适用。由于制袋机的每一周期中形成两个密封线，所以双密封方法可用于生产两侧面带有密封线的袋，例如边封合袋或某些特殊用途的底部封合袋，如带有提手的零售袋。许多特殊的应用要求使用双封合方法，其中用得最多的是塑料背心袋的生产。

（三）手提袋制袋工艺

手提袋的材料有纸或纸板、塑料薄膜、复合材料、聚丙烯编物等，可用手工或机器制作。手提袋有长方袋、正方袋、扁方袋、背心袋、方底袋、尖底袋、开洞提手袋、穿绳提手袋、塑料板提手袋、钉绳提手袋等，如图 10 - 8 所示。

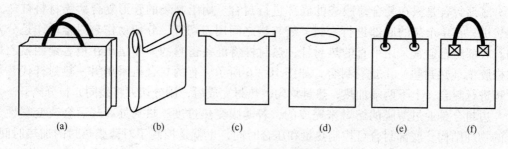

(a)　　　　(b)　　　　(c)　　　　(d)　　　　(e)　　　　(f)

图 10 - 8　手提袋形式
（a）扁方形袋　（b）背心袋　（c）塑料板提手袋　（d）开洞提手袋　（e）穿绳提手袋　（f）钉绳提手袋

纸制手提袋的制作流程为：纸或纸板准备→印刷→制筒成型→切断→袋底成型→成品，如图 10 - 9 所示。

制筒成型利用制筒成型器或手工器具折出袋筒，然后涂布黏合剂粘接。折叠袋筒的图文多印刷在正、反两面，折缝在两侧边。

机器制袋时，先制袋筒，按袋筒、袋底、袋口翻边总长度切成坯料，再制袋底，然后作袋口翻边。袋底成型用专门的成型器具完成，

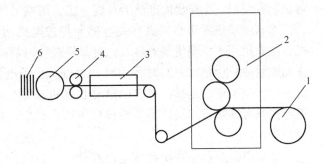

图 10 - 9　纸袋制作工艺过程
1—原纸准备　2—印刷　3—制筒成型
4—切断　5—袋底成型　6—成品

然后再粘接。尖底袋的折叠合粘接较困难，粘接强度较差。手工制袋时，先切坯料后制袋。

塑料手提袋的制袋工艺与纸袋基本相似，塑料袋制袋工艺用热封合代替粘接。

编织手提袋的制袋工艺采用缝纫的方法进行连接。

（四）牛皮纸袋制袋工艺

牛皮纸袋制作过程包括基材放送、成筒、上胶、粘边、切袋、输送叠袋等工序。

通常小型白牛皮纸袋数量大，使用范围广泛，其袋成型和贴绳均由机器完成操作。中型牛皮纸袋是机器贴合成型后经过人手工贴绳子而制作完成。由于目前国内的牛皮纸袋成型设备受成型尺寸限制，而且牛皮纸袋贴绳机只能贴较小手提袋的绳子，所以很多袋子没有办法由机器独立生产完成。

而大袋子、有反头的牛皮纸袋和较厚的黄牛皮纸袋都要纯手工制作。这类牛皮纸袋生产成本较高，数量不会很大。

实际生产中，不管是哪种牛皮纸袋，如果数量不够多一般都采用纯手工制作。因为机器制作牛皮纸袋材料损耗大，成本较高。

三、制 袋 设 备

制袋机就是制作各种塑料包装袋或其他材料包装袋的机器，其加工范围为各种长宽、厚薄不同规格的塑料或其他材料的包装袋，一般以塑料薄膜袋、复合薄膜袋、手提纸（塑料）袋、无纺布袋等为主要产品。

（一）塑料薄膜制袋机

1. 制袋机组成

塑料薄膜制袋机由储料装置、步进送料装置、变频热切熔合装置、整袋装置、裁切系统、动力装置和机械出料机构组成。由储料装置储存相应数量的原料，步进装置带动原料送给，变频装置带动热封切刀，热封切刀通过温控器控制其温度对原料进行热封，整袋装置在生产固定袋数后进行整袋，控制装置整体协调系统各方面动作。

2. 工作原理

塑料薄膜制袋机生产使用的原料为吹制好的圆筒塑料薄膜，制袋机的功能就是将原

料切割并封口，生产出的产品为长度一定、两端封口或多边封口的长方形半成品塑料袋。

塑料薄膜热封切制袋机有主电机和步进电机两个电机，其中主电机为 220V 交流电机，主电机用于带动机器的热刀，对原料进行切割。切制塑料袋的热刀是通过电磁加热，在完成对原料切割时也同时将塑料袋封口。步进电机用于送料，在每次热刀抬起到热刀落下的时间中进行送料，每次的送料长度也就是生产出的半成品塑料袋的长度。由于步进电机只有在热刀抬起到落下的过程中可以送料，因此主电机和步进电机之间的协调十分重要。

变频器具有自动转矩补偿、滑差补偿、自动稳压等功能，在电机频繁启停的情况下可以有效的保护电机，避免启动电流对电网的影响，同时可以有效的实现节能降耗。

温控器具有自整定功能，温度误差控制在 0.1℃ 以内。主要控制方式是：首先打开放料开关，通过储料光电控制储料电机动作来储存定量物料；再打开加温控制开关，通过温控器对热刀进行加温；通过步进电机带动原料动作，其中白袋封切是确定步进电机走固定步数停止来实现定长控制，色袋封切是通过检测电眼检测到相应信号停止步进电机来实现定位控制；步进电机停止后，三相异步电动机带动热刀进行封切；当封切到设定袋数后，进行整袋。

3. 制袋机工作过程

（1）上料。上料架通过一个气缸控制铁杆上下滑落，方便上料。卷筒转动开卷。如果客户要求包装时印刷图文朝外，开卷时卷筒顺时针旋转；如果客户要求印刷图文朝内，开卷时卷筒逆时针旋转。

（2）牵引薄膜。两尾架胶辊压紧，由一个小电机带动其转动，牵引薄膜。

（3）张力控制。卷帘一般用凉席或塑料做成，主要起到一个压料、张力控制的作用。光标后设有一个电感装置，通过侦测前方有无薄膜来控制尾架胶辊电机的运转和停止。有则停，无则动。

（4）压平薄膜。暂停板由不锈钢制成，起到放平薄膜，防止袋子褶皱，保证袋子尺寸的作用，因此暂停板要平。薄膜上方也可放轻重量的物品压平薄膜。

（5）光眼检测。通过跟踪袋子上印刷颜色色阶的变化来控制袋子的长度，切割位置，以及色标的长度。光眼可通过调两端螺丝前后移动，进行光眼停位纠正（2~3mm）。可以在光眼正对着的薄膜下方垫张白纸增加它的灵敏性。如果图案复杂，也可以在图案上垫层白纸，保证光眼下方图案呈直线，前后无其他颜色和图案干扰。

（6）封口。封刀呈三角形，两端各有一组滚轮，保证薄膜在封刀处平直运行。垫刀滚轮一般为耐热的硅胶滚轮，刀上和硅胶滚轮上都有一层耐热胶布。封刀两端有两个铜瓦，控制封刀上下，此处要经常加润滑油。

换刀布的方法：a. 先用砂纸打磨封刀；b. 将刀布贴在刀中间，朝两侧赶，避免刀布中间有气泡，起褶皱，否则会导致虚封。

（7）调位。通过调节螺丝来控制调位杠铁杠的高低，从而调节薄膜切割的位置。

（8）除静电。瓦楞胶辊上设有弹簧，避免静电导致膜缠滚轮上，有一专门电机控制其运转。封刀前和切刀后都有专门的除静电装置，需要时进行工作。

（9）切刀工作。有上下两个切刀，下切刀固定，刀刃向上倾斜 5° 左右，靠上切刀下落切割薄膜。切刀多为铸铁，刀两端加润滑油。可通过调节上切刀固定螺丝来控制其和下切刀接触时的前后距离。

（10）折叠。制袋机自动折叠。

4. 制袋机操作流程

（1）开机前准备。a. 检查设备周围是否有灰尘、杂物，并将其清除；b. 按生产通知单的要求上好膜卷；c. 按生产通知单和工艺文件调整好袋的尺寸，安装好热封刀，并初步调好；分切刀和热封刀的位置；d. 打开电源，按工艺文件要求设定热封刀温度；e. 输入制袋的相关数据以及每扎的所需个数；f. 选择在色差较大的图案边沿左右调节光眼灵敏度，使其达到要求。

（2）开机。a. 启动主电机，低速运转，随即调整边位控制，将膜对分在中间位置；b. 调整左、右夹辊，使左右膜对齐。调整前后夹辊，使图案对正；c. 调整热封刀，使其热封在袋的要求范围；d. 调整分切刀片至所需位置，并把打孔位置调整到剪刀口；e. 初步调整好机速，取一次平出的样袋，进行初检；f. 生产过程中，随时观察制袋情况发现异常，即时调整。

（3）停机。先断开总电源开关，再断开各部位电源开关。

5. 塑料薄膜制袋机常见类型

（1）塑料薄膜背心袋平口袋制袋机。塑料薄膜背心袋平口袋制袋机是最为常见的塑料薄膜制袋机，广泛用于制作集市、超市方便袋、背心袋、服装袋、鞋袋、平口袋、医用一次性包装袋、卫生袋、彩印袋和其他各种薄膜袋。不同机型适合生产不同封切宽度、封切长度和封切厚度的产品。

图 10 - 10 为 D 型塑料薄膜背心袋平口袋制袋机，该机整机采用数控电磁机械或微机电脑控制，步进电机拖料，送料采用光电控制。可以任意定长，步长光电跟踪，运行平稳，丢标自动停机。有自动恒温设置，使袋口封合牢固平整。还可自动计数及设定计数报警。

图 10 - 10　D 型塑料薄膜背心袋平口袋制袋机

主要技术参数：封切宽度 650mm，封切长度 1200mm，封切厚度 0.008 ~ 0.18mm，制袋速度 120000 个/d，加热功率 600W，电机功率 1.1kW。

（2）全自动高速热封热切背心袋制袋机。全自动高速热封热切背心袋制袋机适应于生产 HDPE、LDPE 等材料的热封热切背心袋。放料采用气压上料，放料控制采用变频电机摩擦轮张力控制驱动，随主机速度需求自动设定放料速度。采用高速 PLC 集中控制伺服送料系统及整机。

当封刀需要清理时，可将封刀翻转 180°固定来清理，安全可靠，保养容易。设有双线独立自动封刀堵料检测及放料断料检测，有自动停机并报警功能。采用气液增压缸冲剪袋口，噪声低、耗气量小。选配放料 EPC 自动纠偏装置。

该类设备一般都设有光电跟踪自动控制送料、自动恒温控制装置、静电消除装置、自动计数及报警装置等。制袋过程全部自动化，具有操作方便、性能稳定、封底牢固的特点。

图 10－11 为 ZD－F 系列机型全自动高速热封热切背心袋制袋机，该系列机型设备最大制袋宽度 150～360mm 或 200～420mm，最大制袋长度 300～700mm，适应膜厚度 0.01～0.04mm，膜卷最大直径 800mm，制袋速度 60～200 个/min，送料速度可达到 100m/min。

图 10－11　全自动背心袋制袋机

（3）三边封制袋机。三边封制袋机适用于生产各种塑－塑、纸－塑复合材料袋，是各种中封袋、三边封制袋生产的常用设备。一般整机采用进口 PLC，人机界面集中控制。性能稳定，易于操作、维护。有的操作界面还可以中、英文相互切换，所有参数均由人机界面实时显示。可预置制袋速度、制袋长度、温度、计数、成品输送等参数。LPC 自动纠偏，双光电跟踪放料，自动恒张力控制交流变频恒速自动送料，进口双伺服拖料控制，上、下封压交流变频电机驱动。温度采用 PID 调节，在 0～300℃ 范围内可调，无触点自动控制。设有气动多功能自动冲孔、边料切除自动收取、静电消除装置。

图 10－12 为 GY－ZD－BF 系列机型的三边封制袋机，卷材最大直径是 ϕ600mm 或 ϕ800mm，卷材最大宽度是 600mm 或 800mm，制袋宽度 50～400mm，制袋长度 50～400mm，制袋速度为 40～100 个/min。

（4）热收缩膜服装袋机。热收缩膜服装袋机用于 BOPP、OPP 热收缩膜等材料的热合热封切加工，是制作袜子袋、毛巾袋、面包袋、饰品袋的理想设备。

如图 10－13 所示为 GY－ZD－R 型热收缩膜服装袋机，具有开平口、开信封口、放置自粘胶及打孔等功能；任意定长，步进光电跟踪，自动折边；自动恒温热封切，袋口牢固平整。最大封切宽度 650mm，最大封切长度 1200mm，制袋薄膜厚度 0.008～0.18mm，

长度误差 ±0.5mm，生产能力为 36000 ~ 168000 个/d。

图 10 - 12　GY - ZD - BF 型三边封制袋机

图 10 - 13　GY - ZD - R 型热收缩膜服装袋机

（5）全自动制袋机组。塑料薄膜全自动制袋机组一般以 HDPE、LDPE 筒膜为原料，可用来生产加工印刷袋、本色袋、背心袋。采用 PLC 控制、双伺服马达定长、液晶触摸屏实时显示，从送料、封底、切断、冲口、输送一次性完成，自动化程度高，经济效益好。如图 10 - 14 所示为 E 型系列全自动制袋机组，其主要技术参数见表 10 - 2。

图 10 - 14　E 型全自动制袋机组

表 10 - 2   E 型全自动制袋机组主要技术参数

型号	E1 型	E2 型	型号	E1 型	E2 型
最大制袋宽度/mm	200～500	200～800	制袋速度/（个/min）	80～150	0～130
最大制袋长度/mm	400～650	400～1000	空气压力/（kg/m²）	5	5
制袋厚度/mm	0.015～0.035	0.015～0.035	总功率/kW	6	8

（6）全自动吹膜印刷制袋机组。塑料薄膜全自动吹膜印刷制袋机组是一种自动多功能组合制袋机，从进料、印刷到制袋一次性完成，也可以单独使用其中的部分功能。该设备可吹制生物降解薄膜、高低压聚乙烯、聚丙烯薄膜袋。同时该机具备电脑封切及自动冲手提口功能，是机电一体化生产塑料购物袋、包装袋的设备。

图 10 - 15 为 GY - CYZ - 500 型全自动吹膜印刷制袋机组，其主要技术参数见表 10 - 3。

图 10 - 15　GY - CYZ—500 型全自动吹膜印刷制袋机组

表 10 - 3   GY - CYZ - 500 型全自动吹膜印刷制袋机组主要技术参数

型号	GY - CYZ - 500	型号	GY - CYZ - 500
制袋宽度/mm	10 - 500	气泵/mPa	0.2
制袋长度/mm	10 - 800	重量/kg	5000
制袋速度/（个/d）	36000～144000	安装尺寸（L×W×H）/mm	6500×1800×2800
总功率/kW	30		

（7）自动软式手提环制袋机。自动软式手提环（把）制袋机是一种新型手提袋制袋机，主要适用于 PE 高低压服装袋、鞋袋、礼品袋等产品的生产。该机舍弃了旋转气缸，增加了整型装置，主控中心为 PLC，送料采用步进电机，精密传送，结合人机界面设定各项参数，更直观简便。

图 10 - 16 为 GY - ZD - PQ 型多功能软把手袋制袋机组。整机采用微电脑控制，配伺服电机控制系统，任意定长，步长光电跟踪，运行准确、平稳，丢标可自动停机，自动气压同步打孔，同步封口，自动计数，可设定计数报警，自动恒温，封口牢固。

主要技术参数：制袋宽度 8～18mm，制袋长度 8～18mm，薄膜厚度 0.045～0.07mm

（L. D.）、0. 025 ~ 0. 035mm（H. D.）、0. 025 ~ 0. 07mm（L. L. D.），生产速度10 ~ 25 个/min。

图 10 - 16　GY - ZD - PQ 型多功能软把手袋制袋机组

（二）纸袋制袋机

1. 方底手提纸袋制袋机

方底手提纸袋主要用于服装类产品外包装、靴类产品包装、各类礼品包装以及企业形象宣传袋等。

方底手提纸袋机根据不同的送纸方式划分为两种：卷筒式手提纸袋机和单张式手提纸袋机。一般这两种设备都具备自动送纸、自动上胶、自动糊底、自动输出产品的特点。

（1）解决了传统纸袋机手工贴底纸问题，能够自动糊底，自动贴增强底纸。

（2）解决了传统纸袋机正面压痕问题，产品质量好，外观精美。

（3）解决了传统纸袋机纸张应用范围窄的问题，适于纸张定量范围 70 ~ 350g/m²，基本适应目前市场上的各类方底手提纸袋的使用要求。

（4）制袋速度为 80 ~ 120 个/min，提高了工作效率，降低了制造成本。

2. 牛皮纸袋制袋机

牛皮纸袋制袋机主要由上料、上胶、成型、切断装置四个部分组成。上料部分可根据成品要求设计 1 ~ 4 层上料架，故而又称为多层牛皮纸袋机。

制袋一般采用 70 ~ 140g/m² 牛皮纸卷材，先将多层牛皮纸制成纸筒，纸口成梯形层叠状，可生产折边袋、不折边袋等不同袋型的单层包装袋或多层包装袋。也可与印刷机联动，组成流水线制作生产，无需二次加工。

图 10 - 17 为牛皮纸袋制袋机可以从基材放送、成筒、粘边、切袋到输送、叠袋整个工艺流程均配置先进的电气系统和机械装置，采用变频调速，实现自动上胶、成型、扯断、计数等功能。可结合人机界面，使操作简单快捷。制袋长度不限，宽度为 300 ~ 600mm，卷材宽度为 620 ~ 1250mm，制袋速度为 80m/min，制袋层数为 1 ~ 6 层，设备总功率是 11kW。

（三）无纺布袋制袋机

1. 多功能全自动无纺布制袋机

多功能全自动无纺布制袋机是将自动化控制系统与超声波黏合技术相结合，以无纺布为原材料，能加工多种不同规格、不同形状的无纺布袋，如礼品袋、手提袋、平口袋、立体袋、四方底袋、背心袋、穿绳鞋袋等，具有功能多、速度快、质量稳定的特点。

图 10 – 17　牛皮纸袋制袋机

图 10 – 18　GY – 1200 型多功能全自动无纺布制袋机

图 10 – 18 为 GY – 1200 型多功能全自动无纺布制袋机。该机器平口袋制袋速度约 80 个/min，四方底袋制袋速度约 70 个/min，穿绳鞋袋制袋速度 100 个/min 左右。机头采用 4 个超声波装置，整机采用 8 个超声波装置。机头超声波装置功率大，不同长度的袋子可以选择关闭或开启其中几个超声波装置，有利于设备保养和省电。整机超声波焊接部分噪音小，对操作人员身体无损害。该机可生产 5 ~ 7 种不同款式的无纺布袋，功能切换所需操作简便、废料少。整机长度 8 米左右，生产时间快、废料少、效率高，整机生产只需一个人操作。

主要技术参数：最大放料宽度 1200mm，最大制袋宽度 600mm，最大制袋长度 700mm，最大制袋速度 40 ~ 100 个/min（具体取决于袋子规格以及袋子形状），总功率 11kW。

2. 全自动无纺布平口袋制袋烫把一体机

图 10 – 19 为全自动无纺布平口袋制袋烫把一体机是目前国内功能最齐全、性能最稳定的全自动无纺布制袋机。它在原有制袋机的基础上，增加了自动烫把功能，实现了无纺布手提袋的全自动制作。它相比同类机器，烫把精度高、废料更少、速度更快。可以制作平口袋、手提袋、插底袋、背心袋、穿绳鞋袋、礼品袋等多种不同结构规格的袋子。

制作不同结构规格的袋子，只需要改变穿料方式即可，操作简单，效率高，稳定性好。整机采用微机电脑控制，步进电机拖料，自动定位上把手，任意定长，步长

图 10 - 19　全自动无纺布平口袋制袋烫把一体机

光电跟踪，准确平稳。可以丢标自动停机，自动同步打孔，自动计数及可设定计数报警。

机头采用四个超声波装置，整机采用六个超声波装置（有背心袋加工功能的为七个超声波装置）。机身结构紧凑，相比同类设备机身较短，调试时用料更省，也更省空间。

主要技术参数：最大放料宽度 1200mm，最大制袋宽度 600mm，最大制袋长度 700mm，最大制袋速度 40～100 个/min（具体取决于袋子规格以及袋子形状结构），总功率 18kW。

第二节　制　纸　杯

纸杯是把原纸（白纸板）进行机械加工、粘合所制得的一种纸容器，外观呈口杯形。纸杯的特点是安全卫生、轻巧方便，公共场所、饭店、餐厅都可使用，是一次性用品。

制杯是将杯体和杯底胶合成复合型纸杯的工艺。

一、纸杯的种类与要求

1. 纸杯的种类

纸杯按质量可分为优等品、一等品、合格品三个等级。

纸杯按用途可分为冷饮杯、热饮杯和冰淇淋杯。

纸杯按原料构成可分为上蜡杯和淋膜杯。

上蜡杯是早期纸杯的一种形式，用来盛装冷饮、冰淇淋等。单面 PE 淋膜纸杯是用单面 PE 淋膜纸张生产的纸杯，即纸杯内表面有一层光滑的 PE 淋膜。双面 PE 淋膜纸杯是用双面 PE 淋膜纸张生产的纸杯，即纸杯内面和外面都有 PE 淋膜。目前国内常见的纸杯大多数是单面 PE 淋膜纸杯。

从纸杯规格分类，纸杯容装量大小一般在 3～12OZ（盎司），1OZ = 28.35g。市场上常见的有 6.5、7、9OZ 纸杯。纸杯规格见表 10 - 4。

表 10 – 4　　　　　　　　　　　　　　　　纸杯规格

纸杯规格/OZ	容量/ml	尺寸规格/mm	纸杯规格/OZ	容量/ml	尺寸规格/mm
2	60	50×35×50	9	250	75×53×90
3A	80	55×40×57	9.5	270	77×53×95
3B	80	58×40×60	10	280	90×72×62
3C	80	55×38×58	10.5	300	90×72×70
3D	80	58×38×55	12A	340	82×52×108
4	110	68×49×58	12B	460	92×68×98
5A	200	88×73×52	13A	360	95×58×100
5B	160	66×47×74	13B	360	95×58×95
5.5	160	68×49×68	14	360	84×60×117
6.5	180	70×49×78	8（欧版）	270	81×51×94
7	200	73×51×81	14B	400	88×60×110

从纸杯印刷图案分类，纸杯分为无印刷、单色印刷、双色印刷杯、泡泡纸杯等。泡泡纸杯也叫发笑杯，主要是因纸杯印刷的图案而得名，泡泡纸杯材质规格均可与其他类纸杯一样，印刷图案多为可爱、泡泡感的图形。

2. 纸杯的要求

GB/T 27590—2011《纸杯》标准规定了对纸杯的要求。

（1）感官指标。纸杯杯口和杯底不应凹陷、起皱；上蜡层应均匀；且杯身应清洁无异物；纸杯印刷图案应轮廓清晰、色泽均匀、无明显色斑，杯口距杯身15mm内、杯底距杯身10mm内不应印刷；纸杯不应有异味。

GB/T 27590—2011《纸杯》国家标准第1号修改单修改内容：增加"注1：冰淇淋杯可不执行'杯口距杯身15mm内、杯底距杯身10mm内不应印刷'的规定。注2：杯口距杯身15mm内可印制总长度不超过10mm的容量标线。"

（2）容量及容量偏差。纸杯的容量及容量偏差应符合表10 – 5或合同规定。

表 10 – 5　　　　　　　　　　　　　　　　容量及容量偏差

容量 V/mL	偏差/%		
	优等品	一级品	合格品
V≤300	±3.0	±4.0	±5.0
300<V≤500	±2.5	±3.5	±4.5
V>500	±2.0	±3.0	±4.0

（3）物理性能。纸杯的渗漏性能：其底部和侧面均不应漏水、渗水。纸杯的杯身挺度应符合表10 – 6或合同规定。

表 10 – 6　　　　　　　　　　　　　　　杯身挺度　　　　　　　　　　　　单位：N

容量 V/mL	规　　定		
	优等品	一级品	合格品
V≤250	≥3.00	≥2.60	≥2.10
250＜V≤300	≥3.20	≥2.80	≥2.30
300＜V≤400	≥3.40	≥3.00	≥2.50
400＜V≤500	≥3.60	≥3.20	≥2.70
500＜V≤1000	≥3.80	≥3.40	≥2.90

（4）卫生指标。卫生指标中重金属、荧光物质、脱色试验和微生物指标应符合GB 11680—1989《食品包装用原纸卫生标准》规定，蒸发残渣和高锰酸钾消耗量应符合GB 9687—1988《食品包装用聚乙烯成型品卫生标准》规定。

（5）原材料。①纸杯原材料使用添加剂应符合 GB 9685—2008《食品容器、包装材料用添加剂使用卫生标准》的规定。②纸杯不应使用回收原材料。③聚乙烯膜应符合GB 9687—1988《食品包装用聚乙烯成型品卫生标准》的规定。④石蜡应符合 GB 7189—2010《食品用石蜡》的规定。

二、制杯工艺

主要用来装薯片、爆米花等干燥食物的纸杯是用白卡纸制作，不能盛水等液态内装物。

冷饮杯的制作过程是纸杯原纸直接印刷、模切、成型加工、喷蜡处理。冷饮纸杯的表面经过喷蜡或浸蜡处理，有较高防水性，一般温度在 0 ~ 40℃时能够安全使用。

热饮杯的制作过程是纸杯原纸经淋膜制成纸杯纸、印刷、模切、成型加工。将聚乙烯淋涂在纸张上，制成淋膜纸板，增加了纸包装阻隔性和密封性。由于聚乙烯的熔点大大高于蜡质，采用这种材料涂布的新型饮料纸杯，可耐 90℃以上温度，能用以盛装热饮料，甚至可盛开水，解决了因涂布材料融化而影响产品质量的问题。同时，聚乙烯涂料比原先的蜡涂料平滑，改进了纸杯的外观。

此外，其加工工艺亦比采用早期乳胶涂布的方法更为便宜、快捷。这种杯子防水、防油，是使用最广泛，生产数量最多的纸杯。

纸杯是用专门的纸杯纸来制造。大多数纸杯纸由纸杯原纸和塑料树脂材料复合组成，塑料树脂一般使用聚乙烯树脂（PE）。国家规定纸杯纸不可使用再生废纸，不能人为添加荧光漂白剂。

纸杯原纸材料由植物纤维组成，一般是用针叶木、阔叶木等植物纤维通过制浆后的浆板再经疏解、磨浆、加入化工辅料、筛选、纸机抄造等工序制造而成。

1. PE 淋膜

将原纸（白卡纸）用淋膜机淋上 PE 膜，淋膜一面的纸张叫做单面 PE 淋膜纸，纸张两面都淋膜的叫做双面 PE 淋膜纸。

PE 具有无毒、无臭、无味，卫生性能可靠，化学性能稳定，物理及力学性能均衡，耐寒性好，具有抗水、防潮性和一定的阻氧、耐油性，优良的成型性能和很好的热封合性能，但不适合高温蒸煮。若纸杯有特殊性能要求，则淋膜时要选用有相应性能的其他塑料树脂种类。

2. 分切

用分切机把淋膜好的纸张分切为纸杯壁和纸杯底用的纸张。

3. 印刷

用印刷机在纸杯原纸上印刷各种图案，要选用环保印刷方式。印刷设计与加工工序应该注意纸杯使用时安全、卫生的要求，即印刷位置的要求：杯口距杯身 15mm 内、杯底距杯身 10mm 内不应印刷图文。

目前国内没有食品级油墨的概念，也没有可用于接触食品的印刷油墨。喝水时嘴唇接触杯口，印刷图案里的油墨可能会被摄入，尤其是含苯油墨对健康更不利。同时在叠套杯子时，杯子底部有印刷图案，也容易把颜色蹭到另一个杯子的内壁上，因此纸杯底部也要求不能有印刷图文。而且满版实地色的纸杯油墨堆砌过多，不利于人体健康。故在设计制作纸杯的时候不宜设计成满版实地色，色块越小越好。此外，还要求纸杯外面的印刷图案应轮廓清晰、色泽均匀、无明显色斑。

4. 模切

用模切机将印刷好图文的原纸切成做纸杯用的扇形片。

5. 成型

纸杯成型过程是诸多连续工序，包括自动送纸（印刷好的扇型纸片）、封合（热封合纸杯壁）、注油（上卷口润滑）、冲底（从卷筒纸上自动冲裁杯底）、加热、滚花（杯底封合）、卷边、退杯、出杯、收集工序等。

在实际生产时，上述工序由纸杯成型机完成。成型过程一般只需要操作人员将扇形纸杯片和杯底卷筒纸放到纸杯成型机的进料口，纸杯成型机自动进行送纸、封合、冲底等操作，纸杯纸就可以自动成型为所需要的各种规格的纸杯。

纸杯成型机加工纸杯的成型过程如图 10 - 20 所示。

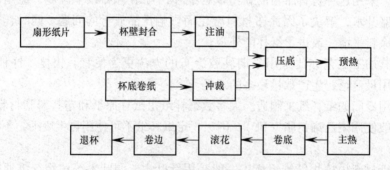

图 10 - 20　纸杯成型机加工纸杯成型过程

6. 包装

把做好的纸杯用塑料袋密封包装好，然后放置到纸箱内。

在实际生产中，除规模较大的生产厂家可以独立完成全部纸杯生产工序外，一些厂家是将印刷和模切两道工序外协完成。一是可以减少初期投资；二是印刷工艺专业性强，专业印刷厂更能保证质量；三是因为一台印刷机和平压平模切机的生产速度可匹配四台纸杯成型机，规模有限的厂家易会造成设备闲置浪费。

初期投资不大者可以从 PE 淋膜纸张供应厂家直接购买已经淋膜的单面或双面 PE 淋膜纸张。大多数 PE 淋膜纸张厂家提供印刷和模切加工服务，也可以找其他印刷厂家外加工印刷和模切加工。

三、制杯设备

制杯设备主要指纸杯成型机（简称纸杯机），是多工位自动成型机，各工序连续完成，并有检测、故障报警等功能。机器操作简便、性能稳定、占地少、效益较高。除此之外，还有一些纸杯成型机的配套设备，如纸杯外套黏合机、纸杯粘把机等。

（一）纸杯机工作原理

纸杯机主要由机身、片材传送机构和制杯成型装置组成。纸杯机工作原理如图 10 - 21 所示。

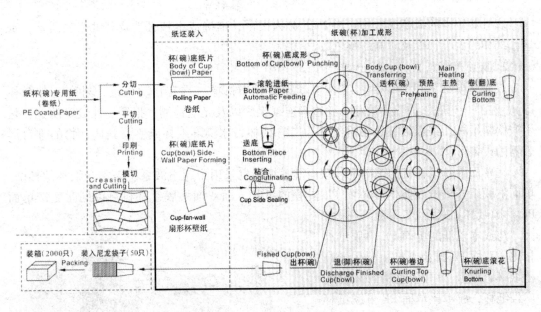

图 10 - 21　纸杯机工作原理

片材传送机构由链条和链排座组成。链条前端通过滑动机构和机身相连，后端连接链排座。链条传动机构可以沿着滑轨移动，方便模具安装和更换。

按照客户的要求设计制作模具，通过调换模具可以生产多种规格尺寸的纸杯，实现一机多品。先将已经印刷好的扇型纸片（杯子的展开形状）自动加工成型为纸杯形状，再通过热成型黏合纸杯的杯壁（根据 PE 淋膜纸的特性）。纸杯的底部，使用的是卷筒纸，自动送纸、冲裁。杯身、杯底可以通过热空气吹气黏合。纸杯底部粘合时，通过机械运动，滚上一层印痕，即为滚花。然后进行纸杯口部的卷边成型。

（二）纸杯机常见类型

1. 单面淋膜纸杯机

单面淋膜纸杯机只能生产单面 PE 淋膜的纸杯，一般从 3 ~ 18OZ，也有 2.5OZ 等，规

267

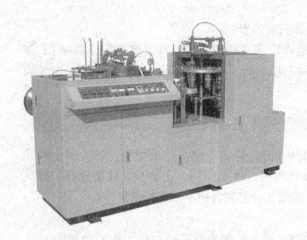

图 10 – 22　全自动单面 PE 淋膜纸杯机

格不等。此机型适用于国内纸杯市场，如广告纸杯、冰淇淋纸杯、咖啡纸杯等的生产制作。采用无级变频调速，通过光电监控实现自动故障报警、计数。

该类机器占地面积少、耗电量小、劳动强度低、操作简单，由一个操作人员就可以完成。机器和原材料价格比双面淋膜纸杯设备相对便宜。

图 10 – 22 为全自动单面 PE 淋膜纸杯机，主要技术参数：单面 PE 淋膜纸 150 ～ 400g/m²，制杯速度 45 ～ 55 只/min，电源 220V/50Hz 或 380V/50Hz，总功率4kW。

该机器生产的纸杯成本一般为 2 ~ 5 分人民币，准确成本核算涉及到纸张的质量、重量，纸杯的大小，以及印刷的颜色数。

2. 双面淋膜纸杯机

双面淋膜纸杯机是一种多工位自动纸杯成型机械，具有自动送纸、封合（黏合杯壁）、注油、充底、加热、滚花、卷边等连续工序以及光电检测、报警、计数等功能，是生产饮料纸杯、茶水纸杯、咖啡纸杯、广告纸杯、冰淇淋纸杯或盛装其他食物的锥台形容器的设备。

在单面淋膜纸杯机的基础上，双面淋膜纸杯机采用了超声波系统来黏合纸杯的杯壁。单面淋膜纸杯机械只能生产单面 PE 淋膜的纸杯，而双面淋膜纸杯机可以同时生产单面 PE 淋膜纸杯和双面 PE 淋膜纸杯。

与成本较低的单面 PE 淋膜纸杯相比，双面 PE 淋膜纸杯主要用于高档纸杯，以及公司企业用的高档的广告纸杯，成本比单面 PE 淋膜纸杯要高。

图 10 – 23 为全自动双面 PE 淋膜纸杯机，主要技术参数：纸杯规格 3 ~ 12OZ 或者12 ~ 20OZ，一面或两面淋膜纸 150 ~ 380g/m²，生产速度 45 ~ 55 只/min，电源 220V/50Hz 或 380V/50Hz。

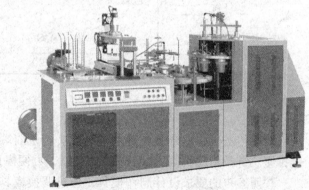

图 10 – 23　全自动双面 PE 淋膜纸杯机

国内有不少同类设备，生产纸杯规格是 3 ~ 12OZ（可以调换模具），适合 170 ~ 420g/m² 的单面或双面 PE 淋膜纸，生产速度是 40 ~ 50 只/min。

（三）纸杯外套黏合机

纸杯机外套黏合机是近年根据市场需要而开发设计的机型，是同系列纸杯机和纸碗机的配套设备。

图 10 - 24 为自动纸杯外套黏合机，是生产双层纸杯的设备，可以在做好的纸杯外套再附上一层隔热层，用于咖啡果冻纸杯、奶茶纸杯等两层纸杯。这种机器具备自动送纸、超声波封合、喷胶、下杯（已经做好的内层用纸杯），外套与纸杯自动黏合以及光点检测、故障报警、计数等功能。

主要技术参数：纸杯规格 6 ~ 16OZ（可调换模具），纸杯纸材料 200 ~ 400g/m² 灰底白纸板，生产速度 40 ~ 50 只/min，电源 220V/50Hz 或 380V/50Hz，总功率 4kW。

图 10 - 24　自动纸杯外套黏合机

第三节　滴　　塑

滴塑也称为滴晶，是一种利用塑滴形式使印刷品表面获得水晶般凸起效果的加工工艺。其晶莹、立体装饰效果极佳。滴塑面还具有耐水、耐潮、耐紫外光的保护性能，如图 10 - 25 所示。

滴塑工艺广泛应用于家用电器、高级轿车、豪华型摩托车、商标铭牌、日用五金产品、旅游纪念证章、精美工艺首饰品、高级本册封面等领域的装饰上，图 10 - 26 为滴塑产品图。

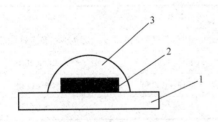

图 10 - 25　滴塑示意图
1—承印物　2—图文　3—水晶胶

图 10 - 26　滴塑产品图

一、滴塑材料

用于滴塑的材料称为水晶胶，水晶胶是一种现代表面装饰材料，主要成分是高分子透明树脂，具有较高的表面张力。水晶胶分为软性水晶胶和硬性水晶胶，一般为双组分。软性水晶胶干燥后无色、透明、有弹性，制成的产品可弯成曲面，长期保持柔弹性。硬性水晶胶固化后呈硬性，表面强度高于软性水晶胶，无色，其透明度与软性水晶胶基本相同，制成的产品涂层丰满，晶莹透明，质地坚硬，光泽度高。

根据干燥方式的不同，水晶胶又可分为常规固化型和紫外线（UV）固化型。

（一）抗紫外线滴塑标牌水晶胶

随着经济的发展，装饰业、制造业等使用了水晶滴塑标牌，如工艺品、像章、指甲剪、汽车面板、商标、瓶盖等产品，以逐步趋向于工艺美术化、立体化、高档化，提高各类产品的竞争能力。水晶滴塑标牌制作应使用抗紫外线滴塑标牌水晶胶，主要成分为脂肪族多异氰酸酯、各类聚醚多元醇及相关催化剂，固化后为软质抗紫外线弹性水晶层，适用于各种底材，如 PVC、金属证章、铜版纸等印有彩色图案的商标、标牌等。

高档抗紫外线滴塑标牌水晶胶应有如下性能：弹性好，长久不起翘，无波纹，抗紫外线，不黄变（阳光下至少 5 年），强度好，固化速度可调，硬度可调。

（二）4030A/B 聚氨酯树脂

1. 特点

4030A/B 系列是双组分室温固化型聚氨酯树脂体系，不含有任何溶剂和挥发物，固化后形成清澈透明、晶莹夺目的保护涂层。固化后涂层厚度通常在 $1.5 \sim 2mm$ 形成三维立体效果，可广泛用于各类标牌、铭牌和装饰品。4030A/B 固化后具有极为优异的耐候性和耐紫外光的性能，可以在室外长期使用，可以充分满足汽车工业对材料的苛刻要求，在户外阳光下，4030A/B 可以确保三年以上不变黄。

2. 组成

4030A 为多异氰酸酯组分，4030B 为多元醇组分，根据不同客户的要求可以提供不同的固化物硬度，不同的固化时间，不同黏度的产品，满足手工滴注和机器滴注的要求。

3. 性能

4030A/B 聚氨酯树脂的性能见表 10 - 7。

表 10 - 7　　　　　　　　　　4030A/B 聚氨酯树脂性能

测试项目	测试方法或条件	4030A	4030B
外观	目　测	无色至浅黄色透明液体	无色或浅黄色黏稠液体
黏度/（MPa·s）	25℃	（1100 ± 200）	300 ± 100
密度/（g/cm³）	25℃	（1.13 ± 0.05）	1.05 ± 0.05
保存期限	25℃，密封	半年	半年

（三）环氧树脂低弧面水晶胶

环氧树脂低弧面水晶胶主剂为 566A - 6，固化剂为 566B - 6。

1. 特点

（1）环氧树脂低弧面水晶胶为具有触变性的环氧弧面水晶胶。

（2）可常温或中温固化，固化速度适中。

（3）固化物有较低的弧度，硬度高，表面平整、光亮，无气泡，附着力强。

（4）固化物耐酸碱性能好，防潮、防水、防油、防尘，耐湿热和大气老化性能佳。

2. 适用范围

环氧树脂低弧面水晶胶应用于发饰、吊饰、鞋饰、手链、胸花、钥匙扣、纽扣等时尚饰品、弧形饰物的表面滴塑，适用于弧面要求不高的产品；也可用于其他工艺品的弧形表面的滴塑。

3. 外观

表 10 – 8 为环氧树脂低弧面水晶胶的外观参数。

表 10 – 8　　　　　　　　　　　环氧树脂低弧面水晶胶外观参数

型号	566A – 6	566B – 6	型号	566A – 6	566B – 6
形态	透明液体	半透明膏状体	密度（25℃）/（g/cm³）	1.02	0.91

4. 使用方法

配比：A∶B =（2～3）∶1（质量比）。

固化条件：常温 12～14h 或 60℃，2.5～3h。

滴塑的产品需要保持表面干燥、清洁，按配比取量，且称量准确，配比是质量比而非体积比，A、B 剂混合后需充分搅拌均匀，以避免固化不完全。混合后的水晶胶需要进行抽真空脱泡处理，以使搅拌时产生的气泡破除。搅拌均匀后及时进行涂胶，并尽量在可使用时间内使用完已混合的胶液。涂胶后，可用小竹签拨动胶液表面使其平整。固化过程中，保持环境干净，以免杂质或尘土落入未固化的胶液表面。

二、滴塑工艺

1. 选择滴塑平台

将待滴产品平放在平台上。若物件为带有螺钉或异形产品，应制作专门的夹具，以保证待滴塑面的平整。

2. 选胶与配胶

根据待滴产品的不同选择不同的水晶胶。一般来说，不干胶商标、软塑料标牌、纸质商标、涤纶、PVC 等选用软性水晶胶；硬质底板的商标、标牌、证章、纪念章、工艺品等选用硬性水晶胶。硬质的金属材料也可以根据使用的环境选用软性水晶胶。

配胶应根据水晶胶的使用说明书进行，其步骤如下：

（1）称胶。根据待滴产品的用胶量，取一只清洁干净的烧杯，按配比要求的准确计量，将 A 和 B 两组分按 1∶1 称量好；将 A 组分加热到 40～50℃后再加入 B 组分，倒入容器，混合搅拌均匀（有的水晶胶按 2∶1 或 3∶1 的比例配料）。

（2）消泡。消除水晶胶液中的气泡常用方法有两种：一为自然消泡，在容器中静止 15～30min；另一种为真空脱泡，利用真空泵和脱泡装置消泡 3～5min。加热到 40～50℃可使胶液黏度降低，气泡容易浮出。

（3）取胶。根据待滴产品的大小来选择盛胶容器，出胶量较大时，可以用小烧杯或直径 5cm、长 23cm 的吹塑瓶（洗涤剂瓶）盛胶；出胶量较小时，可选用医用玻璃针管取胶，将水晶胶注入针管内，准备滴塑。

3. 滴塑

滴塑分为手工滴塑和机器滴塑两种方式。手工滴塑适用于小批量产品，机器滴塑适用于大批量产品。

手工滴塑采用吹塑瓶滴胶时用手挤压，采用医用玻璃针管滴胶时用手推压。滴胶时一般从物件中心开始，利用胶的流动性自然流平，使滴胶面饱和。要保证水晶胶均匀饱满，就必须控制好滴胶量。胶量过大，胶体则会外溢；胶量不足，就会产生漏胶。水晶胶层厚度一般为 2mm。

滴胶机滴塑采用多个滴塑头同时滴塑，定位旋转，人工上料。机器滴塑的优点是生产效率高，胶流量控制准确、均匀，产品质量稳定；缺点是设备投资大，作业成本高，更换品种麻烦。

4. 修整

滴注水晶胶后 3~5min，观察胶面有无气泡或尘粒，如有小气泡，可用小的针将它挑去，如发现死角没有流平水晶胶，用针引渡即可。

5. 凝胶固化

完成滴塑的标牌，应保证有足够的凝胶固化时间，软性水晶胶在 25℃ 的室温下，凝胶时间为 3h，固化时间为 36~48h。若将完成涂胶的标牌放入 60℃ 的恒温烘干箱中，3h 即可完全固化。硬性水晶胶若使用烘箱凝胶固化，温度为 80℃，时间为 1h，常温下放置 10~15h 可以自干。水晶胶的凝胶固化时间的长短，会受一些因素影响，如气温高低、催化剂、固化剂的强弱，滴胶面积的大小等。因此，生产水晶胶装饰产品时应注意观察，记录相关数据，以便编制作业指导书。

6. 清洗容器

由于水晶胶硬化后不溶于任何溶剂，无论手工滴塑，还是自动化滴塑，完成后机器设备、容器都需清洗干净，以备下次使用，清洗剂可用酒精、丙酮和专用的 PVC 溶剂。

三、水晶标牌的制作

水晶标牌又称为水晶胶装饰标牌，是 20 世纪 80 年代后开始兴起的标牌新品种，现在已被广泛地运用到包装装饰、旅游纪念品、制造业产品装饰上。

1. 水晶标牌分类

水晶标牌按材质可分为不干胶水晶装饰标牌、纸质水晶装饰标牌、软塑水晶装饰标牌、硬塑水晶装饰标牌、金属水晶装饰标牌等。

水晶标牌按水晶胶质地又可以分为软性水晶胶装饰标牌和硬性水晶胶装饰标牌。

2. 水晶标牌底板的制作

水晶标牌的形状与图案是由底板决定的，底板加工工艺的选择应坚持实用、美观的原则。水晶标牌的底板制作要尽力使图形新颖独特，样式美观大方；制作层次分明，色彩搭配适当；采用先进工艺，扩大应用领域；质地精美，水晶凸出透亮。

不干胶印刷底板的制作工艺流程为：选料→制版→印刷→模切。

纸质印刷底板的制作工艺流程为：选料→制版→印刷→模切。

塑料底板的工艺制作流程为：开模具→注塑→加工着色（烫印、电镀、着漆等），注意胶体流动控制设计。

铝质、铜质、不锈钢底板的制作工艺流程为：制版→下料→落样（晒版、贴纸、网印等）→图文成型（腐蚀、直接网印或冲压等）→着色→形体加工（注意油墨与金属的结合力，尽量避免尖角设计和底板的平整性）。

3. 应注意的问题

水晶标牌具有装饰性强、透明度高、耐腐蚀等优点，但耐热性、耐油污、耐划性较差。因此，高温、明火、油污严重的环境不宜使用水晶标牌，面积较大的产品不宜使用水晶胶装饰。

（1）滴胶用的工作台应保持平整，受滴产品的滴塑面应尽量保持水平，否则会影响胶体的流动，出现溢胶造成产品报废。

（2）生产作业环境应清洁、无尘，保持工作间的温度，安装生产作业用空调。由于水晶胶从滴塑到硬化需要较长的时间，灰尘的滴落会影响产品表面的质量。室内温度过高或过低都会影响胶体的流动与固化，从而影响产品的质量。

（3）若不干胶、商标等产品本身厚度很薄，界线不明显，浇注时，容易造成水晶胶外溢，要达到2mm厚度有一定困难。此时，应特别注意水晶胶黏度的控制，配胶后可延长水晶胶放置时间0.5～1.5h，用提高黏度的方法来提高薄型水晶胶的浇注效果。

（4）制作大于2mm厚的水晶胶标牌时，可分两次滴塑，第一次滴塑后，固化3～5h，再滴加一层。

（5）水晶胶的使用与保存应避免阳光的直接照射、接触高温及防止冻胶。未用的水晶胶一般贮存在25℃阴凉避光处，尤其在夏天，最好低温贮存。在使用配置水晶胶有剩余胶时，不可将余胶倒回未配置的包装内，以免相互作用。

（6）配胶应计量，按配比要求进行，不得加入其他稀释剂，以免降低产品的强度或出现粘手不干、流动性降低等问题，影响产品质量。

（7）水晶胶的存放期一般为6个月，超过6个月的水晶胶在使用前要进行小试，在确认性能良好的情况下才能继续使用。

四、滴塑机

大面积、高质量的滴塑生产采用专用的滴塑机。滴塑机分为半自动型和全自动型。半自动滴塑机在平面内可按电脑程序单一方向运动，全自动滴塑机在平面内可按电脑程序二维方向运动。滴塑机一般配置2～36个滴塑头，可自动处理树脂除泡和双组分树脂混合工艺，还有全自动清洗装置。

图10－27为自动滴塑机，模具保持恒温，温度能达到60℃以上，无需调整，料液流动性好，提高产品生产速度。控料精准，调试操作便捷。

数字面板控制，设置方便、直观。

图10－27　自动滴塑机

复习思考题

1. 袋的种类有哪些？
2. 袋的封合方式有哪些？
3. 叙述手提袋的制作方法。
4. 制袋工艺中影响热封质量因素有哪些？
5. 简述制袋设备类型及特点。
6. 纸杯的种类有哪些？
7. 简述纸杯制作工艺流程。
8. 简述制纸杯设备类型及工作特点。
9. 什么是滴塑？
10. 滴塑的作用是什么？
11. 滴塑材料有哪些？
12. 滴塑的工艺流程是什么？
13. 怎样制作水晶标牌？

第十一章　数字印后加工

随着数字印刷的迅猛发展，生产效率不断提高，承印物范围越来越广，数字印刷品的质量和效果越来越好，数字印刷已成为颇具吸引力的一种印刷方式，应用日趋广泛。与传统印刷品一样，数字印刷品通常也要经过适当的印后加工处理，才能成为最终实用的产品。于是，数字印刷的印后加工就成了人们普遍关注的内容。

本章主要从数字印刷的印后加工和数字化印后加工两个方面对数字印后加工进行讲述。

第一节　数字印刷的印后加工

数字印刷以快速、小批量、个性化、按需印刷著称，先进的数字印刷要求有先进的印后加工系统与之相适应，只有这样，才能很好地发挥数字印刷的优势，提高印刷效率，生产出高质量的印刷品。在个性化、按需或短版印刷领域中，经过快速的数字印刷之后，必须在较短的时间内完成产品后续加工，这就需要有高效的数字化印后加工工艺与之相配套，否则，数字印刷就会失去快速的特色优势。

一、概　　述

与传统印刷生产方式一样，数字印刷同样需要后续加工，不论是采用骑马订，还是胶粘订，如果没有印后加工，数字印刷品只是一堆堆的印张而已。因此，对数字印刷品进行印后加工很有必要。

在数字印刷应用早期，很多数字印刷技术的采用者依赖于现有的胶印印后加工设备或者把数字印刷品拿到小型装订机上去装订。也许这种方式能够满足当时的数字印刷要求，但是，随着印后加工日益复杂化，传统印后加工方式不能满足数字印刷的印后加工需求，这就需要适宜于数字印刷的印后加工方式。

（一）与传统印刷在印后加工上的不同

数字印刷与传统印刷的印后加工主要区别如下：

1. 印量

传统印刷印后加工的方式、设备、材料和工艺都是针对大批量印刷品，而数字印刷可以实现小批量印刷，一张起印，所以印后设备应能满足小批量的加工要求。

2. 交货期

传统印刷通常交货期较长，而数字印刷可以实现短交货期，所以印后设备应能满足快速、短交货期的加工要求。

3. 形式

传统印刷印后加工设备多为专用型，只适用于一定厚度的书刊和某些定量的纸张，而数字印刷可以实现个性化、按需印刷，所以，印后设备应能满足多变的数字印刷产品的需求。

4. 材料

传统印刷与数字印刷所使用的印刷材料不同，如纸张、油墨等。

（二）数字印刷印后加工设备的必备条件

通常，大多数传统印后加工工艺都可应用于数字印刷的印后加工，但用于数字印刷的印后加工设备应具备以下条件：

1. 适于小批量、短交货期

印后加工设备应该可以快速进行换活工作，以便适用于小批量印刷品的数字印刷，因此，操作方便、自动化程度高是印后加工设备的必备条件之一。印后加工设备的用户界面友好，提供方便的控制面板，可灵活进行各种设定和细微调整等，在国外这被称为"按钮操作"，即按下按钮，之后的工作均由设备完成。对于装订机及其他各种印后设备，如折页机、裁切机等都应如此。

操作性能、自动化程度的提高，大大有利于实现印刷向小批量化、短交货期方向发展。数字印刷中，自动化操作是必须的，因为印刷批量小，人工调节所带来的损耗，企业是难以接受的。同样，在小批量且需多次加印的情况下，设备能够快速恢复到原先设定的位置状态是首要条件。在早期的数字印刷机中，因为图像位置不像胶印那样稳定一致，为数字印刷印后加工机械设置某些套准机构就显得很有必要。

因此，数字印刷企业需要更加高端的印后设备。

2. 适于可变数据印刷

可变数据印刷增长迅速，印后设备应顺应可变数据印刷的发展。例如，上封面机中具备自动探测装订物实际厚度的装置，可以自动调整压线或压槽位置，即使被装订产品的厚度不同，也没有必要每次都重新调整。

骑马订设备需要使用一些更高端的技术，以与可变数据印刷相适应。比如可以在供纸装置中装入条形码指引线，对整个骑马订系统加以控制，从而一本一本地进行可变数据处理（如制作每本页数都不相同的小册子）；或者装有读取参照标志指引线，根据设置的最终纸张上印刷的标志（终端标志）而制作可变小册子；另外，还有在传统的配页机上附加具有智能功能的装置，在每次对供纸架进行设置时都使之可变等。

3. 适应数字印刷材料的特性

数字印刷中，无论是使用粉状墨还是使用液态墨，在进行骑马订的时候，如果不事先在折痕处压槽，折痕处就会产生油墨的龟裂，从而使印刷品品质显著下降。但如果在装订之前的其他工序中进行压痕，又会降低生产效率，不适于短交货期的数字印刷。因此，连线生产的骑马订机，都具有压槽功能。现在上封面机具有封面纸压痕功能。另外，数字印刷品中含有某种油分，使用 EVA 热熔胶可能出现粘接力不牢固的情况，因此，近几年，常用粘接力强的 PUR 黏合剂。

另外，天头地脚处毛边的裁切不是作为独立的工序使用裁切机进行处理，而是在骑马装订机上增添裁切功能，尽量减少工序。

二、数字印刷的印后加工解决方案

数字印刷的印后加工解决方案有两类，即联机（在线）印后加工和脱机（离线）印后加工。

（一）联机印后加工

联机（On - Line）印后加工是指印刷设备与印后设备通过中间装置进行实际连接，可以自动完成文件的印刷、折页、裁切、装订等具有一定批量、活件类型比较固定的作业，如图 11 - 1 所示。

图 11 - 1　连接在数字印刷机后端的印后设备

联机方案融印刷与印后加工能力于一体，承印物在完成印刷以后，直接进入印后加工环节，从联机生产线上下来的是成品小册子或者是经过折页、配帖的书芯。下线后的书芯可直接送至切纸机或包本机进行后道加工。在联机方案中，每一台印刷机都连接印后加工设备，不需要人工对印刷和印后两个环节进行干预，从而较好地保证了页面印刷与印后加工的一致性。从这一点来说，联机方案是一种比较完美的印后加工方案。

数字印刷机与印后加工设备联机的优点主要表现在：

（1）印刷品可以自动传递到印后加工设备上，防止损坏印刷品。

（2）在印刷单元和印后单元中不需要搬运印刷品，节省了整个印刷流程所需的时间。

（3）提供高质量的流程管理，如果发现错误，操作员在印刷或印后加工的过程中可直接停机修正。

联机印后加工设备自动化程度高，设备总体占地面积小，可以提高工作效率，例如，Baldwin Document Finishing System 的 Q - Set 实现了在理光、Océ（奥西）数字印刷机之后，直接进行折页、锁线、修边等工序；C. P. Bourg 公司的 BB2005 具有在线胶粘订功能，可以与施乐 DocuTech 机型组配。此外，在线装订还有用工少、减小错订和漏订等优点。

但联机设备也有其局限性：

（1）数字印刷机的印刷速度与印后加工设备的速度不匹配。

（2）印刷品静电也会带来一些物理问题。

（3）印刷墨层、承印材料容易受到磨损、擦伤和折裂。

此外，联机印后加工设备价格昂贵，依赖性强，整机调节时间相对较长；前面或后面的机器有一方出现问题，就会导致整个系统停机；印刷机保养或停机时，印后加工设备也无法继续生产；只有在印制教科书一类的标准尺寸的活件时才会比较经济，对于非标准尺寸的活件在经济性方面就不尽如人意。

这些因素都限制了数字印刷机与其印后加工设备联机的推广和应用，但随着技术的进步，设备性能的不断提高，数字印刷联机印后加工越来越受到数字印刷企业的青睐。

（二）脱机印后加工

脱机（Off－Line）印后加工指印刷和印后加工设备相互独立进行加工。承印物由印刷机完成印刷，然后由独立的印后加工设备进行印后加工。比如，由配页机完成配页，由包本机完成包封面。一台折页机可以加工来自多个印刷机组的印刷品，这些印刷机组可以是数字印刷机或者是传统胶印机，也可以是两者的混合。

脱机印后加工的印刷机和印后加工设备独立工作，两者都能发挥最大的生产效率。缺点是占地大，移动物料费工，容易出错，无法适应可变印刷和个性化印刷作业的装订要求。脱机印后加工设备无法从印刷机的服务器中获得相关的印刷数据信息等。

脱机印后加工适合加工中小批量的产品，价格便宜，不同的单机可以同时加工不同类型的产品，所需调机时间短，即使在数字印刷机不工作时，脱机印后加工设备同样可以工作。脱机印后加工设备的处理速度不受印刷机的输出速度影响。

脱机印后加工可以连接多种输出设备，与多功能整套机相比，价格较便宜。

在传统与数字印刷设备同时作业的情况，脱机解决方案（包括配页单元等在内）有一定的优势，并且可以充分发挥每台设备的生产能力。

部分数字印刷品的印后加工可以由脱机设备完成，而且这些印后加工设备还可以服务于传统印刷，这是印后加工设备脱机的一大优势。

三、数字印刷的印后加工工艺

数字印刷的印后加工工艺种类繁多，工序比较复杂，包括胶粘订、书壳准备、纸箱包装、书套制作、置入书套、金属夹装订、螺旋装订、配页、软封面生产、折缝、切纸、卷筒纸分切、压痕、书背上胶、折页、配帖、堵头布应用、打孔、插页、加护封、贴标签、覆膜、号码印刷或计数印刷、穿孔、塑料夹条装订、开闭环装订、骑马订、锁线订、书背加胶带、堆纸、订书芯、捆扎、塑料线烫订、模切、热收缩包装等。

（一）数字印刷的装订工艺

数字印刷的印后装订方式主要包括胶粘订、骑马订、锁线订等。

1. 胶粘订

胶粘订操作比较复杂，装订过程为：熔胶→铣背→涂胶→包封面→裁切→完成。胶粘订机需要一定的占地面积，需配备切纸机，熔胶过程会产生空气污染。

数字印刷品的胶粘订也要考虑装订的裁切量。除了在书背要留出3mm左右的铣背余量外，在书籍其他三边也要留出3mm左右的裁切量。此外，在书籍封面下部还应留出6mm左右的涂胶区，以防止胶液在装订中渗到下一本书上。胶粘订加工还要求印刷封面出血时应比正文尺寸大一点。

胶粘订精装加工也是数字印刷装订方式中一种重要的印后加工方式。精装工艺的关键是如何将书芯与硬书壳牢固黏合，生产出可以长期保存的书籍。虽说胶粘订精装所需的成本和耗费的时间与面向短版印刷市场的数字印刷似乎有些不太相称，但一些印后装订企业都预制了数字印刷精装常用的不同颜色、不同风格和不同尺寸的精装书壳，供数字印刷者选用，因此，胶粘订精装也成为数字印刷常用的一种装订方式。

2. 骑马订

骑马订页面须经拼版成折手方能保证成书后次序的正确。对于可以自动双面印刷的机器而言，四页折手可以大大缩短印刷时间。对大部分数字印刷品来说，骑马订是一种很好的选择，特别适合于指南、小册子、新闻稿资料和宣传册等较薄书册的装订。该装订方式简单、经济实用，并且能够与其他加工方式联机进行，能够同时进行配页、折页、装订和联机裁切的印后加工，可以为数字印刷所要求的快速交货提供保证。

为了明确平订加工的具体位置，设计者最好在数字印刷加工前，向印后加工者了解实际印刷纸张在进行数字印刷后的变化，这一点对于数字印刷品尤为重要。大多数计算机设计程序并未考虑印刷后纸张厚度的微小变化，而数字印刷中，印刷在纸张表面的色料会引起纸张的厚度变化，当对几十页数字印刷印张进行装订时，累积的厚度变化可能使计算机精心计算出的装订尺寸毫无意义。因此，要掌握实际生产用纸在数字印刷后的样张变化参数，才能在印刷设计时准确测算书籍厚度，确保印后加工获得合适的装订尺寸。

（二）数字印刷的上光、覆膜工艺

上光是在印品表面涂布透明光亮材料的工艺，经过流平、干燥，在印刷品表面形成薄而均匀的透明光亮层。

数字印刷的上光工艺中，Xeikon 公司的联机 UV 涂布装置，可在单通道中一次以全速完成纸张的印刷、UV 上光、裁切、复卷及三面切等工序，可以联机或脱机形式与 Xeikon DCP 卷筒印刷机配套使用，可以配置一个覆膜机、裁切机、复卷机、切纸机或一个输出传送带，适用于书封、海报、招贴、精美小册、标签和包装等。

对数字印刷品表面进行覆膜加工，特别是印刷了大面积实地后再进行覆膜加工，有助于在印后加工中，特别是裁切或包装时对印刷品起到很好的保护作用。

（三）数字印刷的模切压痕工艺

制作纸容器或要求特殊形状的印刷品（如商标、瓶贴、标签等）时，还需要经过模切压痕等过程才能成型。模切压痕工艺就是利用模切刀、压痕线等排成模切压痕版，在压力的作用下，将印刷品压切成型并压出折痕。

Technifold 公司对压痕进行了改良，特别适合于比较厚的承印材料和数字印刷材料。

四、数字印刷的印后加工设备

数字印刷的印后设备生产商主要有海德堡（Heidelberg）、梅勒·马天尼（Müller Martini）、柯尔布斯（Kolbus）、沃伦贝格（Wohlenberg）、施耐德（Schneider）、MBO、得宝（Duplo）、Shoei（正荣）、Horizon（好利用）、C. P. Bourg、Standard Finishing、MBM、Baum、GBR、GBC、博斯特、上海紫光、天津长荣等。

（一）折页机

折页机主要有栅栏式、刀式和混合式三种形式。

MBO 公司的 T、K 系列折页机如图 11 - 2 所示，采用 PLC 控制系统，安装有降低噪声的罩壳，可通过 CIP3 纳入一体化工作流程。其高速电脑折页机可以面向快速印刷、邮件业务等，可与曼罗兰的 DICO - Web、荷兰奥西集团公司、Hunkeler 公司的数字印刷生产线配套连线。MBO 公司的 Navigator 控制系统可通过网络实现折页机与印前及印刷设备之间的信息传递；MBO 的数据管理器是一个可用于远程访问和控制的开放式数据库管理系统，建立在 Windows

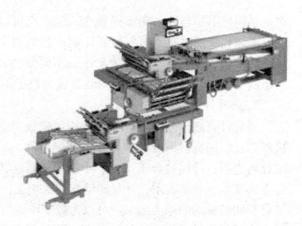

图 11 - 2　MBO 公司 T700 折页机

操作平台上。利用数据管理器软件，可将 MBO 折页机集成到一个与 CIP3/CIP4 和 JDF 兼容的工作流程中，实现办公室的计算机终端与装订车间的多台折页机连接。通过 JDF 技术或专用网络，可视控制系统还能与设备进行对话，交换来自 MIS 系统或印前环节的活件数据和预设数据。

海德堡公司的折页机主要包括 Easyfold 折页机，Stahl（斯塔尔）Ti 系列、TD/KD 系列折页机等。Easyfold 折页机幅面为 A3 以下，适用于小批量的印后加工。

Stahl（斯塔尔）折页机如图 11 - 3 所示，采用模块化设计，变频器驱动，Ti 系列折页机由 DCT500 数字式控制系统控制，TD、KD 系列折页机由中央数字控制系统和独立数字顺序控制系统组成的 DCT 2000 数字式控制系统控制，其 CompuFold 软件储存了 81 种预先编好的内置折页方案，操作员只需选定折页方案，输入纸张规格，其余工作均由控制器完成。Stahl 系列折页机全面自动化可以通过增加选装模块来扩展基本功能，以适应短版印品等多种需求，并可以通过 CIP3/CIP4 与印前、印刷实现一体化。

图 11 - 3　Stahl（斯塔尔）TD/KD Topline 系列折页机

日本正荣（Shoei）、好利用（Horizon）、曼罗兰等的折页机自动化水平也很高，并且也都引入了 JDF。

此外，折页机还包括 Graphic Whizard 公司的气动式折页机 Flod Master 250；德国 Mathias Bauerle 公司的计算机辅助自动折页机 Fold Net 52（主要用户对象是 B3 幅画印刷机，适合缺少经验的用户使用，以应对小批量印刷品市场快速交货的需要）；SFS 公司的 AFC - 544AKT 折页机（储存有 100 种不同的折页方案，用户可选择标准方案，也可自定义折页方案，并且还可通过触摸屏对选定数据进行修改并保存）；GBR 公司的 Set Matie 折页机（有 7 种预置折页方案，另外还可容纳 60 种自定义折页方案）；Herzog‐Heymann 公司高速电脑折页机 KL212 等。国产的有紫宏 ZYHD 系列电控刀混合式折页机，湖南新邵 ZYH660D 混合式折页机、ZYS660 栅栏式折页机、北人多种幅面电子刀、机械刀混合式折页机等。

（二）切纸机

切纸机包括单面切纸机、三面切书机、防破头三面切书机等，主要生产商有海德堡 Polar（波拉）、沃伦贝格（Wohlenberg）和施耐德（Schneider）等。

波拉公司开发的 Compucut 软件系统，可将印前阶段已定好的版面，包括切纸和折页的规格、数据导入 CIP3 网络之中。在此基础上开发的 Polar X、Polar XT 系列切纸机功能更完备，具有 Optiknife 切刀更换和调整系统，操作者可在较低位置调刀，使刀片的更换简单而方便，可延长刀片的使用寿命。其最智能的部分为 P‐Net 选项，它实际上成为一个中央服务器，可自动对外围设备进行设置。图 11‐4 所示为波拉 176 型切纸机。

图 11‐4　波拉 176 型切纸机

波拉切纸机既可以是海德堡的印刷解决方案的一部分，也可以是单独的裁切方案，由高速切纸机及辅助设备组成的高效网络化裁切系统已成为裁切系统的发展方向。

沃伦贝格 Cut‐tec 系列电脑控制高速切纸机兼容 CIP3/4，具有自动切纸程序、监视器上图像显示，磁盘进行数据存储（程序备份）和下载 CIP3/4 文件等特点。图 11‐5 所示为沃伦贝格 Trim‐tec 75i 三面刀切纸机。

图 11‐5　沃伦贝格 Trim‐tec 75i 三面刀切纸机

此外，切纸机还有上海申威达公司的飞达牌 SQZK 系列微机程控切纸机，上海申威达公司由提升机、闯纸机、气垫工作台、切纸机及卸纸机组成的 SQZK1370M10 切纸机生产线；中江利通的利通牌 QZYWL6‐L3 系列触摸屏微机程控切纸机等。

（三）配页机

配页机主要有辊式和钳式两种类型。一种是辊式配页机，如北人 PYG445 型配页机、泰丰 PYG440 型配页机，其共同特点是辊式配页，具有多帖及缺帖检测、剔废等功能，采用微电脑控制触摸屏显示、变频调速，运行平稳可靠，操作简便，最大运转速度分别为 4000 本/h、5000 本/h，后者还可选配错帖控制装置。此外，紫光 ZXJD440C 平装胶粘订联动机的辊式配页机组速度为 7500 转/h。

图 11 – 6　Vulkan 公司 Laconda – Speed 水平式配页机

另一种是钳式配页机，北人 TSK 自动高速配页粘页机就属于这种类型，该机采用钳式摆动叼帖，最大配页幅面 364mm × 257mm，最高转速 6000 转/h。

图 11 – 6 所示为 Vulkan 公司的 Laconda – Speed 水平式配页机。Duplo 公司的微型配页系统 DFC – 10 和 DFC – 12 是可编程型，具有很高的生产效率。

为了使印后工艺在数字印刷领域具有竞争力，Watkiss Automation 公司推出配页设备 Digi Vae Collator，采用吸气式送纸系统，印张从底部送出，操作人员可以在不停机的情况下，从上面添加印张，生产效率更高。

（四）骑马订书机

随着高速发展的计算机技术、因特网技术的应用，再加上电子控制元器件、电机制造技术的不断创新，使骑马订联动机的性能得到了很大的提高。网络接收数据促进了 JDF 技术在这类设备上的应用，书刊开本的大小采用了自动调整技术，缩短了辅助时间，提高了机器的效率。

短版书刊的装订，要求开机前准备的时间越短越好，自动化程度高，人性化的操作设计，主要体现在开本的自动调整、电子轴（无轴）传动技术的应用和具有完整的检测系统等。

只要在控制屏幕中输入装订书刊的长度、宽度和厚度尺寸，控制器便能够通过驱动伺服电机自动对搭页机、订书机、三面切书机甚至堆积机的开本大小进行调整。

电子轴传动技术在骑马订联动机上的应用，除了可以提高机器的自动化程度外，还增强了机器组合的灵活性，它使各单元相对独立，缩短了机器的安装调试时间。可以安装在集书链条的左右任何一边。电子轴传动骑马订联动机用电子虚拟轴代替了原来的机械长轴，各单元的运动要平稳得多；每一个单元（包括各个搭页机组、订书机和三面切书机）都装有独立的伺服驱动系统，各单元的同步协调运行由总的控制器来完成。

装订过程的全方位监控是保证质量的关键，一般的骑马订联动机都具有缺帖、多帖、歪帖、漏帖、缺钉以及书刊总厚度的检测功能；较高档的骑马订联动机还具有裁切监控功能，即能够对书刊的裁切质量进行检测；有的设备还可以根据印刷品的图文密度来进行错帖检测，防止由于操作工摆错书帖而造成成品书刊装订错误的发生。

骑马订联动机可以更好地满足个性化要求，如双联、三联裁切分本、冲孔、粘卡纸、自动上书帖和数字喷码技术等。对于小开本书册来说，如 CD 光盘小册子的装订，双联、三联裁切分本可以大大提高生产效率。

自动上书帖利于发挥高速骑马订联动机的优势，并减轻操作工人的劳动强度。卡纸粘贴可将光盘、产品样本、反馈表卡片等粘贴到书刊的内页。

在书刊经过的地方，通过喷墨装置对它的内页或封面进行可变数据印刷，如收件人姓名、邮政编码、地址等。

骑马订书机主要分为联机和脱机两种形式，主要生产商包括梅勒·马天尼、海德堡、赫纳（Hohner）、Osako、Ferag、上海紫光、北人、长荣等。

梅勒·马天尼公司骑马订书机主要有 Supra、Prima、Bravo、Optima、Valore 等类型，如图 11－7 所示，速度快、自动化程度高，可以通过选择附件完成个性化装订的要求，并且能够接收和适用 JDF/JMF 文件进行一体化工作。

图 11－7　马天尼 Supra 骑马订书机

海德堡（Heidelberg）骑马订书机主要有 Stitchmaster ST300、ST350、ST400、ST100 等。准备时间短、灵活性高、装订速度快，能满足不断变化的市场需求。订书机可与印前设备、印刷机、切纸机、KD（或 TD）折页机组成一体化系统解决方案。订书机采用 CIP4 工作流程，可将印前拼版阶段产生的数据直接传入订书机，通过 JDF 的控制，可整合在海德堡印通（Pinect）工作流程中。其中，Stitchmaster ST100 专用于中短版或频繁更换开本尺寸的活件。如图 11－8 所示。

图 11－8　海德堡 Stitchmaster ST100 骑马订书机

此外，还有赫纳（Hohner）公司的自动骑马订书联动机 HSB 5000、HSB 10000。国产骑马订联动生产线主要有上海紫光 LQD 8D、LQD 8E、LQD 8F（NOVA10）、LQD 10（NOVA12）等，北人 LQD 10，淮南新光华 LQD 8D 等。图 11－9 所示为紫光 NOVA 10 骑马装订联动机。

IBIS 公司推出一种脱机骑马订书机 DST2 NL，由联机的数字骑马订书机 DST2 进化而来，最高速度可达 5400 本/h，处理书本的最大厚度为 148 页，还可以对书的三面进行裁切。此外，该机还带有一个高速的递纸装置，每秒钟能传递 4 个印张。

图 11 - 9　上海紫光 NOVA 10 骑马订联动机

（五）胶粘订机

胶粘订是书籍的主要装订形式，也是适应胶订包本作业机械化、高速化、自动化生产的一种主要装订工艺。胶粘订生产线向高速、高质、高自动化方向发展，以适应产品的多变、小批量，减少辅助时间，调整更快捷、更灵活、效率更高。胶粘订机主要有单机和联动两种形式。胶粘订机生产厂商主要有海德堡、马天尼、沃伦贝格、柯尔布斯、日本好利用（Horizon）、得宝（Duplo）、内田（Uchida）、北人、上海紫光、天津长荣等。

海德堡胶粘订机主要有 Bindexpert，Eurobind 500、1200、2000、4000 等机型，可采用聚氨酯、热熔胶或喷胶方式来实现胶粘订，更换十分方便。

马天尼胶粘订机主要有 Bolero、Pantera 和皇冠型 Corona 等胶粘订自动线，采用模块化结构设计，具有自动调整开本功能，灵活性强。

沃伦贝格胶粘订生产线从单一型到高性能的整套联动在线系统，包括配页机、上封面装置、折页单元、分切装置、三面刀、带冷却和干燥的输送带等，主要有 Quickbinder、City、Golf、Master、Champion 等类型。City 4000 胶粘订自动线具有自动调整开本功能，调节时间短、配置灵活，可实现多种功能，适用于短版活装订。Champion E 胶粘订机定位于数字印刷市场，改换产品对整条生产线设置进行调整仅需 15min，装订后不仅可以三面切书还可以加入最新收集装置。

柯尔布斯公司高速胶粘订自动线主要有 KM411、KM470、KM473 等机型，如图 11 - 10 所示。

图 11 - 10　柯尔布斯 KM 470 胶粘订自动线

好利用公司的配订折联动线从折页机、配页机、配订折联动线到胶粘订机、三面切书机、小型切纸机。BQ-340型联线胶订机适合于与各种黑白数字印刷机（例如施乐的DocuTech6135、6180或大日本网屏的V200等）连接。可带彩色封面输入装置，胶粘订速度达到330册/h，非常适合于按需印刷（POD）方式。

Duplo侧重于办公文印方面，从台式配页机、台式折页机、台式裁切机、台式撕页机到配订折联动线；Uchida只生产CX-9000配订折联动线。此外，还有渡边通商株式会社生产的A316N+SFT-320配订折（带三面切）联动线和A215NT配页胶订联动线，芳野YOSHINO WB-18胶粘订机等。

国产胶粘订机主要有北人胶粘订联动线，从配页、胶粘订、包封面、分切双联书本、堆积机、三面切书机到输送带组成一条完整的平装书籍生产线，TM系列自动高速胶粘订机、PJLX450胶订联动线、北人TSK系列TMA全电脑高速胶订联动线等；上海紫光ZXJD320/10、ZXJD440C、ZXJD450-25胶粘订自动线；深圳精密达公司Superbinder-6000高速胶粘订联动线等。

图11-11为上海紫光ZXJD 320/10胶粘订自动线，可满足社会产品的多元化品种需要和出版印刷行业日益增长的批量小而品种多、规格杂而周期短的业务要求，适用于中小批量及交货周期短的平装胶订书籍的印后加工，特别适用于品种较多的各种社会产品的装订。

图11-11 上海紫光ZXJD 320/10胶粘订自动线

（六）锁线订联动生产线

从配页到切书的锁线订联动生产线工艺流程为：配页机配页→传送书册→自动锁线机锁线→传送并压平→传入包本机涂胶包封面→夹紧定型→传送、冷却定型→堆积→三面切书→输出堆积→包装出书。

意大利梅凯诺Aster锁线机结构紧凑，可连接成配锁生产线，各种型号的锁线机都装有带可旋转360°的彩色触摸屏的SiemensPLC 87程序设置器，可存储30种不同的锁线工艺，能重复调用，具有显示生产数据、设备报警、全自动调版及自动调速功能。

图 11 - 12 为史密斯 Unita 全自动锁线系统，联合自动配页机和锁线机，用锁线机 Smyth F150 4DL 或 F180 4D 与 Smyth P 配页机相连。

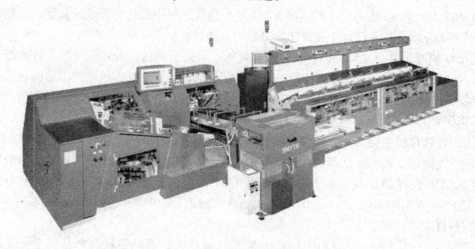

图 11 - 12　史密斯 Unita 全自动锁线系统

（七）精装联动生产线

精装联动生产线实现扒圆、起脊、上胶、粘纱布、粘堵头布、粘书背纸、套书壳、压槽成型等精装书的核心加工。书芯处理、三面裁切和精装生产线组合，其完整的工艺流程包括书背压紧、书面压平、连线上环衬、上背胶、上背衬、高频烘干，整形、压书背、冷却干燥输送及二次整形压书背。柯尔布斯精装线主要有 BF511、BF527 等类型，如图 11 - 13 所示，结构紧凑，全自动快速调版，可有效缩短生产准备时间，融入了与 CIP4、JDF、JMF 兼容的设备信息管理技术的第二代 COPILOT 电脑辅助操作系统，界面友好，操作简单，并可实现设备远程诊断，适用于短版精装。

图 11 - 13　柯尔布斯 BF 527 精装联动线

（八）其他数字印刷的印后加工设备

1. 按需上封面机

GP2 技术有限公司开发的 SC - 1 Autocase 上封机是专门面向短版印刷和按需印刷的书封面和精装书而设计的。SC - 1 每分钟能制作 5 个书封面，无须花费时间处理尺寸和材料的变化。在机器运转的每个周期中，SC - 1 还能制作不同大小的书封面，而不会引起任何刮痕。其他型号的机器还能制作短版的开闭环活页夹和相册封面。

2. 纵切、裁切、压痕设备

Duplo 公司开发服务于数字印刷市场的印后加工系统，其智能化印后加工设备 Docu-CutterDC – 545 HC 专为数字印刷设计，能够自动在一次通过的过程中完成纵切、三面切和压痕操作，适合于短版、按需印刷作业。该系统有一个条形码识别器，能够调用预先设置的印刷作业，并提供全自动纵切、光边和压痕方案。通过读取套准标志，确保准确的输出。

Duplo DC – 645 SCC 制书机是数字印后加工设备，由递纸机构、DBM – 500 制书机、三面切书机等组成，具有独特的分切/裁切/压痕功能。

3. 联机打孔

专用于 Digimaster 9110 网络成像系统的海德堡联机打孔机具有打三孔、四孔或螺旋装订的功能，还有针对活页塑料夹条装订和螺旋圈装订的可选打孔工具，以及可互换的模具。其旋转打孔工具每次只能对一个印张打孔。打孔工具的各项参数储存于机器内存中，可自动被激活。通过软件可以调节每个孔相对于纸张边缘的位置。

4. 单张纸输纸装置

Duplo 公司的 DSF – 2000 单张纸输纸装置，可以对从数字打印机或复印机输出的、预先配好的印张输纸。输纸托盘最多能容纳 2000 张单张纸，而装书皮的托盘最多能容纳 600 张单张纸。该装置上还安装了标准的光学标记识读器，用户还可选择购买条形码识读器。

5. 卷筒到单张输纸机构的改进

Xerox（施乐）和 Roll System 公司为 DocuSheet 卷筒到单张输纸装置设计了一款新型的旋转器，避免了对短纤维纸张的特殊要求。

6. 联机制册机

Standard Finishing System 公司和 Horizon 国际有限公司的 Standard Horizon SPF – 20XII 联机制册机，具有内置高容量堆纸机，为了配合 Xerox DocuTech 6180 和 Standard Horizon BQ – 340 胶粘订机，该系统具有全自动安装与操作性能。利用一个高容量的真空递书封面机，可在成像后的单张纸上粘贴一个有色的封面，然后再将整个册子撞齐、订书、折页、三面切。

由 Standard Finishing System 公司和 Horizon 国际有限公司共同推出的 Standard Horizon ColorWorks2000 是一款专为 Xerox DocuColor2045 和 2060 数字印刷机而设计的联机制册机。该系统具有在书籍边、角或中心订书的功能，可实现旋转出血裁切、手册折叠、切光书边等。用户可通过一个 LCD 图标式触摸屏设置操作和变化的初始设置。此外，系统配有一个插入机，用于书皮的插入和印张的供给，从而可在普通大小的纸张和其他材料上实现多种印后加工要求。

7. 按需加工生产线

Océ（奥西）公司和 Standard Finishing 公司计划共同推出一条智能化的输纸和胶印堆纸生产线，可以制作带有不同封面、插页、标签的可变手册。该生产线包含 Standard Hunkeler UW4 开卷装置、CS4 裁切机/堆纸机、DD4 文件传输模块、Standard Horizon VAC – 100 配页机、ST – 40 堆纸机、SPF/FC – 20A 自动化制册机。

五、数字印刷印后加工应注意的问题

目前，数字印刷的印后加工仍然是数字印刷企业进行短版、按需印刷生产的主要障碍，数字印刷印后加工中应该注意以下问题。

（一）印前设计与印后加工

印前设计有助于成功完成数字印刷的印后加工。数字印刷中，印前设计的好坏对印后加工成本有着极大的影响。因此，要求数字印刷的印前设计要力求最有效地利用纸张，此外，还应考虑：

1. 纸张纤维排列方向

在允许的情况下，尽量使纸张的纤维排列方向与成品书籍的书背方向一致。由于数字印刷纸张表面的色料与纸张结合的特殊性，若按纤维横向排列方向折页，图像容易在折页处发生断裂。因此，数字印刷品在进行印前设计时就应兼顾印后加工工艺。

2. 印张上的图像位置

许多数字印刷品将图像设计在印张的中间，但印刷后进行印后加工时，才发现这样做会造成很大的浪费。例如，将一幅尺寸为 150mm×230mm 的图像设计在一张幅面为 215mm×280mm 的印张中间，裁切时就需要对印张的四边都进行裁切；但如果将图像放置在某个角上，就只需要裁切两边即可，从而节约了印后加工时间，降低了印刷成本。

（二）折叠时油墨层裂化现象

折叠时油墨层裂化现象是数字印刷印后加工中常见的问题，折叠时出现裂化现象的原因有很多。数字印品上鲜明的色彩往往是由较厚的色剂或数字油墨层形成的，这对于印后加工非常不利，折叠过程中会出现油墨层裂化现象。油墨在干燥的过程中，水分大量损失以及未按材料的纤维排列方向折叠时，都有可能出现裂化现象。

在折页加工前最好应先压痕，以避免裂化现象的产生。一些公司开发出一些辅助装置以便减少油墨层裂化现象的出现，Morgana 公司就推出了 AutoCrease 单元和用于 MB CAS 折页机的折痕辅助装置。

（三）速度匹配

印刷速度和印后加工速度不匹配，会阻碍数字印刷得到广泛应用。数字印刷机的速度不断提高，而后加工设备的速度却变化不大，造成两者速度的不匹配。

对于脱机生产过程，Duplo System 4000 折页机将 A4 幅面的中等定量纸张折叠成 A5 幅面时，包括光边切齐操作，每小时可生产 4200 本小册子，该系统是快速的单张纸手册制作系统。

（四）数字印刷油墨的性能

数字印刷品比传统印刷品的墨层厚度稍厚，所以在折叠或压痕处理中，墨层很容易脱落。为了解决这一问题，应当使用尽可能小的色粉颗粒或墨滴。

数字印刷的印后加工还应解决数字印刷品的消毒处理、烫印工艺等问题。印后加工中应该注意数字印刷品是否需要消毒。一般来说，食品包装盒和包装袋在印刷完毕后，应该进行热消毒处理，这就要求数字印刷油墨能够经受热处理及其他射线处理。数字印刷品常常还需要烫印，而数字印刷油墨又决定了印刷品能否支持烫印。油墨中的色粉在受热达到 60℃ 以上时就会变软，这对数字烫印会产生不利影响。

因此，在数字印刷的印后加工中还必须充分考虑到油墨的性能。

此外，数字印刷联机印后加工过程中涉及印刷品静电问题，印刷墨层、承印材料容易受到磨损、擦伤和折裂等问题也应引起注意。

第二节　数字化印后加工

数字技术对印刷行业的几乎所有方面都产生了深远的影响，印后加工领域也不例外。印后加工主要是对印刷品进行机械加工处理，数字化技术在印后加工领域的影响没有像在印前、印刷生产中的那么显著，数字化技术的影响进程相对较慢些。

一、数字装订联动生产线

数字装订联动生产线主要为配合数字印刷而制造，主要有骑马订数字装订生产线、胶粘订数字装订生产线及平装锁线联动数字装订生产线。

骑马订数字装订生产线工艺流程：折页→传送堆积→订书→传送堆积→切书→输出。

胶粘订数字装订生产线工艺流程：折页→传送堆积→压平定型→铣背打毛→涂黏合剂→粘封面→夹紧定型→传送冷却→切书→输出。

平装锁线联动数字装订生产线是一条从配页到切书的平锁数字装订生产线，其工艺流程是：配页→传送书册→锁线→高空传送并压平→涂胶包封面→夹紧定型→传送、冷却定型→堆积→三面切书→输出堆积→包本出书。

数字印刷配备了数字制版，书版页码的版面均是排序好的，不用配页便可直接装订成册。但数字装订生产线需要书帖堆积，所以只适用于小批量书籍加工，其速度可根据书帖的多少而定，书帖少、书册薄，装订速度就快；书帖多、书册厚，速度就慢。

柯尔布斯的 Ratiobinder 和马天尼的 Coronas C15 胶粘订生产线更加强调多种产品的稳定生产和减少分别操作的数量，柯尔布斯公司配页工序中可以加上一个折好的封面，然后再截边。

由 Müller Martini（马天尼）公司、Océ（奥西）印刷系统公司、Hunkeler 公司提供的设备构成了 Amigo 数字装订厂的主体，包括一套 Océ 公司的数字印刷机和前端，Müller Martini 的 Amigo 胶粘订机和 Hunkeler 的拆卷机、裁切机、传输装置、堆纸机和卸载系统。用户可将它们配置成联机或准联机的生产布局。最高速度可达 1000 册/h，适合于厚度在 3~4mm 的书籍。

二、按需制书系统

Müller Martini（马天尼）公司的按需制书（Book – On – Demand）系统生产线是一条完整的基于 JDF 流程的一体化生产线。SigmaPress 卷筒纸印刷机将文本和图像以数字印刷方式进行双面印刷，经过 SigmaFolder 折页机，折成书帖由 SigmaCollator 配页机配页送至 SigmaBinder 装订机（速度 1000 本/h）进行胶粘订，由 SigmaTower 冷却系统进行固化，而后切书；书帖也可以直接传送给一体化的 SigmaStitcher 骑马订机（速度 6000 册/h）完成装订和裁切工序。上述两条加工路线只能取其一，全线由 SigmaControl 系统控制，如图 11 - 14 所示。

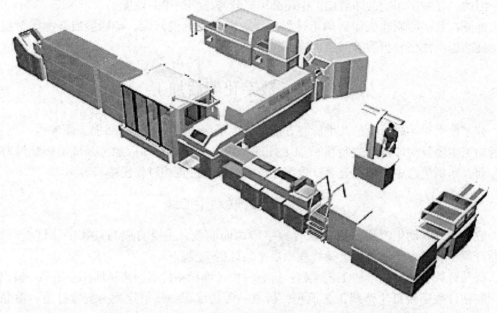

图 11 - 14　马天尼按需制书系统生产线

三、数字精装系统

Spiel Associates 公司推出 Sterling Digibinder 数字精装书装订系统，它是专为按需印刷设计的一键式精装书加工系统。Digi - binder 精装系统能够加工厚度达 280mm 的精装书籍，加工速度为 360 本/h。活件转换时只需要在键盘上输入书籍装订需要的尺寸，气动式书夹就能自动调节以适合所装订的书籍厚度。此外，该系统采用书背整体打毛，而不是简单的开槽式打毛。采用双上胶轮装置可确保上胶均匀，并配有上胶压紧装置。

四、数字化装订联动线

数字印刷技术的发展，也使装订技术得到很大发展。数字印刷机与装订设备联机，就成为数字化印刷装订联动机。数字化装订是按需印后加工（Finish on Demand）技术。

某公司的数字化装订联动机由印刷、装订和裁切三部分组成。在印刷工区，两台激光印字机生产书芯纸页，一台彩色激光印字机生产彩色封面。印好的书页进入装订工区，先进行闯纸和书背打毛，然后书芯页被传送到订书台上，这时封面已涂好胶，依据书芯页和封面上已印好的条码，将书芯页和封面准确地黏合在一起。毛本书送到裁切工位进行三面裁切。这套设备 3min 内可以双面印刷 250 页的一本书籍，4min 内可以完成整个印装作业，并且可以同时加工 3 种不同规格的书籍：一种在印刷，一种在装订，一种在裁切。这套设备适用于大型书店，可以减少库存。

另一公司的数字化装订联动机是由数字印刷机与胶粘订系统组成。这个系统先用切纸机将纸张切成需要的规格，送到直接成像印刷机进行印刷。印刷后，将印张送到装订机上。在装订机上，印张被冲孔、旋转、折成书帖，再将书帖传送到胶粘订机上，书芯被打毛、刷胶，与印好的彩色封面黏合，最后送到三面切书机上裁切。这个装订系统还有骑马订形式。

数字化装订联动机还有多种类型。

数字化装订联动机大多数不能生产 250 页以上的书籍，骑马订形式以 22 页以下为宜。这些设备都是小设备，是为快速、优质地完成高、中档书籍而设计的，产量较低，一般在 3000 册/h 以下。这些设备大多数能完成各种各样的软皮书籍的加工。

五、激光数字模切

激光数字模切技术是近些年出现的新型技术，依据设计好的版式数字化信息控制，借助激光束的烧蚀作用来蚀刻需要模切压痕的印刷品，完成各类产品的模切加工。激光数字模切可使得商品的包装显得更高档精美、富有个性和立体感。

1. 激光数字模切系统组成

激光数字化模切系统一般包括：二氧化碳激光器与扫描头、电源装置、冷却装置、功率控制器、软件系统、排烟系统等，对套准精度要求高还要有套准摄像监视系统。

2. 激光数字模切工作原理

激光数字模切的工作原理与激光照排机的工作原理相似，由二氧化碳激光器产生激光，经调制器调制后，进入由计算机控制的光束扩大器后，投射到旋转多棱镜上，由棱镜的转动决定激光落在所需蚀刻的位置上。模切时承印物要停滞一下，这时能够看到一股青烟冒出，完成模切蚀刻工作，如图 11－15 所示。

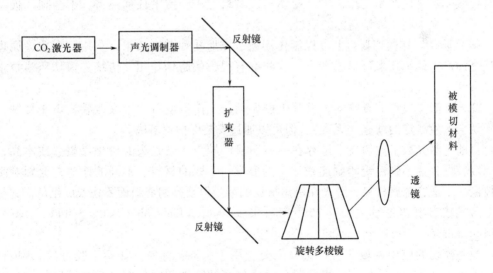

图 11－15　激光数字模切工作原理图

激光数字模切系统可以采用间歇式或指针移动方式，也可以在移动过程中进行模切。激光束的发射强度和激光系统连续的运动可由事先编排好的计算机程序来控制。通过调整激光光束的移动速度来实现是否彻底穿透材料，激光光束既可以完全将材料切透即模切，也可以加上不同的调节参数只裁切面纸，而对底面不裁切，即可以只将有一定厚度的纸板的表层切去，切出一定的深度，从而制造出有浮雕效果即三维立体模切压痕或者仅仅是打孔，这是传统的模切压痕所难以做到的，具有较强的防伪功能。

模切的速度是关系到印后加工效率的关键因素，而激光数字模切则可根据需要，调整快慢，目前激光的运动速度已能达到1000m/s，解决了以前速度慢、不适合高速印刷的缺点。因此，生产效率非常高。当然，这也与被切材料的厚度和形状有关，厚度大、形状复杂的速度会慢一些，厚度小、形状简单的则速度快一些。激光数字模切现在还主要应用在小幅面活件的印后加工，比如贺卡、标签等产品的加工。

3. 激光数字模切技术的优缺点

激光数字模切技术具有以下优势：

（1）按需模切。激光数字模切适用于任何形状，不需制作模具，只要编定程序，激光束就能按程序的要求蚀刻出要模切的形状和深浅。同时，任务随接随做，在开始加工前最后一分钟还可以对设计方案进行修改，不会影响整个生产过程，不会影响加工产品的形状，其加工成本和时间也不会改变，便于包装品或商标的个性化或小批量化，非常适用于数字印刷，灵活、生产周期短、效率高。

（2）精度高。误差不超出0.003mm，还可补偿印刷与印后加工中可能产生的误差，如材料可能会发生伸缩变形，激光可根据这些变形进行调整，而在传统模切中，模具固定后是难以改变的。

（3）经济美观。因激光数字模切不需要制备模切刀、压痕线和模切版等模具，不存在模切工具的存储、磨损以及损坏问题，所以加工批量大、小都不会产生成本上的变化。同时，激光数字模切是无压力的，模切后，材料上不会留下任何痕迹，不会损坏模切材料，可以大大提高压敏型商标的质量。

（4）防伪。在模切材料上可以制作浮雕、异形孔和潜影效果，利用网点成像原理借激光烧蚀产生的小孔来可形成图像。这些都有很强的防伪作用，传统的模切压痕技术却难以做到。

此外，激光模切节省空间，没有机械振动，工作环境得到很大改善。由于烧蚀，激光模切会产生一定的烟雾（无毒），但可以通过安装保护罩解决。

目前，激光数字模切技术还存在一些明显的缺点：激光头的价格昂贵、成本高；模切速度较慢，达不到传统印刷连线加工的要求；不同的材料、不同的厚薄都会影响激光的控制；不适合金属材料；激光在锐角折返的能力以及模切面料而不伤及底纸的问题等。

激光数字模切系统主要生产厂家有 LaserSharp、Lightening Bolt、Softdie、AcuTear、AcuBreather 等。

激光模切的应用领域非常广阔，主要应用于商标、标签，如不干胶标签、啤酒标、杯垫、代表企业形象的标识，以及防伪要求较高的特殊印刷品等。激光模切技术是印后加工中一项非常特殊的应用技术，非常适用于包装印刷企业；而对于拥有数字印刷机的企业，可以将数字激光模切技术作为提高数字印刷竞争力的一个可行方案。激光模切的速度虽然还不能与传统的印刷机速度相匹配，但已经可以与数字印刷机的速度相匹配，大大提高生产效率。

数字印刷的发展，大大推动了印后加工向数字化方向发展，数字化印后加工的发展反过来又促进了数字印刷的发展，两者互相促进，相得益彰。

数字化印后加工将成为今后数字印刷发展的配套工艺，设备具有界面友好、操作简单人性化、快速调机、灵活、自动化、多样化、高速化、联动化等特点，并继续朝着智能化、网络化、印刷一体化方向发展。

第三节 印后加工检测系统

越来越多的包装商品，为了体现品牌文化或实现防伪目的，使用复杂的印后工艺，产品质量的检测越来越重要。对印刷、烫印、防伪光标等多种项目都要进行检测，提升产业竞争力，创造更大的价值。

一、检测系统的组成

检测系统主要由硬件和软件两部分组成。

硬件部分主要由图像传感器（一般采用 CCD）、镜头、光源、图像采集卡和计算机组成，完成印刷图像的采集和处理，如图 11 – 16 所示。当被摄的光学图像成像在 CCD 的光敏面上时，图像数据被实时存储到计算机内存中，并在显示器上显示。

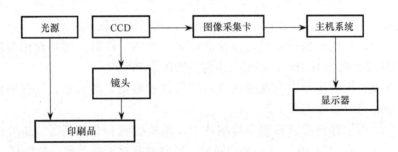

图 11 – 16　硬件系统结构

检测系统采用线阵或面阵 CCD，线阵 CCD 一次只能获得图像的一行信息，被拍摄的物体必须以直线形式从摄像机前移过，才能获得完整的图像，因此非常适合对以一定速度匀速运动物体的图像检测。面阵 CCD 可以获得整幅图像的信息。

图像采集卡将 CCD 摄取的图像信号转换成数字图像信号，使计算机得到所需要的数字图像信号。

计算机系统是图像处理的核心，它控制图像的输入与输出设备，硬件系统结构如图 11 – 16 所示。

软件部分主要包括图像采集、数字图像处理、色空间转换、色度检测、网点面积率检测等部分，软件系统结构如图 11 – 17 所示。

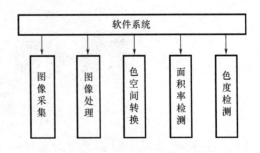

图 11 – 17　软件系统结构框图

二、检测系统原理

检测系统是基于数字图像处理的，即通过对标准印刷品的数字图像和待测印刷品的数字图像进行比较、分析，检测出待测印刷品与标准印刷品对应区域网点的差异。即先将标准印刷品经过扫描或拍摄存入计算机作为标准图像，检测时通过高分辨率图像传感器实时拍摄待测印刷品，在计算机处理器中以标准印刷品的数字图像为标准，对待测印刷品的数字图像进行处理和计算，获得检测结果。

在计算机中，图像被分割成像素，像素对应着计算机屏幕上显示的一个点或数字图像中的一个点。在对连续调图像进行数字化时，需要对原稿进行离散处理，将画面分割成一个个小方块，这些小方块的原有数字信息被数字化后，就成了对应数字图像中的一个像素。数字图像中某一像素所代表的原稿中的部分信息，其可大可小，取决于图像的分辨率。

利用图像传感器采集各小区域的数值，利用处理器对数值进行处理、转换和运算，得出各区域的色度值，将此色度值和标准值比较。标准值来自样张、印版或印前设计数据。

把检测数值与数据库连接起来，快速、准确地检测印刷品信息，与数据库中数据比较，确定印刷品缺陷。

三、检 测 设 备

国内很多企业设计制造了印刷品检测设备，达到了国际先进水平。

长荣公司设计和生产的检品机可以检测印刷、烫印、镭射、防伪光标等缺陷，配置专业 CCD 高速照相机实时拍摄，多镜头检测，负压走纸平顺。

系统软件完整记录检测中发现的次级品图像并对瑕疵处做标示，储存图像、统计数据，操作简单，符合实际需求。

检测中除了可依客户需求在同一检测物上，编辑检测和非检测区，还可设定强检与弱检的区块，对要求严格的重点部分加强筛检，同时放宽对可接受部分的检测，节省成本。输纸装置配备纸毛去除机构，脉动给纸减少静电吸附。剔除控制装置采用特殊表面质量防蹭处理、防划伤结构设计，减少废品纸张在剔除过程中的硬接触，尽可能减少划伤。

图 11－18 为 MK420Q（s）全自动单张纸检品机。

图 11－18　MK420Q（s）全自动单张纸检品机

复习思考题

1. 数字印刷与传统印刷在印后加工工艺上有哪些不同？数字印后加工的特点是什么？
2. 数字印刷的印后加工设备应具备哪些条件？
3. 数字印刷印后加工的解决方案有哪些？
4. 数字印刷印后加工工艺有哪些？
5. 数字印后加工的主要设备有哪些？
6. 数字印刷印后加工过程中应注意的问题有哪些？
7. 请列举数字化印后加工设备。
8. 应如何认识数字化印后加工？
9. 印后加工检测原理是什么？
10. 印后加工检测系统组成是什么？

参 考 文 献

1. 苗海龙，赵春辉. 书刊装订设备 ［M］. 北京：印刷工业出版社，1996.

2. 曹华. 覆膜工艺实用手册 ［M］. 北京：印刷工业出版社，1997.

3. 唐万有，等. 印后加工技术 ［M］. 北京：中国轻工业出版社，2001.

4. 王淮珠. 书刊装订工艺 ［M］. 北京：印刷工业出版社，1996.

5. 丁之行. 印刷概论 ［M］. 北京：印刷工业出版社，1998.

6. 窦翔. 塑料包装印刷与复合技术问答 ［M］. 北京：印刷工业出版社，1994.

7. 窦翔，等. 塑料包装印刷 ［M］. 北京：印刷工业出版社，1995.

8. 宋协祝，等. 特种印刷 ［M］. 北京：印刷工业出版社，1993.

9. 杜维兴. 包装装潢印刷的工艺技术与管理 ［M］. 北京：印刷工业出版社，1994.

10. 金银河. 印后加工 1000 问 ［M］. 北京：印刷工业出版社，2005.11.

11. 钱军浩. 印后加工技术 ［M］. 北京：化学工业出版社，2003.10.

12. 魏瑞玲. 印后原理与工艺 ［M］. 北京：印刷工业出版社，1999.9.

13. 智文广. 包装印刷 ［M］. 北京：印刷工业出版社，1996.

14. 高晶，等. 印刷材料 ［M］. 北京：印刷工业出版社，1987.

15. 常江，等. 模切技术指南 ［J］. 印刷技术，2001（1）.

16. 张红. 德鲁巴按需印后加工技术 ［J］. 印刷技术，2001（11）.

17. 陈奕华主编. 数字印刷 ［M］. 湖北：武汉大学出版社，2007.

18. 刘哲主编. 数字印刷 ［M］. 北京：中国劳动社会保障出版社，2006.

19. 文骅，艾菲编译. Ipex2006 上的印后技术 ［J］. 印刷杂志，2006（3）：17－19.

20. 刘菊华，李凤华. 数字印刷的印后加工 ［J］. 今日印刷，2007（3）：71－72.

21. 林其水. 数字印刷之印后加工 ［J］. 今日印刷，2007（2）：58－59.

22. 林其水. CIP4 与印后加工 ［J］. 印刷质量与标准化，2007（2）：23－25.

23. 赵志强. 按需印刷的印后加工 ［J］. 印刷技术，2004（11）：24－27.

24. 陈文革. 表面整饰新技术——激光数字模切 ［J］. 今日印刷，2006（8）：39－41.

25. 付明辉. 印后设备最新发展现状——IPEX2006 印刷设备侧记 ［J］. 今日印刷，2006（6）：43－45.

26. 吴思编译. 数字印刷后道工序的发展趋势 ［J］. 印刷杂志，2006（11）：10－13.